普通高等教育“十一五”国家级规划教材

主　编　陈红康　杜洪香
副主编　王广勇　尚德波　高中军
　　　　庞继伟　鹿洪荣

# 数控编程与加工（第二版）

Shukongbiancheng yu Jiagong

山东大学出版社

# 出版说明

江泽民同志在党的十六大报告中指出:“教育是发展科学技术和培养人才的基础,在现代化建设中具有先导性全局性作用,必须摆在优先发展的战略地位。……加强职业教育和培训,发展继续教育,构建终身教育体系。”职业教育作为我国教育事业的一个重要的组成部分,改革开放以来,尤其是近年来获得了长足发展。据不完全统计,目前全国各类高等职业学校有近千所,仅山东省就有五十多所,为国家和地方培养了一大批高素质的劳动者和专门人才。与此相适应,教材建设也硕果累累,各出版社先后推出了多部具有高职特色的高职高专教材。但总体上看,与迅猛发展的高职教育相比,教材的出版相对滞后,这不仅表现在教材品种相对较少,更表现在内容的针对性不强,某些方面与高职的专业设置、培养目标相去甚远。同时,地方性、区域性的高职教材也稍嫌不足。以山东省为例,作为一个经济强省、人口大省、教育大省,迄今为止,居然没有一套统编的,与山东省社会、经济、文化发展相适应的高职教材,严重地制约了我省高职高专教育的发展。

有鉴于此,我们在山东省教育厅的领导与支持下,依据教育部《高职高专教育基础课程教学基本要求》和《高职高专教育专业人才培养目标及规格》,并结合我省高职院校及专业设置的特点,组织省内二十余所高职院校长期从事高职高专教学和研究的专家、教授,编写了这套“21世纪高职高专系列教材”。该教材充分借鉴近年来国内高职高专院校教材建设的最新成果,认真总结和汲取省内高职院校和成人高校在教育、培养新时期技术应用性专门人才方面所取得的成功经验,以适应高职院校教学改革的需要为目标,重点突出实用性、针对性,力求从内容到形式都有一定的突破和创新。本系列教材拟分批出版,约一百种。出齐后,将涵盖山东省高职高专教育的基础课程和主干课程。

编写这套教材,在我们是一次粗浅的尝试,也是一次学习、探索和提高的机会。由于我们水平有限,加之编写时间仓促,本教材无论在内容还是形式上都难免会存在这样那样的缺憾或不足,敬请专家和读者批评指正。

21世纪高职高专系列教材编写委员会

2009年8月

# 内容简介

全书共分五大学习项目:项目一讲述什么是数控机床,数控机床有哪些基本构成,数控机床是如何实现自动加工的,数控机床为适应自动加工的要求其机械结构有什么特点,机床是如何实现自动控制的,以及常用的机床控制系统有哪些,各有何特点等基本内容。项目二讲述数控加工工艺特点及其工艺系统组成,侧重于工艺参数的确定、走刀路线的正确安排、工艺装备的合理选取等内容。项目三讲述数控车床的工艺特点及其工艺系统组成,数控车削加工中工艺参数的确定,以及数控车削程序编制方法和数控车床的操作方法。项目四讲述数控铣削加工特点及其工艺系统组成、数控铣削加工程序编制、加工中心程序编制、数控铣削加工操作等内容。项目五介绍先进的现代制造技术,包括 CAD/CAM 技术、电火花加工技术和快速成形技术的基本工作原理、特点及其在现代制造业中的应用。各项目安排有项目导读、教学目标、项目知识、项目知识点自检及技能训练项目,供读者参考、练习与实践。

本教材适合高职高专机械制造与自动化、数控技术、机电一体化、模具设计与制造等机械类专业的教学用书,也可作为相近专业的师生和从事相关工作的工程技术人员的参考书。

# 再版前言

随着我国经济建设的推进、经济转型的需要和高等教育大众化进程的加快，高等职业教育正以迅猛之势发展。教育部《新世纪高职高专教育人才培养模式和教学内容体系改革与建设项目计划》已经启动，高职教育改革进入了一个新阶段。教材建设、“双师型”教师队伍建设和实践教学基地建设是办好高职教育、办出高职特色的三大基石，相对而言，教材建设特别是技术应用型教材编写是当前高职教育中的当务之急。

随着我国现代制造业的快速发展，数控技术应用高素质专门化人才成为当前我国人才市场的紧缺人才，各高职院校开设了机械制造与自动化、机电一体化、数控技术应用等与数控技术有关的专业。《数控编程与加工》课程是培养数控技术应用高素质人才的主干课程。目前，各高校根据各自的教学要求编写了大量的相关教材，教材内容多为讲授数控机床的基本知识和数控编程的方法，早期的教材由于我国数控技术水平的限制，内容偏肤浅，多讲授编程指令；随着我国工程技术人员的深入研究和消化吸收国外的先进技术，数控技术在我国现代制造业已经开始普及，近期的教材讲授数控原理的较多。我们于2004年编写了基于数控技术应用的21世纪高职高专教材《数控编程与加工》，出版后广泛地被山东省及全国高职高专院校选用，教材在使用过程中获得了授课教师和学生的好评。该教材亦被评为山东省高等学校优秀教材、普通高等院校“十一五”国家规划教材，为了更加突出职业教育特点，反映我国职业教育改革发展成果，我们根据多年来从事这一课程教学的经验，组织了山东省内高职院校多年从事数控教学的双师型教师，按照项目教学的思路，对我们2004年编写的《数控编程与加工》教材进行了修订，编写了这部将数控加工理论知识和机床操作技能联系到一起的工学结合教材。

经过修订再版的《数控编程与加工》教材，从了解数控加工技术基础知识入手，以数控加工工艺为主线，重点讲授数控车床、数控铣床、加工中心的操作与编程等具体实用性技术，教材中提供了大量翔实的零件图、详细的工艺卡片、刀具选择卡片、程序清单及程序注释，加速读者对数控加工和编程基本知识的理解和掌握。

本教材修订的基本原则如下：

1. 以理论知识必需够用为原则，重视实用性技术的应用；
2. 以典型零件数控加工工艺为主线；
3. 充分体现当前我国数控编程与加工技术的技术现状；
4. 以理论指导实训、实训验证理论的思想，使理论教学与实践教学有机地结合在一起。

本书由济南铁道职业技术学院陈红康教授和潍坊职业学院杜洪香教授担任主编，由济南铁道职业技术学院王广勇、庞继伟、高中军、鹿洪荣和潍坊职业学院尚德波担任副主编。其中，项目一由潍坊职业学院的杜洪香、尚德波，济南铁道职业技术学院的王广勇、宋噶编写；项目二由济南铁道职业技术学院的陈红康、高中军编写；项目三由济南铁道职业技术学院的高中军、臧贻娟编写；项目四由济南铁道职业技术学院的尚新娟、鹿洪荣编写；项目五由济南铁道职业技术学院的庞继伟、李新华编写。山东水利职业技术学院的殷镜波、李学营老师对教材的编写提出了很多的宝贵意见，在此一并表示感谢；对教材中参考的大量资料，全部在参考文献中列出，在此对参考文献的编著者致谢！

另外，本教材在编写过程中，得到山东省高校数控技术竞赛组委会、技术委员会专家的大力支持，山东省兄弟高职院校的任课教师在教材的使用中为我们提出了许多中肯的意见和建议，让我们在教材的修订中获得了大量的第一手资料，在此表示衷心的感谢！

本教材着眼于培养高素质的数控加工技术应用性人才，能对学生和相关教师及技术人员学习掌握数控编程与加工知识技能有所帮助，是我们最大的心愿。

编　者

2009 年 8 月

# 目　录

# 项目一 数控机床的认知

**项目导读:**随着科学技术和社会的发展,机械产品的性能、精度日趋提高,结构更趋合理,对机械产品的性能、质量、生产率和成本等提出了越来越高的要求,机械加工的自动化是实现上述要求的最重要技术措施之一。数控机床的出现,开创了机械加工自动化的新纪元,它不仅能提高产品质量和生产率、降低生产成本,还能改善工人劳动条件,在现代机械制造业中,发挥着重要的作用。

本项目以服务于数控加工的需要为出发点,主要介绍什么是数控机床,数控机床有哪些基本构成,数控机床是如何实现自动加工的,数控机床为适应自动加工的要求其机械结构有什么特点,机床自动控制是如何实现的,以及常用的机床控制系统有哪些,各有何特点等基本内容。

**教学目标:**通过教学,使学生了解什么是数控加工,数控加工与普通加工有什么不同,熟悉数控机床的结构组成与特点,明确数控机床的控制方式等。

## 任务一 什么是数控加工

### 一、数控加工技术的产生与发展

数控技术是一种自动控制技术,在生产过程中以数字信息实现机械加工或其他工业设备工作的自动化。如果一种设备的控制过程是以数字的形式来描述的,其工作过程可以编制出程序并能在程序的控制下自动进行工作,那么这种设备就称为数控设备。数控设备包括:数控机床、数控三坐标测量仪、数控剪板机、激光加工设备、工业机器人等。

(一)认识数控机床

数字控制机床(Numerically Controlled Machine Tool),是将数字信息技术应用于机床的控制,是典型的数控设备,它的产生和发展是数控技术发展的重要标志。国际信息处理联盟(International Federation of Information Processing)第五技术委员会对数控机床作了如下定义:"数控机床是一个装有程序控制系统的机床,该系统能够逻辑地处理具有使用代码,或其他符号编码指令的程序。"换言之,数控机床是一种利用计算机技术,采用数字信息进行控制的高效、自动化加工的机床,它能够按照规定的数字化代码,把各种机械位移量、工艺参数、辅助功能(如刀具交换、冷却液开与关等)表示出来,经过数控系统的逻辑处理与运算,发出各种控制指令,实现要求的机械动作,自动完成零件加工任务。在被加工零件变换时,它只需改变控制的指令程序就可以实现新的加工。所以,数控机床是一种灵活性很强、技术密集度及自动化程度很高的机电一体化设备。

数控机床一般由机床本体、数控系统、主传动系统、进给伺服系统、冷却系统、润滑系统等几大部分组成,图 1-1 是立式数控铣床实物图与示意图,其各部分组成如下:

(1)主轴箱包括主轴箱体和主轴传动系统。主轴的作用是:装夹刀具并且带动刀具旋转,其变速范围和输出的扭矩大小对加工有直接的影响。主轴部件是数控铣床的重要部件之一,它的工作状态对加工质量有着直接的影响。

(2)机床基础件包括床身、立柱等,它是整个机床的基础,其作用是支撑机床上的其他部件,要求抗振动、不变形、刚性好。

(3)工作台的作用是安装和支撑工件。工作台可以纵向、横向运动,这种运动是由进给伺服系统控制的,严格按照程序设定的进给速度(快慢)和距离(远近)来运动。

(4)控制面板安置在数控系统箱上,用于操作数控系统。数控系统是数控机床的控制中心,执行加工程序,控制机床进行加工。数控系统的性能决定了数控机床加工效率、加工精度和机床工作的稳定性。

(5)辅助装置包括液压、气动、润滑、冷却系统和排屑、防护等装置。

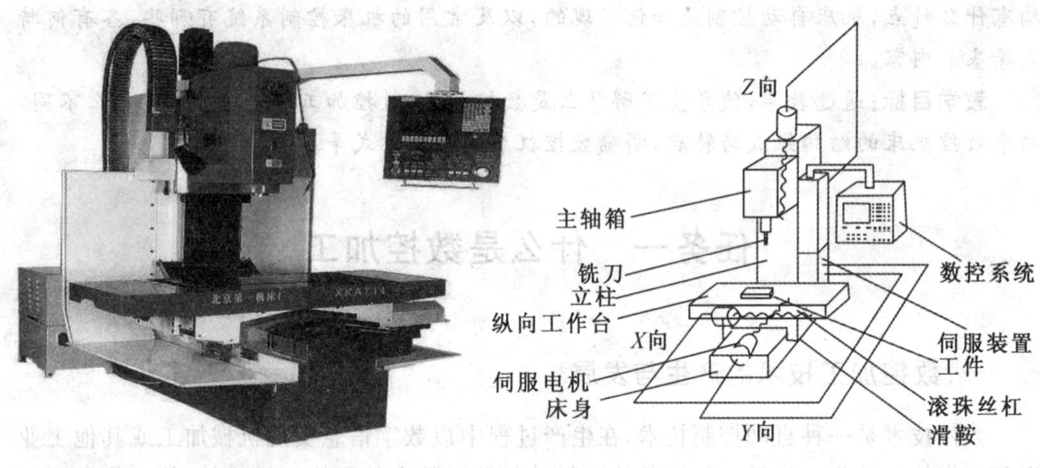


图 1-1　立式数控铣床的实物图与示意图

(二)数控加工技术的产生和发展

采用数字技术进行机械加工,最早出现在 20 世纪 50 年代初,是由美国北密支安的一个小型飞机工业承包商帕森斯(Parsons)公司实现的。他们在制造飞机的框架及直升机的转动机翼时,利用全数字电子计算机对机翼加工路径进行数据处理,并考虑到刀具直径对加工路线的影响,使得加工精度达到±0.0381mm,达到了当时的最高水平。数控加工技术的发展主要取决于数控系统的控制水平,几十年来,数控技术的发展经历了五代数控系统。

1952 年,美国 Parsons 公司与麻省理工学院伺服机构研究所合作,研制成功一台三坐标数控铣床，其插补装置采用脉冲乘法器，整个控制装置由大量真空管组成，第一代数控系统宣告诞生。

1959年，晶体管元件问世，数控系统广泛采用晶体管和印制板电路，数控系统跨入第二代。

1965年，出现了小规模集成电路，由于其体积小，功耗低，使数控系统的可靠性得到进一步提高，数控系统发展到第三代。前三代数控系统是属于采用专用控制计算机的硬逻辑(硬件)数控系统，简称NC(Numerical Control)。

1970年，采用了大规模集成电路及小型计算机取代专用控制计算机数控系统，通过编制程序并存入计算机的专用存储器中，构成"控制软件"来实现多种控制功能，显著提高了系统的功能性和可靠性，称为第四代数控系统(Computer Numerical Control，简称CNC)，又称为"软件NC"系统。

1974年，采用以微处理器为核心的数控系统，形成第五代微型机数控系统，简称MNC(Micro-computer Numerical Control)。以上CNC与MNC统称为计算机数控。CNC和MNC的控制原理基本上相同，目前趋向采用成本低、功能强的MNC。由于第四、五代系统本质上都属于软件数控，当前仍然统称为CNC系统。

当前，世界上发展了一种基于PC-NC的新型数控系统，它充分利用现有PC机的软硬件资源，规范设计了新一代数控技术。在数控系统不断更新换代的同时，数控机床的品种得以不断地发展。

随着科学技术的迅速发展，机械产品的结构，零件的形状不断改进，对零件质量和加工精度的要求越来越高。为了提高生产效率，降低成本，保证产品质量，要求机床不仅具有较好的通用性和灵活性，而且应实现加工过程的自动化。过去，采用组合机床、机械自动机床、仿形机床和自动线的加工，其设备的初期投资大，生产准备时间长，且不能满足零件形状复杂、改型频繁的要求。数控机床的出现和发展结合传统的工业生产设备的改造，为机械制造带来了革命性的变革，能很好地解决复杂、精密、小批量、多品种零件的加工问题，代表了现代机械加工技术的发展方向。

## 二、数控加工的工作过程

### (一)数控加工的工作过程

利用数控机床加工零件，首先要将被加工零件的图样及工艺信息数字化，用规定的代码和格式编写成加工程序，然后将所编写的加工程序输入到机床的数控装置中，数控装置将程序(代码)进行译码、运算，向机床各个坐标的伺服机构和辅助控制装置发出信号，驱动机床各部件运动，控制所需要的各种辅助运动。

图1-2是数控加工的一般工作过程示意图，具体步骤如下：

(1)程序员首先阅读零件图纸，充分了解图纸的技术要求，如尺寸精度，形位公差，表面粗糙度，工件的材料、硬度、加工性能以及工件数量等。

(2)根据零件图纸的要求进行工艺分析，其中包括零件的结构工艺性分析、材料和设计精度合理性分析、大致工艺步骤分析等。

(3)根据工艺分析制定加工所需要的工艺信息，如：加工工艺路线、刀具的运动轨迹、位移量、切削用量(主轴转速、进给量、吃刀深度)以及辅助功能(换刀、主轴正转或反转、切削液开或关)等,并填写数控加工工序卡和工艺过程卡。

(4)根据零件图和制定的工艺内容,按照所用数控系统规定的指令代码及程序格式进行数控加工程序编制。

(5)将编写好的程序通过传输接口,输入到数控机床的数控装置中。调整好机床并调用该程序后,就可以加工出符合图纸要求的零件。

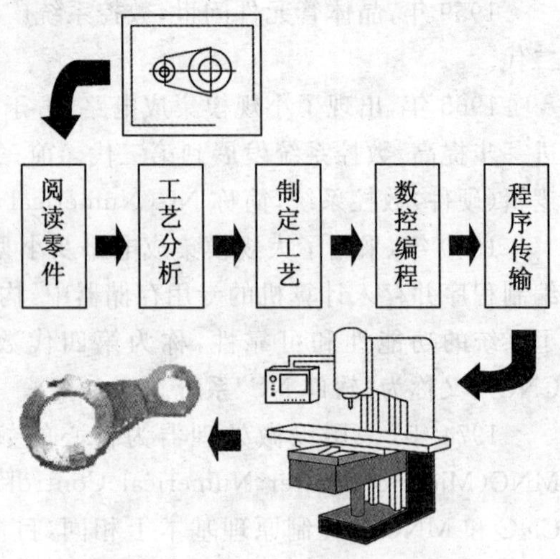

图 1-2 数控加工的工作过程

(二)数控机床的坐标系

数控加工的工作过程,是通过机床数控装置控制机床各部件,按照加工程序完成规定的动作(主轴回转,刀具或者工件进给,冷却、润滑等),代替操作者自动完成整个加工过程。工件的形状和精度依靠刀具和工件间的运动轨迹和运动精度保证,刀具与工件间的几何关系则需要在坐标系下描述,因此数控机床实现数字控制的前提是必须建立机床坐标系。为了便于编程时描述机床的运动,简化程序的编制及保证程序的通用性,数控机床的坐标和运动方向均已标准化。在我国的 JB3052-82 中,规定了数控机床坐标系和运动方向的确定原则。

1. 坐标系的确定原则

(1)刀具相对于静止工件而运动的原则　数控机床的进给运动是相对的,有的是刀具相对于工件的运动(如车床),有的是工件相对于刀具的运动(如铣床)。为了使编程人员能够在不知道具体是刀具移向工件,还是工件移向刀具的情况下,可以根据图样确定机床的加工过程,总是假定刀具相对于静止的工件而运动。这一原则使编程人员可依据零件图样编程,确定机床的加工过程。

(2)机床坐标系的规定　为了确定机床上的成形运动和辅助运动,必须先确定机床上运动的方向和运动的距离,这就需要一个坐标系才能实现,这个坐标系就称为机床坐标系,如图 1-3 所示为数控铣床坐标系的组成示意图。

标准的机床坐标系是一个右手笛卡儿直角坐标系,如图 1-4 所示。图中规定了 $X$,$Y$,$Z$ 三个直角坐标轴的关系:用右手的拇指、食指和中指分别代表 $X$,$Y$,$Z$ 三轴,三个手指互相垂直,所指方向即为 $X$,$Y$,$Z$ 的正方向。围绕 $X$,$Y$,$Z$ 各轴的旋转运动分别用 $A$,$B$,$C$ 表示,其正向用右手螺旋法则确定。当考虑刀具运动时,用不加"′"的字母表示运动的正方向,如 $+X$,$+Y$,$+Z$;当考虑工件运动时,用加"′"的字母表示运动的正方向,如 $+X'$,$+Y'$,$+Z'$。二者所表示的运动方向相反。

2. 坐标轴及运动方向的确定

数控机床某一部件运动的正方向规定为增大工件与刀具之间距离的方向。

(1)$Z$ 坐标轴　标准规定,以传递切削动力的主轴作为 $Z$ 坐标轴。若机床有几个主轴，可选择一个垂直于工件装夹平面的主要轴作为 $Z$ 轴。若机床没有主轴(如刨床)，则 $Z$ 坐标垂直于工件装夹平面。$Z$ 坐标的正方向是增大刀具和工件之间距离的方向。如在钻、镗加工中，钻入或镗入工件的方向是 $Z$ 坐标的负方向。

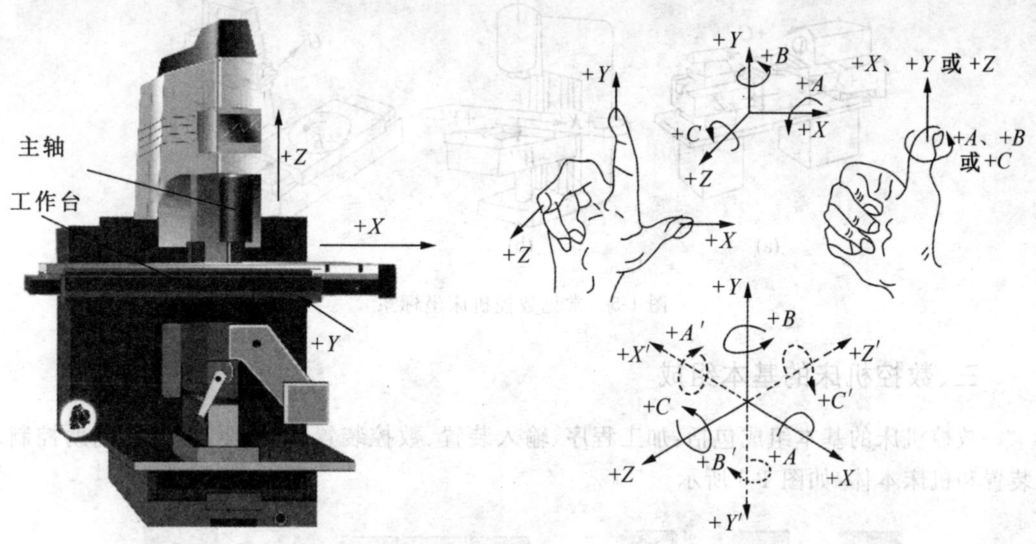


图 1-3　数控铣床的坐标系组成　　　　图 1-4　右手笛卡儿直角坐标系

(2)$X$ 坐标轴　$X$ 坐标是水平的，它平行于工件的装夹平面，是刀具或工件定位平面内运动的主要坐标。对于工件旋转的机床(如车床、外圆磨床)，$X$ 坐标的方向是在工件的径向上，且平行于横向滑座，以刀具离开工件旋转中心的方向为正方向。对于刀具旋转的机床(如铣床、镗床、钻床)规定如下：若 $Z$ 坐标是水平的，当从主要刀具主轴向工件看时，$X$ 轴的正方向指向右方；若 $Z$ 坐标是垂直的，对于单立柱机床，当从主要刀具主轴向立柱看时，$X$ 轴的正方向指向右方；对于双立柱机床，当从主要刀具主轴向左侧立柱看时，$X$ 轴的正方向指向右方。对于没有旋转刀具或旋转工件的机床(如刨床)，以切削方向为 $X$ 轴正方向。

(3)$Y$ 坐标轴　$Y$ 轴的正方向，根据 $X$，$Z$ 轴的正方向，按照右手笛卡儿直角坐标系来确定。

(4)旋转坐标 $A$，$B$，$C$　$A$，$B$，$C$ 分别是围绕 $X$，$Y$，$Z$ 轴的旋转坐标，它们的方向，根据 $X$，$Y$，$Z$ 轴的方向，用右手螺旋法则确定。

3. 附加坐标系

$X$，$Y$，$Z$ 坐标系称为主坐标系或第一坐标系，其他坐标系称为附加坐标系。对于直线运动：如在 $X$，$Y$，$Z$ 主要运动之外另有平行或不平行于 $X$，$Y$，$Z$ 的第二组坐标，可指定为 $U$，$V$，$W$；如还有第三组坐标，则指定为 $P$，$Q$，$R$。对于旋转运动：如在第一组旋转运动 $A$，$B$，$C$之外，还有平行或不平行于 $A$，$B$，$C$ 的第二组旋转运动，可指定为 $D$，$E$，$F$。生产中常见的数控机床坐标系，如图 1-5 所示。

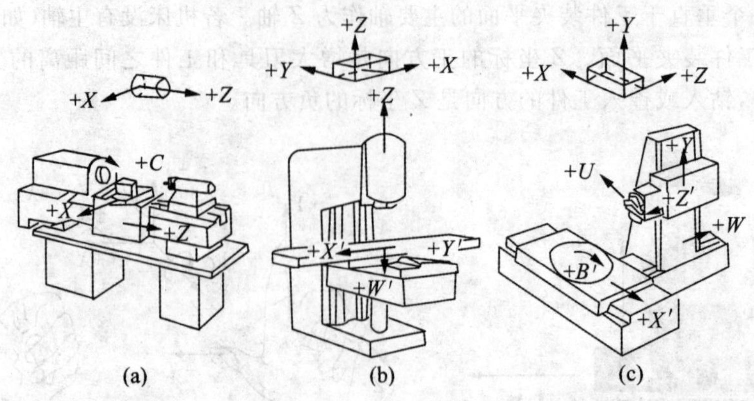


图 1-5　常见数控机床坐标系

## 三、数控机床的基本组成

数控机床的基本组成包括:加工程序、输入装置、数控装置、伺服驱动系统、辅助控制装置和机床本体,如图 1-6 所示。

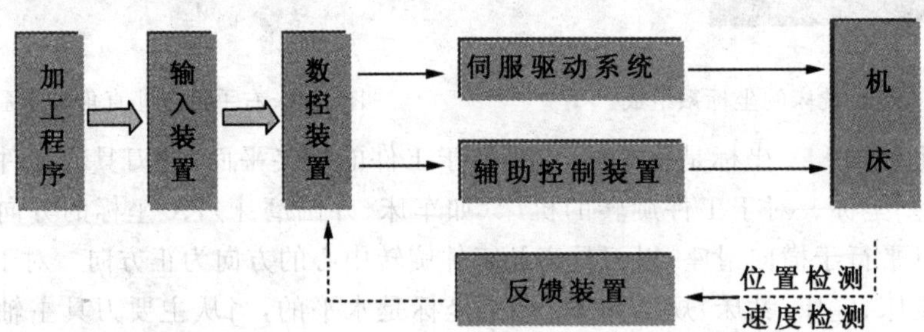


图 1-6　数控机床的组成

1. 加工程序

加工程序是数控机床自动加工零件的工作指令。由编程人员在对加工零件进行工艺分析的基础上,确定零件加工中的所有运动参数、几何参数、工艺参数等加工信息,然后用标准的由字符、数字和符号组成的数控代码,按规定的方法和格式编制而成。编制好的数控程序,存放在便于输入到数控装置的存储载体上,它可以是穿孔纸带、录音磁卡、软磁盘、可移动存储设备等,现代的数控机床,可以在它的数控装置上直接编程。采用哪一种存储载体,取决于数控装置的设计类型。编制程序的工作可由人工进行(手动编程),或者利用软件由自动编程计算机系统来完成(自动编程)。

2. 输入装置

输入装置的作用是将控制介质(信息载体)上的数控代码变成相应的电信号,传送并存入数控系统内。根据程序存储介质的不同,输入装置可以是光电阅读机、录音机或软盘驱动器等。数控程序可通过手工方式(MDI 方式)将数控程序单的内容输入数控系统,或者由编程计算机用通信方式将数控程序传送到数控系统,也可通过移动存储设备将数控程序通过通信接口传送到数控系统。

3. 数控装置

数控装置是数控机床实现自动加工的核心。主要由主控单元、运算器、存储器、输入输出接口、总线五大部分组成。数控装置接受输入装置送来的信息，经过逻辑电路或系统软件进行编译、运算和逻辑处理后，输出各种信号和指令来控制机床的各个部分有序动作。这些控制信号中最基本的信号是：经插补运算确定的各坐标轴（即做进给运动的各执行部件）的进给速度、进给方向和位移量指令信号，发送给伺服系统驱动执行部件做进给运动；还有主运动部件的变速、换向和启停指令信号；选择、更换刀具的刀具指令信号；控制冷却、润滑的启停，工件和机床部件松开、夹紧，分度工作台转位等辅助指令信号等。

现代数控装置具有较为完备的自诊断功能，配置有对设备关键单元的故障监测装置，例如，主轴温升、系统功率监测、刀具磨损等监控，进一步扩展了数控机床的功能。

4. 伺服驱动系统

伺服驱动系统是数控系统和机床本体之间的传动联系环节，主要由伺服控制系统、伺服电机和位置检测与反馈装置组成。伺服电机是执行元件，伺服控制系统向伺服电机提供动力。伺服驱动系统根据数控系统发送来的速度和位移指令控制执行部件的进给速度、方向和位移。每个方向的进给运动，都配有一套伺服驱动系统。

伺服驱动系统有开环、半闭环和闭环之分。在半闭环和闭环伺服驱动系统中，使用了位置检测装置，间接或直接测量执行部件的实际进给位移，与指令位移进行比较，从而保证了机床工作台的准确移动。各种接触和非接触式传感器和检测方法（例如光栅、磁尺、热敏电阻、红外测温、激光测距、CCD图像处理）和专家系统的运用，使得控制系统能够对接收到的更多的外部信息进行处理，为误差的自动补偿和加工过程自动化提供了保证。

5. 机床本体

数控机床的本体就是构成机床的机械部件，包括：主运动部件、进给运动执行部件、工作台、拖板及其传动部件和床身立柱等支承部件，此外，还有冷却、润滑、转位和工件夹紧等辅助装置。对于加工中心类的数控机床，还有存放刀具的刀库，刀具交换的机械手等部件。数控机床机械部件的组成与普通机床相似，但传动结构要求更为简单，在精度、刚度、抗振性等方面要求更高，而且其传动和变速系统要便于实现自动控制。

6. 辅助控制装置

辅助控制装置是数控系统与机床机械、液压部件之间的控制联系环节。其主要作用是接收数控系统发出的主运动变速、刀具选择交换、辅助装置动作等指令信号，经过必要的编译、逻辑判断、功率放大后直接驱动相应的电气、液压、气动和机械部件，以完成指令所规定的动作。同时将动作信号反馈回数控系统进行处理。辅助功能的控制由可编程序控制器（PLC）完成。

## 四、数控机床的分类

数控机床的种类很多，分类方法也各不相同。根据数控机床的功能和组成，可以从如下几个不同方面进行分类：

(一)按机床进给的控制轨迹进行分类

1. 点位控制数控机床

点位控制数控机床能在加工平面内,控制刀具相对于工件的定位点的坐标位置,因在定位移动过程中不进行切削加工,故对定位时刀具移动轨迹并无要求。如图 1-7 所示为点位控制的刀具运动轨迹,这类机床主要有数控钻床、铣床、冲床和数控测量机等,用于加工带有严格坐标要求的孔系零件或测量坐标位置。

2. 直线控制数控机床

直线控制数控机床又称平行控制数控机床,特点是除控制起点和终点的准确位置外,还要控制两点之间的移动速度和轨迹。如图 1-8 所示,控制刀具或工件以适当的进给速度,沿平行于坐标轴的方向进行直线移动和加工,或者控制两个坐标轴以同样的速度运动,沿 45°斜线进行切削加工。数控车床、数控磨床、数控铣床等都属于直线控制系统,其控制功能比点位控制复杂。直线控制的数控车床,只有两个坐标轴,可用于台阶轴加工。直线控制的数控铣床,有三个坐标轴,可用于平面铣削加工。数控铣床、加工中心等,各坐标的进给速度均能在一定的范围内进行调整,兼有点位和直线控制功能。

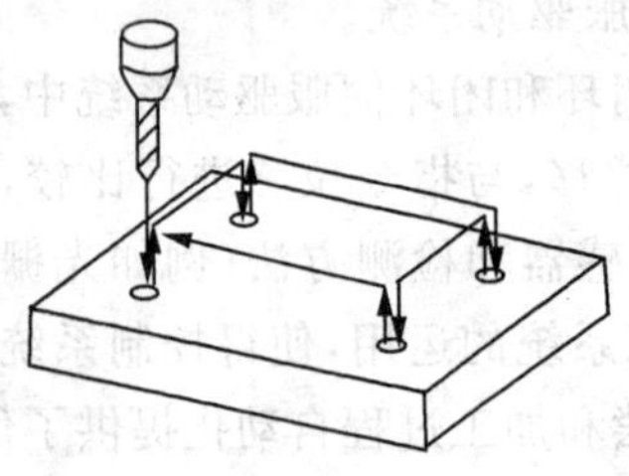

图 1-7 点位控制轨迹

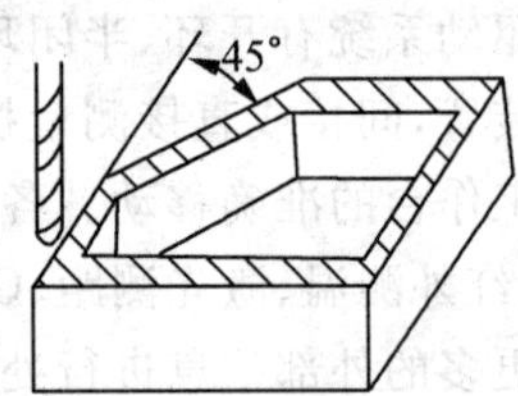


图 1-8 直线控制轨迹

3. 轮廓控制数控机床

轮廓控制数控机床又称连续控制数控机床,其特点是能对两个或两个以上的坐标轴进行严格的连续控制。它不仅要控制起点和终点位置,而且要控制两点之间每一点的位置和速度,可以加工出由任意形状的曲线或曲面组成的复杂零件。与点位、直线控制数控机床的主要区别是它能进行多坐标联动的运算和控制,并有刀具长度和刀具半径补偿功能,这类机床的数控系统的功能是最齐全的。能够进行多坐标联动控制的数控机床,一般也能够进行点位、直线控制。根据使用时所控制的坐标轴数量还可分为以下四种形式:

(1)二轴联动 又称两坐标联动,同时控制两个坐标的平面轮廓,主要用于数控车床加工曲线柱面和数控铣床加工平面图形。$X$,$Y$,$Z$ 三个坐标中同时控制 $X$,$Y$ 的坐标时,可以进行如图 1-9 所示的曲线形状的加工。同时控制 $X$,$Z$ 坐标后又同时控制 $Y$,$Z$ 坐标时,可以加工如图 1-10 所示形状的零件。

(2)三轴联动 又称三坐标联动,在同时控制 $X$,$Y$,$Z$ 三个坐标时,可以加工如图 1-11所示的形状的零件。在 $X$,$Y$,$Z$ 三个坐标方向可以同时移动,即刀具在空间内的任意方向都可移动时,能够进行三维的立体型面加工。

(3)四轴联动 又称四坐标联动,同时控制四个坐标的轮廓。除直线坐标 $X$,$Y$,$Z$ 以外,再加上围绕某一直线坐标轴旋转的一个坐标,形成了同时控制四个坐标的数控机床,如图 1-12 所示，采用四坐标数控铣削加工时，铣刀可在给定空间内的任何方向运动。

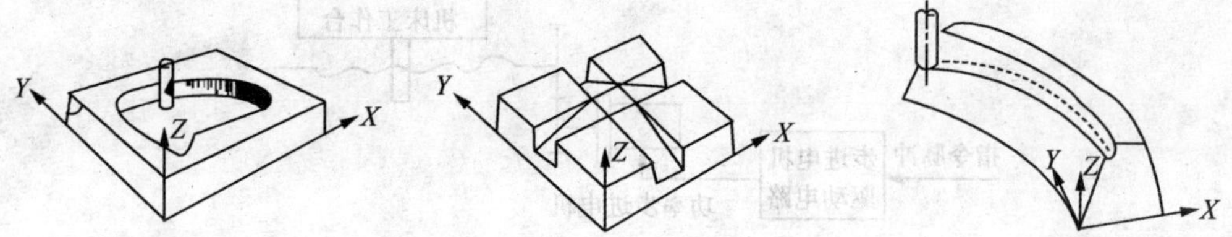


图 1-9　同时控制 $X,Y$ 坐标　　图 1-10　同时控制 $Y,Z$ 坐标　　图 1-11　同时控制 $X,Y,Z$ 坐标

(4)五轴联动　五轴联动除同时控制 $X,Y,Z$ 三个直线坐标轴联动外，还同时控制围绕这些直线坐标轴旋转的 $A,B,C$ 中的两个坐标轴，形成同时控制五个坐标轴联动。这时刀具可以被定在空间的任意方向、任意位置，如图 1-13 所示。比如控制刀具同时绕 $X$ 轴和 $Y$ 轴两个方向摆动，使刀具在其切削点上切削方向始终与被加工的轮廓曲面切线方向相同，以保证被加工曲面的光滑性，提高其加工精度和加工效率，减小被加工表面的粗糙度。

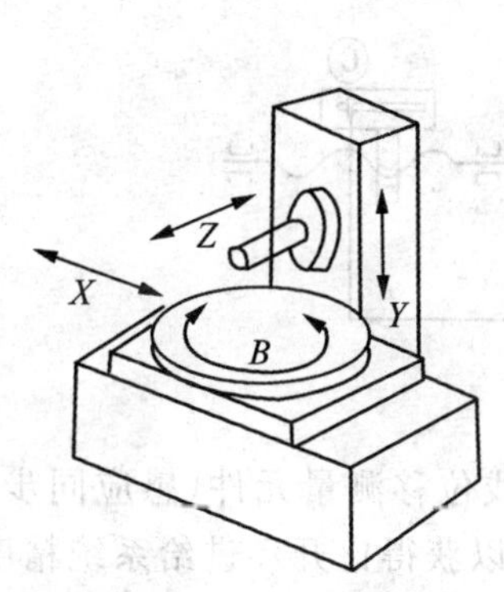


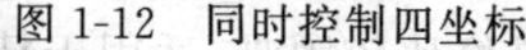

图 1-12　同时控制四坐标

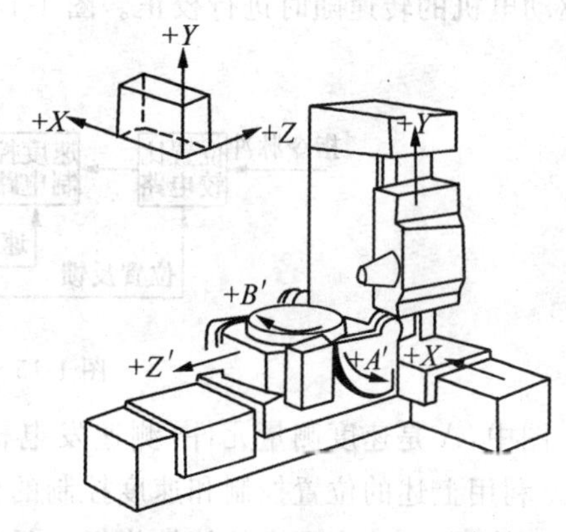


图 1-13　五轴联动的加工中心

目前，数控机床正向着多坐标、多主轴、大台面、大功率、多功能、高主轴转速和高进给速度方向发展。

(二)按伺服系统的控制方式分类

1. 开环数控机床

开环数控机床采用开环进给伺服系统，图 1-14 所示为典型的开环进给系统。这是一个由功率步进电机驱动的开环进给系统。数控系统根据所要求的进给速度和进给位移量，输出一定频率和数量的进给指令脉冲，经步进电机驱动电路放大后，每一个进给脉冲驱动功率步进电机旋转一个步距角，再经减速齿轮、丝杠螺母副，转换成工作台的一个当量直线位移(对于圆周进给，一般都是通过减速齿轮、蜗杆蜗轮副带动转台进给一个当量角位移)。由于功率步进电机的输出转矩有限，不足以驱动较大的工作台等部件，生产上采用由小的信号步进电机与由液压扭矩放大器组成的电液脉冲马达作为驱动装置，它可输出较大的转矩，能驱动较大的工作台执行进给运动。

开环控制系统的特点是：结构简单、调试维修方便、成本较低，但伺服机构的误差没有补偿和校正，所以精度较低，一般适用于中小型的经济型数控机床。

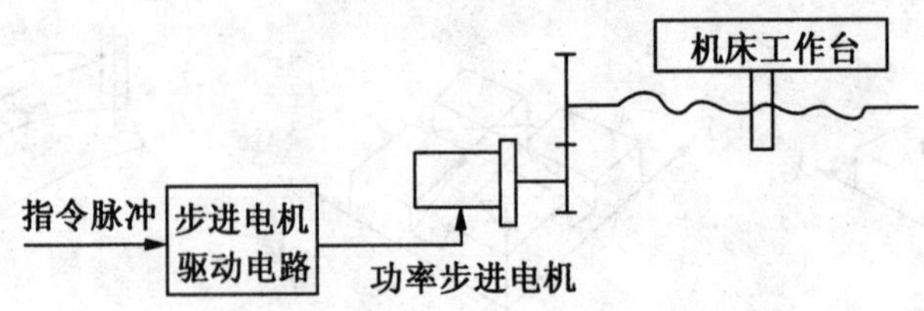


图 1-14　开环控制系统

2. 闭环数控机床

闭环数控机床的进给伺服系统是按闭环原理工作的。在机床的运动部件上，安装有位移测量装置，将测量出的实际位移值反馈到数控系统中，随时与输入的指令位移值相比较，根据其差值与指令进给速度的要求，按一定的规律进行转换后，得到进给伺服系统的速度、位移新指令，同时还利用和伺服驱动电机同轴刚性连接的测速元件，检测驱动电机的转速，得到速度反馈信号，将它与速度指令信号比较，以其比较的结果(速度误差信号)，对驱动电机的转速随时进行校正。图 1-15 为闭环进给系统工作原理图。

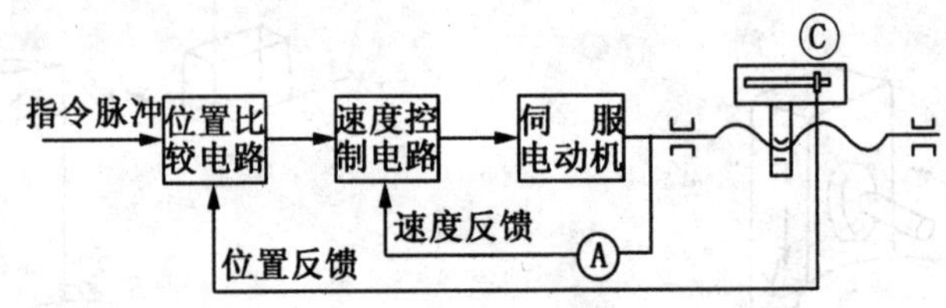


图 1-15　闭环控制系统

图中，A 是速度测量元件(测速发电机)。C 是直线位移测量元件(感应同步器或光栅)。利用上述的位置控制和速度控制的两个回路，可以获得比开环进给系统精度更高、速度更快、驱动功率更大的特性指标。目前，闭环控制系统采用的伺服机构是直流伺服电机或交流伺服电机，其特点是精度高、速度快，但调试和维修比较困难，适用于精度较高的数控机床。

3. 半闭环数控机床

半闭环控制系统是在开环进给伺服系统的传动丝杠上刚性连接角位移检测装置，如圆光栅、光电编码器及旋转式感应同步器等。图 1-16 为半闭环控制数控机床工作原理图。

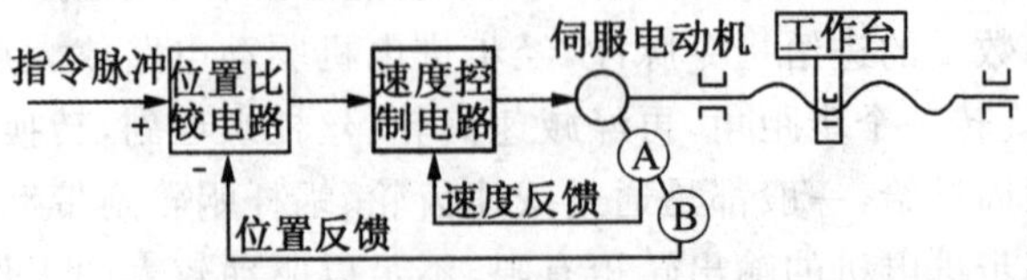


图 1-16　半闭环控制系统

该系统不是直接测量工作台位移，而是通过检测丝杠的转角间接地测量工作台位移量，然后再反馈给数控系统。由于工作台的位移没有直接检测反馈，故称半闭环控制系统。图中B表示转角检测装置(如旋转变压器、脉冲编码器、圆光栅等)，用测量丝杠或电动机轴旋转角位移来间接测量工作台的直线位移，图中A是速度测量元件。伺服电机采用宽调速直流力矩电机，可直接与丝杠相连。目前，已设计生产出将角位移检测器与伺服电机合二为一的部件，使系统的结构简单，安装、调试都比较方便。这种控制系统的精度没有闭环系统高，但采用精密滚珠丝杠和丝杠螺距误差的补偿措施后，可满足某些机床的控制要求。中小型数控机床广泛采用半闭环控制系统。

(三)按工艺用途分类

1. 一般数控机床

这类机床的品种和传统的通用机床一样，有数控车、铣、拉、钻、磨床等，而每一种又有很多品种和规格。这类数控机床的工艺性与传统的普通机床相似，却又具有数控机床的特点。

2. 可以自动换刀的数控机床(简称加工中心)

这类数控机床的相同点是都带有刀库，可容纳10～100把刀具，它和自动换刀装置构成可换刀的数控机床。这类数控机床的工作特点是：工件一次安装后可完成铣削、铰孔、扩孔、钻孔、攻丝等多道工序的加工。例如，加工中心(镗/铣类)、车削中心、钻铣中心等。目前这类加工中心多数是钻铣床，用于加工箱体类零件。若使用自动交换双工作台，能在一个工件加工过程中，装卸另一工件，使这类数控机床的自动化程度和生产率进一步提高。

3. 计算机群控

计算机群控也称直接数控(DNC)，它是用一台通用计算机直接控制一群数控机床的系统。根据机床和计算机结合的方式不同，计算机群控系统大致可分为间接型和直接型。

间接型群控系统是把来自通用计算机存储器中的程序，通过接口分别送到机床群中每一台数控机床的数控系统中。

直接型群控系统规模小，机床群中的每台机床没有完整数控系统，但是配备有伺服系统和一般的机床控制装置。数控功能集中在一个“分时多路数控装置”中，与计算机构成一个完整的群控系统。

(四)按控制系统的功能水平分类

按控制系统的功能水平，通常把数控机床分为低、中、高三种档次。这种分类方式在我国使用较多。低、中、高档的界限是相对的，不同的时期划分标准也不一样，就目前的发展情况来看，主要从以下几个方面分类：

1. 主轴功能

主轴不能自动变速的为低档，可以自动无级变速的为中档或高档。

2. 伺服进给类型

采用开环步进电机进给系统的为低档；采用半闭环伺服系统的为中档；采用闭环伺服系统的为高档。

3. 联动轴数

联动轴数为2～3轴的为低档；中高档的则为3～5轴以上。

4. 分辨率和进给速度

分辨率为 10μm，进给速度在 8～15m/min 为低档；分辨率为 1μm，进给速度在 15～24m/min为中档；分辨率为 0.1μm，进给速度在 15～100m/min 为高档。

5. 显示功能

低档的数控机床一般只有简单的数码显示或简单的 CRT 字符显示；而中高档的数控机床则具有较齐全的 CRT 显示，不仅有字符，而且有图形、人机对话、自诊断功能；高档的数控系统还可以三维图形显示。

6. 主 CPU

低档的数控系统一般采用 8 位的 CPU，中高档的正由 16 位 CPU 向 32 位 CPU 过渡，国外最新的数控系统已使用 64 位 CPU，以提高运算速度。

在我国，将由单片机和步进电机组成的数控系统和其他功能简单、价格低的系统称为经济型数控机床，主要用于车床、线切割机床以及旧机床的改造等，这类数控机床属于低档数控机床；将功能齐全的数控系统称为全功能数控系统。

## 五、数控机床的加工特点及应用

### (一)数控机床加工特点

1. 适应性强

数控机床上加工新工件时，只需重新编制新工件的加工程序，就能实现新工件的加工。加工时，只需要简单的夹具，不需要制作成批的工装夹具，更不需要反复调整机床，因此，特别适合单件、小批量及试制新产品的加工。对于普通机床很难加工的精密复杂零件，数控机床也能实现自动加工。

2. 加工精度高

数控机床是按数字指令进行加工的，目前数控机床的脉冲当量普遍达到了 0.001mm，而且进给传动链的反向间隙与丝杠螺距误差等均可由数控装置进行补偿，因此，数控机床能达到很高的加工精度。对于中、小型数控机床，定位精度普遍可达 0.03mm，重复定位精度为 0.01mm。此外，数控机床的传动系统与机床结构都具有很高的刚度和热稳定性，制造精度高，其自动加工方式避免了人为的干扰因素，同一批零件的尺寸一致性好，产品合格率高，加工质量稳定。

3. 生产效率高

工件加工所需时间包括机动时间和辅助时间，数控机床能有效地减少这两部分时间。数控机床的主轴转速和进给量的调整范围都比普通机床设备的范围大，因此数控机床每一道工序都可选用最有利的切削用量；从快速移动到停止采用了加减速过渡措施，既提高运动速度，又保证定位精度，有效地降低机动时间。数控机床更换加工对象时，不需要大范围调整机床，同一批工件加工质量稳定，无须停机检验，辅助时间大大缩短。特别是使用自动换刀装置的数控加工中心，可以在同一台机床上实现多道工序连续加工，生产效率的提高更加明显。

4. 劳动强度低

数控机床的工作是按照预先编制好的加工程序自动连续完成的。操作者除输入加工程序或操作键盘、装卸工件、关键工序的中间测量及观看设备的运行之外，不需要进行繁琐、重复手工的操作，这使工人的劳动条件大为改善。

5. 良好的经济效益

虽然数控机床的价格昂贵，分摊到每个加工件上的设备费用较大，但是使用数控机床会节省许多其他费用。特别是不需要设计制造专用工装夹具，加工精度稳定，废品率低，减少调度环节等，整体成本下降，可获得良好的经济效益。

6. 有利于生产管理的现代化

采用数控机床能准确地计算单个产品工时，合理安排生产。数控机床使用数字信息与标准代码处理、控制加工，为实现生产过程自动化创造了条件，有效地简化了设计、试制、检验、成品之间的信息传递。

(二)数控机床的工艺范围

数控机床与普通机床相比，具有许多的优点，应用范围不断扩大。但是，数控机床初期投资费用较高，技术复杂，对操作维修人员和管理人员的素质要求也较高。实际选用时，一定要充分考虑其技术经济效益。一般来说，数控机床特别适合于加工零件结构较复杂、精度要求高、产品更新频繁、生产周期要求短的场合。

图 1-17 表示随着零件复杂程度和生产批量的不同，三种机床的应用范围的变化情况，图 1-18 表明了随着生产批量的不同，采用三种机床加工时，总加工费用的变化情况。由两图可知，在多品种、中小批量生产情况下，使用数控机床可获得较好的经济效益。随着零件批量的增大，对选用数控机床是有利的。

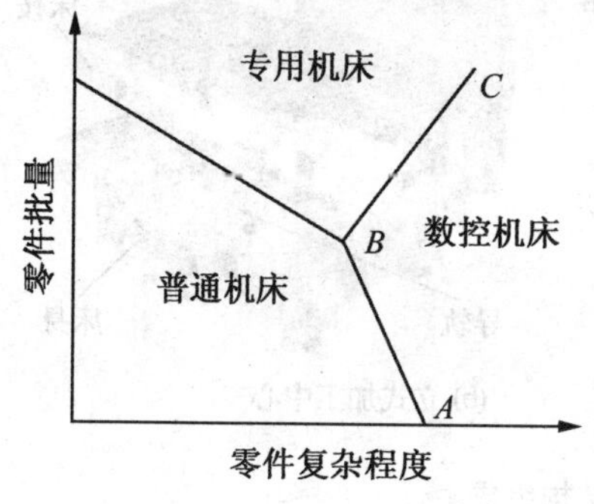


图 1-17　各种机床的使用范围

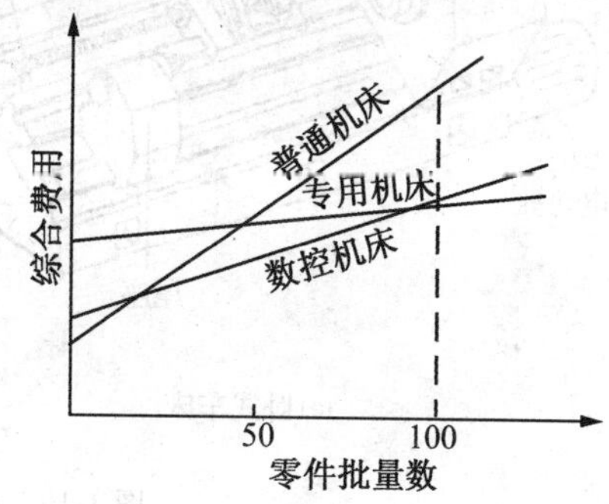


图 1-18　各种机床的加工批量与成本的关系

# 任务二　数控机床的机械结构

数控机床是机械和电子技术相结合的产物。随着机械电子和计算机控制技术在机床上的普遍应用，数控机床的机械结构也在不断发展。数控机床的机械结构，如图 1-19 所示，主要包括机床的床身、导轨、主轴部件、进给系统、工作台、刀架和刀库、自动换刀装置及其他辅助装置。

数控机床的各机械部件相互协调，组成一个复杂的机械系统，在数控系统的指令控制下，实现各种进给运动、切削加工和其他辅助操作等多种功能。因此，数控机床的主体结构有了以下特点：

(1)由于采用了高性能的无级变速主轴及伺服传动系统，数控机床的机械传动结构大为简化，传动链也大大地缩短。

(2)为适应连续地自动化加工和提高加工生产率，数控机床机械结构具有较高的静、动态刚度和阻尼，以及较高的耐磨性，较小的热变形等特点。

(3)为减小摩擦、消除传动间隙和获得更高的加工精度，更多地采用了高效传动部件，如滚珠丝杠副和滚动导轨、消隙齿轮传动副等。

(4)为了改善劳动条件、减少辅助时间、改善操作性、提高劳动生产率，采用了工件、刀具自动夹紧装置，刀库与自动换刀装置及自动排屑装置等辅助装置。

可见，数控机床的结构必须具有很高的强度、刚度和抗振性，才能满足要求。数控系统不但要求对刀具的位置或轨迹进行控制，而且还要具备自动换刀和补偿机能，因而数控机床的机构必须有很高的可靠性，以保证这些机能的正确执行。

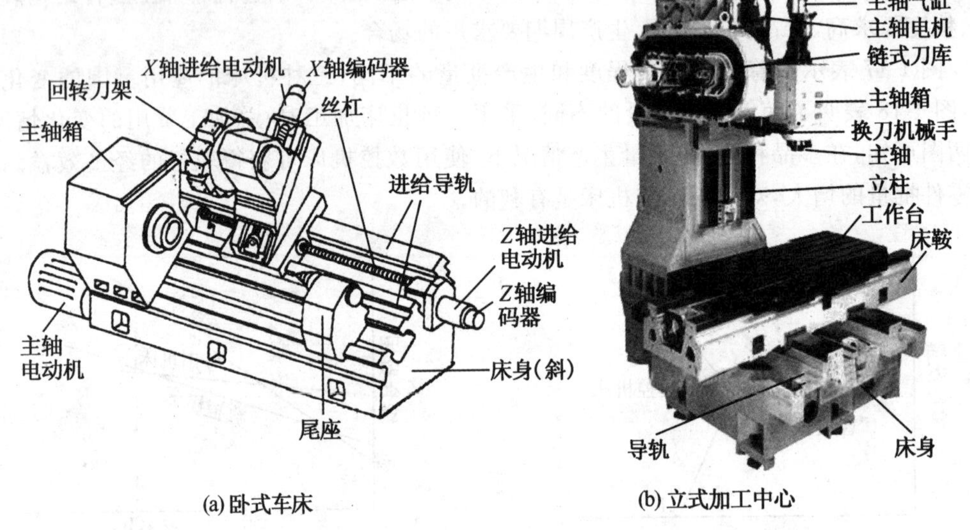


图 1-19　数控机床机械结构组成

## 一、数控机床的主传动装置

### (一)数控机床对主传动的要求

在数控机床上，主运动的最高与最低转速、转速范围、传递功率，决定了数控机床的切削加工效率和加工工艺能力。主轴组件的回转精度、刚度、抗振性和热变形，直接影响加工零件的尺寸、位置精度以及表面质量，因此数控机床对主传动提出了越来越高的要求。

1. 精度高

精度高主要指主轴回转精度高。要求主轴部件具有足够的刚度和抗振性，具有较好的热稳定性，即主轴的轴向和径向尺寸随温度变化较小。另外，要求主传动的传动链要短。

2. 功率大

要求主轴有足够的驱动功率或输出转矩，在整个速度范围内均能提供切削所需的功率或转矩，特别是在强力切削时。有一定的过载能力和较硬的调速机械特性，即在负载变化的情况下，主轴转速波动小。

3. 调速性能好

主传动的调速范围要宽，数控加工时，为了提高切削效率，常采用高速、大吃刀量的强力切削，对于自动换刀数控机床，为适应不同工序和不同材料加工的要求，更需要主传动自动变速范围宽。数控机床的主轴变速是依指令自动进行的，要求能在较宽转速范围内进行无级变速。目前，数控机床的主驱动系统要求在1∶(100～1000)范围内进行恒转矩和1∶(10～100)范围内的恒功率调速。由于主轴电机与驱动的限制，为满足数控机床低速强力切削的需要，常采用分段无级变速方法，即在低速段采用机械减速装置，以提高输出转矩。为了提高工件表面质量和加工效率，有时要求数控机床能实现表面恒线速度切削。如数控车床对大直径工件端面切削时，要求主轴转速随切削端面的直径变小而变快，保证切削表面为恒线速度切削。

4. 动态响应性好

要求主轴升降速时间短，调速时运转平稳，尽量减少中间传递环节。有的数控机床需要正、反转切削，则要求主轴除有正反向驱动能力外，换向时还可进行自动减速、加速控制。

5. 旋转轴联动功能

要求主轴与其他直线坐标轴能同时实现插补联动控制，如在车削中心上，为了使之具有螺纹车削功能，要求主轴能与进给驱动实行联动控制，即主轴具有旋转进给轴(*C*轴)的控制功能。

(二)数控机床主传动的方式

1. 皮带传动

如图1-20所示为皮带传动的主传动方式。当机床主轴有准确定向停止要求时，传动带多为同步齿形带，例如圆弧齿形同步带。皮带传动可以避免齿轮传动引起的振动与噪音，且能在一定程度上满足转速与扭矩的输出要求。但其调速范围要受电机调速范围的限制，传递功率也有限，故主要用于小型机床。

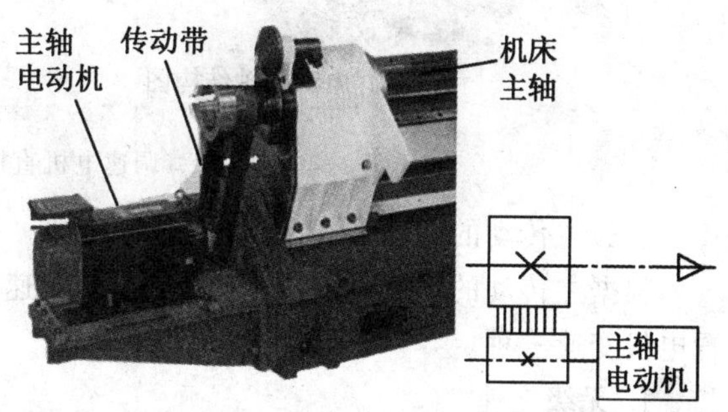


图1-20 斜床身车床皮带传动

2. 变速齿轮传动

图1-21为变速齿轮的主传动，是大中型数控机床采用较多的一种配置方式。为了保证低速时能传递较大的扭矩，同时为扩大恒功率区变速范围，在交流或直流电机无级变速的基础上，再配以少量齿轮变速，进而构成分段无级变速系统。一部分小型数控机床，也采用这种传动方式，以获得强力切削所需的驱动力矩。

3. 调速电机直接驱动

图 1-22 为调速电机直接驱动的主传动的形式，这种主传动方式，简化了主传动结构，有效地提高了主轴组件的传动刚度。但主轴转速范围以及输出扭矩与所用电机的输出特性完全一致，这样的结构布置在使用上受到一定的限制。但随着变频技术的成熟，这些问题也在逐渐解决。

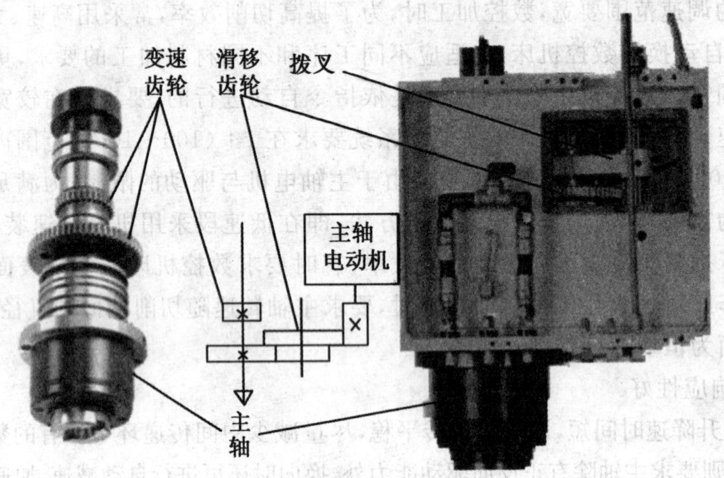


图 1-21　变速齿轮的传动

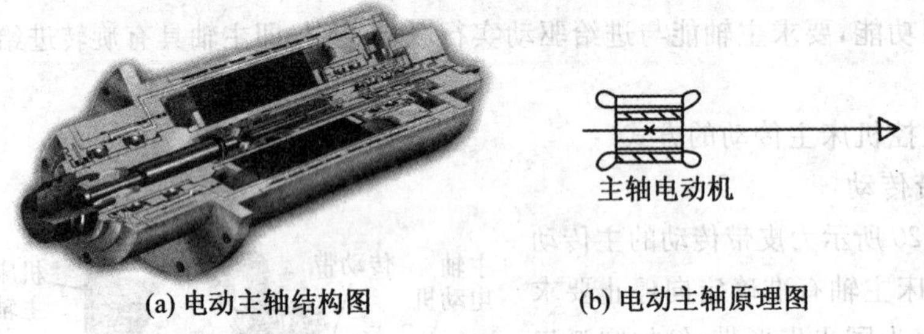


(a) 电动主轴结构图　(b) 电动主轴原理图

图 1-22　调速电机直接驱动的传动

(三) 主传动的变速形式

根据主传动的形式，数控机床的主传动变速形式主要有无级变速、分段无级变速、内置电机变速三种。

1. 无级变速

采用无级变速的主运动，不仅能在一定的变速范围内选择到合理的切削速度，而且还能在运动中自动换速。无级变速有机械、液压、电气等多种形式，数控机床一般都采用直流或交流主轴伺服电动机作为电气无级变速驱动。现代数控机床大量采用交流主轴电机及交流变频的驱动装置，由于没有电刷，不会产生电火花，使用寿命很长。

2. 分段无级变速

数控机床在实际生产中，并不需要在整个变速范围内均为恒功率。一般要求在中、高速段为恒功率传动，在低速段要求恒转矩传动。为确保数控机床主轴低速时有较大的转矩和主轴的变速范围尽可能大，有的数控机床在交流或直流电动机无级变速的基础上配以齿轮变速，使之成为分段无级变速。带有变速齿轮的主传动采用滑移齿轮移位实现变速操作时，多采用液压拨叉变速机构，通过不同的油腔通油方式，可以使三联齿轮块获得左、中、右三个不同的变速位置，如图 1-23 所示。

3. 内置电机直接调速

电机轴与主轴用联轴器同轴连接。这种方式大大简化了主轴结构，有效地提高了主轴刚度。但主轴输出扭矩小，电机的发热对主轴精度影响较大。近年来各国研究的电主轴，通常主轴本身就是电机的转子，主轴箱体与电机定子相连。其优点是主轴部件结构更紧凑，质量小，惯性小，可提高启动、停止的响应特性；缺点同样是热变形问题，相信在实际应用中会不断被解决。

在分段无级变速中还经常用到电磁离合器调速。电磁离合器有摩擦片式和牙嵌式两种。图 1-24 是牙嵌式电磁离合器的结构图。当线圈通电后，带有端面齿的衔铁被吸引和磁轭的端面齿互相啮合，衔铁又通过渐开线齿形花键与定位环相连接，定位环则与传动齿轮连接，从而在传动轴和传动齿轮之间传递运动。牙嵌式电磁离合器因能传递较大转矩，而其径向和轴向的尺寸相对较小，使得主轴箱的结构更为紧凑，且啮合过程无滑动，摩擦热减少，还可保证严格的传动比。

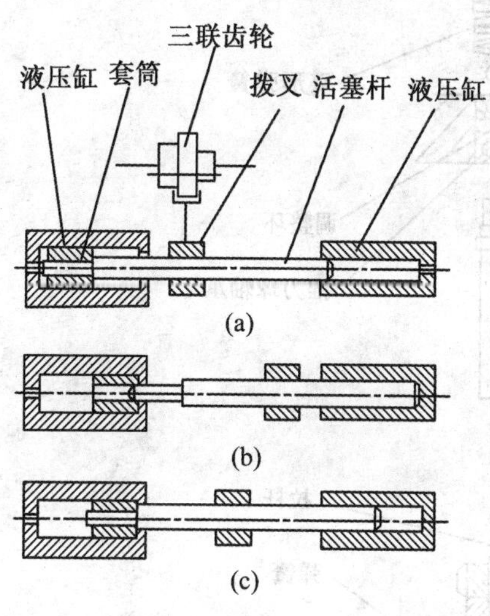


图 1-23　三位液压拨叉变速

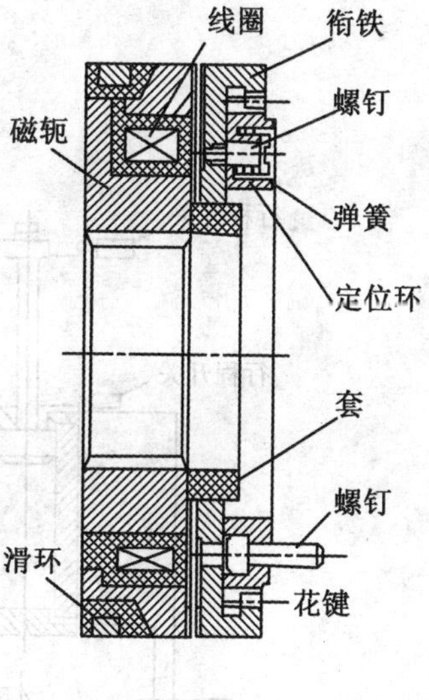

图 1-24　牙嵌式电磁离合器

(四)数控机床主轴部件

主轴部件是主运动的执行部件，它能够夹持刀具或工件，并带动其旋转。数控机床主轴部件的精度、静动刚度、热变形对加工质量有直接的影响。主轴部件包括主轴、主轴的支承以及安装在主轴上的传动部件和速度反馈装置，对于自动换刀数控机床，主轴部件中还有自动夹紧装置、主轴准停装置和自动吹净装置，如图 1-25 所示。

1. 主轴端部的结构

主轴端部在设计要求上，应能保证定位准确、安装可靠、连接牢固、装卸方便，并能传递足够的转矩。数控机床主轴端部已经标准化，图 1-26 是几种通用的结构形式。

车床的主轴端部用于安装夹持工件的夹具，前端的短圆锥面和凸缘端面为安装卡盘的定位面；拨销用于传递扭矩；安装卡盘时，卡盘上的固定螺栓连同螺母从凸缘孔中穿过。转动快卸卡板，利用卡板槽孔同时将几个螺栓卡住，再拧紧螺母将卡盘紧固在主轴端部。前端莫氏锥孔用于安装顶尖或心轴。

钻、铣、镗类机床的主轴端部用于安装夹持刀具，铣刀或刀杆由前端 7∶24 的锥孔定位，并用拉杆从主轴后端拉紧，前端端面键用于传递扭矩。

钻床刀具由莫氏锥孔定位，锥孔后端第一个扁孔用于传递扭矩，第二个扁孔用于拆卸刀具。

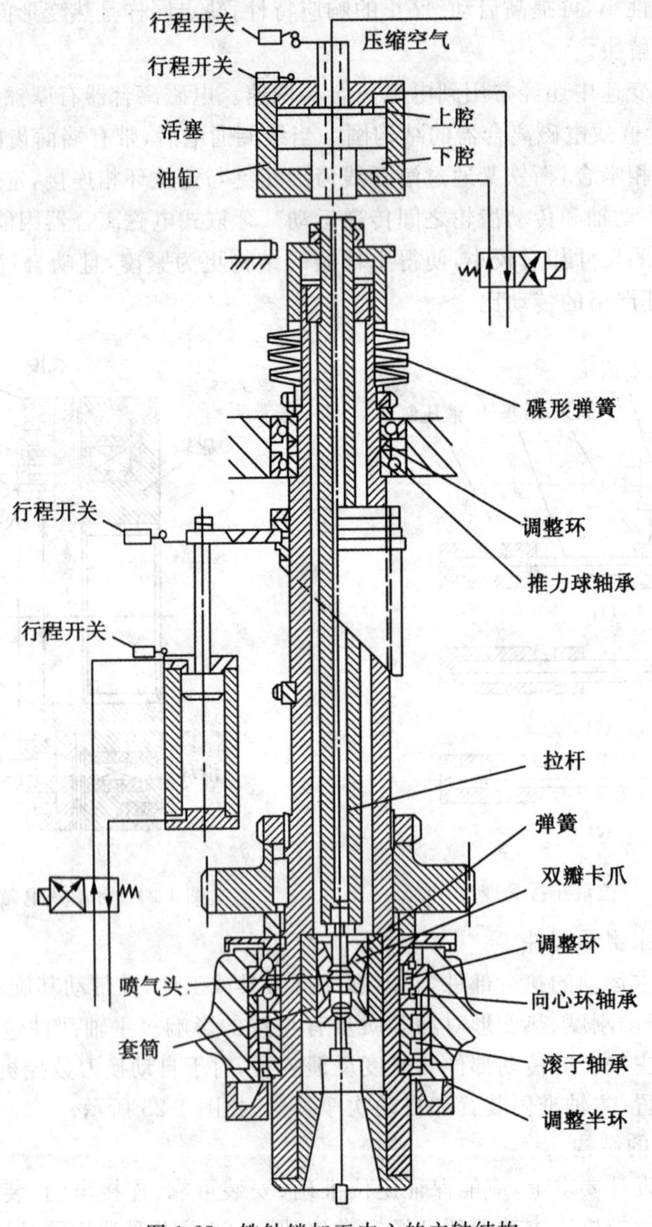


图 1-25　铣钻镗加工中心的主轴结构

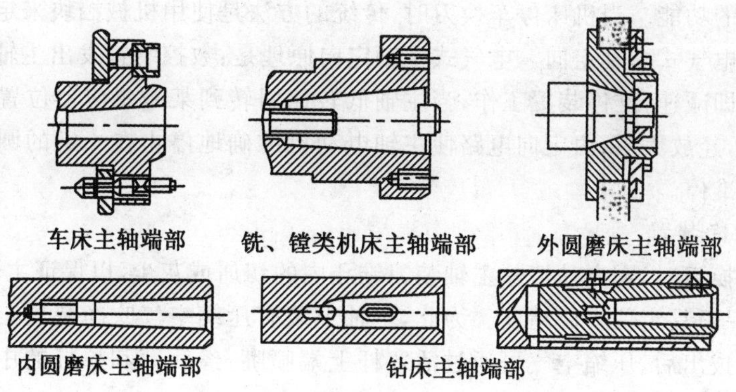


图 1-26　主轴端部结构图

2. 主轴的支承

目前数控车床的主轴轴承配置有三种形式，如图 1-27 所示。

图 1-27(a)为前支承采用双列圆柱滚子轴承和 60°角接触双列向心推力球轴承，后支承采用成对向心推力球轴承。此种结构普遍应用于各种数控车床，其综合刚度高，可以满足强力切削的要求。

图 1-27(b)为前支承采用多个高精度向心推力球轴承，这种配置具有良好的高速性能，但它的承载能力较小，适用于高速轻载和精密的主轴部件。

图 1-27(c)前支承为双列圆锥滚子轴承，后支承为单列圆锥滚子轴承，其径向和轴向刚度高，能承受重载荷，安装与调整性能好。但限制了主轴的转速精度的提高，适用于中等精度、低速与重载荷的数控车床主轴。

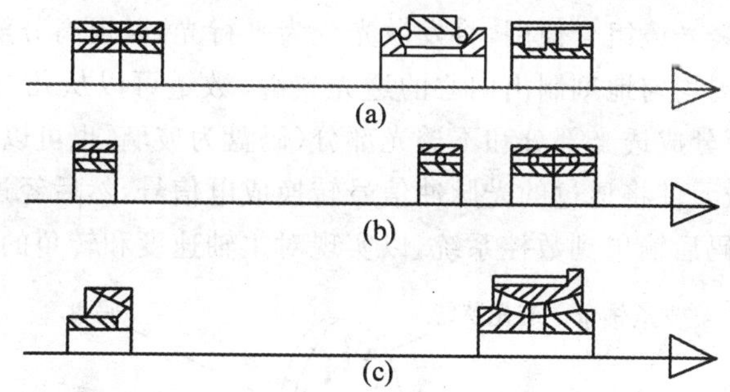


图 1-27　主轴的支承形式示意图

3. 自动夹紧装置

数控车床工件夹紧装置可用三爪自定心卡盘、四爪单动卡盘或弹簧夹头(用于棒料加工)。为减少数控车床装夹工件的辅助时间，广泛采用的是一种液压驱动自定心卡盘，卡盘固定在主轴前端(短锥定位)，液压缸固定在主轴后端，改变液压缸左、右腔的供油状态，活塞杆带动卡盘内的驱动爪，夹紧或松开工件，并通过行程开关发出相应信号。

4. 主轴准停装置

主轴自动换刀时，需保证主轴上的端面键对准刀柄上的键槽，以实现刀具正确定位和传递转矩。因此，主轴在每次自动装卸刀具时，都应停在一定的圆周位置上，即要求主轴具有准确定位的功能。当机床停车换刀时，传统的方法是使用机械挡块来定向，现代数控机床大多采用电气式主轴定向。电气式主轴定向原理是：数控装置发出主轴停转的指令，主轴电动机立即减速，准停装置工作，当主轴低转速回转到某磁感应器位置时，磁感应器发出准停信号，经放大后，由定向电路使主轴电动机准确地停止在一定的圆周位置上，从而实现主轴的准停。

5. 自动吹净装置

主轴自动换刀时，需自动清除主轴装刀锥孔内的切屑或灰尘，以保证主轴锥孔和刀柄锥面接触，确保刀具定位安装精度。为此，主轴上装有压缩空气吹净装置，当机械手将刀柄从主轴锥孔拔出后，压缩空气可通过活塞杆上端喷嘴，经活塞和拉杆的中心孔，自动地吹净主轴锥孔。

6. 主轴速度检测装置

数控机床采用了分散的单独驱动方式，即机床的每一个运动都由一个独立的电动机驱动，虽然对每一个独立的运动可进行相应的控制，但是机床的主运动和进给运动就失去了联系，也就是主运动和进给运动没有相应的比例关系，这样就不能加工螺纹。机床加工螺纹时主运动与进给运动应有一定的关系，即主轴每转一转，刀具沿轴向进给一个螺距。所以必须对主轴运动进行检测并控制。

主轴的检测通常利用光电式编码器，编码器又称为码盘，是一种角位移传感器，有光电式、接触式和电磁式三种。光电式编码器的精度和可靠性都很好，在数控机床上应用广泛。

图 1-28 为光电式编码器的结构示意图。它由光源、聚光镜、码盘、光栏板、光敏元件和信号处理电路组成。其转轴可与主轴同轴安装或用同步带与主轴连接。最常用的光源为白炽灯（钨灯），与聚光镜组合使用，将发散光变为平行光，以提高分辨率，码盘与工作轴连在一起，码盘沿圆周均匀地刻制出向心的透光狭缝，数量可以从几百条到几千条，这样整个码盘的圆周上等分成透光部分和不透光部分（码盘为玻璃，也可以用薄钢板或铝板制成）。码盘转动，光敏元件将透过的光脉冲信号转换成电信号，然后经过整形电路的整形、放大、分频、计数、译码后输出到数控系统，以实现对主轴速度和转角的控制。

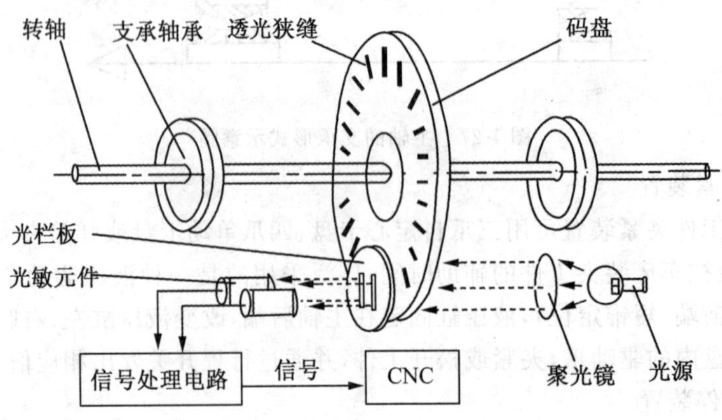


图 1-28　光电编码器组成及工作原理示意图

## 二、数控机床的进给传动装置

### (一)数控机床对进给系统的性能要求

数控机床的进给运动是数字控制的直接对象。数控机床传动装置的精度、灵敏度和稳定性，将直接影响工件的加工精度。为此，数控机床的进给传动系统必须满足下列要求：

1. 传动刚度高

进给传动系统的传动精度和刚度，从机械结构方面考虑主要取决于传动间隙以及丝杠螺母副、蜗轮蜗杆副及其支承结构的精度和刚度，刚度不足还会导致工作台(或拖板)产生爬行和振动。加大丝杠直径，对丝杠螺母副、支承部件、丝杠本身施加预紧力，是提高传动刚度的有效措施。传动间隙主要来自于传动齿轮副、丝杠螺母副及其支承部件之间，因此进给传动系统中广泛采用施加预紧力或其他消除间隙的措施来提高传动精度，如缩短传动链及采用高精度的传动装置等。

2. 摩擦阻力小

为提高数控机床进给系统的快速响应性能，必须减小运动件之间的摩擦阻力和动、静摩擦力之差。在数控机床进给系统中，为减小摩擦阻力，普遍采用滚珠丝杠螺母副、静压丝杠螺母副、滚动导轨、静压导轨和塑料低摩擦导轨。

3. 惯量低

传动部件的惯量对伺服机构的启动和制动特性都有影响，尤其是高速运动的零部件，其惯量的影响更大。因此在满足部件强度和刚度的前提下，应尽可能减小运动部件的质量，减小旋转零件的直径和重量，以降低运动部件的惯量。

### (二)数控机床进给传动元件

1. 滚珠丝杠螺母副

在数控机床的进给系统中，采用滚珠丝杠螺母副可将旋转运动转换为直线运动。滚珠丝杠螺母副是一种在丝杠和螺母间装有滚珠作为中间元件的丝杠副，图 1-29 是滚珠丝杠螺母副的实物图和原理图。在丝杠和螺母上加工有一截面为弧形的螺旋槽，当它们套装在一起时形成了螺旋滚道，滚道内装满滚珠。当丝杠相对螺母旋转时，两者发生轴向位移，而滚珠则沿着滚道滚动，螺母螺旋槽的两端用回珠管连接起来，使滚珠能做周而复始的循环运动，管道的两端还起着挡珠的作用，以防滚珠沿滚道滚出。

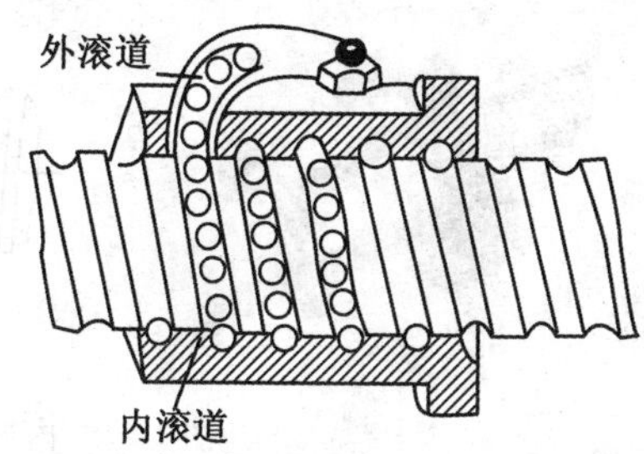


图 1-29　滚珠丝杠螺母副的实物图和原理图

由于滚珠丝杠具有传动效率高、运动平稳、寿命高以及可以预紧消除间隙，提高系统静刚度等特点，除了大型数控机床因移动距离大而采用齿条或蜗杆外，各类中小型数控机床的直线运动进给系统普遍采用滚珠丝杠。

数控机床进给系统所使用的滚珠丝杠必须具有可靠的轴向间隙消除结构、合理的安装结构和有效的防护装置。

(1)滚珠丝杠副的循环方式

滚珠丝杠螺母副常用的循环方式有内循环与外循环两种方式。滚珠在循环过程中与丝杠有脱离接触的称为外循环；一直与丝杠保持接触的称为内循环。

图 1-30 所示为外循环式，它由丝杠 1、滚珠 2、回珠管 3 和螺母 4 组成。在丝杠 1 和螺母 4 上各加工有圆弧形螺旋槽，将它们套装起来便形成螺旋形滚道，滚道内装满滚珠 2。当丝杠相对于螺母旋转时，丝杠的旋转面经滚珠推动螺母轴向移动，同时滚珠沿螺旋形滚道滚动，使丝杠和螺母之间的滑动摩擦转变为滚珠与丝杠、螺母之间的滚动摩擦。螺母螺旋槽的两端用回珠管 3 连接起来，使滚珠能够从一端重新回到另一端，构成一个闭合的循环回路。外循环结构制造工艺简单，使用较广泛。其缺点是回珠管与滚道接缝处很难做得平滑，影响滚珠滚动的平稳性，甚至发生卡珠现象，噪声也较大。

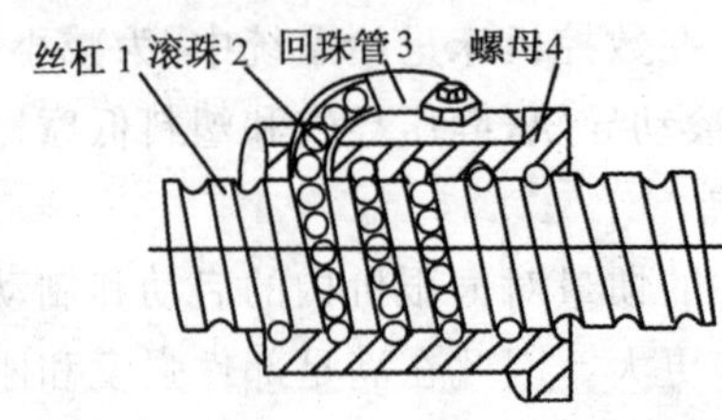


图 1-30　外循环式滚珠丝杠

内循环均采用反向器实现滚珠循环，反向器有两种形式。如图 1-31 所示为凸键反向器，在螺母的侧孔中装有圆柱凸轮式反向器，反向器端部铣有 S 形回珠槽，反向器的圆柱部分嵌入螺母内，反向器圆柱面由其上端的凸键定位，以保证对准螺纹滚道方向。回珠槽将相邻两螺纹滚道连接起来。滚珠从螺纹滚道进入反向器，借助反向器迫使滚珠越过丝杠牙顶进入相邻滚道，实现循环。内循环反向器和外循环反向器相比，其结构紧凑，定位可靠，刚性好，且不易磨损，返回滚道短，不易发生滚珠堵塞，摩擦损失也小。其缺点是反向器结构复杂，制造较困难，且不能用于多头螺纹传动。

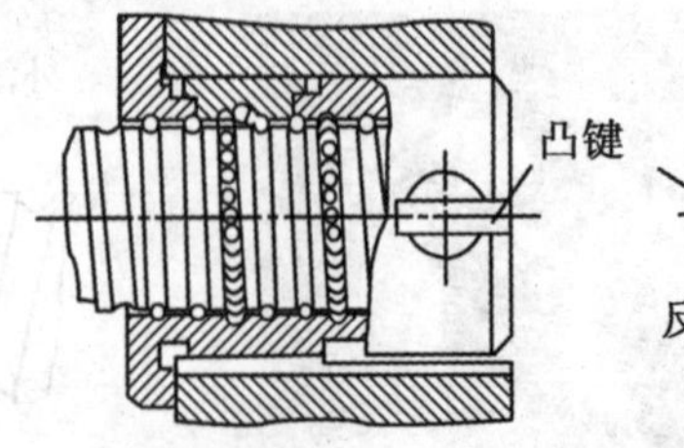

图 1-31　内循环式滚珠丝杠

(2)滚珠丝杠螺母副间隙的调整

滚珠丝杠的传动间隙是指丝杠和螺母无相对转动时,丝杠和螺母两者之间的最大轴向窜动量。除了本身的轴向间隙之外,还包括施加轴向载荷后,产生的弹性变形所造成的轴向窜动量。

滚珠丝杠螺母副的轴向间隙直接影响其传动刚度和传动精度,尤其是反向传动精度。通常采用预加载荷预紧的方法来减小弹性变形所带来的轴向间隙,保证反向传动精度和轴向精度。但过大的预加载荷会增加摩擦阻力,降低传动效率,缩短使用寿命。所以一般需要经过多次调整,以保证既消除间隙又能灵活运转。调整时除螺母预紧外还应特别注意使丝杠安装部分和驱动部分的间隙尽可能小,并且具有足够刚度。

滚珠丝杠螺母副轴向间隙调整和预紧的原理都是使两个螺母产生轴向位移,以消除它们之间的间隙。除少数使用微量过盈滚珠的单螺母结构消除间隙外,常采用双螺母预紧方法,其结构形式有三种:

①垫片调整法 如图 1-32 所示,通过调整垫片的厚度使左右两螺母产生轴向位移,来消除间隙和产生预紧力。这种方法能精确调整预紧量,结构简单,工作可靠,但调整费时,滚道磨损时不能随时进行调整,并且调整的精度也不高。适用于一般精度的数控机床。

②齿差调整法 图 1-33 所示为双螺母齿差式调整间隙结构。在两个螺母的凸缘上分别切出齿数差为 1 的两个齿轮,这两个齿轮分别与两端相应的内齿轮相啮合,内齿轮紧固在螺母座上。预紧时脱开内齿圈,使两个螺母同向转过相同的齿数,然后再合上内齿圈。两螺母的轴向相对位移发生变化,从而实现间隙的调整和施加预紧力。这种调整方式的结构复杂,但调整方便,并可以获得精确的调整量,可实现定量精密微调,是目前应用较广的一种结构。

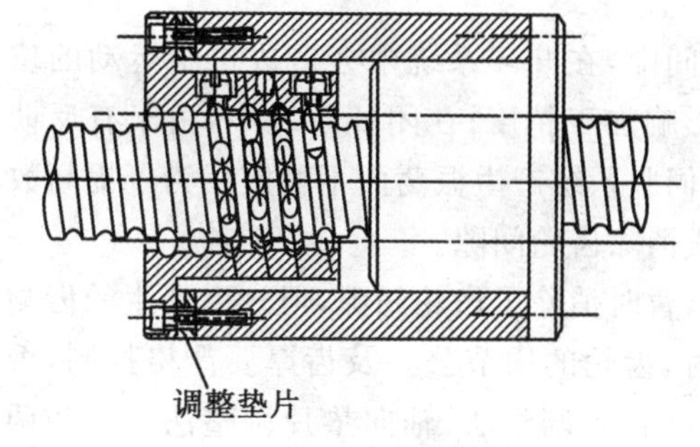


图 1-32 垫片调整消隙

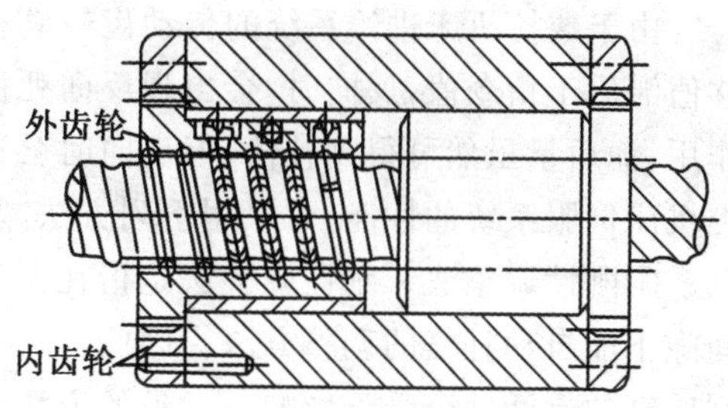


图 1-33 齿差调整消隙

③螺纹调整法 如图 1-34 所示是利用螺母来实现预紧的结构,左螺母 4 外端有凸缘,而右螺母 1 是螺纹结构,用两个圆螺母 2、3 把垫片压在螺母座上,左、右螺母和螺母座上加工有键槽,采用平键连接,使螺母在螺母座内可以轴向滑移而不能相对转动。调整时,只要拧紧圆螺母 2 使右螺母 1 向右滑动,可以改变两螺母的间距,即可消除间隙并产生预紧力。螺母 3 是锁紧螺母,调整完毕后,将螺母 3 和螺母 2 拧紧,可以防止螺母在工作中松动。这种调整方法具有结构简单、工作可靠、调整方便的优点,但调整预紧量不准确。

滚动丝杠的正确安装及其支承结构的刚度是影响数控机床进给系统的传动刚度的不可忽视的因素。近来出现一种滚珠丝杠专用轴承,其结构如图 1-35 所示。这是一种能够承受很大轴向力的特殊角接触球轴承,与一般角接触球轴承相比,接触角增大到 60°,增加了滚珠的数目并相应减小滚珠的直径。

2. 齿轮传动副

在数控机床的进给伺服驱动系统中,常采用机械变速装置将电机输出的高转速、低转矩转换成低转速、大转矩,其中应用最广的就是齿轮传动副。齿轮传动副设计时要考虑的问题主要是齿轮副的传动级数和速比分配以及齿轮副传动间隙的消除。

(1)齿轮副的传动级数和速比分配

齿轮传动的传动级数和速比分配,不仅影响传动件的转动惯量大小,同时还影响执行件的传动效率。增加传动级数,可以减小转动惯量,但导致传动装置的结构复杂,降低了传动效率,增大了噪声,同时也加大了传动间隙和摩擦损失,对伺服系统不利。若传动链中齿轮速比按递减原则分配,则传动链的起始端的间隙影响较小,末端的间隙影响较大。

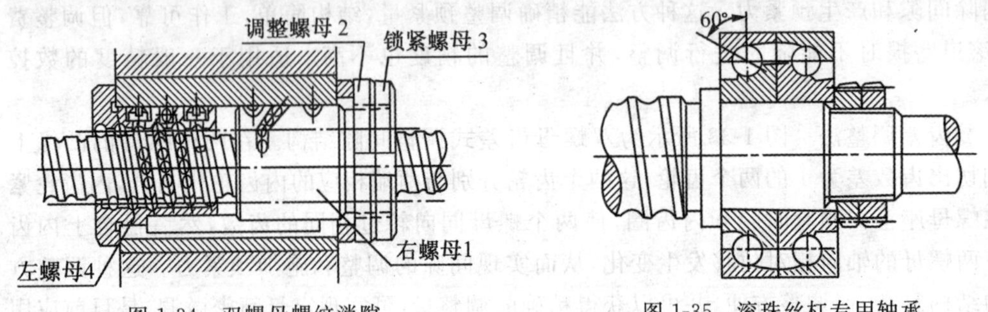


图 1-34　双螺母螺纹消隙　　　　图 1-35　滚珠丝杠专用轴承

(2)齿轮副传动间隙的消除

由于数控机床进给系统的传动齿轮副存在间隙,在开环系统中会造成进给运动的位移值滞后于指令值,反向时,会出现反向死区,影响加工精度;在闭环系统中,由于有反馈作用,滞后量虽然可得到补偿,但反向时会造成伺服系统产生振荡而不稳定。为了提高数控机床伺服系统的性能,可采用下列方法减少或消除齿轮间隙。

①刚性调整法　刚性调整法是指在调整后,暂时消除了齿轮间隙,但之后产生的齿侧间隙不能自动补偿的调整方法。因此,在调整时,齿轮的周节公差及齿厚要严格控制,否则传动的灵活性会受到影响。常见的方法有偏心轴套调整法、轴向垫片调整法。这些调整方法结构比较简单,且有较好的传动刚度。

如图 1-36 所示为偏心轴套式调整间隙结构。齿轮 1 与齿轮 3 相互啮合,齿轮 1 装在电机 4 输出轴上,电机则安装在偏心轴套 2 上,偏心轴套 2 装在减速箱 5 的座孔内。通过调整偏心轴套 2 的转角,可以调整齿轮 1 和齿轮 3 之间的中心距,以消除齿轮传动副在正转和反转时的齿侧间隙。

如图 1-37 所示为用轴向垫片消除间隙的结构,一对啮合着的圆柱齿轮,它们的分度圆直径沿着齿厚方向制成一个较小的锥度,只要改变垫片 3 的厚度就能使齿轮 2 沿轴向移动,改变其与齿轮 1 的轴向相对位置,从而消除了齿侧间隙。装配时垫片 3 的厚度应使得齿轮 1 和齿轮 2 之间既齿侧间隙小，又运转灵活。

②柔性调整法　柔性调整法是指调整后消除了齿轮间隙，而且随后产生的齿侧间隙仍可自动补偿的调整方法。一般是将相啮合的一对齿轮中的一个做成宽齿轮，另一个由两片薄齿轮组成，采取措施使一个薄齿轮的左齿侧和另一薄齿轮的右齿侧分别紧贴在宽齿轮齿槽的左右两侧，以此来消除齿侧间隙，反向时也不会出现死区。但这种结构较复杂，轴向尺寸大，传动刚度低，同时，传动平稳性也较差。这里介绍直齿圆柱齿轮的周向拉簧调整法和斜齿圆柱齿轮的轴向压簧调整法。

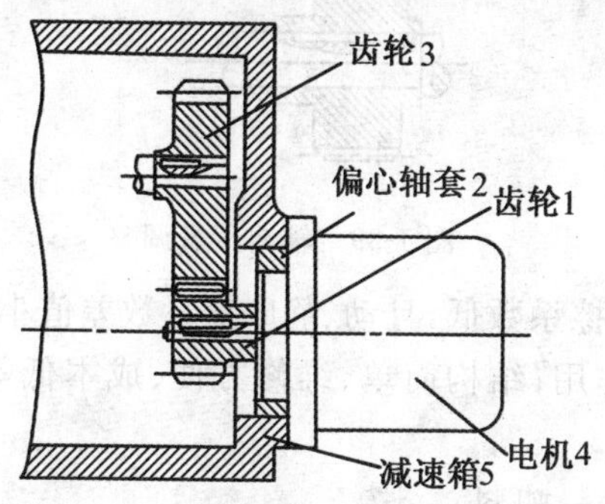


图 1-36　偏心轴套式消除间隙机构

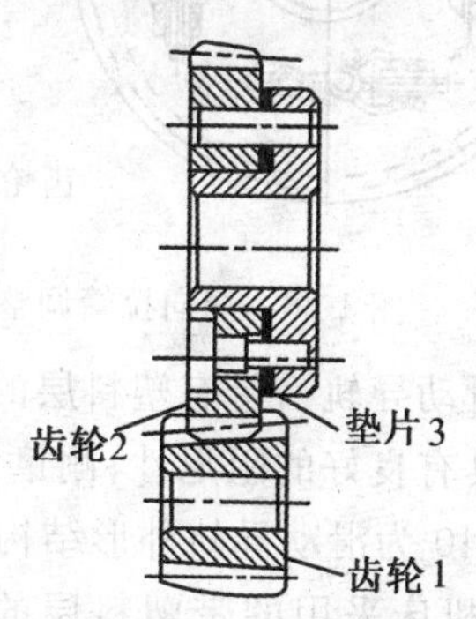


图 1-37　轴向垫片调整结构

如图 1-38 所示为圆柱直齿轮的周向拉簧调整法。两个齿数相同的薄片齿轮 1 和 2 与另一个宽齿轮相啮合，齿轮 1 空套在齿轮 2 上，可以相对转动。齿轮 2 的端面均布四个螺孔，装上凸耳 8，凸耳 8 穿过齿轮 1 端面上的四个通孔，在凸耳 8 上安调节螺钉 7；齿轮 1 的端面也均布四个螺孔，装上凸耳 3；弹簧 4 分别钩在调节螺钉 7 和凸耳 3 上。旋转螺母 5 和 6 调整弹簧 4 的拉力，使薄片齿轮错位，即两片薄齿轮的左、右齿面分别与宽齿轮齿槽的右、左两面贴紧，消除了齿侧间隙。当齿轮磨损后，在弹簧拉力作用下，产生的间隙仍会自动消除。

如图 1-39 所示为斜齿轮的轴向压簧调整法，两个薄片斜齿轮 1 和 2 用键 4 滑套在轴 6 上，两个薄片斜齿轮对于中心孔键槽而言，其齿间错开一个角度，安装时两个薄片斜齿轮轴向会间隔开一小段距离，用螺母 5 来调节压力弹簧 3 的轴向压力，使齿轮 1 和 2 的左、右齿面分别与宽斜齿轮 7 齿槽的左、右侧面贴紧，从而消除了齿隙。当齿轮磨损后，在弹簧压力作用下，间隙仍会自动消除。

3. 数控机床导轨

数控机床上的运动部件都是沿着它的床身、立柱、横梁等部件上的导轨而运行，导轨起支撑和导向的作用。导轨的质量对机床的刚度、加工精度和使用寿命有很大的影响。数控机床的导轨比普通机床的导轨要求更高，要求其在高速进给时不发生振动，低速进给时不出现爬行，灵敏度高，耐磨性好，可在重载荷下长期连续工作，精度保持性好等。这就要求导轨副具有好的摩擦特性。现代数控机床采用的导轨主要有带有塑料层的滑动导轨、滚动导轨和静压导轨。

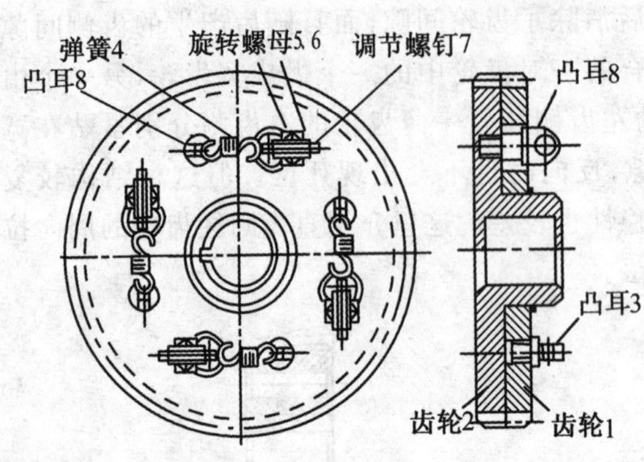


图 1-38　周向拉簧调整

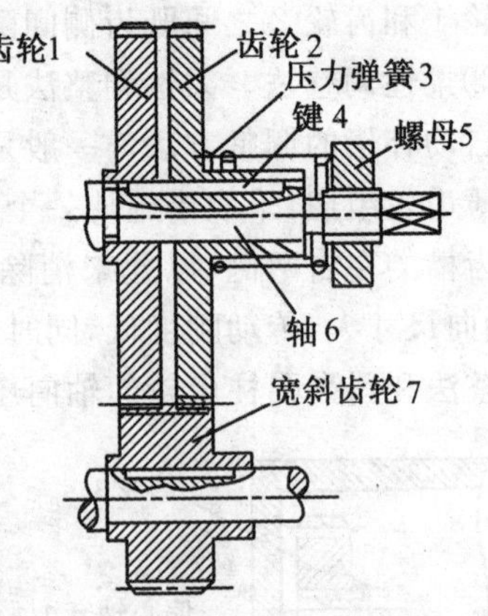


图 1-39　轴向压簧调整

(1)滑动导轨　带有塑料层的滑动导轨具有摩擦系数低，且动、静摩擦系数差值小；减振性好，具有良好的阻尼性；耐磨性好，有自润滑作用；结构简单、维修方便、成本低等特点。图 1-40 为滑动导轨外形结构图。

数控机床采用的带塑料层的滑动导轨有铸铁—塑料滑动导轨和嵌钢—塑料滑动导轨。塑料层滑动导轨常用在导轨副中活动侧的导轨上，与之相配的金属导轨则采用铸铁或钢质材料。根据加工工艺不同，带塑料层的滑动导轨可分为注塑导轨和贴塑导轨，导轨上的塑料常用环氧树脂耐磨涂料和聚四氟乙烯导轨软带。

图 1-40　滑动导轨

注塑导轨的注塑层塑料附着力强，具有良好的可加工性，可以进行车、铣、刨、钻、磨削和刮削加工；具有良好的摩擦特性和耐磨性，摩擦系数小，在无润滑油的情况下仍有较好的润滑和防爬行的效果；抗压强度比聚四氟乙烯导轨软带要高，固化时体积不收缩，尺寸稳定；特别是可在调整好固定导轨和运动导轨间的相关位置精度后注入塑料，可节省很多加工工时，特别适用于重型机床和不能用导轨软带的复杂配合型面。

贴塑导轨是在导轨滑动面上贴一层抗磨的塑料软带，与之相配的导轨滑动面需经淬火和磨削加工。软带以聚四氟乙烯为基材，添加合金粉和抗氧化物制成。塑料软带可切成任意大小和形状，用胶黏剂粘接在导轨基面上。由于这类导轨软带用粘接方法，故称为贴塑导轨。

(2)滚动导轨　如图 1-41 所示为滚动导轨，其特点是：摩擦系数小，摩擦系数一般为 0.0025～0.005，启动阻力小，不易产生冲击，低速运动稳定性好；定位精度高，运动平稳，微量移动准确；磨损小，精度保持性好，寿命长；但是抗振性差，防护要求较高；结构复杂，制造较困难，成本较高。现代数控机床常采用的滚动导轨有滚动导轨块和直线滚动导轨两种。

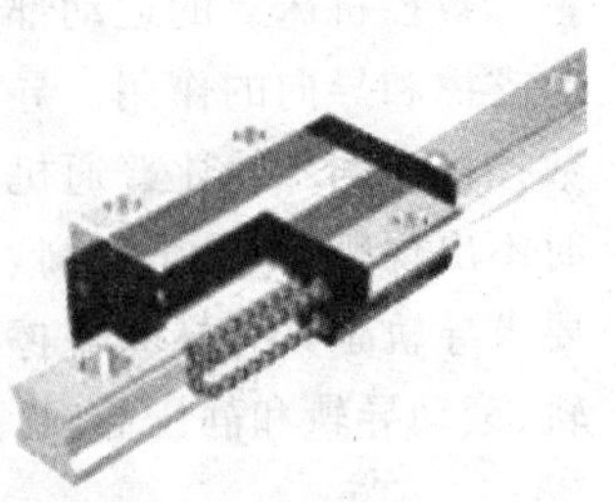

图 1-41　滚动导轨

滚动导轨块是一种以滚动体做循环运动的滚动导轨独立

体，其结构如图 1-42 所示。在使用时，滚动导轨块安装在运动部件的导轨面上，每一导轨至少用两块，导轨块的数目与导轨的长度和负载的大小有关，与之相配的导轨多用嵌钢淬火导轨。当运动部件移动时，滚柱在支承部件的导轨面与本体之间滚动，同时又绕本体循环滚动，滚柱与运动部件的导轨面不接触，所以运动部件的导轨面不需淬硬磨光。滚动导轨块的特点是刚度高，承载能力大，便于拆装。

直线滚动导轨的结构如图 1-43 所示，主要由导轨体、滑块、滚珠、保持器、端盖等组成。由于它将支承导轨和运动导轨组合在一起，作为独立的标准导轨副部件由专门的生产厂家制造，故又称单元式直线滚动导轨。在使用时，导轨体固定在不运动的部件上，滑块固定在运动部件上。当滑块沿导轨体运动时，滚珠在导轨体和滑块之间的圆弧直槽内滚动，并通过端盖内的暗道从工作负载区到非工作负载区，然后再滚回到工作负载区，不断循环，从而把导轨体和滑块之间的滑动，变成了滚珠的滚动。

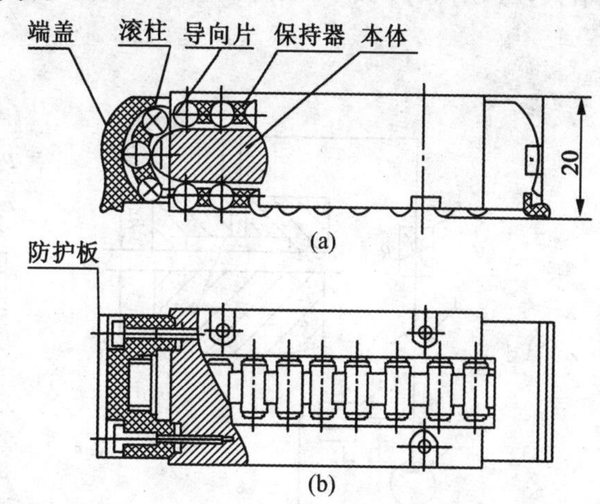


图 1-42　滚动导轨块的结构

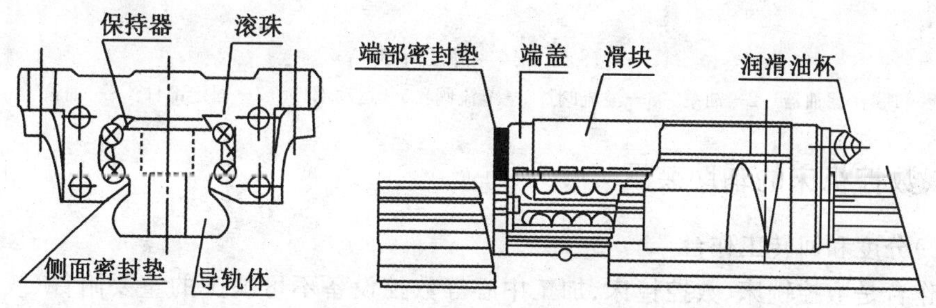


图 1-43　直线滚动导轨的结构

(3)静压导轨　静压导轨是在两个相对运动的导轨面间通以压力油，将运动件浮起，使导轨面间处于纯液体摩擦状态，不产生磨损，精度保持性好；摩擦系数低(一般为 0.005～0.001)，低速时不易产生爬行；承载能力大；刚性好，承载油膜有良好的吸振作用，抗振性好；但是其结构复杂，需配置一套专门的供油系统，制造成本较高。由于承载的要求不同，静压导轨分为开式和闭式两种。

开式静压导轨的工作原理如图 1-44(a)所示。油泵启动后，液压油经滤油器吸入，用溢流阀调节供油压力，再经滤油器，通过节流器降压后进入导轨的油腔，并通过导轨间隙向外流出，回到油箱。油腔压力形成浮力将运动部件浮起，形成一定的导轨间隙。当载荷增大时，运动部件下沉，导轨间隙减小，液阻增加，流量减小，从而使油经过节流器时的压力损失减小，油腔压力增大，直至与载荷 $W$ 平衡。

开式静压导轨只能承受垂直方向的负载，承受颠覆力矩的能力差。而闭式静压导轨能承受较大的颠覆力矩，导轨刚度也较高，其工作原理如图 1-44(b)所示。当运动部件 6 受到颠覆力矩 $M$ 后，油腔间隙 $h_3$、$h_4$ 增大，$h_1$、$h_6$ 减小，由于各相应节流器的作用，使油腔 $p_3$、$p_4$ 的压力减小，油腔 $p_1$、$p_6$ 的压力增高，从而产生一个与颠覆力矩相反的力矩，使运动部件保持平衡。在承受载荷 $W$ 时，油腔间隙 $h_1$、$h_4$ 减小，$p_1$、$p_4$ 压力增大；间隙 $h_3$、$h_6$ 增大，压力 $p_3$、$p_6$ 减小，从而产生一个向上的力，以平衡载荷 $W$。

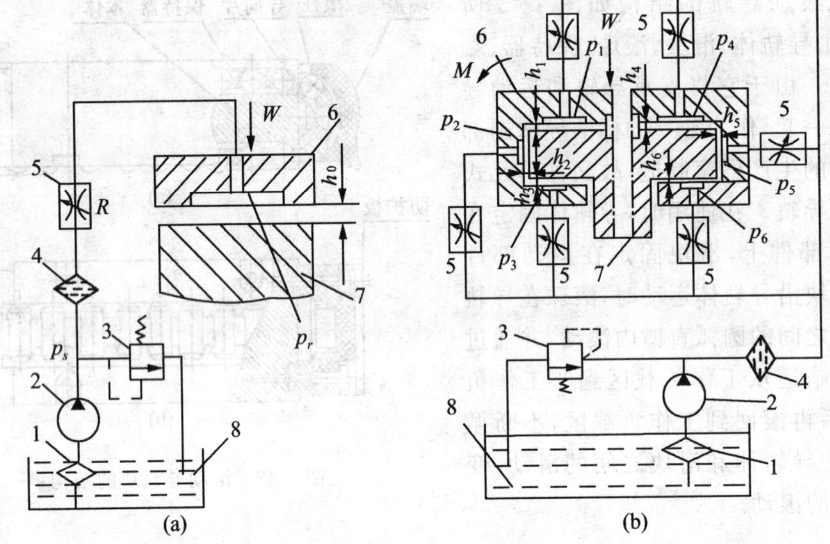


图 1-44　静压导轨

1、4—滤油器　2—油泵　3—溢流阀　5—节流阀　6—运动部件　7—固定部件　8—油箱

## 三、数控机床的辅助装置

### (一)分度和回转工作台

工作台是数控铣床、数控镗床、加工中心等数控设备不可缺少的重要附件(或部件)。数控机床除了沿 $X$,$Y$ 和 $Z$ 三个坐标轴的直线进给运动之外，为扩大工艺的加工范围，往往还有绕着 $X$,$Y$ 和 $Z$ 轴的圆周进给运动或分度运动。因此，数控机床工作台分为回转工作台和分度工作台两种。

通常数控机床的圆周进给运动由回转工作台来实现。数控铣床的回转工作台除了用来进行各种圆弧加工或与直线进给联动进行曲面加工外，还可以实现精确的自动分度，这样可以很方便地完成箱体类零件的加工。数控机床的分度工作台与回转工作台不同，它只能完成分度运动，而不能实现圆周进给运动。由于结构上的原因，通常分度工作台的分度运动只限于某些规定的角度(90°,60°,45°,30°等)。

#### 1. 分度工作台

分度工作台的功能是按照数控指令完成工作台的自动分度回转动作，将工件转位换面，与自动换刀装置配合使用，在加工过程中实现工件一次装夹、多个面加工的工序集中式加工，提高了数控机床的加工效率。通常分度工作台的分度运动只限于某些规定的角度，不能实现 0°～360°范围内任意角度的分度。为了保证加工精度，分度工作台的定位(定心和分度)精度要求很高,要有专门的定位元件来保证。常用的定位方式有销定位、反靠定位、齿盘定位和钢球定位等。如图 1-45 所示为数控机床上常用的数控分度头实物图。

图 1-45　数控分度头实物图

2. 数控回转工作台

数控回转工作台的功能是使工作台连续回转进给,来完成切削加工,同时能完成 0°～360°范围内的任意角度的分度。它的作用是既能作为数控机床的一个回转坐标轴,用于加工各种圆弧或直线坐标联动的加工曲面,又可以作为分度头完成工件的转位,如图 1-46 所示。

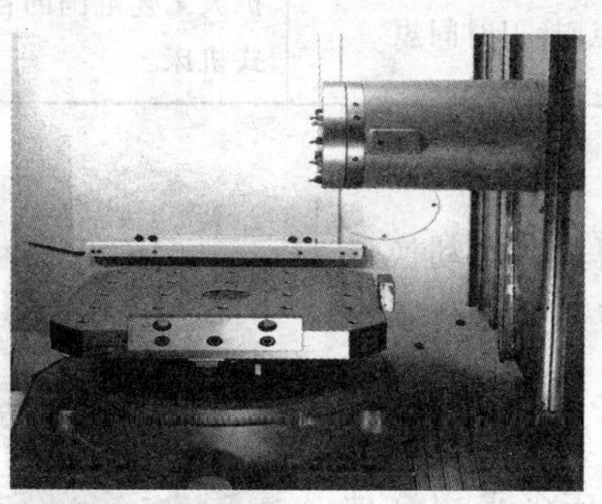

图 1-46　常见回转工作台

由于回转工作台的功能要求连续回转进给并能与其他的坐标轴联动,因此采用数控系统来实现回转、分度、定位,其定位精度由控制系统决定,根据控制的方式,又分开环和闭环两种数控系统回转工作台。开环数控转台和开环直线进给机构一样,用功率步进电动机或液压脉冲马达来驱动。闭环数控回转工作台的结构与开环数控回转工作台基本相同,区别在于该种数控回转工作台采用交、直流伺服电机驱动,有对转动角度进行测量的元件如脉冲编码器、圆感应同步器、圆光栅等,测量的结果反馈与指令值进行比较,按闭环控制原理进行工作,使工作台的定位精度更高。

(二)自动换刀装置

数控机床为了能在工件一次装夹中完成多道加工工序,缩短辅助时间,减少多次安装工件所引起的误差,往往带有自动换刀装置。自动换刀装置应当满足换刀时间短、刀具重复定位精度高、刀具储存量足够、刀库占地面积小以及安全可靠等基本要求。数控机床自动换刀装置的主要类型、特点及适用范围见表 1-1。

表 1-1 自动换刀装置的主要类型、特点及适用范围

| 类型 | | 特点 | 适用范围 |
|---|---|---|---|
| 转塔刀架 | 回转刀架换刀 | 多为顺序换刀，换刀时间短，结构简单紧凑，容纳刀具较少 | 各种数控车床、车削中心 |
| | 转塔头换刀 | 顺序换刀，换刀时间短，刀具主轴集中在转塔头上，结构紧凑，但刚性较差，刀具主轴数受限制 | 数控钻床、镗床、铣床 |
| 刀库 | 刀库与主轴直接换刀 | 换刀运动集中，运动部件少，但刀库运动多，布局不灵活，适应性差 | 各种类型的自动换刀数控机床，尤其是对使用回转类刀具的数控镗铣、钻镗类立式、卧式加工中心机床，要根据工艺范围和机床特点，确定刀库容量和自动换刀装置类型。也用于加工工艺范围广的立、卧式车削中心机床 |
| | 机械手配合刀库换刀 | 刀库只有选刀运动，机械手进行换刀，比刀库换刀运动惯性小，速度快 | |
| | 机械手、运输装置配合刀库换刀 | 换刀运动分散，由多个部件实现，运动部件多，但布局灵活，适应性好 | |
| 有刀库的转塔头换刀 | | 弥补转塔换刀数量不足的缺点，换刀时间短 | 扩大工艺范围的各类转塔式机床 |

1. 自动回转刀架

自动回转刀架是数控车床上使用的一种简单的自动换刀装置，有四方刀架和六角刀架等多种形式，回转刀架上分别安装有四把、六把或更多的刀具，并按数控指令进行换刀。回转刀架又有立式和卧式两种，立式回转刀架的回转轴与机床主轴成垂直布置，结构比较简单，经济型数控车床多采用这种刀架。

图 1-47 回转刀架换刀装置

回转刀架在结构上必须具有良好的强度和刚度，以承受粗加工时切削抗力和减少刀架在切削力作用下的变形，提高加工精度。回转刀架还要选择可靠的定位方案和合理的定位结构，以保证回转刀架在每次转位之后具有较高的重复定位精度（一般为 0.001～0.005mm）。图 1-47 所示为数控车床回转刀架。

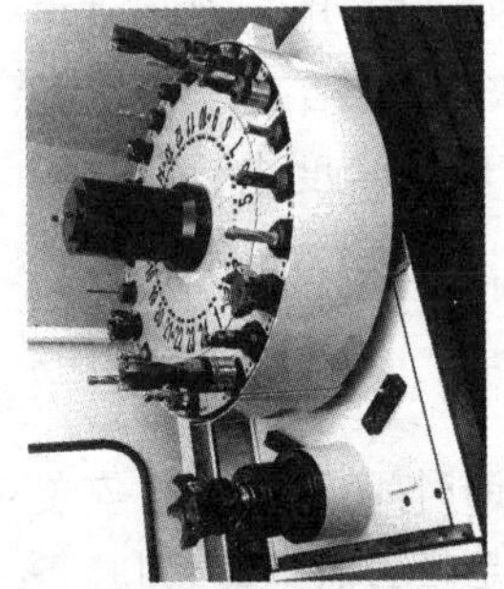

图 1-48 带刀库的自动换刀装置

2. 带刀库的自动换刀系统

带刀库的自动换刀系统由刀库和刀具交换机构组成，如图 1-48 所示，目前它是多工序数控机床上应用最广泛的换刀方法。刀库可以装在机床的立柱上或工作台上，当刀库容量大及刀具较重时，也可装在机床之外，作为一个独立部件。带刀库的自动换刀系统，整个换刀过程比较复杂，首先要把加工过程中要用的全部刀具分别安装在标准刀柄中。换刀时，根据选刀指令先在刀库中选刀，由刀具交换装置从刀库和主轴上取出刀具，进行刀具交换，将用过的刀具放回刀库，将要用的刀具

装入主轴。为了缩短换刀时间，主轴在加工时，待更换刀具预先到达待换位置，待本工序加工完毕后，机械手回转并换刀。换刀时间短。

(三)辅助装置

数控机床除数控装置和机床本体以外，其他辅助装置主要有气、液压系统，冷却系统，润滑系统，排屑和工件整理系统。

1. 液压系统

现代数控机床在实现整机的全自动化控制中，除数控系统外，还需配备液压和气动装置来辅助实现整机的自动运行功能。液压传动装置由于功率大、结构紧凑、动作平稳可靠、易于调节和噪声较小而被广泛应用，但需配置油泵和油箱。一个完整的液压系统由动力源、执行机构、控制部分、辅助部分等组成。在液压系统中，各部件可分别装在数控机床的有关零部件上，通过管路连接。为减少液压系统的发热，液压泵采用变量泵。油箱内安装的过滤器，应定期用汽油或超声波振动清洗。

2. 气压系统

气动装置的气源容易获得，机床可不单独配置气源，装置结构简单，工作介质不污染环境，工作速度快和动作频率高，适合于完成频繁启动的辅助工作。过载时比较安全，不易发生过载损坏机件等事故。气压系统通常用于刀具或工件的夹紧、安全防护门的开关以及主轴锥孔的吹屑等。气压系统中的分水滤气器应定期限放水，分水滤气器和油雾器还应定期清洗。

3. 润滑系统

数控机床的润滑系统主要包括机床导轨、传动齿轮、滚珠丝杠及主轴箱等的润滑，其形式有电动间歇润滑泵和定量式集中润滑泵等。其中电动间歇润滑泵用得较多，其自动润滑时间和每次泵油量，可根据润滑要求进行调整或用参数设定。

4. 排屑装置

为了数控机床的自动加工顺利进行和减少数控机床的发热，数控机床应具有合适的排屑装置。排屑装置的安装位置一般尽可能靠近刀具切削区域，如车床的排屑装置装在旋转工件下方，以利于简化机床和排屑装置结构、减小机床占地面积、提高排屑效率。排出的切屑一般都落入切屑收集箱或小车中，有的直接排入车间排屑系统。

5. 冷却系统

数控机床的冷却系统主要是为了冷却刀具与工件，同时起冲屑作用。冷却泵打出的冷却液经主轴前端的喷嘴喷向切削点，对刀具和工件起冷却冲屑作用。冷却泵的启停由数控程序指令控制。

6. 其他辅助装置

数控机床除了上述的液压和气动装置、自动排屑装置外，还有主轴系统冷却装置、刀具破损检测装置、精度检测装置和监控装置等。

# 任务三　机床数控原理

## 一、计算机数控系统的组成和功能

计算机数控系统(Computer Numerical Control System，简称 CNC 系统)是在硬件数控(NC)系统的基础上发展起来的，它用一台计算机完成数控装置的所有功能。

数控系统的核心是计算机数字控制装置，它由程序(操作面板)、输入设备、输出设备、计算机数字控制装置(CNC 装置)、可编程控制器(PLC)、主轴驱动装置和进给(伺服)驱动装置等组成。通过系统控制软件配合系统硬件，合理地组织、管理数控系统的输入信息、数据处理、输出信息，使数控机床按照操作者的要求进行自动加工。图 1-49 为 CNC 系统的一般结构框图。

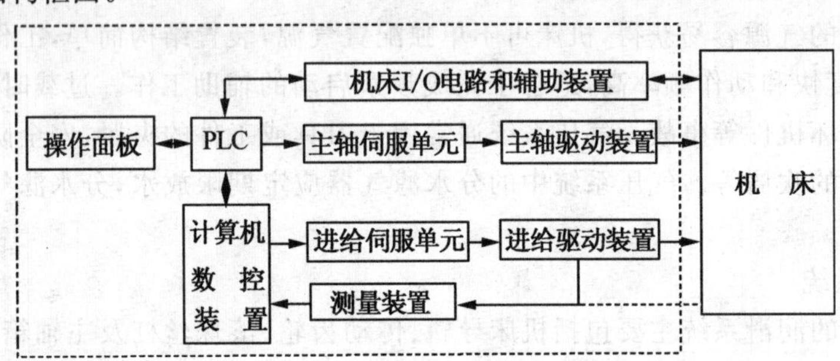


图 1-49　CNC 系统的结构框图

(一)计算机数控系统组成

CNC 系统主要由硬件和软件两大部分组成。计算机数控系统的本体器件称为硬件，而与之相应的数控系统控制程序如编译、中断、诊断、管理、刀补、插补等称为系统软件。

1. CNC 硬件组成

按 CNC 系统使用的 CPU 及结构来分，一般分为单 CPU 和多 CPU 结构两大类。初期的 CNC 系统和现在的一些经济型 CNC 系统采用单 CPU 结构，而多 CPU 结构可以满足数控机床高进给速度、高加工精度和许多复杂功能的要求，从而得到了迅速的发展，它反映了当今数控系统的新水平。

(1)单 CPU 结构 CNC 系统　单 CPU 结构 CNC 系统的基本结构包括：CPU、总线、I/O接口、存储器、串行接口和 CRT/MDI 接口等，还包括数控系统控制单元部件和接口电路，如位置控制单元、PLC 接口、主轴控制单元、速度控制单元、穿孔机和纸带阅读机接口以及其他接口等。如图 1-50 所示为一种单 CPU 结构的 CNC 系统框图。

CPU 主要完成控制和运算两方面的任务。控制功能包括：内部控制，对零件加工程序的输入、输出控制，对机床加工现场状态信息的记忆控制等。运算任务是完成一系列的数据处理工作：译码、刀补计算、运动轨迹计算、插补运算和位置控制的给定值与反馈值的比较运算等。在经济型 CNC 系统中，常采用 8 位微处理器芯片或 8 位、16 位的单片机芯片。中高档的 CNC 通常采用 16 位、32 位甚至 64 位的微处理器芯片。

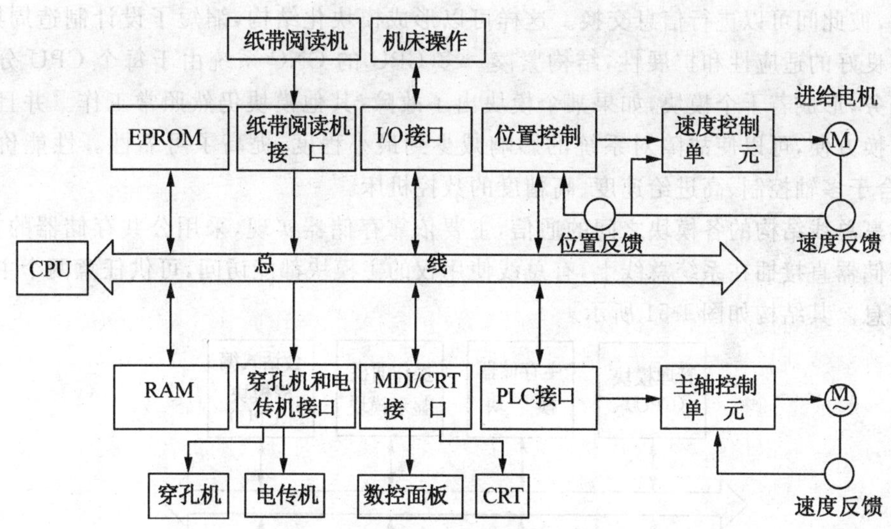


图 1-50　单 CPU 结构 CNC 框图

在单 CPU 的 CNC 系统中通常采用总线结构。总线是微处理器赖以工作的物理导线，按其功能可以分为三组总线，即数据总线、地址总线、控制总线。

CNC 装置中的存储器包括只读存储器(ROM)和随机存储器(RAM)两种。系统程序存放在只读存储器 EPROM 中，由生产厂家固化，即使断电，程序也不会丢失。系统程序只能由 CPU 读出，不能写入。运算的中间结果、需要显示的数据、运行中的状态、标志信息等存放在随机存储器 RAM 中。它可以随时读出和写入，断电后，信息就消失。加工的零件程序、机床参数、刀具参数等存放在有后备电池的 RAM 中，能随机读出，还可根据需要写入或修改，断电后，信息仍然保留。

CNC 装置中的位置控制单元主要对机床进给运动的坐标轴位置进行控制。位置控制的硬件一般采用大规模专用集成电路位置控制芯片或控制模板实现。

CNC 接受指令信息的输入有多种形式，如光电式纸带阅读机、磁带机、磁盘、计算机通信接口等形式，以及利用数控面板上的键盘操作的手动数据输入(MDI)和机床操作面板上手动按钮、开关量信息的输入。所有这些输入都要由相应的接口来实现。而 CNC 的输出也有多种，如穿孔机输出、电传机输出、字符与图形显示的阴极射线管 CRT 输出、位置伺服控制和机床强电控制指令的输出等，这些输出同样要由相应的接口来执行。单 CPU 结构 CNC 系统的特点是：CNC 的所有功能都是通过一个 CPU 进行集中控制、分时处理来实现的；该 CPU 通过总线与存储器、I/O 控制元件等各种接口电路相连，构成 CNC 的硬件；结构简单，易于实现；由于只有一个 CPU 的控制，功能受字长、数据宽度、寻址能力和运算速度等因素的限制。

(2)多 CPU 的 CNC 系统的共享总线结构　多 CPU 结构 CNC 系统是指在 CNC 系统中有两个或两个以上的 CPU 能控制系统总线或主存储器进行工作的系统结构。现代的 CNC 系统大多采用多 CPU 结构。在这种结构中，每个 CPU 完成系统中规定的一部分功能，独立执行程序，它比单 CPU 结构提高了处理速度。多 CPU 结构的 CNC 系统采用模块化设计，将软件和硬件模块形成一定的功能模块。模块间有明确的符合工业标准的接口，彼此间可以进行信息交换。这样可以形成模块化结构，缩短了设计制造周期，并且具有良好的适应性和扩展性，结构紧凑。多CPU的CNC系统由于每个CPU分管各自的任务，形成若干个模块，如果某个模块出了故障，其他模块仍然照常工作。并且插件模块更换方便，可以使故障对系统的影响减少到最小程度，提高了可靠性。性能价格比高，适合于多轴控制、高进给速度、高精度的数控机床。

共享总线结构的各模块之间的通信，主要依靠存储器实现，采用公共存储器的方式。公共存储器直接插在系统总线上，有总线使用权的主模块都能访问，可供任意两个主模块交换信息。其结构如图1-51所示。

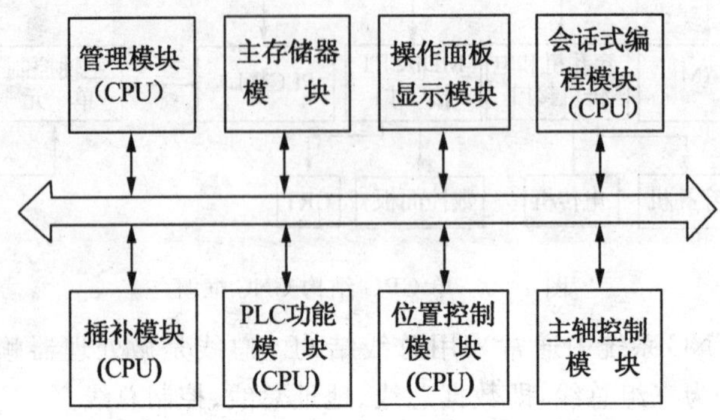


图1-51　共享总线的多CPU结构的CNC结构框图

2. CNC系统的软件结构

CNC系统作为一个独立的过程数字控制器应用于工业自动化生产中，其多任务性表现在它的管理软件必须完成管理和控制两大任务。其中系统管理功能包括输入、I/O处理、通信、显示、诊断以及加工程序的编制管理等程序。系统的控制部分包括译码、刀具补偿、速度处理、插补和位置控制等软件，其结构如图1-52所示。

同时，CNC系统的这些任务必须协调工作，也就是在许多情况下，管理和控制的某些工作必须同时进行。例如，为了便于操作人员能及时掌握CNC的工作状态，管理软件中的显示模块必须与控制模块同时运行；管理软件中的零件程序输入模块必须与控制软件同时运行；为了保证加工过程的连续性，即刀具在各程序段间不停刀，译码、刀补和速度处理模块必须与插补模块同时运行，而插补又要与位置控制必须同时进行。

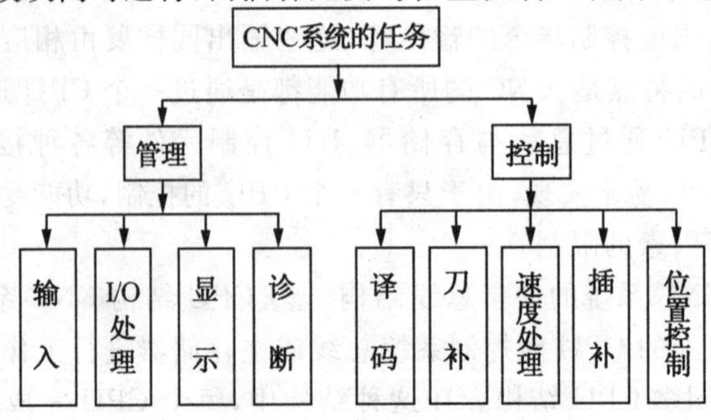


图1-52　CNC任务分解与相关软件

(二)计算机数控装置的功能

CNC 装置的功能主要反映在准备功能 G 指令代码和辅助功能 M 指令代码上。根据数控机床的类型、用途、档次的高低,CNC 装置的功能有很大的不同,下面介绍其主要功能。

1. 控制轴数和联动轴数

CNC 装置能控制的轴数以及能同时控制(即联动)的轴数是主要性能之一。控制轴有移动轴和回转轴,有基本轴和附加轴。联动轴可以完成轮廓轨迹加工。一般数控车床只需两轴控制、联动,一般铣床需要三轴控制、两轴半联动,一般加工中心为三轴联动、多轴控制。

2. 点位与连续移动功能

点位移动系统用于定位式的加工机床,如钻床、冲床;连续(或称轮廓)系统用于刀具轨迹连续形式的加工机床,如车床、铣床、复杂型面的加工中心等。连续控制系统必须有两个以上进给坐标具有联动功能。

3. 编程单位与坐标移动分辨率

多数系统编程单位与坐标移动分辨率一致。对于直线移动坐标,大部分系统为 0.001mm;近几年开发的系统,可达 0.1μm。对于回转坐标,大部分系统为 0.001°。有的系统允许编程单位与坐标移动分辨率不一致。

4. 插补功能

CNC 装置通过软件进行插补,特别是数据采样插补是当前的主要方法。

一般数控装置都有直线和圆弧插补,高档数控装置还具有抛物线插补、螺旋线插补、极坐标插补、样条插补等。

5. 固定循环加工功能

用数控机床加工零件,一些典型的加工工序,如钻孔、攻丝、镗孔、深孔钻削、切螺纹等,所需完成的动作循环十分典型,将这些典型动作预先编好程序并存储在内存中,用 G 代码进行指令,这就形成了固定循环指令。使用固定循环指令可以简化编程。固定循环加工指令有钻孔、镗孔、攻丝循环,车削、铣削循环,复合加工循环,车螺纹循环等。

6. 进给功能

进给功能用 F 直接指令各轴的进给速度。

(1)切削进给速度　一般以刀具相对工件每分钟移动的距离指定进给速度,如 100mm/min;对于刀具回转的,也可以以刀具每转一周相对工件移动的距离指定,如 0.2mm/r;对于回转轴,则指定每分钟进给的角度如 F15,表示每分钟进给 15°。

(2)同步进给速度　指主轴每转时进给轴的进给量,单位为 mm/r。只有主轴上装有位置编码器(一般为脉冲编码器)的机床才能指令同步进给速度。

(3)快速进给速度　一般为进给速度的最高速度,它通过参数设定,用 G00 指令快速。还可通过操作面板上的快速倍率开关分挡。

(4)进给倍率　操作面板上设置了进给倍率开关,倍率可在 0%～200%之间变化,每挡间隔 10%。使用倍率开关不用修改程序就可以改变进给速度。

7. 主轴速度功能

(1)主轴转速的编码方式　一般用S加2位数或S加4位数表示，单位符号为r/min或m/min。

(2)恒定线速度　该功能对保证车床或磨床加工工件端面质量很有意义。

(3)主轴定向准停　该功能使主轴在径向的某一位置准确停止，有自动换刀功能的机床必须选取有这一功能的CNC装置。

8. 刀具功能和补偿功能

刀具功能包括能选取的刀具数量和种类；刀具的编码方式；自动换刀的方式等。补偿功能包括：

(1)刀具长度、刀具半径补偿和刀尖圆弧的补偿　这些功能可以补偿刀具磨损以及换刀时对准正确位置。

(2)工艺量的补偿　包括坐标轴的反向间隙补偿；进给传动件的传动误差补偿，如丝杠螺距补偿，进给齿条齿距误差补偿；机件的温度变形补偿等。

9. 其他的准备功能(G代码)和辅助功能(M代码)

插补功能、固定循环和刀具长度、半径补偿等都属于准备功能。实际上和加工、运算、控制有关的准备功能很多，如程序暂停、平面选择、坐标设定、基准点返回、公英制转换、软件限位，等等。

辅助功能是数控加工中不可缺少的辅助操作，一般有M00～M99一百种。各种型号的数控装置具有辅助功能多少差别很大，而且有许多是自定义的。常用的辅助功能有程序停，主轴启、停、转向，冷却泵的接通和断开，刀库的启、停等。

10. 字符和图形显示功能

CNC装置可配置9英寸单色或14英寸彩色CRT，通过软件和接口实现字符和图形显示。可以显示程序、参数、各种补偿量、坐标位置、故障信息、人机对话编程菜单、零件图形、动态刀具轨迹等。

11. 输入、输出和通信功能

一般的CNC装置可以接多种输入、输出外设，实现程序和参数的输入、输出和存储。目前大部分采用通过面板上的键盘将程序输入数控系统(MDI功能)。由于DNC和FMS等的要求，CNC装置必须能够和主机通过RS232接口(加工单元计算机或加工系统的控制计算机)通信。

12. 自诊断功能

CNC装置中设置了各种诊断程序，可以防止故障的发生或扩大。在故障出现后可迅速查明故障类型及部位，减小故障停机时间。

不同的CNC装置设置的诊断程序不同，可以包含在系统程序中，在系统运行过程中进行检查和诊断。也可作为服务性程序，在系统运行前或故障停机后进行诊断，查找故障部位。有的CNC装置可以进行远程通信诊断。

## 二、运动轨迹的插补原理

在数控机床中，刀具(或机床的运动部件)的最小移动量定义为一个脉冲当量。刀具的运动轮廓线是折线，而不是光滑的曲线。刀具不可能严格地按要求曲线运动，只能用折线的轨迹近似完成所要加工的曲线。机床数控系统依照一定方法确定刀具运动轨迹的过程叫做插补。

数控系统中完成插补工作的装置称为插补器。根据结构，分为硬件插补器和软件插补器两类。硬件插补器由分立元件或集成电路组成，特点是运算速度快，但灵活性差，不易更改。软件插补器利用微处理器通过运算完成各种插补功能，特点是灵活易变，但速度稍慢。现代数控系统多采用软件插补或软、硬件插补相结合的插补器。直线和圆弧是构成工件轮廓形状的基本线条，因此数控装置都具有直线和圆弧的插补功能。实际的零件轮廓线可能既不是直线，也不是圆弧，这时必须对零件的轮廓线进行直线和圆弧的拟合（即用多段直线、圆弧逼近零件轮廓线），才能对零件进行加工。在高档的数控系统中还具有抛物线、螺旋线等插补功能。目前，应用的插补算法有脉冲增量插补、数字增量插补、时间分割法等。本书主要通过讲解脉冲增量插补算法来理解数控机床位置控制的方法。

脉冲增量插补计算的特点是每次插补结束仅产生一个行程增量，以脉冲的方式输送给进给电机。脉冲增量插补的实现方法比较简单，通常仅用加法和移位就可完成插补。这种方法既可以用硬件来实现，也可以用软件来实现。

脉冲增量插补在插补计算过程中，不断向各个坐标发出互相协调的进给脉冲，驱动各坐标轴的进给电机运动。在数控系统中，一个脉冲所产生的坐标轴方向的移动量叫做脉冲当量，通常用 $\delta$ 表示。脉冲当量 $\delta$ 是脉冲分配的基本单位，按机床设计的加工精度选定。普通精度的机床取 $\delta=1\mu m$，较精密的机床取 $\delta=1\mu m$ 或 $0.5\mu m$。脉冲增量插补方法很多，最常用的是逐点比较法。

逐点比较法是在各种数控系统中广泛采用的插补方法，它能实现直线、圆弧和非圆曲线的插补，插补精度较高。逐点比较法，顾名思义，就是每走一步都要将加工点的瞬时坐标同规定的图形轨迹相比较，判断一下偏差，然后决定下一步的走向，如果加工点走到图形外面去了，那么下一步就要向图形里面走；如果加工点在图形里面，那么下一步就要向图形外面走，以缩小偏差。这样就能得出一个非常接近规定图形的轨迹，最大偏差不超过一个脉冲当量。

在逐点比较法中，每进给一步都需要进行偏差判别、坐标进给、新偏差计算和终点比较四个节拍。下面分别介绍逐点比较法直线插补和圆弧插补的原理。

（一）直线插补

如图 1-53 所示，设直线 $OA$ 为第一象限的直线，起点为坐标原点 $O(0,0)$，终点坐标为 $A(X_e,Y_e)$，$P(X_i,Y_j)$ 为加工点。若 $P$ 点正好在直线 $OA$ 上，直线方程为：

$$Y_j/X_i=Y_e/X_e$$

即：

$$X_e\cdot Y_j-Y_e\cdot X_i=0$$

若 $P$ 点在直线 $OA$ 下方（严格为直线 $OA$ 与 $X$ 轴正向所包围的区域），则有：

$$Y_j/X_i<Y_e/X_e$$

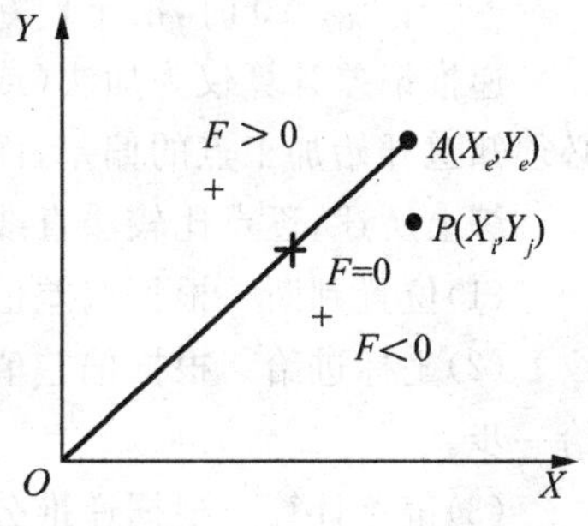

图 1-53 逐点比较法直线插补

即：$X_e \cdot Y_j - Y_e \cdot X_i < 0$

取判别函数：

$$F_{i,j} = X_e \cdot Y_j - Y_e \cdot X_i \quad (1\text{-}1)$$

则有：

如果 $F_{i,j}=0$，则 $P$ 点在直线 $OA$ 上；

如果 $F_{i,j}>0$，则 $P$ 点在直线 $OA$ 上方；

如果 $F_{i,j}<0$，则 $P$ 点在直线 $OA$ 下方。

因此，将式(1-1)作为 $P$ 点所在区域的判别式，常称式(1-1)为偏差判别式。

从图 1-53 中可以看出，对于起点在原点的第一象限直线 $OA$，当 $P$ 在直线上方时(即 $F_{i,j}>0$ 时)，应向 $+X$ 方向进给一步，以逼近直线 $OA$；当 $P$ 在直线下方时(即 $F_{i,j}<0$ 时)应向 $+Y$ 方向进给一步，以逼近该直线；当 $P$ 在直线上时(即 $F_{i,j}=0$ 时)，既可向 $+X$ 方向进给一步，也可向 $+Y$ 方向进给一步。一般将 $F_{i,j}>0$ 及 $F_{i,j}=0$ 视为同一类情况，即 $F_{i,j}\geqslant 0$ 时，都向 $+X$ 方向进给一步。对要加工的直线 $OA$，根据偏差判别函数值的大小，分别向 $+X$ 方向、$+Y$ 方向进给，当两方向所走的步数等于终点坐标时，停止插补。这就是逐点比较法直线插补的原理。

如直接按偏差公式计算偏差，需作两次相乘、一次相减。由于数控加工过程中，每一步都需计算偏差，这样的计算比较麻烦，为此数控加工中采用递推的方法计算偏差。即每走一步后新的加工点的偏差由前一加工点的偏差递推出来。下面推导其递推公式。

假设：加工点 $P(X_i, Y_j)$ 处：$F_{i,j}\geqslant 0$，则应沿 $+X$ 方向进给一步，此时新加工点的坐标值为：

$$X_{i+1} = X_i + 1, Y_j = Y_j$$

新加工点的偏差为：

$$F_{i+1,j} = X_e \cdot Y_j - X_{i+1} \cdot Y_e = X_e \cdot Y_j - (X_i + 1)Y_e = X_e \cdot Y_j - X_i \cdot Y_e - Y_e$$

$$F_{i+1,j} = F_{i,j} - Y_e \quad (1\text{-}2)$$

若在加工点 $P(X_i, Y_j)$：$F_{i,j}<0$，则应沿 $+Y$ 方向进给一步，此时新加工点的坐标值为：

$$X_i = X_i, Y_{j+1} = Y_j + 1$$

新加工点的偏差为：

$$F_{i,j+1} = X_e \cdot Y_{j+1} - X_i \cdot Y_e = X_e(Y_j + 1) - X_i \cdot Y_e = X_e \cdot Y_j - X_i \cdot Y_e + X_e$$

$$F_{i,j+1} = F_{i,j} + X_e \quad (1\text{-}3)$$

即：当 $F_{i,j}\geqslant 0$ 时，沿 $+X$ 方向进给一步，$F_{i+1,j}=F_{i,j}-Y_e$

当 $F_{i,j}<0$ 时，沿 $+Y$ 方向进给一步，$F_{i,j+1}=F_{i,j}+X_e$

递推偏差计算仅为加法(或减法)运算，大大降低了计算的复杂程度。采用递推方法，必须知道开始加工点的偏差，而开始加工点正是直线的起点，故 $F_{0,0}=0$。

综上所述，逐点比较法直线插补每走一步都要完成四个步骤(节拍)，即：

(1)位置判断　根据偏差值 $F_{i,j}$ 大于零、等于零、小于零确定当前加工点的位置。

(2)坐标进给　根据偏差值 $F_{i,j}$ 大于零、等于零、小于零确定当前加工沿哪个方向进给一步。

(3)偏差计算　根据递推公式算出新加工点的偏差值。

(4)终点判断　用来确定加工点是否到达终点。若已到达，则应发出停机或转新程序段信号，一般用 $X$ 和 $Y$ 坐标下所要走的总步数 $n$ 来判别。令 $n=X_e+Y_e$，每走一步则 $n$

减去 1，直至 $n=0$。如图 1-54 所示为第一象限逐点比较法直线插补的程序框图。

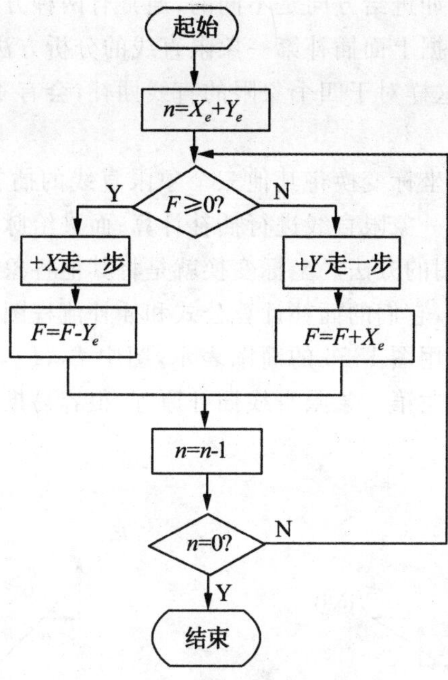


图 1-54　直线插补过程

**例 1-1**　设加工第一象限直线 $\overline{OA}$，起点为坐标原点 $O(0,0)$，终点为 $A(6,4)$，试用逐点比较法对其进行插补，并画出插补轨迹。

插补工作从直线的起点开始，故 $F_0=0$；终点判别寄存器 $n$ 存入 $X$ 和 $Y$ 两个坐标方向的总步数，即 $n=6+4=10$，每进给一步减 1，$n=0$ 时停止插补。插补运算过程见表 1-2，插补轨迹如图 1-55 所示。

**表 1-2　　逐点比较法第一象限直线插补运算举例**

| 步数 | 偏差判别 | 坐标进给 | 偏差计算 | 终点判断 |
|---|---|---|---|---|
| 起点 | | | $F_{0,0}=0$ | $n=10$ |
| 1 | $F_0=0$ | $+X$ | $F_1=F_0-Y_e=0-4=-4$ | $n=10-1=9$ |
| 2 | $F_1<0$ | $+Y$ | $F_2=F_1+X_e=-4+6=2$ | $n=9-1=8$ |
| 3 | $F_2>0$ | $+X$ | $F_3=F_2-Y_e=2-4=-2$ | $n=8-1=7$ |
| 4 | $F_3<0$ | $+Y$ | $F_4=F_3+X_e=-2+6=4$ | $n=7-1=6$ |
| 5 | $F_4>0$ | $+X$ | $F_5=F_4-Y_e=4-4=0$ | $n=6-1=5$ |
| 6 | $F_5=0$ | $+X$ | $F_6=F_5-Y_e=0-4=-4$ | $n=5-1=4$ |
| 7 | $F_6<0$ | $+Y$ | $F_7=F_6+X_e=-4+6=2$ | $n=4-1=3$ |
| 8 | $F_7>0$ | $+X$ | $F_8=F_7-Y_e=2-4=-2$ | $n=3-1=2$ |
| 9 | $F_8<0$ | $+Y$ | $F_9=F_8+X_e=-2+6=4$ | $n=2-1=1$ |
| 10 | $F_9>0$ | $+X$ | $F_{10}=F_9-Y_e=4-4=0$ | $n=1-1=0$ |

以上仅讨论了逐点比较法插补第一象限直线的原理和计算公式，插补其他象限的直线时，其插补计算公式和脉冲进给方向是不同的，通常有两种方法解决：

(1)分别处理法　可根据上面插补第一象限直线的分析方法，分别建立其他三个象限的偏差函数的计算公式。这样对于四个象限的直线插补，会有 4 组计算公式；脉冲进给的方向也由实际象限决定。

(2)坐标变换法　通过坐标变换将其他三个象限直线的插补计算公式统一于第一象限的公式中，这样都可按第一象限直线进行插补计算；而进给脉冲的方向则仍由实际象限决定。该种方法是最常采用的方法。坐标变换就是将其他各象限直线的终点坐标和加工点的坐标均取绝对值，这样，它们的插补计算公式和插补流程图与插补第一象限直线时一样，偏差符号和进给方向可用图 1-56 的简图表示，图中 $L_1$，$L_2$，$L_3$，$L_4$ 分别表示第一、二、三、四象限的直线。根据上述第一象限直线插补原理，很容易推导出第二、三、四象限的直线插补公式。

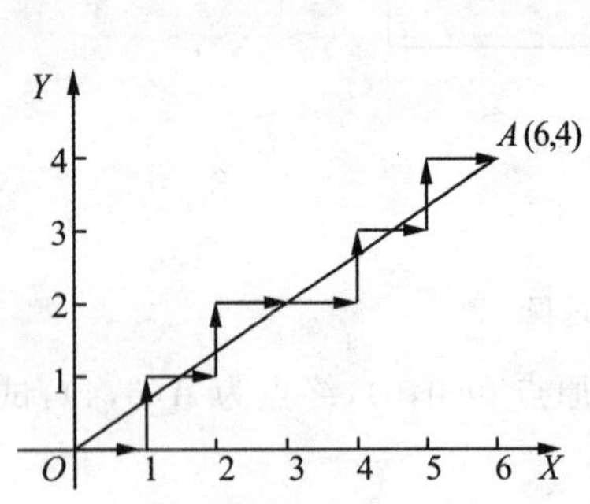


图 1-55　逐点比较法第一象限直线插补轨迹图

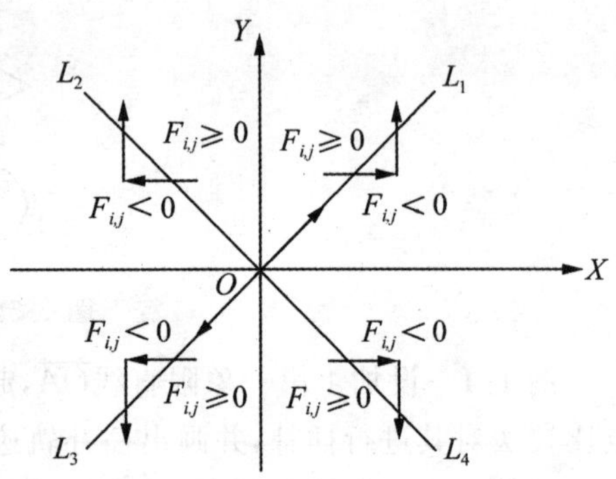


图 1-56　逐点比较法插补不同象限直线的偏差符号和进给方向

(二)圆弧插补

圆弧插补加工是将加工点到圆心的距离与被加工圆弧的半径比较，并根据偏差大小确定坐标进给方向，以逼近被加工圆弧。下面以第一象限逆圆弧为例，讨论圆弧的插补方法。

如图 1-57 所示，设要加工圆弧为第一象限逆圆弧 $AB$，原点为圆心 $O$，起点为 $A(X_0,Y_0)$，终点为 $B(X_e,Y_e)$，半径为 $R$。瞬时加工点为 $P(X_i,X_j)$，点 $P$ 到圆心距离为 $R_p$。

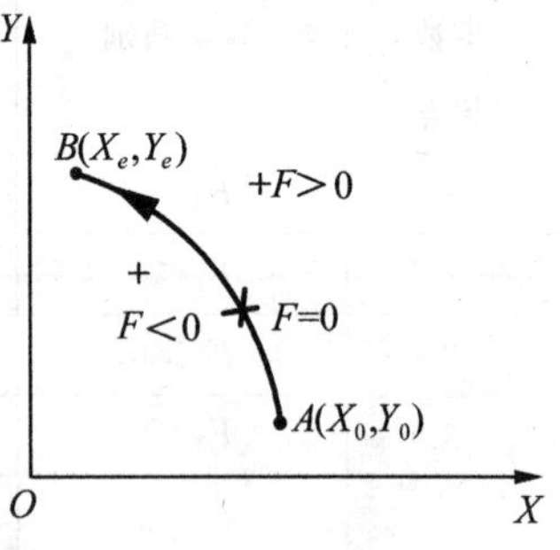


图 1-57　逐点比较法逆圆插补

若 $P$ 点正好在圆弧上，则有：

$$X_i^2+Y_j^2=R_p^2=R^2$$

即：

$$X_i^2+Y_j^2-R^2=0$$

若 $P$ 点在圆弧外侧，则有：

$$X_i^2+Y_j^2=R_p^2>R^2$$

即：

$$X_i^2+Y_j^2-R^2>0$$

若点 $P$ 在圆弧内侧，则有：

$$X_i^2+Y_j^2=R_p^2<R^2$$

即：

$$X_i^2+Y_j^2-R^2<0$$

显然，若令 $F_{i,j}=X_i^2+Y_j^2-R^2$　　(1-4)

则有：如果 $F_{i,j}=0$，则 $P$ 点在圆弧上；

如果 $F_{i,j}>0$，则 $P$ 点在圆弧外侧；

如果 $F_{i,j}<0$，则 $P$ 点在圆弧内侧。

我们一般将式(1-4)称为圆弧插补偏差判别式。当 $F_{i,j}\geqslant 0$ 时，为逼近圆弧，应向 $-X$ 方向进给一步；当 $F_{i,j}<0$ 时，应向 $+Y$ 方向进给一步。这样，就可获得逼近圆弧的折线图。

与直线插补偏差计算公式相似，圆弧插补的偏差计算也采用递推的方法简化计算，若加工点 $P(X_i,Y_j)$ 在圆弧外或圆弧上，则有：

$$F_{i,j}=X_i^2+Y_j^2-R^2\geqslant 0$$

为逼近该圆需沿 $-X$ 方向进给一步，移到新加工点 $P(X_{i+1},Y_j)$，此时新加工点的坐标值为：

$$X_{i+1}=X_i-1,Y_j=Y_j$$

新加工点的偏差为：

$$F_{i+1,j}=(X_i-1)^2+Y_j^2-R^2=X_i^2+Y_j^2-R^2-2X_i+1$$

即：

$$F_{i+1,j}=F_{i,j}-2X_i+1 \quad (1\text{-}5)$$

若加工点 $P(X_i,Y_j)$ 在圆弧内，则有：

$$F_{i,j}=X_i^2+Y_j^2-R^2<0$$

为逼近该圆需沿 $+Y$ 方向进给一步，移到新加工点 $P(X_i,Y_{j+1})$，此时新加工点的坐标值为：

$$X_i=X_i \quad Y_{j+1}=Y_j+1$$

新加工点的偏差为：

$$F_{i,j+1}=X_i^2+(Y_j+1)^2-R^2=X_i^2+Y_j^2-R^2+2Y_j+1$$

即：

$$F_{i,j+1}=F_{i,j}+2Y_j+1 \quad (1\text{-}6)$$

从(1-5)和(1-6)两式可知，递推偏差计算仅为加法(或减法)运算，大大降低了计算的复杂程度。由于采用递推方法，必须知道开始加工点的偏差，而开始加工点正是圆弧的起点，故 $F_{0,0}=0$，除偏差计算外，还要进行终点判别。一般用 $X$,$Y$ 坐标所要走的总步数 $n$ 来判别。令 $n=|X_e-X_0|+|Y_e-Y_0|$，每走一步则 $n$ 减去 1 直至 $n=0$ 到达终点停止插补。

综上所述，逐点比较法圆弧插补与直线插补一样，每走一步都要完成位置判别、坐标进给、偏差计算、终点判别四个步骤(节拍)。图 1-58 所示为第一象限逆圆弧逐点比较法插补的程序框图。

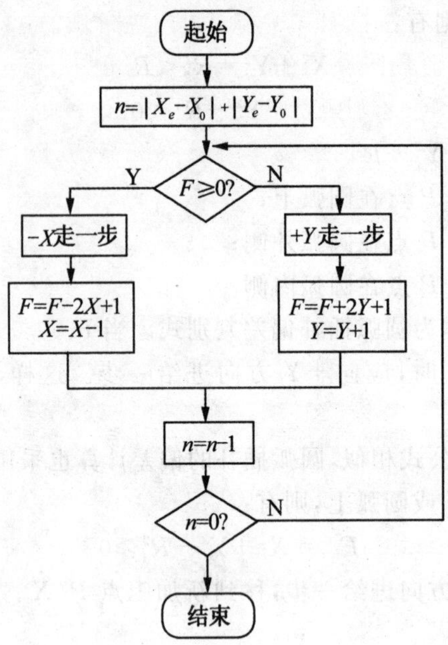


1-58　逐点比较法逆圆弧插补程序框图

**例 1-2**　设有第一象限逆圆弧 $AB$,起点为 $A(5,0)$,终点为 $B(0,5)$,用逐点比较法插补 $AB$。

解:$n=|5-0|+|0-5|=10$,开始加工时刀具在起点,即在圆弧上,$F_0=0$。加工运算过程见表 1-3,插补轨迹如图 1-59 所示。

**表 1-3**　　　　圆弧插补运算过程

| 序号 | 偏差判别 | 进给 | 偏差计算 | | 终点判别 |
|---|---|---|---|---|---|
| 0 | | | $F_0=0$ | $X_0=5,Y_0=0$ | $n=10$ |
| 1 | $F_0=0$ | $-X$ | $F_1=F_0-2X+1=0-2\times5+1=-9$ | $X_1=4,Y_1=0$ | $n=10-1=9$ |
| 2 | $F_1<0$ | $+Y$ | $F_2=F_1+2Y+1=-9+2\times0+1=-8$ | $X_2=4,Y_2=1$ | $n=8$ |
| 3 | $F_2<0$ | $+Y$ | $F_3=-8+2\times1+1=-5$ | $X_3=4,Y_3=2$ | $n=7$ |
| 4 | $F_3<0$ | $+Y$ | $F_4=-5+2\times2+1=0$ | $X_4=4,Y_4=3$ | $n=6$ |
| 5 | $F_4=0$ | $-X$ | $F_5=0-2\times4+1=-7$ | $X_5=3,Y_5=3$ | $n=5$ |
| 6 | $F_5<0$ | $+Y$ | $F_6=-7+2\times3+1=0$ | $X_6=3,Y_6=4$ | $n=4$ |
| 7 | $F_6=0$ | $-X$ | $F_7=0-2\times3+1=-5$ | $X_7=2,Y_7=4$ | $n=3$ |
| 8 | $F_7<0$ | $+Y$ | $F_8=-5+2\times4+1=4$ | $X_8=2,Y_8=5$ | $n=2$ |
| 9 | $F_8>0$ | $-X$ | $F_9=4-2\times2+1=1$ | $X_9=1,Y_9=5$ | $n=1$ |
| 10 | $F_9>0$ | $-X$ | $F_{10}=1-2\times1+1=0$ | $X_{10}=0,Y_{10}=5$ | $n=0$ |

以上仅讨论了逐点比较法插补第一象限顺、逆圆弧的原理和计算公式，插补其他象限圆弧的方法同直线插补一样，通常也有两种方法：

(1)分别处理法　可根据上面插补第一象限圆弧的分析方法，分别建立其他三个象限顺、逆圆弧的偏差函数计算公式，这样会有 8 组计算公式；脉冲进给的方向由实际象限决定。

(2)坐标变换法　通过坐标变换将其他各象限顺、逆圆弧插补计算公式都统一于第一象限的逆圆弧插补公式，不管哪个象限的圆弧都按第一象限逆圆弧进行插补计算，而进给脉冲的方向则仍由实际象限决定。该种方法也是最常采用的方法。

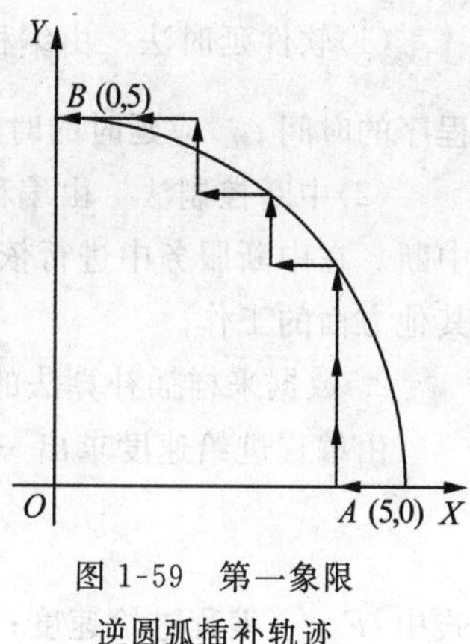

图 1-59　第一象限逆圆弧插补轨迹

坐标变换就是将其他各象限圆弧的加工点的坐标均取绝对值，这样，按第一象限逆圆弧插补运算时，如果将 $X$ 轴的进给反向，即可插补出第二象限顺圆弧；将 $Y$ 轴的进给反向，即可插补出第四象限顺圆弧；将 $X$，$Y$ 轴两者的进给都反向，即可插补出第三象限逆圆弧。也就是说，第二象限顺圆弧、第三象限逆圆弧及第四象限顺圆弧的插补计算公式和插补流程图与插补第一象限逆圆弧时一样。同理，第二象限逆圆弧、第三象限顺圆弧及第四象限逆圆弧的插补计算公式和插补流程图与插补第一象限顺圆弧时一样。

从插补计算公式及例 1-2 中还可以看出，按第一象限逆圆弧插补时，把插补运算公式的 $X$ 坐标和 $Y$ 坐标对调，即以 $X$ 作 $Y$，以 $Y$ 作 $X$，那么就得到第一象限顺圆弧。插补四个象限的顺、逆圆弧时偏差符号和进给方向如图 1-60 所示。

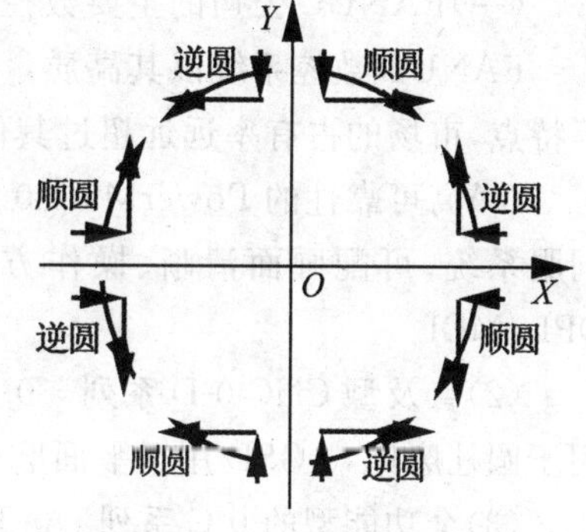

图 1-60　不同象限顺、逆圆弧的偏差符号和进给方向

逐点比较法插补圆弧时，相邻象限的圆弧插补计算方法不同，进给方向也不同，越过了象限如果不改变插补运算方式和进给方向，就会发生错误。圆弧过象限的标志是 $X_i=0$ 或 $Y_j=0$。每走一步，除进行终点判别外，还要进行过象限判别，到达过象限点时要进行插补运算的变换。

## 三、进给速度控制

轮廓加工控制系统中，既要对运动轨迹严格控制，也要对运动速度严格控制，以保证被加工零件的精度和表面粗糙度、刀具和机床的寿命以及生产率。另外，系统还应对运动速度进行加减速控制。

1. 脉冲增量插补算法的进给速度控制

脉冲增量插补输出形式是脉冲，进给速度与频率成正比，可通过控制插补运算的频率来控制进给速度。方法为：

(1)软件延时法　由编程进给速度求出插补周期：$T=\frac{\delta}{F}$，它应该大于 CPU 执行插补程序的时间 $t_{程}$，应延时的时间为：$t_{延}=T-t_{程}$，可通过编写延时子程序来实现。

(2)中断控制法　由编程进给速度求出定时器/计数器的定时时间常数，以控制 CPU 中断。在中断服务中进行依次插补运算并发出进给脉冲，CPU 等待下一次中断，并进行其他方面的工作。

2. 数据采样插补算法的进给速度控制

由编程进给速度求出一个插补周期内合成速度方向上的进给量 $f_s$：

$$f_s=\frac{FTK}{60\times1000}$$

式中：$F$——编程进给速度；

$T$——插补周期；

$K$——速度系数。

## 四、典型的 CNC 系统简介

### (一)FANUC 公司的主要数控系统

FANUC 数控系统以其高质量、低成本、高性能、功能全，适用于各种机床和生产机械等特点，市场的占有率远远超过其他的数控系统。

(1)高可靠性的 PowerMate 0 系列　用于控制 2 轴的小型车床，取代步进电动机的伺服系统；可配画面清晰、操作方便、中文显示的 CRT/MDI，也可配性能价格比高的 DPL/MDI。

(2)普及型 CNC 0-D 系列　0-TD 用于车床，0-MD 用于铣床及小型加工中心，0-GCD 用于圆柱磨床，0-GSD 用于平面磨床，0-PD 用于冲床。

(3)全功能型的 0-C 系列　0-TC 用于通用车床、自动车床，0-MC 用于铣床、钻床、加工中心，0-GCC 用于内、外圆磨床，0-GSC 用于平面磨床，0-TTC 用于双刀架 4 轴车床。

(4)高性价比的 0i 系列　整体软件功能包，高速、高精度加工，并具有网络功能。0i-MB/MA用于加工中心和铣床，4 轴 4 联动；0i-TB/TA 用于车床，4 轴 2 联动；0i-mateMA用于铣床，3 轴 3 联动；0i-mateTA 用于车床，2 轴 2 联动。

(5)具有网络功能的超小型、超薄型 CNC 16i/18i/21i 系列　控制单元与 LCD 集成于一体，具有网络功能，超高速串行数据通信。其中 FSl6i-MB 的插补、位置检测和伺服控制以纳米为单位。16i 最大可控 8 轴，6 轴联动；18i 最大可控 6 轴，4 轴联动；21i 最大可控 4 轴，4 轴联动。

除此之外，还有实现机床个性化的 CNC16/18/160/180 系列。

1. FANUC 0i 系列

FANUC 0i 系列目前在国内已成为主流，各机床生产厂家大量采用。FANUC 0i 系统由主板和 I/O 两个模块构成。主板模块包括主 CPU、内存、PMC 控制、I/O 控制、伺服控制、主轴控制、内存卡 I/F、LED 显示等；I/O 模块包括电源、I/O 接口、通信接口、MDI 控制、显示控制、手摇脉冲发生器控制和高速串行总线等。

FANUC 0i 系列产品有以下特点：

(1)FANUC 0i 系统的结构为模块化结构　主 CPU 板上除了主 CPU 及外围电路之外，还集成了 FROMalSRAM 模块、PMC 控制模块、存储器和主轴模块、伺服模块等。其集成度较 FANUC 0 系统的集成度更高，体积更小，便于安装排布。

(2)采用全字符键盘，可用 B 类宏程序编程，使用方便。

(3)用户程序区容量比 0MD 大一倍，有利于较大程序的加工。

(4)使用编辑卡编写或修改梯形图，携带与操作都很方便，特别是在用户现场扩充功能或实施技术改造时更为便利。

(5)使用存储卡存储或输入机床参数、PMC 程序以及加工程序，操作简单方便。使复制参数、梯形图和机床调试程序过程十分快捷，提高数控机床的生产效率。

(6)系统具有 HRV(高速矢量响应)功能，伺服增益设定比 0MD 系统高一倍，理论上可使轮廓加工误差减少一半。以切削圆为例，同一型号机床 0MD 系统的圆度误差通常为 0.02～0.03mm，换用 0i 系统后圆度误差通常为 0.01～0.02mm。

(7)机床运动轴的反向间隙，在快速移动或进给移动过程中由不同的间隙补偿参数自动补偿　该功能可以使机床在快速定位和切削进给不同工作状态下，反向间隙补偿效果更为理想，这有利于提高零件加工精度。

(8)0i 系统可预读 12 个程序段　结合预读控制及前馈控制等功能的应用，可减少轮廓加工误差。小线段高速加工的效率、效果优，对模具三维立体加工有利。

(9)0i 系统的 PMC 程序基本指令执行周期短，容量大，功能指令更丰富，使用更方便。

(10)0i 系统的界面、操作、参数等与 18i，16i，21i 基本相同。熟悉 0i 系统后，自然会方便地使用上述其他系统。

(11)0i 系统配备了更强大的诊断功能和操作信息显示功能，给机床用户使用和维修带来了极大方便。

(12)在软件方面，0i 系统有很大提高，特别在数据传输上有很大改进，如 RS232 串口通信波特率达 19200b/s，可以通过 HSSB(高速串行总线)与 PC 机相连，使用存储卡实现数据的输入/输出。

2. FANUC 16i/18i/21i 系列

FANUC 16i/18i/21i 系列产品比 0i 系统体积进一步缩小，将液晶显示器与 CNC 控制部分合为一体，实现了超小型化和超薄型化(无扩展槽时厚度只有 60mm)。FANUC 16i/18i/21i 系统由液晶显示器一体型 CNC、机床操作面板、伺服放大器、强电盘用 I/O 模块、I/OLinkβ 放大器、便携式机床操作面板及适配器、αi 系列 AC 伺服电动机、αi 系列 AC 主轴电动机、应用软件包等部分组成。

FANUC 16i/18i/21i 系列产品有以下特点：

(1)纳米插补　以纳米为单位计算发送到数字伺服控制器的位置指令，极为稳定，在与高速、高精度的伺服控制部分配合下能够实现高精度加工。通过使用高速 RISC 处理器，可以在进行纳米插补的同时，以适合于机床性能的最佳进给速度进行加工。

(2)超高速串行通信　利用光导纤维将 CNC 控制单元和多个伺服放大器之间连接

起来的高速串行总线，可以实现高速度的数据通信并减少连接电缆。

(3)伺服 HRV(High Response Vector 高响应向量)控制　通过组合借助于纳米 CNC 的稳定指令和高响应伺服 HRV 控制的高增益伺服系统以及高分辨率的脉冲编码器(16000000/r)实现高速、高精度加工。

(4)丰富的网络功能　FANUC 16i/18i/21i 系统具有内嵌式以太网控制板(21i 为选购件)，可以与多台电脑同时进行高速数据传输，适合于构建在加工线和工厂主机之间进行交换的生产系统。并配以集中管理软件包，以一台电脑控制多台机床，便于进行监控、运转作业和 NC 程序传送的管理。

(5)远程诊断　通过因特网对数控系统进行远程诊断，将维护信息发送到服务中心。

(6)操作与维护　可以通过触摸画面上所显示的按键进行操作；可以利用存储卡进行各类数据的输入/输出；可以对话方式诊断发生报警的原因，显示报警的详细内容和处置办法；显示机床上的易损件的剩余寿命；存储机床维护时所需的信息；通过波形方式显示伺服的各类数据，便于进行伺服的调节；可以存储报警记录和操作人员的操作记录，便于发生故障时查找原因。

(7)控制个性化　通过 C 语言编程，实现画面显示和操作的个性化；用宏语言编程，实现 CNC 功能的高度定制；通过 C 语言编程，可以构建与由梯形图控制的机器处理密切相关的应用功能。

(8)高性能的开放式 CNC　FANUC 系列 160i/180i/210i 是与 Windows 2000 对应的高功能开放式 CNC。这些型号的 CNC 与 Windows 2000 对应，可以使用多种应用软件，不仅支持机床制造商的机床个性化和智能化，而且还可以与终端用户自身的个性化相对应。

(9)软件环境　为了与 CNC/PMC 进行数据交换，提供可以从 C 语言或 BASIC 语言调用的 FOCASl 驱动器和库函数；提供 CNC 基本操作软件包，它是在电脑进行 CNC/PMC 的显示、输入、维护的应用软件，通过用户界面向操作人员提供"状态显示、位置显示、程序编辑、数据设定"等操作画面；CNC 画面显示功能软件，是在电脑上显示出与标准的 i 系列 CNC 相同画面的应用软件；DNC 运转管理软件包，可以完成从电脑上的硬盘高速地向 CNC 传输 NC 程序并加以运转工作。

(二)SIEMENS 公司的主要数控系统

SIEMENS 数控系统，以较好的稳定性和较优的性价比，在我国数控机床行业广泛应用。SINMENS 数控系统的产品类型，主要包括 802、810、840 等系列。

1. SIEMENS 各类型数控系统应用场合

(1)SINUMERIK 802S/C　用于车床、铣床等，可控 3 个进给轴和 1 个主轴，802S 适于步进电动机驱动，802C 适于伺服电动机驱动，具有数字 I/O 接口。

(2)SINUMERIK 802D　控制 4 个数字进给轴和 1 个主轴，PLC，I/O 模块，具有图形式循环编程，车削、铣削/钻削工艺循环，FRAME(包括移动、旋转和缩放)等功能，为复杂加工任务提供智能控制。

(3)SINUMERIK 810D　用于数字闭环驱动控制，最多可控 6 轴(包括 1 个主轴和 1 个辅助主轴)，紧凑型可编程输入/输出。

(4)SINUMERIK 840D　全数字模块化数控设计，用于复杂机床、模块化旋转加工机床和传送机，最大可控 31 个坐标轴。

SINUMERIK 810D/840D 数控系统已被大量机床生产厂家所采用。图 1-61 为 SINMENS 数控系统部件。

2. SINUMERK 840D 数控系统

SINUMERK 840D 是 20 世纪 90 年代中期设计的全数字化数控系统，具有高度模块化及规范化的结构，它将 CNC 和驱动控制集成在一块板子上，将闭环控制的全部硬件和软件集成在较小的空间中，便于操作、编程和监控 SINUMERK 840D 与西门子 611D 伺服驱动模块及西门子 S7-300PLC 模块构成的全数字化数控系统，能实现钻削、车削、铣削、磨削等数控功能，也能应用于剪切、冲压、激光加工等数控加工领域。SINUMERK 840D 数控系统主要由数控单元电源、主电路板、基本轴控制板、存储器板、伺服系统、位置检测系统、操作面板、机床控制面板、显示器、I/O 接口组成。840D 系统有以下几个方面的特点：

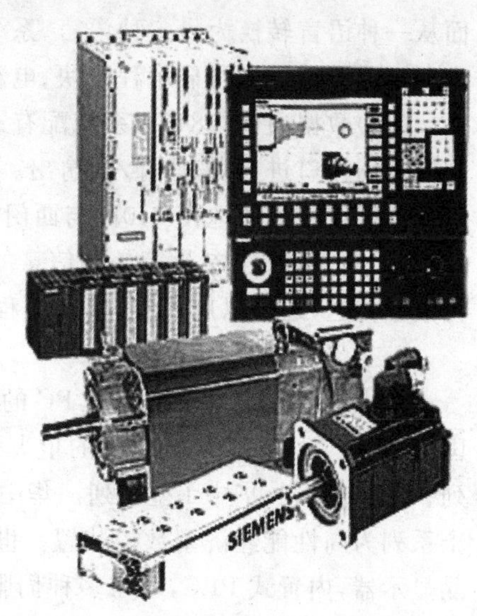


图 1-61　SINMENS 数控系统部件

(1)控制类型　采用 32 位微处理器，实现 CNC 控制，可用于完成 CNC 连续轨迹控制以及内部集成式 PLC 控制。

(2)机床配置　可实现钻、车、铣、磨、切割、冲、激光加工和搬运设备的控制，备有全数字化的 SIMODRIVE611 数字驱动模块。最多可控制 31 个进给轴和主轴，进给和快速进给的速度范围为 100～9999mm/min。其插补功能有样条插补、三阶多项式插补、控制值互联和曲线表插补，这些功能为加工各类曲线曲面零件提供了便利条件。此外还具备进给轴和主轴同步操作的功能。

(3)操作方式　其操作方式主要有 AUTOMATIC(自动)、JOG(手动)、TEACH IN(示教编程)、MDA(手动数据自动化)。

(4)轮廓和补偿　840D 可根据用户程序进行轮廓的冲突检测、刀具半径补偿的接近和退出策略及交点计算、刀具长度补偿、螺距误差补偿和测量系统误差补偿、反向间隙补偿、过象限误差补偿等。

(5)安全保护功能　数控系统可通过预先设置软极限开关的方法，进行工作区域的限制，程序进行减速，对主轴的运行还可以进行监控。

(6)NC 编程　840D 系统的 NC 编程符合 DIN 66025 标准(德国工业标准)，具有高级语言编程特色的程序编辑器，可进行公制尺寸、英制尺寸或混合尺寸的编程，程序编制与加工可同时进行，系统具备 1.5MB 的用户内存，用于零件程序、刀具偏置、补偿的存储。

(7)PLC 编程　840D 的集成式 PLC 完全以标准 SIMATICS7 模块为基础，PLC 程序和数据内存可扩展到 288kB，I/O 模块可扩展到 2048 个输入/输出点，PLC 程序能以极高的采样速率监视数字输入，向数控机床发送运动停止/启动等命令。

(8)操作部分硬件　840D 系统提供有标准的 PC 软件、硬盘、奔腾处理器,用户可在 MS-Windows 98/2000 下开发自定义的界面。此外,2 个通用接口 RS232 可使主机与外设进行通信,用户还可通过磁盘驱动器接口和打印机并行接口完成程序存储、读入及打印工作。

(9)显示部分　840D 提供了多语种的显示功能,用户只需按一下按钮,即可将用户界面从一种语言转换为另一种语言,系统提供的语言有中文、英语、德语、西班牙语、法语、意大利语。显示屏上可显示程序块、电动机轴位置、操作状态等信息。

(10)数据通信　840D 系统配有 RS232C/TTY 通用操作员接口,加工过程中可同时通过通用接口进行数据输入/输出。此外,用 PCIN 软件可以进行串行数据通信,通过 RS232 接口可方便地使 840D 与西门子编程器或普通的个人电脑连接起来,进行加工程序、PLC 程序、加工参数等各种信息的双向通信。用 SINDNC 软件可以通过标准网络进行数据传送,还可以用 CNC 高级编程语言进行程序的协调。

(三)华中数控系统 HNC

华中数控系统是基于通用 PC 的数控装置,是武汉华中数控股份有限公司的产品,是国家“八五”、“九五”科技攻关的重大科技成果。华中数控系统发展为三大系列:世纪星系列、小博士系列、华中 I 型系列。华中 I 型系列为高档高性能数控装置,世纪星系列、小博士系列为高性能经济型数控装置。世纪星系列采用通用嵌入式工业 PC 机,彩色 LCD 液晶显示器,内置式 PLC,可与多种伺服驱动单元配套使用;小博士系列为外配通用 PC 机的经济型数控装置,具有开放性好、结构紧凑、集成度高、可靠性好、性价比高、操作维护方便的特点。

华中“世纪星”数控系统是在华中 I 型、华中 2000 系列数控系统的基础上,满足用户对低价格、高性能经济型数控的要求而开发的。“世纪星”系列数控单元(HNC-21TD,HNC-21MD,HNC-22/TD,HNC-22MD)采用开放式体系结构,内置嵌入式工业 PC,配置 8.4″或 10.4″彩色 TFT 液晶显示屏和通用工程面板,集成进给轴接口、主轴接口、手持单元接口、内嵌式 PLC 接口于一体,采用电子盘程序存储方式以及 USB、DNC、以太网等程序交换功能,具有低价格、高性能、配置灵活、结构紧凑、易于使用、可靠性高等特点。主要应用于车、铣、加工中心等各类数控机床的控制,如图 1-62 所示为华中数控系统组成。

1. HNC-21/22TD 车削数控单元

最大联动轴数为 3 轴。可选配各种类型的脉冲指令式驱动单元。除标准机床控制面板外,标准配置 40 路开关量输入和 32 路开关量输出接口、手持单元接口、主轴控制与编码器接口。还可扩展 20 路开关量输入/16 路开关量输出。采用 8.4″(HNC-22/TD 为 10.4″)彩色 TFT 液晶显示器(分辨率为 640×480),全汉字操作界面,故障诊断与报警,加工轨迹图形显示和仿真,操作简便,易于掌握和使用。HNC-22T(或 HNC-22M)数控系统面板,采用国际标准 G 代码编程,与各种流行的 CAD/CAM 自动编程系统兼容,具有直线插补、圆弧插补、螺纹切削、刀具补偿、宏程序、恒线速切削等功能。内置 RS232 通信接口,实现机床数据通信。支持 USB 盘,存取程序方便。支持以太网功能选择,快速传输程序与数据。128MB(可扩充至 2GB)用户零件程序断电存储区,64MB RAM 加工内存缓冲区。

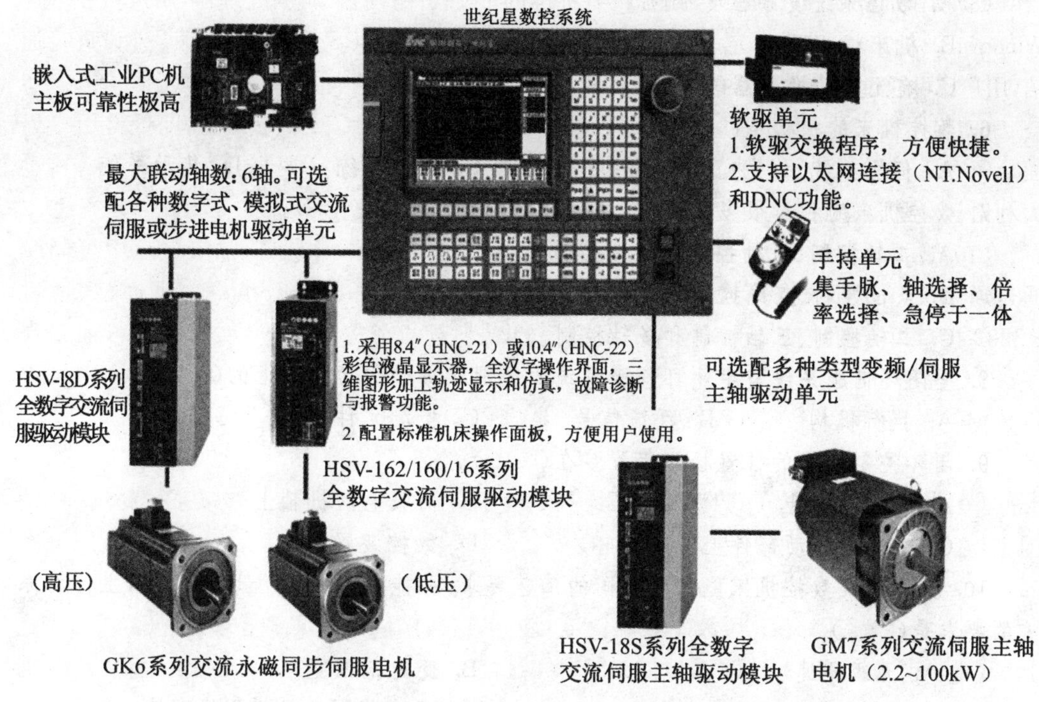


图 1-62　华中数控系统组成

2. HNC-21/22MD 铣削数控单元

最大联动轴数为 6 轴。除具有车削数控单元大部分功能外，还具有直线插补、圆弧插补、螺旋线插补、固定循环、旋转、缩放、镜像、刀具补偿、用户宏程序等功能。小线段连续加工功能，特别适合于 CAD/CAM 设计的复杂模具零件加工。加工断点保存/恢复功能，方便用户使用。配置大容量存储器可直接加工单个高达 2GB 的 G 代码程序。

# 知识点自检

## 一、选择题

1. 数控机床的诞生是在 20 世纪(　　)。

A. 50 年代　　B. 60 年代　　C. 70 年代

2. 数控机床是在(　　)诞生的。

A. 日本　　B. 美国　　C. 英国

3. “CNC”的含义是(　　)。

A. 数字控制　　B. 计算机数字控制　　C. 网络控制

4. 开环控制系统用于(　　)数控机床上。

A. 经济型　　B. 中、高档　　C. 精密

5. 加工中心与数控铣床的主要区别是(　　)。

A. 数控系统复杂程度不同

B. 机床精度不同

C. 有无自动换刀系统

6. 数控机床的核心是(　　)。

A. 伺服系统　　B. 数控系统　　C. 反馈系统　　D. 传动系统

7. 数控机床的种类很多,如果按加工轨迹分则可分为(　　)。

A. 二轴控制、三轴控制和连续控制

B. 点位控制、直线控制和连续控制

C. 二轴控制、三轴控制和多轴控制

8. 全闭环伺服系统与半闭环伺服系统的区别取决于运动部件上的(　　)。

A. 执行机构　　B. 反馈信号　　C. 检测元件

9. 闭环控制系统的位置检测装置装在(　　)。

A. 传动丝杠上　　B. 伺服电动机轴上

C. 机床的移动部件上　　D. 数控装置中

10. 为了保证数控机床能满足不同的工艺要求,并能够获得最佳切削速度,主传动系统的要求是(　　)。

A. 无级调速　　B. 变速范围宽

C. 分段无级变速　　D. 变速范围宽且能无级变速

11. 数控机床进给系统减少摩擦阻力和动静摩擦之差,是为了提高数控机床进给系统的(　　)。

A. 传动精度　　B. 运动精度和刚度

C. 快速响应性能和运动精度　　D. 传动精度和刚度

12. 数控机床的主机(机械部件)包括:床身、主轴箱、刀架、尾座和(　　)。

A. 进给机构　　B. 液压系统　　C. 冷却系统

13. 数控铣床与普通铣床相比,在结构上差别最大的部件是(　　)。

A. 主轴箱　　B. 工作台　　C. 床身　　D. 进给传动

14. 目前,机床导轨中应用最普遍的导轨形式是(　　)。

A. 静压导轨　　B. 滚动导轨　　C. 滑动导轨

15. 数控机床能成为当前制造业最重要的加工设备是因为(　　)。

A. 自动化程度高　　B. 人对加工过程的影响减少到最低

C. 柔性大,适应性强

16. 滚珠丝杠的基本导程减小,可以(　　)。

A. 提高精度　　B. 提高承载能力　　C. 提高传动效率　　D. 加大螺旋升角

17. 数控机床CNC系统是(　　)。

A. 轮廓控制系统　　B. 动作顺序控制系统

C. 位置控制系统　　D. 速度控制系统

18. 通常数控系统除了直线插补外,还有(　　)。

A. 正弦插补　　B. 圆弧插补　　C. 抛物线插补

19. 对于多坐标数控加工(泛指三、四、五坐标数控加工)，一般只采用(　　)。

A. 线性插补　B. 圆弧插补　C. 抛物线插补　D. 螺旋线插补

20. 采用逐点比较法加工第一象限的斜线，若偏差函数值等于零，规定刀具向(　　)方向移动。

A. $+X$　B. $-X$　C. $+Y$　D. $-Y$

21. 加工第一象限的斜线时，用逐点比较法直线插补，若偏差函数大于零，说明加工点在(　　)。

A. 坐标原点　B. 斜线上方　C. 斜线上　D. 斜线下方

## 二、思考题

1. 数控机床由哪些部分组成？各有什么作用？
2. 数控机床对主传动系统有哪些要求？
3. 数控机床的坐标系判断原则是什么？各坐标轴如何判断？
4. 数控机床的加工原理是什么？
5. 主传动变速有哪几种方式？数控机床如何实现主轴自动变速？
6. 数控机床主轴为什么要实现准停？如何实现？
7. 数控机床对进给传动系统有哪些要求？
8. 齿轮传动间隙的消除有哪些措施？各有何优缺点？
9. 试述滚珠丝杠轴向间隙调整及预紧的基本原理，常用哪几种结构形式？
10. 什么是开环、闭环、半闭环，控制系统有何特点？举例说明其应用。
11. 简述数控系统的硬件及软件组成。
12. 什么是插补？逐点比较法插补的计算过程有哪些？
13. 加工第一象限的一段逆圆弧 $AB$，起点 $A$ 的坐标值为 $A(4,3)$，终点 $B$ 的坐标值为 $B(0,5)$，试用逐点比较法进行圆弧插补，并画出插补轨迹。
14. 推导出第一象限顺圆逐点比较的插补公式。
15. 加工第一象限顺圆起点 $X_0=1,Y_0=4$，终点 $X_e=4,Y_e=1$，写出整个计算的流程与节拍表，并画出进给过程图。

## 三、技能训练项目

利用实训室数控加工设备、数控系统试验台和仿真软件，通过现场观察、仿真演示和实物操作数控机床等，熟悉数控机床的组成及功能。

# 项目二　数控加工工艺准备

**项目导读**:加工工艺设计是机械加工过程中必不可少的一项工作。无论是传统的机加工还是现代数控加工,工艺过程的合理拟定、加工路线的正确安排、工艺装备的合理选取等都是保证加工质量的关键因素。合理的加工工艺方案设计还是编制数控加工程序的依据,工艺方面的问题考虑不周也是数控加工缺陷的主要原因之一。因此,对于数控编程人员来说,正确合理地处理零件的工艺问题是编制加工程序的关键工作。

本项目针对数控车削加工、数控铣削加工的典型零件进行工艺分析,主要介绍数控加工工艺特点及其工艺系统组成,侧重于工艺参数的确定、走刀路线的合理安排、工艺装备的合理选取等内容。

**教学目标**:通过本项目的学习,使学生掌握编制数控加工工艺的基本方法和步骤,学会数控刀具、工艺装备的选用,能够独立完成典型零件的数控加工工艺编制。

## 任务一　数控加工工艺性分析

数控加工前对工件进行工艺设计是必不可少的准备工作。无论是手工编程还是自动编程,在编程前都要对所加工的工件进行工艺分析、拟定工艺路线、设计加工工序。因此,合理的工艺设计方案是编制加工程序的依据,工艺设计做不好是数控加工出差错的主要原因之一,其后果往往是造成工作反复。编程人员必须首先做好工艺设计,再考虑编程。数控加工工艺分析主要包括以下的内容:

(1)选择适合在数控机床上加工的零件,确定数控机床加工内容;

(2)对零件图样进行数控加工工艺分析,明确加工内容及技术要求;

(3)具体设计数控加工工序;

(4)处理特殊的工艺问题;

(5)编程误差及其控制;

(6)处理机床上部分工艺指令;

(7)编制工艺文件。

## 一、数控加工内容的确定

数控加工是一种高效自动化的加工方法，但是对于具体的一个零件来说，并非其全部加工过程都适合在数控机床上完成，数控加工可能只是零件整个加工工序中的一部分。因此，有必要对零件图样进行仔细分析，立足于解决难题、提高生产效率，注意充分发挥数控加工的优势，选择那些最适合、最需要的内容和工序进行数控加工。同时，应兼顾数控加工工序与普通加工工序的衔接问题。

一般可按下列原则选择数控加工内容：

(1)普通机床无法加工的内容要首先安排进行数控加工；

(2)普通机床难加工，质量也难以保证的内容要重点考虑进行数控加工；

(3)普通加工效率低，工人手工操作劳动强度大的内容，可在数控机床上加工。

一般来说，上述这些加工内容采用数控加工后，在产品质量、生产效率与综合效益等方面都会得到明显提高。相比之下，下列一些内容不宜选择采用数控加工：

(1)需要较长时间占机调整的工序内容，如毛坯粗糙的粗加工；

(2)加工余量极不稳定，且在数控机床上无法自动调整零件坐标位置的加工内容，如：按某些特定的制造依据(如样板等)加工的型面轮廓；

(3)不能在一次安装中加工完成的零星分散部位的加工。

另外，还要考虑生产批量、生产周期、生产厂设备状况等，尽量做到合理安排。同时注意防止将数控机床降格为普通机床来使用。

## 二、零件数控加工工艺性分析

零件在加工之前，要通过零件设计图纸来分析零件的工艺性，零件的工艺性分析涉及问题很多，这里仅仅从数控加工的角度分析零件进行数控加工的必要性、可行性和合理性。总的来看，数控加工工艺性分析就是要看零件结构、技术要求、尺寸标注等是否符合数控加工的特点。

1. 尺寸标注与精度要求分析

数控加工中，刀具的移动是按照一定的坐标位置给定的，而坐标往往是根据零件的设计尺寸和设计基准来设置；所有点、线、面的尺寸和位置都是以编程原点为基准的。因此零件图样上最好直接给出坐标尺寸，或尽量以同一基准标注尺寸。这种标注方法，既便于编程，也便于尺寸之间的相互协调，在保持设计、工艺、检测基准与编程原点设置的一致性方面带来了很大的方便。由于零件设计人员往往在尺寸标注中较多地考虑装配等使用特性，而不得不采用局部分散的尺寸标注方法，这样给数控加工工序安排和尺寸标注带来了很大的不方便。所以在数控加工前往往要根据数控加工的需要统一集中标注成坐标尺寸。由于数控加工精度和重复定位精度很高，所以这种改变不会产生很大的积累误差而破坏零件的使用特性。

2. 基准可靠性分析

数控加工特别强调定位加工，尤其正反两面或两端都采用数控加工的工件，以同一基准定位是十分必要的，否则很难保证两次定位安装后零件的轮廓位置与尺寸协调，所以，数控加工前要分析零件是否有合适的定位基准。如零件本身有合适的定位基准，则尽量采用；如果零件本身没有合适的结构作为统一的定位基准，则应考虑在零件上设置专门的工艺孔或工艺凸台作为工艺基准。如图 2-1(a)所示的零件，为增加定位的稳定性，可在底面增加一工艺凸台，如图 2-1(b)所示，在完成定位加工后再除去。如对于回转体零件，常采用其回转中心作为定位基准，比较多地采用外圆面作为定位基准面，而对于箱体、平板、凸轮等零件常以平面作为定位基准。但是如图 2-2 所示的零件，加工时很难找到可靠的定位基准，加工中常在其结构上增加工艺基准孔。

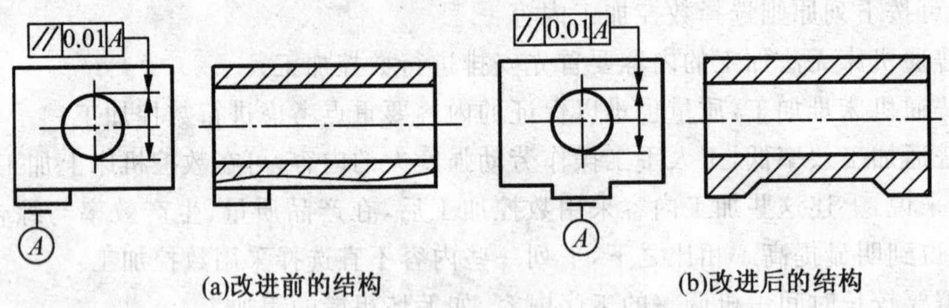


图 2-1　工艺凸台的应用

3. 零件几何要素的完整性、准确性和统一性分析

在程序编制中，编程人员必须充分掌握构成零件轮廓的几何要素参数及各几何要素间的关系。因为在编程时要对零件轮廓的所有几何元素进行定义，手工编程时要计算出每个节点的坐标，无论哪一点不明确或不确定，编程都无法进行。但由于零件设计人员在设计过程中考虑不周，常常出现参数不全或不清楚，如圆弧与直线、圆弧与圆弧是相切还是相交或相离。所以在审查与分析图纸时，一定要仔细核算，发现问题及时与设计人员联系。

零件的外形、内腔最好采用统一的几何类型及尺寸，这样可以减少换刀次数，还可能应用专用程序以缩短主程序长度。零件的形状应尽可能对称，便于利用数控机床的镜像加工、子程序等功能来编程。零件结构尺寸要保持一致性，可以减少加工用刀具数量和换刀次数。如图 2-3 所示车削中回转轴上的退刀槽，应尽可能采用同一尺寸；铣削加工中，圆弧过渡部分也应尽可能采用同一圆弧半径。

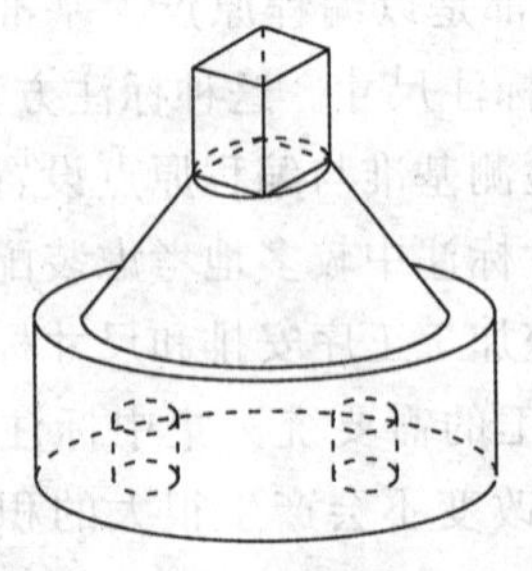

图 2-2　工艺基准孔

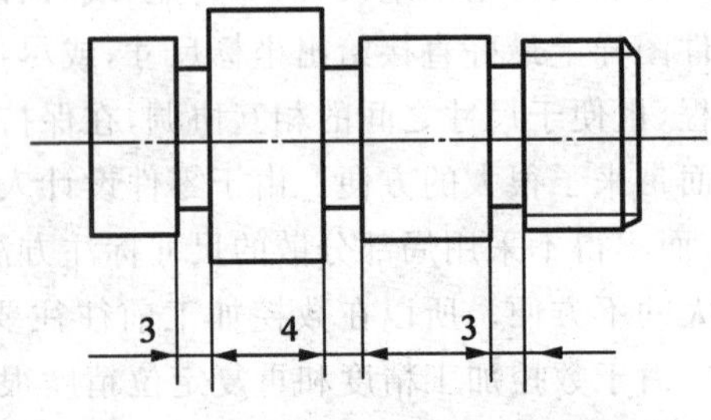


图 2-3　退刀槽尺寸不一致

4. 零件变形对加工的影响分析

零件在数控加工时的变形，不仅影响加工质量，而且当变形较大时，将使加工不能正

常进行，须考虑必要的预防措施，如安排热处理工序提高零件的刚性。对不能采用热处理工序的零件，必要时要考虑改变零件结构。

### 三、数控加工工序与普通加工工序的衔接

数控加工工序前后一般都穿插有其他普通加工工序，如衔接得不好就容易产生矛盾。因此在熟悉整个零件加工工艺内容的同时，要清楚数控加工工序与普通加工工序各自的技术要求、加工目的、加工特点，如留多少加工余量；定位面与孔的精度要求及形位公差；对下道工序的技术要求；对毛坯的热处理状态等，这样才能使各工序达到相互满足加工需要，且质量目标及技术要求明确，交接、验收有依据。

## 任务二　数控加工工艺路线设计

### 一、数控加工中工艺路线制定的原则

(一)保证加工质量的原则

虽然数控机床本身的精度较高，控制过程实现了自动化，减少了系统误差和人为粗大误差的影响，零件的加工精度较普通加工方法高。但机械加工质量在很大程度上是靠加工工艺保证的，机械加工过程中的工艺问题解决不当，会导致加工不能正常进行、精度降低等现象发生，严重的将损坏加工工件和设备。所以一定要根据零件的特点和加工要求，采用符合数控加工特点的工艺分析方法，在工艺上保证加工的尺寸、形状和精度及表面质量要求。

一般情况下，为了保证零件的加工质量，可采用如下原则：

(1)工序集中的原则　在一次安装下完成零件的粗精加工，减少安装误差和安装次数。这是数控加工中较多采用的原则。

(2)工序分散的原则　为减少热变形和切削变形对工件的尺寸精度、形状精度、位置精度和表面粗糙度的影响，要考虑粗精加工分开进行，即先安排工件各表面的粗加工再一起进行精加工，这一原则较多地用于在数控铣削和加工中心上加工复杂零件。

(3)先面后孔的原则　对于一些箱体类零件等，为保证孔的加工精度应先加工平面再加工孔，以使孔的加工有明确的基准。

另外还要考虑基准先行、先外后内或者先内后外的通用原则，以及检验、热处理、零件的冷却等都要合理安排，以保证加工质量。

(二)保证加工效率的原则

数控加工中，由于控制过程的自动化使工件和刀具的安装与调整成了影响加工效率的主要因素。因此，为了提高加工效率要考虑尽量减少换刀次数和工件的安装次数，在工艺处理时，尽量在一次安装中加工尽可能多的表面，同时要注意使刀具以最短的工艺路线到达加工部位。如图 2-4 所示，数控车床在精加工时通常利用精车刀从工件的右端开始一次走刀完成。

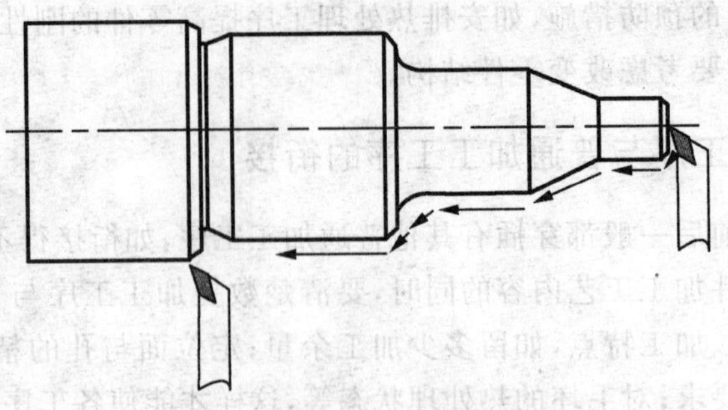

图 2-4　数控车削精车路线

## 二、数控加工工序的划分原则

数控机床上加工工件时，与普通加工有较大的差别，要考虑零件的结构、装夹方法、机床功能、加工内容、使用刀具等。数控加工工序的划分一般有以下几种方法：

### (一)按粗精加工划分

考虑零件加工精度要求、刚度和变形等因素来划分工序时，一般采用粗精加工分开的原则，即先粗加工再精加工。这时可采用不同的机床和刀具，有利于保证零件的加工精度，同时还能及时发现毛坯缺陷和消除粗加工中的变形和残余应力等。一般情况下零件的加工表面不允许在一次安装中全部加工完成，要粗精加工分开，即在粗加工后要留有加工余量，在精加工时保证零件的精度和质量要求，如图 2-5 所示。

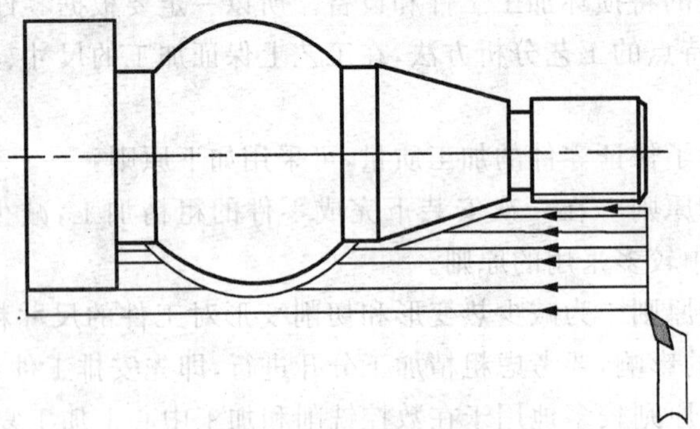

图 2-5　数控车削粗车轮廓走刀路线

### (二)按所用刀具划分

数控加工中，不同的结构表面需要选用不同的刀具来加工，以保证结构尺寸和加工质量，比如箱体的内表面的圆弧过渡部分需要圆弧铣刀来完成，回转轴上的退刀槽需要用同尺寸的切槽刀来加工。这时如果采用粗精加工分开的方法需要多次换刀，增加了加工的辅助时间，加工效率低。这种情况下可根据使用的刀具来划分工序，进行编程。用一把刀具在一次换装中尽可能多地加工出可能加工的表面。然后再换刀加工其他部位。这种划分工序的方法常在需要多把刀具加工的零件上使用，比如在加工中心上加工复杂零件。

（三）按零件的装夹定位方式划分

由于零件的结构形状和技术要求的不同，要求采用不同的装夹方式来保证加工要求。在数控加工中要尽量在一次装夹中尽可能多地加工零件表面，以减少装夹次数。图 2-6 表示片状凸轮零件，在安排加工工序时，由于其两侧面和内孔加工较为简单，可在普通机床上以外圆和端面为基准进行加工。其凸轮周向轮廓虽然复杂，可在数控铣床上通过一次装夹完成，所以该零件安排了两道工序：普通工序和数控工序。这种方法适合于加工工序内容不多，而且每次装夹加工后零件即能达到待检状态。它与粗精加工分开的划分方式不同，这种方法要求在一次装夹中即完成零件的加工，而粗精加工分开的方式不允许一次加工完成。

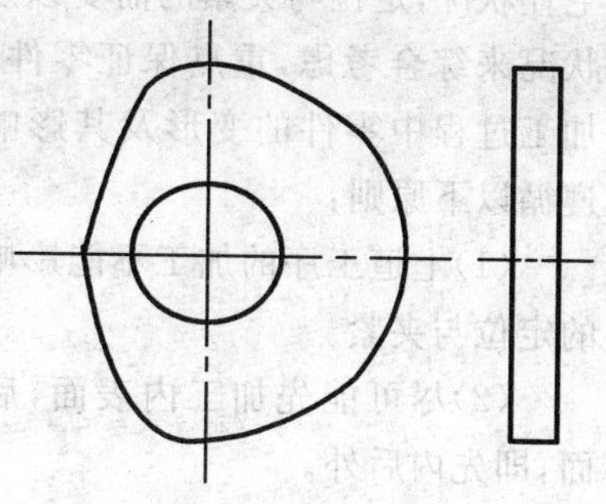

图 2-6　片状凸轮

（四）按零件的加工部位划分

有些零件的加工内容较多，构成零件的表面要素差异较大，可按照其结构特点将加工部位划分成几个部分，如内表面的加工、外表面的加工、曲面加工、斜平面加工等，以方便选择机床、切削用量、工艺装备等。

## 三、数控加工工步的划分原则

制定加工工艺的目的不仅仅是为了保证加工出符合图纸要求的工件，同时要使机床的功能得到最大限度的发挥，为此要选用合适的刀具和切削用量，以对不同的表面进行合理地加工。所以对所划分的加工工序要进行适当的工步划分。数控加工程序中的机床控制指令是以工步为依据来编写的，如刀具的走刀路线、切削用量、刀具的选择等。所以数控加工工艺中工步的划分是至关重要的一个环节，要特别给予重视。一般来说，数控加工工步的划分要考虑如下原则：

（1）整个表面按粗精加工分开的原则进行，即先进行粗加工的工步，再进行半精加工和精加工的工步。

（2）复杂表面按先面后孔的原则进行，对于有面有孔的零件往往采取先铣面再镗孔，这样可以减小铣削加工中的变形对零件精度的影响。

（3）保证加工效率的原则　在一次安装或利用一把刀具尽可能多地完成多个表面的加工，以减少换刀次数和工件安装次数。

（4）保证加工精度的原则　对于加工精度要求高的零件或表面可以考虑单独安排工步进行加工。

以上原则，工艺编制人员要灵活掌握，根据零件特点和加工要求适当安排。

## 四、数控加工顺序的安排

通用机床加工工艺路线设计是指从毛坯到成品的整个工艺过程，而数控加工工艺路线设计是指几道数控加工工序的工艺过程的具体描述。因此一定要注意区别，由于数控加工工序一般都穿插于零件加工的整个工艺过程中，因而要与其他加工工艺衔接好。常见工艺流程如图 2-7 所示。

零件加工顺序的安排要根据其结构和毛坯状况，定位与夹紧的需要以及刀具使用状况来综合考虑，重点保证零件刚度，减少加工过程中零件的变形及其影响。一般要遵循以下原则：

(1)上道工序的加工不能影响下道工序的定位与夹紧。

(2)尽可能先加工内表面，后加工外表面，即先内后外。

(3)连续加工，即对定位、夹紧方式相同或使用刀具相同的表面尽可能安排在同一道工序内，连续完成，以减少换刀和工件安装次数。

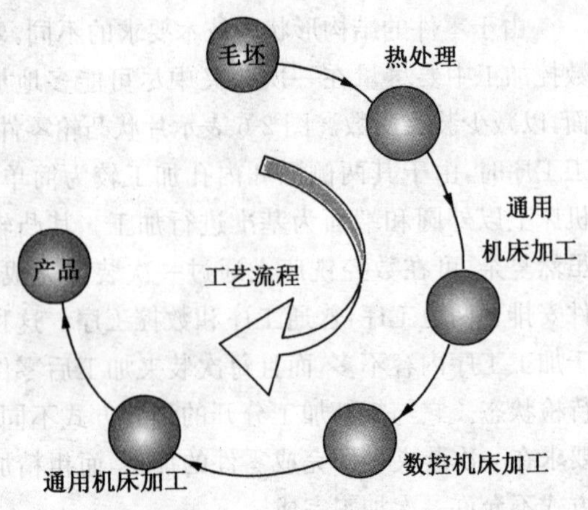


图 2-7　零件加工工艺流程图

(4)在同一次装夹的多道工序加工中，应先安排对工件刚性破坏小的工序。比如车削时先加工离主轴远的表面。

零件加工中往往不是单一表面的加工，组成零件的表面形状不同、加工要求各异，这样对于组成零件的各个表面要素就会有各自的获得过程，我们不能对这些表面的获得过程孤立地看待，要将这些相同或相近似的表面获得过程进行整合、排列，这就是加工顺序的安排。由图 2-8 所示的零件进行结构分析可知，该零件由带键槽圆柱面 $A$(Ø$15^{+0.016}_{-0.034}$、Ø$22^{-0.020}_{-0.041}$)，光滑圆柱面 $B$(Ø$17^{+0.014}_{-0.002}$、Ø$15^{+0.012}_{-0.001}$)、$C$(Ø22、Ø30、Ø17)，螺纹圆柱面 $D$(M20×1.5)四个表面要素组成，确定其加工顺序时，先确定每一个表面要素的加工方法和先后顺序，再按照一定的工艺原则，把相同或相近的工艺内容合并到一起，对合并的内容再分出先后顺序，其加工顺序的安排过程如图 2-9 所示。

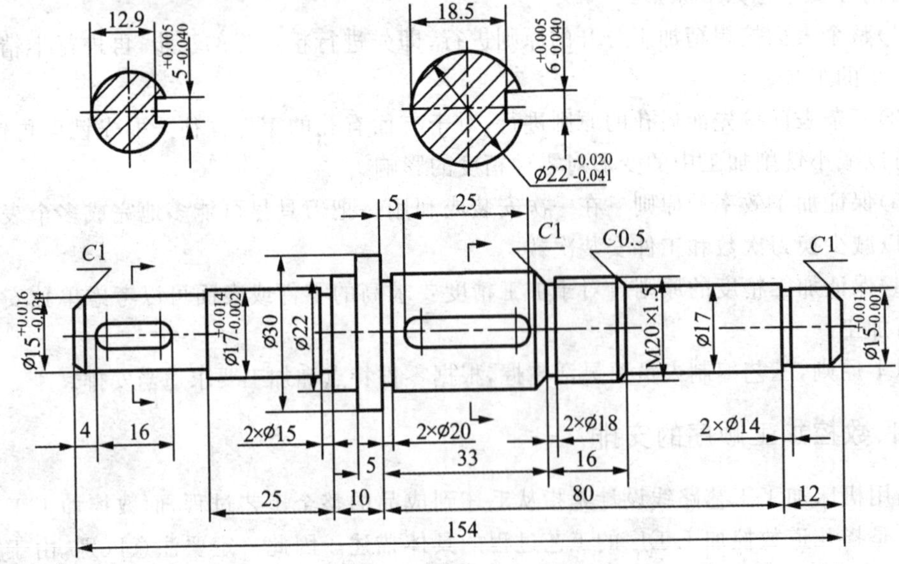


图 2-8　由 $A$、$B$、$C$、$D$ 四个基本元素构成的轴类零件

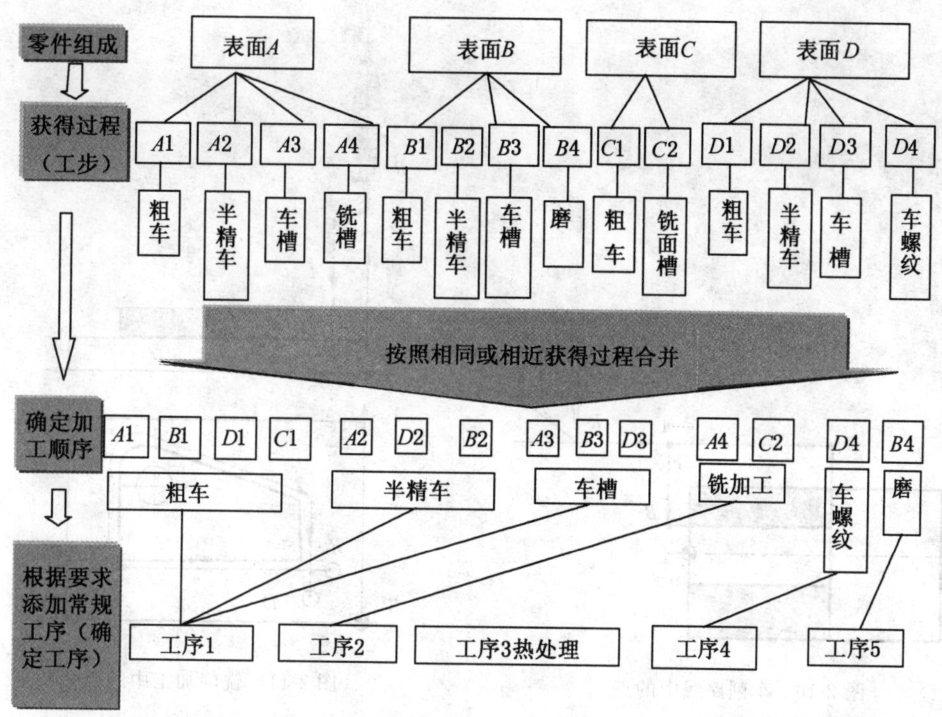


图 2-9　加工顺序安排过程

## 五、数控加工进给路线的特征点与相对位置确定

进给路线是指数控机床在加工过程中，刀具的刀位点相对工件运动的轨迹。进给路线反映了加工内容和加工顺序。只有确定了进给路线才能确定刀位点的位置，从而为刀位点的坐标计算以及数控编程做准备。

确定进给路线时应遵循以下原则：

(1)保证零件的加工精度和表面质量；

(2)保证加工效率，充分发挥数控机床的高效性能；

(3)加工路线最短，减少空行程时间和换刀次数；

(4)数值计算简单，减少编程工作量。

零件的加工方法不同、机床的不同以及加工表面的形状特点等的不同，使数控加工中进给路线的确定有一定的难度和诀窍。不同人员对同一零件编制的程序会有很大的差别，也会导致不同的加工质量，有经验的编程人员能够合理地处理刀具运动过程的工艺问题，编制出简洁实用的加工程序。在确定进给路线时的工艺处理，在很大程度上影响了编写程序的质量和加工效率。

(一)进给路线确定中的几个特征点

在确定刀具进给路线中，实际上是确定刀具在加工进给过程中的几个具体的位置的坐标值。图 2-10 为车削外圆，图 2-11 为铣削零件轮廓，假定刀尖为一点，且刀尖处为刀位点(刀位点为刀具的定位基准点)，其中：

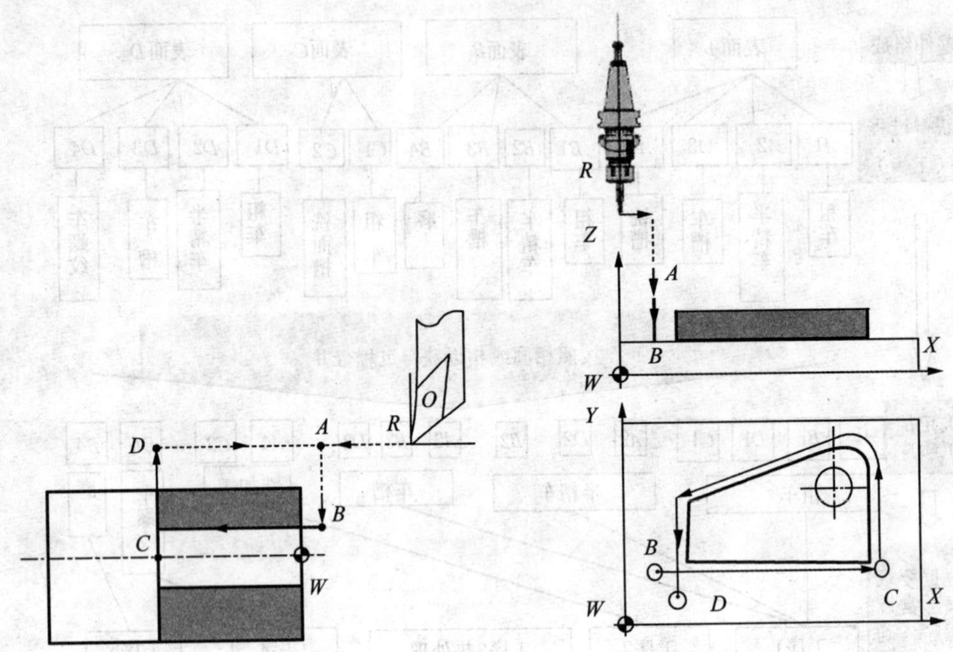


图 2-10　车削路线中的点　　　　图 2-11　铣削加工中的点

*O*　对刀点　零件上或机床上一个确定的点，可以用来确定刀具与工件之间的相互位置，以确定工件坐标系与机床坐标系之间的关系。在采用试切法对刀时，往往设置对刀点与工件原点重合或具有明确的位置关系。

*R*　换刀点　更换刀具时的坐标位置，尽量远离工件，保证更换刀具时不碰到工件并且行程最短。

*A*　退刀点　刀具每进行完一个工步所回到的位置，有时刀具也从此点进入加工。

*B*　进刀点　刀具由此点开始加工，此时以工进速度移动。

*C*　基点　工件上的结构点或工艺点。

*D*　让刀点　刀具离开工件的点，为了保证加工质量，防止刀具在返回退刀点时划伤工件，此点后刀具要让离已加工工件表面一定距离。

*W*　工件原点　编程人员为了编程方便在工件上设定的点。

(二)确定刀具与工件的相对位置

对于数控机床来说，在加工开始时，确定刀具与工件的相对位置是很重要的，这一相对位置是通过确认对刀点来实现的。对刀点是指通过对刀确定刀具与工件相对位置的基准点。对刀点可以设置在被加工零件上，也可以设置在夹具上与零件定位基准有一定尺寸联系的某一位置，为保证加工精度，对刀点应尽量选择在零件的设计基准或工艺基准上，往往就选择在零件的工件原点。对刀点的选择原则如下：

(1)所选的对刀点应使程序编制简单；

(2)对刀点应选择在容易找正、便于确定零件工件原点的位置；

(3)对刀点应选在加工时检验方便、可靠的位置；

(4)对刀点的选择应有利于提高加工精度。

例如，加工如图 2-12 所示的零件时，当按照图示路线来编制数控加工程序时，选择夹具定位元件圆柱销的中心线与定位平面 $A$ 的交点作为加工的对刀点。显然，这里的对刀点也恰好是工件原点。在使用对刀点确定加工原点时，就需要进行"对刀"。所谓对刀是指使"刀位点"与"对刀点"重合的操作。每把刀具的半径与长度尺寸都是不同的，刀具装在机床上后，应在控制系统中设置刀具的基本位置。

"刀位点"是指刀具的定位基准点。如图 2-13 所示，圆柱铣刀的刀位点是刀具中心线与刀具底面的交点；球头铣刀的刀位点是球头的球心点或球头顶点；车刀的刀位点是刀尖或刀尖圆弧中心；钻头的刀位点是钻头顶点。各类数控机床的对刀方法是不完全一样的，这一内容将结合各类机床分别讨论。

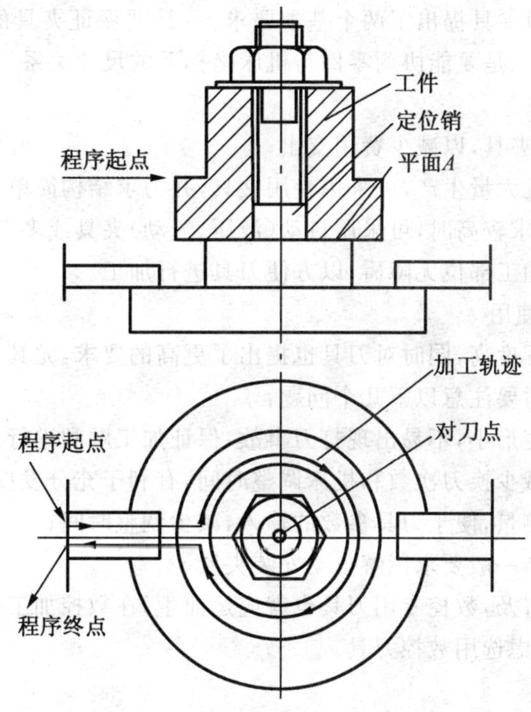


图 2-12　对刀点设置实例

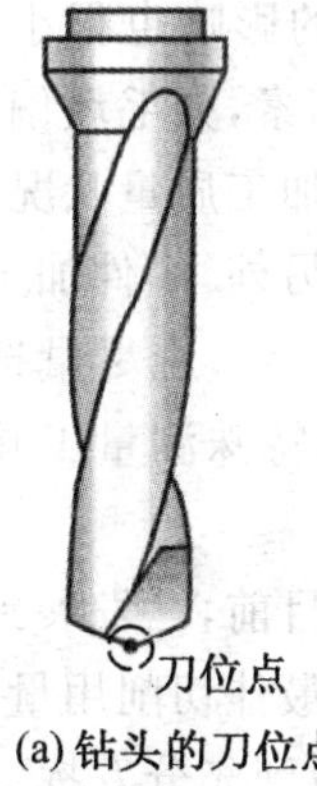


(a) 钻头的刀位点

(b) 车刀的刀位点

(c) 圆柱铣刀的刀位点

(d) 球头铣刀的刀位点

图 2-13　几种刀具的刀位点

换刀点是为加工中心、数控车床等采用多刀进行加工的机床而设置的，因为这些机床在加工过程中需要自动换刀。为防止换刀时碰伤零件、刀具或夹具，换刀点常常设置在被加工零件的轮廓之外，并留有一定的安全量。换刀点的设置应适当尽量远离工件，保证更换刀具时不碰到工件并且行程最短。换刀点的位置可由程序设定也可由机床设定。加工中心的换刀点一般是固定的，是由机床结构决定的，而对于数控铣床、数控车床等，其换刀点是根据工序内容由编程人员或机床操作人员设定的。

## 六、数控加工工艺装备的选择

### 1. 夹具的选择

数控加工的特点对夹具提出了两个基本要求：一是要保证夹具的坐标方向要与机床的坐标方向相对固定；二是要能协调零件与机床坐标系的尺寸关系。在选用夹具时，一般要考虑以下问题：

(1)尽量选用通用夹具，以减少费用支出；

(2)必要时，如大批大量生产，可采用专用夹具，并力求结构简单、操作调整方便；

(3)对生产效率要求较高时，可采用自动(液压、气动)夹具或多工位夹具；

(4)夹具要开敞，加工部位无障碍，以方便刀具进行加工。

### 2. 刀具的选择与使用

数控加工自动化程度高，同时对刀具也提出了更高的要求，尤其在刀具刚度和刀具寿命方面。在选择刀具时要注意以下几个问题：

(1)刀杆刚性好，变形小，不易出现打刀事故，保证加工顺利进行；

(2)刀具寿命长，减少换刀次数和机床调整时间，有利于充分发挥数控加工优势；

(3)尺寸稳定，易测量，便于刀具参数的输入，减少调整时间；

(4)安装调整方便，一般要求能够自动安装夹紧。

随着数控加工的普及，数控专用刀具也就应运而生，在数控加工中为了充分发挥数控机床的效力，应优先考虑选用数控刀具。

### 3. 工件的测量

数控加工是按照事先编制好的数控加工程序自动进行的，而且机床精度高，有些机床还具备误差补偿功能，因此加工的工件基本消除了人为误差，系统误差的影响也很小，一般能够按照加工程序尺寸进行加工。但是在生产过程中有许多不确定因素，如毛坯偏差、温度偏差、冲击振动、刀具磨损等也会影响到加工的精度，为了及时掌握加工质量状况，往往也要进行人工介入的检查，比如在程序执行中安排几次停机检查等。另外，零件加工后也要检验加工质量。数控加工中零件的检查和测量与传统的方法基本一致，应尽量选用与工件相匹配的通用量具，对于有特殊要求的特殊结构可以选用专用的特殊测量工具如超声波、光学仪器等。

随着计算机技术的发展，现代计算机数控系统的功能也日趋完善。目前，已发展到不仅能对加工的实际工艺状况进行在线检测，而且还能根据加工条件选择最佳切削用量，自动调整机床在最佳状态下工作，以弥补编程的不足，使数控机床的功能得到充分发挥。西门子公司生产的 SINUMERIK 810TE 系统就具有这样的功能。

## 七、数控加工切削用量的选择与调整

充分发挥数控机床高效的优点，必须合理选择切削条件。因此，编程人员必须熟悉刀具的选择方法和切削用量的确定原则。编程人员在确定每道工序的切削用量时，要根据被加工工件材料、硬度、切削状态，考虑刀具的耐用度和机床说明书中的规定，要充分保证刀具能至少完成一个零件的加工，或保证刀具耐用度不低于一个工作班，最少不低于半个工作班的工作时间。

其中，切削速度的选择主要取决于被加工工件的材质；进给速度的选择主要取决于被加工工件的材质及切削刀具。国外一些刀具生产厂家的刀具样本附有刀具切削参数选用表，可供参考。但切削参数的选用同时又受机床、刀具系统、被加工工件形状以及装夹方式等多方面因素的影响，应根据实际情况适当调整切削速度和进给速度。

当以刀具寿命为优先考虑因素时，可适当降低切削速度和进给速度；当切屑的离刃状况不好时，则可适当增大切削速度。

背吃刀量主要受机床刚度的限制，在机床刚度允许的情况下，尽可能使背吃刀量等于工序的加工余量，这样可以减少走刀次数，提高加工效率。对于表面粗糙度和精度要求较高的零件，要留有足够的精加工余量，数控加工的精加工余量可比通用机床加工的余量小一些。

# 任务三 数控加工刀具

## 一、数控机床刀具的种类及特点

刀具的选择是数控加工工艺中的重要内容之一，不仅影响加工效率，而且直接影响加工质量。本单元主要介绍数控车床、铣床等加工机床上所用的数控刀具材料、刀片代码和常用刀具选择原则。

随着数控机床结构、功能的发展，现在数控机床的刀具已不是普通机床所采用的“一机一刀”的模式，而是多种不同类型的刀具同时在数控机床的刀盘上（或主轴上）轮换使用，可以达到自动换刀的目的。因此对数控刀具通常可理解为“数控工具系统”。

### （一）数控机床刀具的特点

为了能够实现数控机床上刀具高效、多能、快换和经济的目的，数控机床所用的刀具主要具备下列特点：

（1）刀片和刀具几何参数和切削参数规范化、典型化；

（2）刀片和刀具材料及切削参数与被加工工件材料之间匹配的选用；

（3）刀片或刀具的耐用度及其经济寿命指标合理化；

（4）刀片及刀柄的定位基准优化；

（5）刀片及刀柄对机床主轴的相对位置的要求高；

（6）对刀柄的强度、刚性及耐磨性的要求高；

(7)刀柄或工具系统有装机重量限制的要求；

(8)对刀片的转位及刀柄装拆有重复精度要求。

(二)刀具材料

数控机床常用的刀具材料有高速钢、硬质合金、陶瓷、立方氮化硼、聚晶金刚石。如图2-14所示为各种材料刀具的发展及其适用的切削速度。目前，数控机床用得最普遍的是硬质合金刀具。国产硬质合金刀具材料的品种，基本分为三大类。一类是以WC为基体加上钴黏结剂的钨钴类，牌号为“YG”；第二类是以WC＋TiC为基体加上钴黏结剂的钨钴钛类，牌号为“YT”；第三类是在WC＋TiC的基础上，加入少量的NbC(碳化铌)、TaC(碳化钽)等碳化物，形成一种所谓“万能型”的硬质合金，牌号为“YW”。

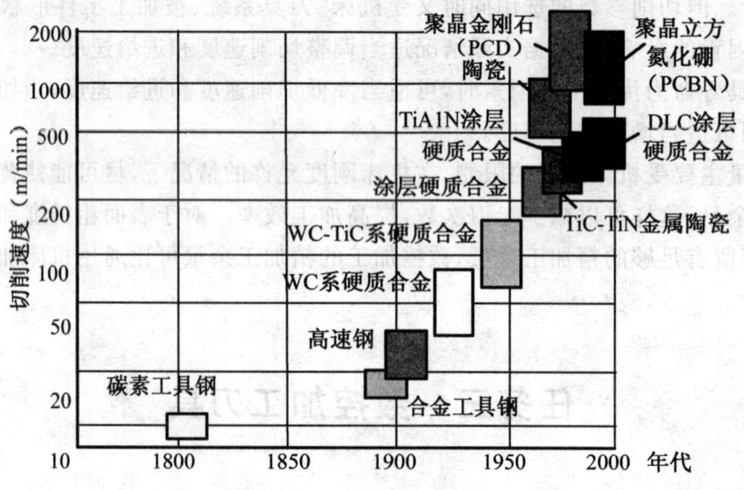


图2-14 各种刀具材料

上述五大类刀具材料，从材料的硬度、耐磨性总体上分析，金刚石最高，依次降低，直到高速钢。而材料的韧性则是高速钢最高，金刚石最低。图2-15表示各种刀具材料的特性。在数控机床、车削中心、加工中心等现代机床中，采用最广泛的是硬质合金和高速钢这两类。因为这两类材料从经济性、成熟性、适应性、多样性、工艺性等各方面，综合效果都优于陶瓷、立方氮化硼、聚晶金刚石等刀具材料。但在以车代磨加工淬火钢时，陶瓷、立方氮化硼刀具具有很大的优势，聚晶金刚石刀具则主要应用于加工有色金属和非金属材料，砂轮修磨等。

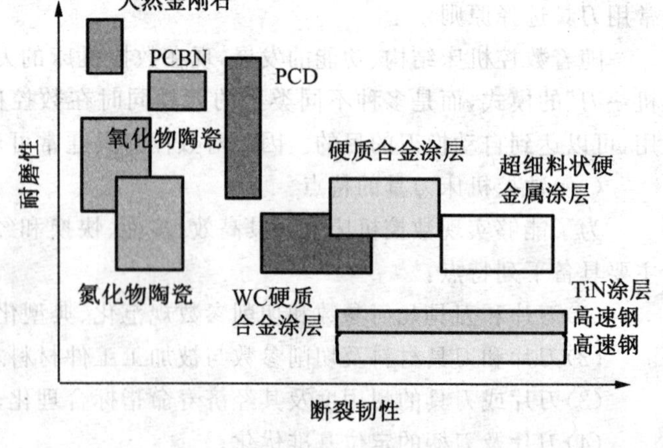


图2-15 各种刀具材料的特性

## 二、可转位刀片的代码

数控机床主要采用可转位的机夹刀具。刀具上安装有可转位刀片。国家标准(GB 2079-1987)和国际标准(ISO 1832-1985)规定了可转位刀片型号的含义,其型号由按一定顺序排列的、代表给定意义的十位英文字母和数字代号组成。型号中十位代号所表示的刀片特征见表 2-1。

**表 2-1　　可转位刀片十位代号所表示的刀片特征**

<table>
<tr><td colspan="2">代号位数</td><td>1</td><td>2</td><td>3</td><td>4</td><td>5</td><td>6</td><td>7</td><td>8</td><td>9</td><td>10</td></tr>
<tr><td rowspan="2">GB 2079-1987</td><td>代号特征</td><td>刀片形状</td><td>刀片法后角</td><td>刀片精度</td><td>刀片有无断屑槽和固定孔</td><td>刀片长度</td><td>刀片厚度</td><td>刀尖圆弧半径</td><td>切削刃形状</td><td>切削方向</td><td>断屑槽形式和宽度</td></tr>
<tr><td>表示方法</td><td colspan="4">一个英文字母</td><td colspan="2">两位阿拉伯数字(所表示参数的整数部分,不够两位的前面加 0)</td><td>两位阿拉伯数字(舍去小数点后的参数)</td><td colspan="2">一个英文字母</td><td>一个英文字母和一位阿拉伯数字(宽度的整数部分)</td></tr>
<tr><td>ISO 1832-1985</td><td>表示方法与含义</td><td colspan="4">同上</td><td colspan="2">同上</td><td>数字时,表示刀尖圆弧半径;为字母时,表示主偏角及修光刃后角</td><td colspan="3">厂方标记</td></tr>
<tr><td rowspan="3">举例</td><td rowspan="2">GB 2079-1987</td><td>T</td><td>A</td><td>M</td><td>N</td><td>15</td><td>06</td><td>12</td><td>F</td><td>R</td><td>A3</td></tr>
<tr><td>三角形</td><td>3°</td><td>中等</td><td>无断屑槽和中心固定孔</td><td>15mm</td><td>6mm</td><td>1.2mm</td><td>锋刃</td><td>右切</td><td>开口式断屑槽(宽 3mm)</td></tr>
<tr><td>ISO 1832-1985</td><td>C</td><td>N</td><td>M</td><td>G</td><td>12</td><td>04</td><td>12</td><td colspan="3">NM4*</td></tr>
</table>

* 注:断屑槽代号,本例为瓦尔特的厂方标记。

按照规定,任何一个型号刀片都必须用前七个号位,后三个号位在必要时才使用。但对于车刀刀片,第十号位属于标准要求标注的部分。不论有无第八、九两个号位,第十号位都必须用短横线“-”与前面号位隔开,并且其字母不得使用第八、九两个号位已使用过的字母,当只使用其中一位时,则写在第八号位上,中间不需空格。其中每一位字符串是代表刀片某种参数的意义,现分别叙述如下:

第一位字母,表示可转位刀片的形状,如图 2-16 所示。

第二位字母,表示可转位刀片的后角,如图 2-17 所示。

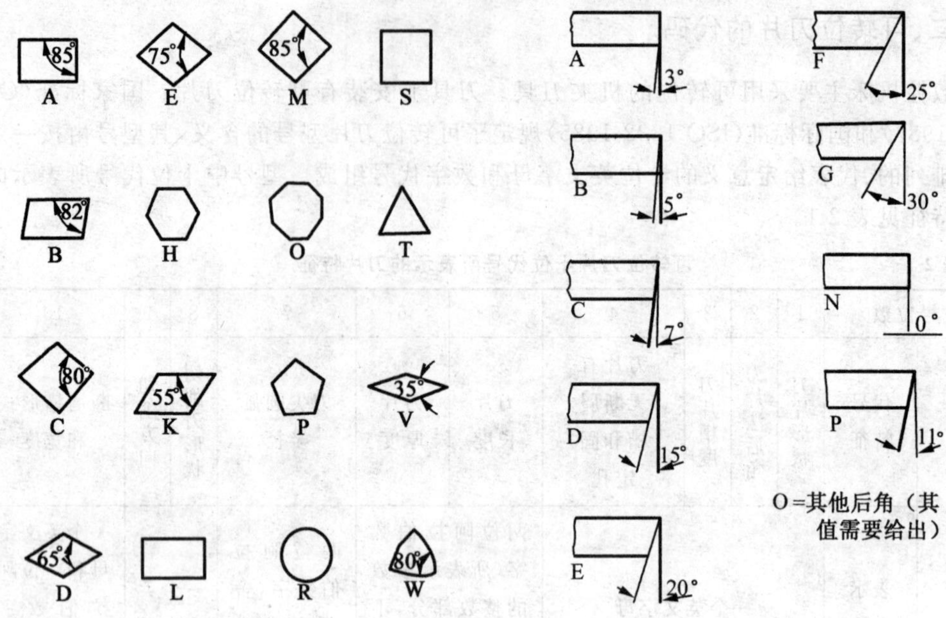


图 2-16　可转位刀片的形状　　　　图 2-17　可转位刀片的后角

第三位字母，表示可转位刀片的精度等级，如图 2-18 所示。

第四位字母，表示可转位刀片的前刃面及中心孔型，如图 2-19 所示。

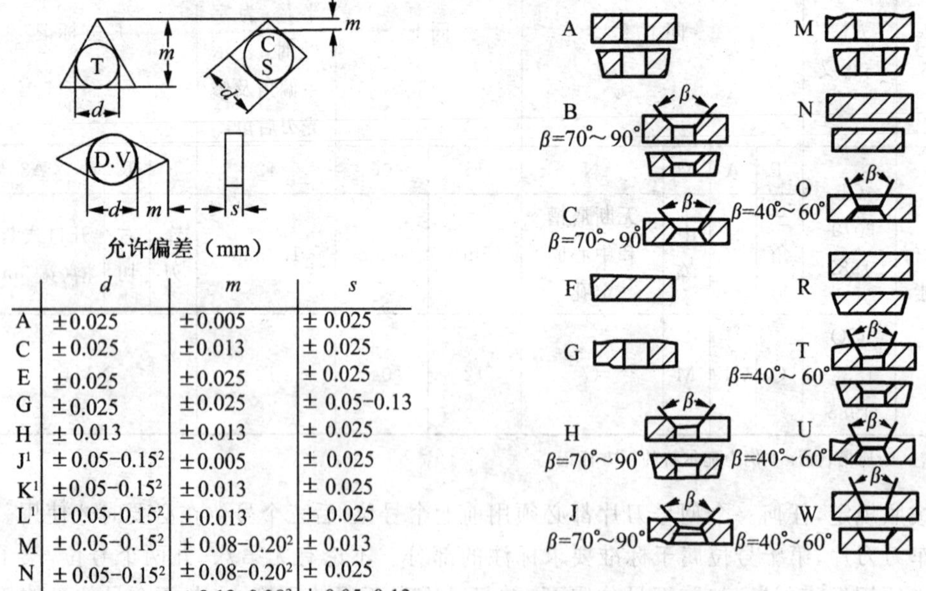


允许偏差（mm）

| | d | m | s |
|---|---|---|---|
| A | ±0.025 | ±0.005 | ± 0.025 |
| C | ±0.025 | ±0.013 | ± 0.025 |
| E | ±0.025 | ±0.025 | ± 0.025 |
| G | ±0.025 | ±0.025 | ± 0.05-0.13 |
| H | ± 0.013 | ±0.013 | ± 0.025 |
| J[1] | ± 0.05-0.15[2] | ±0.005 | ± 0.025 |
| K[1] | ±0.05-0.15[2] | ±0.013 | ± 0.025 |
| L[1] | ±0.05-0.15[2] | ±0.013 | ± 0.025 |
| M | ± 0.05-0.15[2] | ± 0.08-0.20[2] | ± 0.013 |
| N | ± 0.05-0.15[2] | ± 0.08-0.20[2] | ± 0.025 |
| U | ± 0.05-0.25[2] | ±0.13-0.38[2] | ± 0.05-0.13 |

图 2-18　可转位刀片的精度等级　　　　图 2-19　可转位刀片的前刃面及中心孔型

第五位数字，表示可转位刀片刃口长度的整数值，如图 2-20 所示。

第六位数字，表示可转位刀片的厚度，如图 2-21 所示。

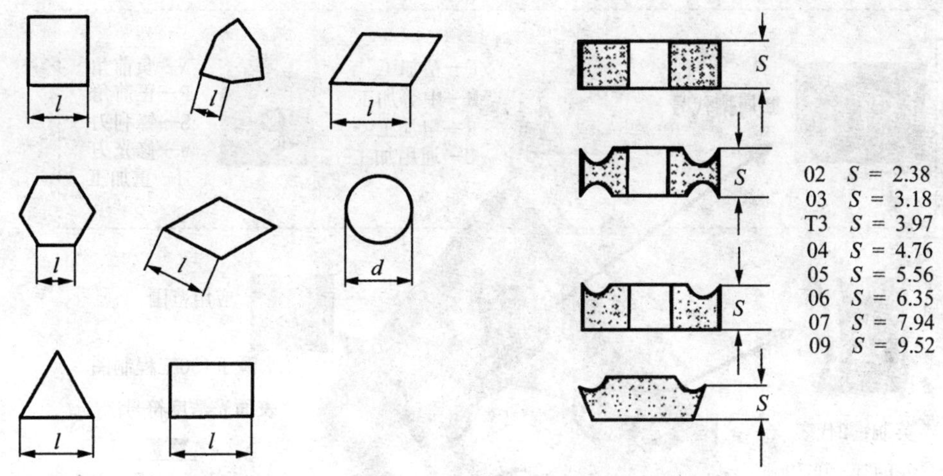


图 2-20　可转位刀片刃口长度的整数值　　　图 2-21　可转位刀片的厚度

第七位为数字时，表示可转位刀片刀尖圆弧半径；为字母时，分别表示可转位刀片主偏角及修光刃后角，如图 2-22 所示。

在 ISO 1832-1985 中规定连字符以后为厂方标记，如断屑槽代号，本例为瓦尔特的厂方标记，如图 2-23 所示。

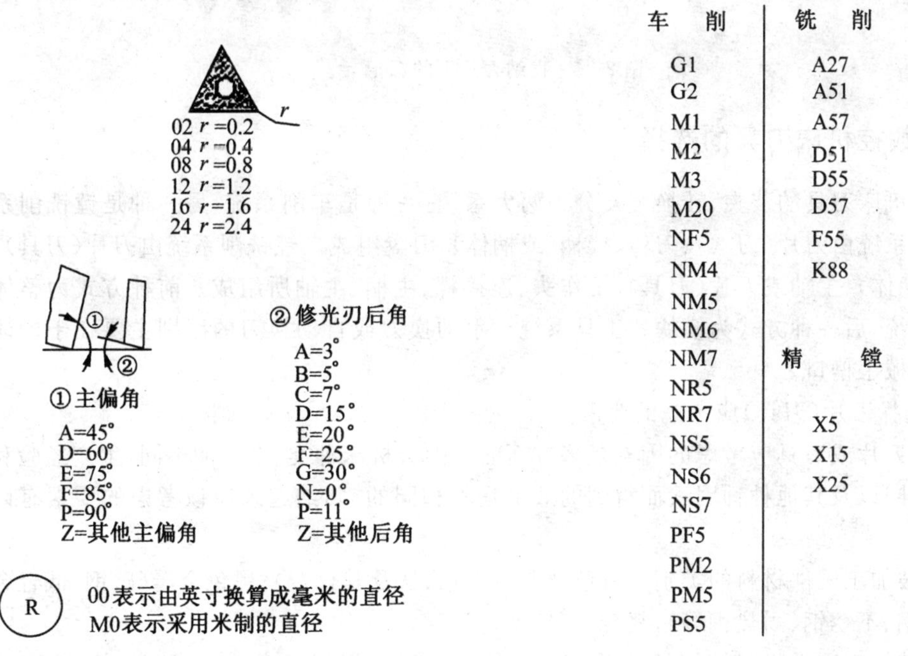


| 车　削 | 铣　削 |
|---|---|
| G1 | A27 |
| G2 | A51 |
| M1 | A57 |
| M2 | D51 |
| M3 | D55 |
| M20 | D57 |
| NF5 | F55 |
| NM4 | K88 |
| NM5 | |
| NM6 | |
| NM7 | 精　镗 |
| NR5 | |
| NR7 | X5 |
| NS5 | X15 |
| NS6 | X25 |
| NS7 | |
| PF5 | |
| PM2 | |
| PM5 | |
| PS5 | |

图 2-22　第七位为数字、字母时的含义　　　图 2-23　厂方标记代号

刀片生产厂家也会在刀片上做出相应的标志，来说明刀片的基本参数及使用条件，图 2-24 表示美国肯纳金属公司生产的刀片及相应的标志。

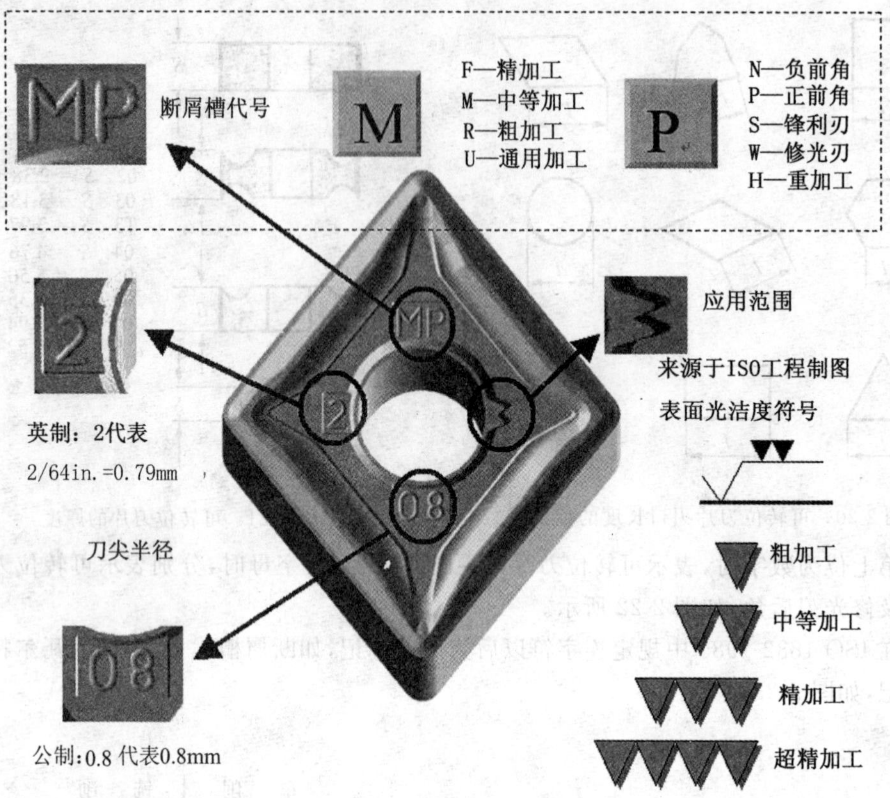


图 2-24　肯纳刀片上的标记

## 三、数控机床刀具的选择

数控机床刀具的装夹、转换主要分为两大系统：一种是车削系统，另一种是镗铣削系统。车削系统由刀片(刀具)、刀体、接柄(或柄体)、刀盘组成。镗铣削系统由刀片(刀具)、刀杆(或柄体)、主轴或刀片(刀具)、工作头、连接杆、主柄、主轴所组成。前种方式为整体式工具系统，后一种方式为模块式工具系统。手动换刀或自动换刀的区别主要在于柄体是否有机械手槽口。

1. 选择刀片(刀具)应考虑的要素

选择刀片或刀具应考虑的因素是多方面的。随着机床种类、型号的不同，生产经验和习惯的不同以及其他种种因素而得到的效果是不相同的，归纳起来应该考虑的要素有以下几点。

(1)被加工工件材料的类别　有色金属(铜、铝、钛及其合金)；黑色金属(碳钢、低合金钢、工具钢、不锈钢、耐热钢等)；复合材料；塑料类等。

(2)被加工工件材料性能的状况　包括硬度、韧性、组织状态——铸、锻、轧、粉末冶金等。

(3)切削工件类别　分车、钻、铣、镗，粗加工、精加工、超精加工，内孔、外圆，切屑流动状态，刀具变位时间间隔等。

(4)被加工工件的几何形状(影响到连续切削或间断切削、刀具的切入或退出角度)、零件精度(尺寸公差、形位公差、表面粗糙度)、加工余量等因素。

(5)要求刀片(刀具)能承受的切削容量(切削深度、进给量、切削速度)。

(6)生产现场的条件(操作间断时间、振动、电力波动或突然中断)。

(7)被加工工件的生产批量,影响到刀片(刀具)的经济寿命。

选择刀片(刀具)时,应考虑各种刀具材料的适用范围与性能,见表 2-2。硬质合金刀具的适用范围见表 2-3。

**表 2-2　各种刀具材料的适用范围与性能表**

| 材料性质 | 刀具材料种类 | | | | | | |
|---|---|---|---|---|---|---|---|
| | 合金工具钢 | 高速钢 W18Cr4V | 硬质合金 YG6 | 陶瓷 $Si_3N_4$ | 天然金刚石 | 聚晶金刚石 PCD | 聚晶立方氮化硼 PCBN |
| 硬度 | HRC65 | HRC66 | HRA90 | HRA93 | HV10000 | HV7500 | HV4000 |
| 抗弯强度 | 2.4GPa | 3.2GPa | 1.45GPa | 0.8GPa | 0.3GPa | 2.8GPa | 1.5GPa |
| 耐磨性 | 低 | 低 | 较高 | 高 | 最高 | 最高 | 很高 |
| 加工质量 | | | 一般精度 Ra≤0.8 IT7～IT8 | Ra≤0.8 IT7～IT8 | 高精度 Ra=0.1～0.05 IT5～IT6 | | Ra=0.4～0.2 IT5～IT6 可替代磨削 |
| 加工对象 | 低速加工一般钢材、铸铁 | 一般钢材、铸铁粗精加工 | 一般钢材、铸铁粗精加工 | 高硬度钢材精加工 | 硬质合金,铜、铝有色金属及其合金,陶瓷等高硬度材料 | | 淬火钢、冷硬铸铁、高温合金等难以加工材料 |

**表 2-3　硬质合金刀具的适用范围表**

| 牌　号 | 应　用　范　围 | |
|---|---|---|
| YG3 | 硬度、耐磨性、切削速度↑<br>抗弯强度、韧性、进给量↓ | 铸铁、有色金属、高温合金的精、半精加工,无冲击 |
| YA6 | | 冷硬铸铁、淬硬钢、有色金属及合金的精、半精加工 |
| YG6X | | 铸铁、冷硬铸铁、高温合金的精、半精加工 |
| YG6 | | 铸铁、有色金属、高温合金的半精加工和粗加工 |
| YG8 | | 铸铁、有色金属、高温合金粗加工,可用于断续切削 |
| YT30 | 同上 | 碳素钢、合金钢的精加工 |
| YT15 | | 碳钢、合金钢连续切时粗、半精加工,断续切精加工 |
| YT5 | | 碳素钢、合金钢的粗加工,可用于断续切削 |
| YW1 | 同上 | 高强度钢、碳钢、铸铁、有色金属等的精、半精加工 |
| YW2 | | 高强度钢、碳钢、铸铁、有色金属等的半精与粗加工 |
| YN05 | 同上 | 碳钢、合金钢的高速精车,系统刚性好的细长轴精车 |
| YN10 | | 碳钢、合金钢、淬硬钢连续表面的精加工 |

2. 选择镗孔(内孔)刀具的考虑要点

镗孔刀具的选择,主要的问题是刀杆的刚性,要尽可能地防止或消除振动。其考虑要点如下:

(1)尽可能选择大的刀杆直径,接近镗孔直径。

(2)尽可能选择短的刀臂(工作长度),当工作长度为4倍刀杆直径时可用钢制刀杆,加工要求高的孔时,最好采用硬质合金制刀杆。当工作长度为4～7倍的刀杆直径时,小孔用硬质合金制刀杆,大孔用减振刀杆。当工作长度为7～10倍的刀杆直径时,要采用减振刀杆。

(3)选择主偏角,大于75°,接近90°。

(4)选择无涂层的刀片品种(刀刃圆弧小)和小的刀尖半径($r_\varepsilon=0.2$)。

(5)精加工采用正切削刃(正前角)刀片和刀具,粗加工采用负切削刃刀片的刀具。

(6)镗较深的盲孔时,采用压缩空气(气冷)或冷却液(排屑和冷却)。

(7)选择正确的、快速的镗刀柄夹具。

# 任务四 数控加工工艺文件

编写数控加工工艺文件是数控加工工艺设计的主要内容之一。这些专用技术文件既是数控加工的依据,也是操作者遵守和执行的指导性文件;有的则是加工的具体说明,目的是让操作者更加明确程序的内容、工件的安装与定位方式、加工所选刀具等。虽然现在各企业对数控加工工艺文件的内容项目要求各不相同、格式也不尽相同,但是数控加工工艺文件主要内容一般包括:数控加工工序卡、刀具明细卡、机床调整卡和加工程序清单。

## 一、数控加工工序卡

数控加工工序卡与普通加工工序卡有很多相似之处,是操作人员配合加工程序进行数控加工的主要指导性工艺资料。工序卡应按照已确定的工艺路线填写,不同的生产加工企业所采用的格式不尽相同。零件车削加工工序卡见表2-4。

**表2-4　数控加工工序卡**

<table>
<tr><td>单位名称</td><td></td><td colspan="2">产品名称或代号</td><td colspan="2">零件名称</td><td colspan="2">零件图号</td></tr>
<tr><td>工序号</td><td>程序编号</td><td colspan="2">夹具名称</td><td colspan="2">使用设备</td><td colspan="2">车间</td></tr>
<tr><td></td><td></td><td colspan="2">三爪卡盘</td><td colspan="2">CAK6150型数控车床</td><td colspan="2"></td></tr>
<tr><td>工步</td><td>工步内容</td><td>刀具号</td><td>刀具规格<br>(mm)</td><td>主轴转速<br>(r/min)</td><td>进给速度<br>(mm/r)</td><td>背吃刀量<br>(mm)</td><td>备注</td></tr>
<tr><td>1</td><td>车端面</td><td>T01</td><td>25×25</td><td>500</td><td></td><td>1</td><td>手动</td></tr>
<tr><td>2</td><td>粗车外圆面</td><td>T01</td><td>25×25</td><td>500</td><td>0.2</td><td>2</td><td>自动</td></tr>
<tr><td>3</td><td>精车外圆面</td><td>T02</td><td>20×20</td><td>900</td><td>0.1</td><td>0.25</td><td>自动</td></tr>
</table>

续表

| 4 | 车螺纹 | T03 | 20×20 | 350 | 2 | | 自动 |
|---|---|---|---|---|---|---|---|
| 5 | 切断 | T04 | 20×20 | 500 | | | 手动 |
| | | | | | | | |
| | | | | | | | |
| | | | | | | | |
| 编制 | | 审核 | | 批准 | 年 月 日 | 第 页 | 共 页 |

## 二、数控加工刀具明细卡

数控加工中采用的刀具数量较多，而且刀具的参数要输入到数控系统中去，所以数控加工中所用的刀具一般要在对刀仪上预先调整好直径和长度，将调整好的刀具及其编号、型号、参数等填写到刀具卡中，作为刀具调整和刀具设置的依据。其表格形式一般根据刀具参数和刀具设置的需要填写，见表 2-5。

表 2-5　　数控加工刀具卡片

| 产品名称或代号 | | | 零件名称 | | 零件图号 | |
|---|---|---|---|---|---|---|
| 序号 | 刀具号 | 刀具规格名称 | 数量 | 加工表面 | 刀尖半径(mm) | 备注 |
| 1 | T01 | 90°右偏外圆车刀 | 1 | 粗车外圆面 | 0.2 | 25×25 |
| 2 | T02 | 60°外螺纹车刀 | 1 | 精车外圆面，加工螺纹 | 0.1 | 20×20 |
| 3 | T03 | 切断刀 | 1 | 切断工件 | | 20×20 |
| | | | | | | |
| 编制 | | 审核 | 批准 | 年 月 日 | 第 页 | 共 页 |

## 三、数控机床调整卡

数控机床调整卡是机床操作人员在加工前调整数控机床的依据。它主要包括机床控制面板开关调整，零件的安装、定位和夹紧方法，及相应的键盘输入的数据等。对于在加工调整中零件的原点设置有特殊要求的，还要附有工件安装和原点设定卡。数控机床调整卡的一般形式见表 2-6。

表 2-6 数控机床调整卡

| 零件号 | | 零件名称 | | 工序号 | | 制表 | | | |
|---|---|---|---|---|---|---|---|---|---|
| F 位码调整旋钮 | | | | | | | | | |
| F1 | | F2 | | F3 | | F4 | | F5 | |
| F6 | | F7 | | F8 | | F9 | | F10 | |
| 刀具补偿代码 | | | | | | | | | |
| 1 | | | | | 6 | | | | |
| 2 | | | | | 7 | | | | |
| 3 | | | | | 8 | | | | |
| 4 | | | | | 9 | | | | |
| 5 | | | | | 10 | | | | |
| 对称切削开关位置 | | | | | | | | | |
| X | | | Y | | | Z | | B | |
| 垂直校验开关位置 | | | | | | | | | |
| 工件冷却 | | | | | | | | | |
| 编制 | | 审核 | | 批准 | | 年 月 日 | 第 页 | 共 页 | |

## 四、数控加工程序清单

数控加工程序清单是编程人员根据工艺分析的结果，经过数值计算，按照特定的数控指令代码和格式编写的控制机床运动的文件。其具体格式见项目三、项目四。

# 知识点自检

## 一、选择题

1. 调整数控机床的进给速度直接影响到(　　)。
   A. 加工零件的粗糙度和精度、刀具和机床的寿命、生产效率
   B. 加工零件的粗糙度和精度、刀具和机床的寿命
   C. 刀具和机床的寿命、生产效率
   D. 生产效率

2. 精铣平面时，宜选用的加工条件为(　　)。
   A. 较大切削速度与较大进给速度　　B. 较大切削速度与较小进给速度
   C. 较小切削速度与较大进给速度　　D. 较小切削速度与较小进给速度

3. 精铣的进给率应比粗铣(　　)。

A. 大　B. 小　C. 不变　D. 无关

4. 在加工表面、刀具和切削用量中的切削速度和进给量都不变的情况下,所连续完成的那部分工艺过程称为(　　)。

A. 工步　B. 工序　C. 工位　D. 进给

5. 在工件上既有平面需要加工,又有孔需要加工时,可采用(　　)。

A. 粗铣平面→钻孔→精铣平面

B. 先加工平面,后加工孔

C. 先加工孔,后加工平面

D. 任何一种形式

6. 精加工时,切削速度选择的主要依据是(　　)。

A. 刀具耐用度　B. 加工表面质量　C. 工件材料　D. 主轴转速

7. 车削用量的选择原则:粗车时,一般(　　),最后确定一个合适的切削速度 $v_c$。

A. 应首先选择尽可能大的背吃刀量 $a_p$,其次选择较大的进给量 $f$

B. 应首先选择尽可能小的背吃刀量 $a_p$,其次选择较大的进给量 $f$

C. 应首先选择尽可能大的背吃刀量 $a_p$,其次选择较小的进给量 $f$

D. 应首先选择尽可能小的背吃刀量 $a_p$,其次选择较小的进给量 $f$

8. 铣削一外轮廓,为避免切入/切出点产生刀痕,最好采用(　　)。

A. 法向切入/切出　B. 切向切入/切出

C. 斜向切入/切出　D. 垂直切入/切出

9. 采用端铣法铣削平面,平面度的好坏主要取决于铣刀(　　)。

A. 圆柱度　B. 刀尖锋利程度

C. 轴线与工作台面(或进给方向)垂直度

10. 下列刀具中,(　　)不能做轴向进给。

A. 立铣刀　B. 键槽铣刀　C. 球头铣刀　D. A、B、C 都不能

## 二、思考题

1. 如何确定数控加工的工序内容?
2. 数控加工工艺分析制定的原则是什么? 如何划分数控加工工序和工步?
3. 确定进给路线时应遵循的原则是什么?
4. 对刀点有什么作用,如何设置?
5. 数控加工对刀具有什么要求?
6. 数控加工用的车刀有什么特点?
7. 数控铣刀有什么特点?
8. 数控加工工艺文件有哪些? 有何作用?

## 三、综合训练题

1. 为适应数控编程的需要,下列零件的尺寸标注应作如何修改?

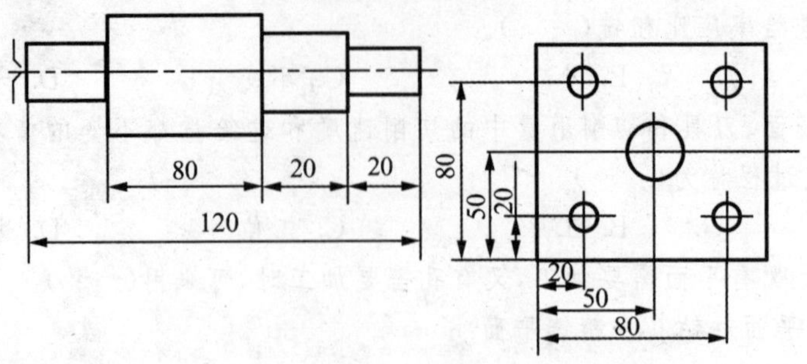


第 1 题图

2. 针对下列零件编写数控加工工艺

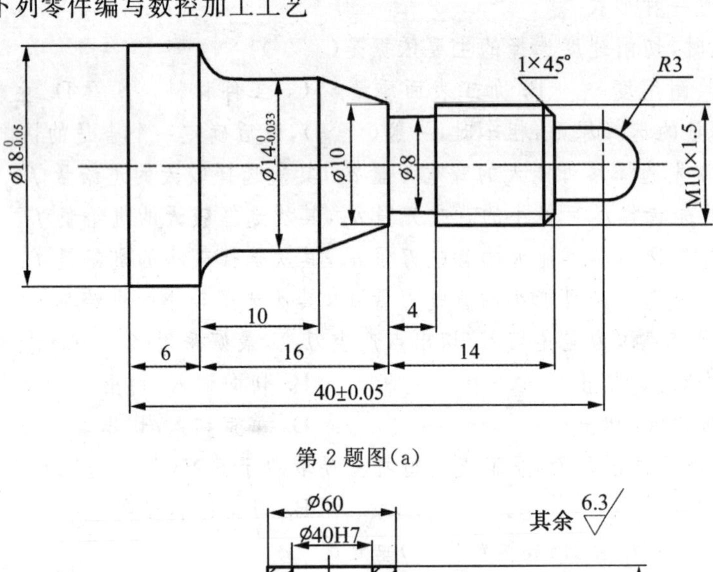


第 2 题图(a)

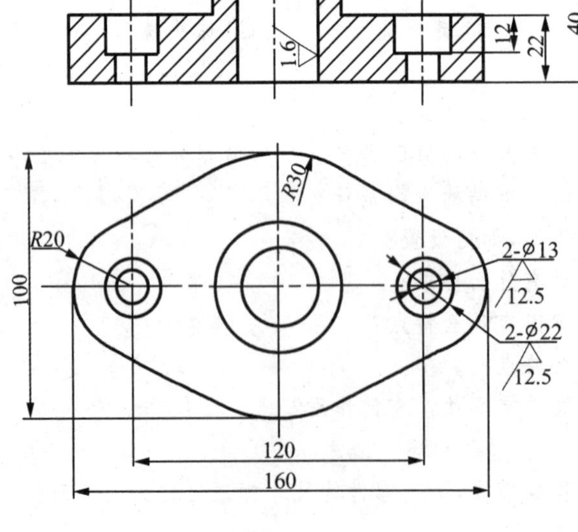


第 2 题图(b)

# 项目三　数控车床编程与加工

**项目导读：**数控车床是一种能够完成回转类零件车削加工的高效自动化机床，主要适用于加工轴类、盘类零件的内外表面，锥面、圆弧、螺纹加工，也可以实现椭圆、抛物线等非圆曲线加工，在实际生产中应用广泛。

本项目主要介绍数控车床的工艺特点及其工艺系统组成，数控车削加工中工艺参数的确定，以及数控车削程序编制方法和数控车床的操作方法。

**教学目标：**通过教学，使学生掌握数控车削加工的特点及工艺参数的合理选取，熟悉数控车削程序的组成及编程方法，能够对中等复杂零件进行数控车削加工工艺分析，编写加工程序并操作机床完成零件的加工。

## 任务一　数控车床加工特点及其工艺系统组成

### 一、数控车床的特点

#### (一)数控车削加工对象

数控车床和车削中心以卧式主轴形式的较多，适合于加工中小型回转体工件，主要包括以下几个方面：

1. 精度要求高的零件

由于数控车床的刚性好，车削时刀具运动是通过高精度插补运算和伺服驱动来实现，加工精度高，能方便精确地进行人工补偿甚至自动补偿，所以它能够加工尺寸和形状精度要求高的零件。在有些场合可以以车代磨进行精加工。

2. 表面质量高的零件

因为机床的刚性好和精度高，具有恒线速度切削功能，在材料、精车留量和刀具已定的情况下，可选用最佳线速度来切削，这样切出的工件表面质量高且一致。根据需要，车削同一个零件的各部位可实现不同的表面粗糙度要求。

3. 轮廓形状复杂的零件

数控车床具有圆弧插补功能，可直接加工圆弧轮廓。也可加工由任意平面曲线所组成的轮廓回转零件。

传统车床所能切削的螺纹相当有限，只能加工等节距的螺纹。数控车床不但能加工等节距螺纹，而且能加工增大节距、减小节距螺纹，效率很高。车削出来的螺纹精度高、表面粗糙度小。

4. 超精密、超低表面粗糙度的零件

磁盘、录像机磁头、激光打印机的多面反射体、复印机的回转鼓、照相机等光学设备的透镜及其模具，以及隐形眼镜等要求超高的轮廓精度和超低的表面粗糙度值，它们适合于在高精度、高功能的数控车床上加工。很难加工的塑料散光用的透镜可用数控车床来加工。超精加工的轮廓精度可达到 0.1μm，表面粗糙度可达 0.02μm。

近来广泛采用的数控车削中心，其主轴除旋转工件车削外，还可分度或做圆周进给进行铣削、钻削等，即将工件表面的几何要素全部加工完成。一般数控车床加工内容如图 3-1 所示。

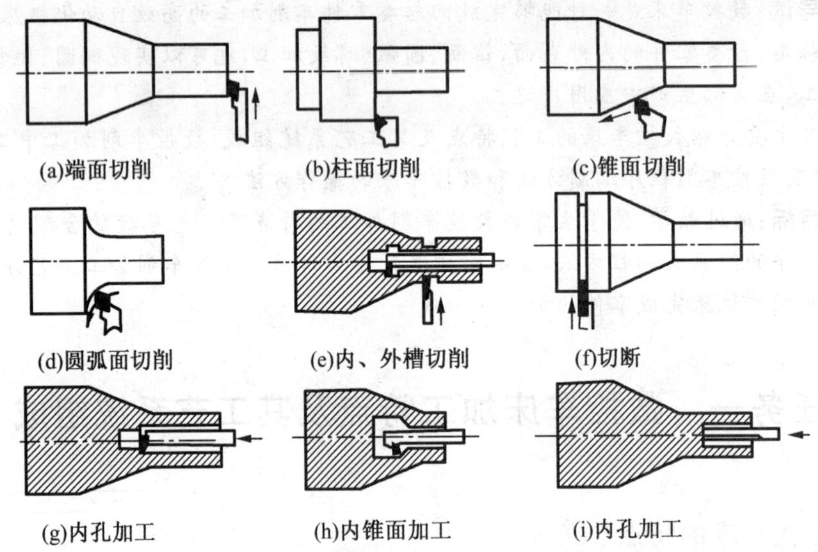


图 3-1 数控车床加工的内容

（二）CAK6150 型数控车床系统配置与技术参数

图 3-2 为 CAK6150 型数控车床外观图，其主要规格与技术参数如下：

床身上最大工件回转直径：Ø500mm

最大工件长度：640mm

最大车削长度：600mm

最大车削直径：Ø400mm

主轴通孔直径：Ø70mm

主轴前端锥孔锥度：1∶20

$X$ 轴行程：250mm

$Z$ 轴行程：600mm

主轴转速范围：自动三挡无级

主轴电机功率：7.5kW

图 3-2 CAK6150 型数控车床外观

工件精度:IT6～IT7

工件表面粗糙度:Ra1.6μm

数控系统:FANUC 0i-Mate

(三)数控车床的结构特点

数控车床的整体结构与普通车床相同,同样具有床身、主轴、刀架、进给系统、冷却系统、润滑系统和尾座等基本部件,但数控柜、操作面板和显示监控器却是数控机床特有的部件。数控车床的结构还有以下特点:

(1)数控车床刀架两个方向的运动分别由两台伺服电动机驱动,伺服电动机一般直接与丝杠连接带动刀架运动,传动链短。

(2)数控车床主轴通常采用主轴电机通过带传动主轴,无级变速。

(3)数控车床刀架移动一般采用滚珠丝杠副,滚珠丝杠两端安装的滚动轴承是专用轴承,它的压力角比常用的向心推力球轴承要大得多,能承受较大的轴向力。数控车床导轨、丝杠采用自动润滑,由数控系统控制定时定量供油,润滑充分,可以实现轻拖动。

(4)数控车床一般采用镶钢导轨,摩擦系数小,精度保持时间较长。

(5)数控车床一般具有冷却充分、防护严密等特点,自动运转时一般都处于全封闭或半封闭状态。

(6)高档数控车床一般还配有自动排屑装置、液压动力卡盘及液压顶尖等辅助装置。

(四)数控车床的分类

1. 按主轴的配置形式分类

(1)卧式数控车床　数控车床的主轴轴线处于水平面位置,有水平导轨和倾斜导轨两种。水平床身的工艺性好,便于机床导轨面的加工;倾斜导轨结构可以使车床具有更大的刚度,并易于排屑。

(2)立式数控车床　采用主轴立置方式,适用于加工径向尺寸较大、轴向尺寸相对较小的大型复杂的盘类和壳体类零件。分单柱立式和双柱立式数控车床。

2. 按数控车床的功能分类

(1)经济型数控车床　一般采用步进电机驱动的开环伺服系统,结构简单,自动化程度较低,加工精度不高。

(2)全功能型数控车床　配备功能较强的数控系统(CNC),一般采用直流或交流主轴控制单元来驱动主轴电机,实现无级变速。进给系统采用交流伺服电机,实现半闭环或闭环控制。自动化程度和加工精度比较高,一般具有恒线速度切削、粗加工循环、刀尖圆弧半径补偿等功能。

(3)数控车削中心　在全功能数控车床的基础上,增加了刀库、动力头和 $C$ 轴功能,除了能车削、镗削外,还能对端面和圆周面上任意位置进行钻孔、攻螺纹等加工,也可以进行径向和轴向铣削。

## 二、数控车削加工中的坐标系

数控车床坐标系的 $Z$ 轴与车床导轨平行,正方向是远离车床卡盘的方向,$X$ 轴与 $Z$ 轴垂直,平行于横向滑座,正方向是刀具远离主轴轴线的方向,如图 3-3 所示。

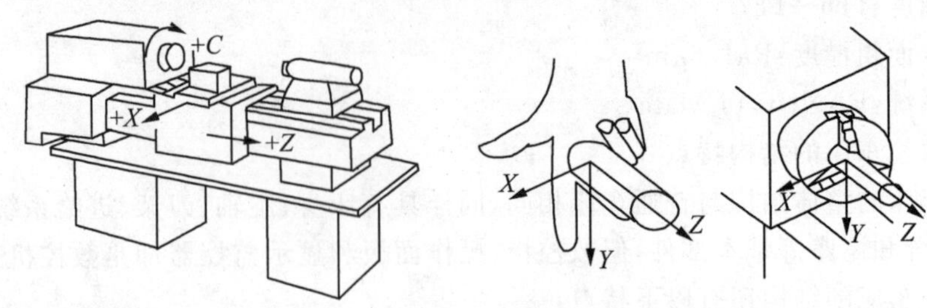


图 3-3　数控车床坐标系示意图

数控车床坐标系是通过机床原点和机床参考点设定的。机床原点是机床上的一个固定点，由生产厂家设定，一般取在卡盘端面与主轴中心线的交点处。机床参考点是机床各坐标轴进给行程的极限点，通常位于离机床原点最远处。机床制造厂家在每个进给轴上用机械挡铁或行程开关精确定位，并将坐标值输入数控系统中确定。因此参考点对机床原点的坐标是一个已知数，如图 3-4 所示，数控车床参考点相对机床原点的坐标为(270,900)。

数控机床开机时，必须先返回参考点，即先进行返回参考点的操作，刀架移动到参考点位置，机床反馈刀架位置坐标(270,900)，这样就确定了机床原点，建立了机床坐标系。只有机床参考点被确认后，刀具(或工作台)的移动才有基准。

机床坐标系是建立在机床上的，确定了刀具在机床上的位置关系，而编程人员编写的数控加工程序表达的是刀具相对工件的运动关系。编程人员为了编程方便，通常以工件上的设计基准或工艺基准为原点建立坐标系来编写程序，这个以工件上的原点(编程原点、工件原点)建立的坐标系，称为编程坐标系，也叫工件坐标系。编程坐标系中各坐标轴的方向与机床坐标系相应的坐标轴方向一致。其在机床上的具体位置是由机床操作者在安装完工件后，设定工件上的编程原点在机床坐标系的位置来确定的。如图 3-5 所示为车削加工时的编程坐标系与机床坐标系的关系，其编程原点在机床坐标系的坐标为(0,200)，具体设定方法见下节。

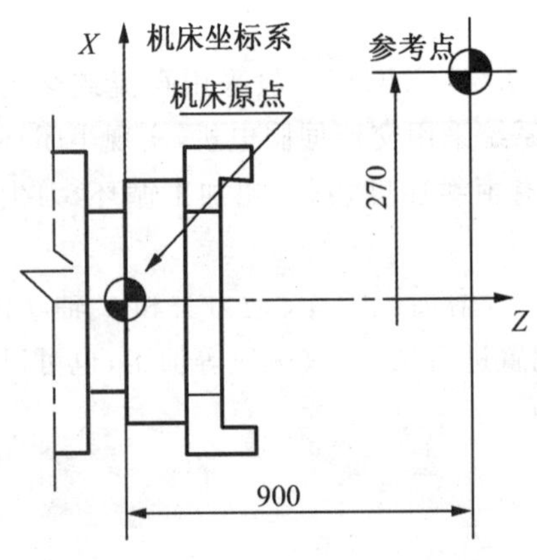


图 3-4　数控车床的机床原点与参考点

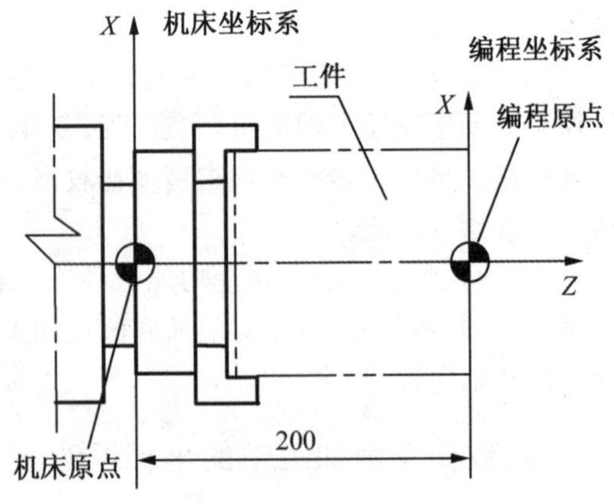


图 3-5　编程坐标系与机床坐标系

车削件工件原点的选择：$X$ 向取在零件的回转中心，即车床主轴的轴心线上。$Z$ 向一般取在工件的左端面或右端面上。

## 三、数控车削加工中的工艺系统

### (一)数控车削刀具

与传统的车削方法相比，数控车削对刀具的要求更高。数控车削不仅要求刀具精度高、刚性好、寿命长、耐用度高，而且要求尺寸稳定、变化小，安装调整方便。

从结构上看，车刀可分为整体式车刀、焊接式车刀和机械夹固式车刀三大类。

整体式车刀主要是整体式高速钢车刀，它具有抗弯强度高、冲击韧性好，制造简单和刃磨方便、刃口锋利等优点。

焊接式车刀是将硬质合金刀片用焊接的方法固定在刀体上，经刃磨而成。

机械夹固式车刀又可分为不转位和可转位两种，通常数控刀具采用该类。

数控车床加工中应尽可能使用机夹车刀。由于机夹车刀几何尺寸标准规范，在数控车床上安装时，由于刀尖高度在机夹刀制造时就得到保证，所以一般不用调整刀尖高度。对于长径比较大的内径机夹刀杆，要求具有良好的抗振结构。

#### 1. 常用车刀类型

数控车刀的刀尖形状一般有三种，即尖形车刀、圆弧形车刀和成形车刀。

(1)尖形车刀　以直线形切削刃为特征的车刀一般称为尖形车刀。这类车刀的刀尖(同时也为其刀位点)由直线形的主、副切削刃构成，如 90°内、外圆车刀，左、右端面车刀，切断(车槽)车刀及刀尖倒棱很小的各种外圆和内孔车刀。

(2)圆弧形车刀(见图 3-6)　圆弧形车刀是较为特殊的数控加工用车刀。其特征是：构成主切削刃的刀刃形状为一圆度误差或轮廓度误差很小的圆弧；该圆弧刃每一点都是圆弧形车刀的刀尖，因此，刀位点不在圆弧上，而在该圆弧的圆心上；车刀圆弧半径在理论上与被加工零件的形状无关。

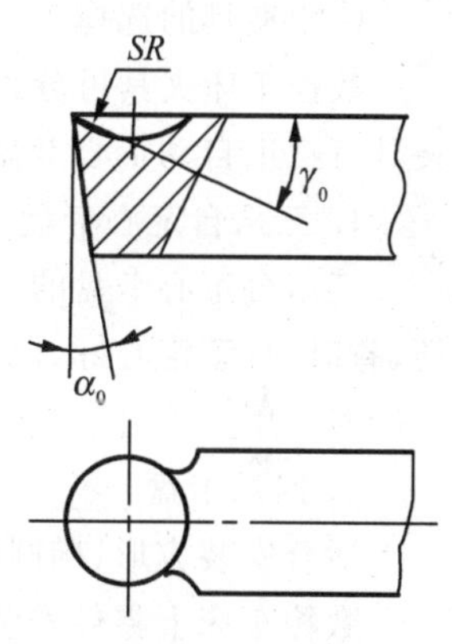

图 3-6　圆弧形车刀

(3)成形车刀　成形车刀也叫样板车刀，其加工零件的轮廓形状完全由车刀刀刃的形状和尺寸决定，但宽刃切削容易振动，直接影响加工质量。

数控车削加工中，常见的成形车刀有小半径圆弧车刀、非矩形车槽刀和螺纹车刀等。在数控加工中，数控系统插补处理可以完成各种轮廓形状，故应尽量少用或不用成形车刀。

#### 2. 车刀的选择

在数控车床或车削加工中心上车削零件时，为了减少换刀时间和方便对刀，便于实现加工自动化，应尽量采用机夹刀杆和机夹刀片。使用时，应根据加工工艺的要求、刀架的结构和可以安装刀具的数量，合理、科学地选择刀杆和刀片，适当地安排刀具在刀架上的位置，并避免刀具在静止和工作时与机床、工件以及刀具之间发生干涉现象。数控车床上常用的车刀及应用如图 3-7 所示。刀杆和刀片的选择可参考刀具厂家提供的手册。

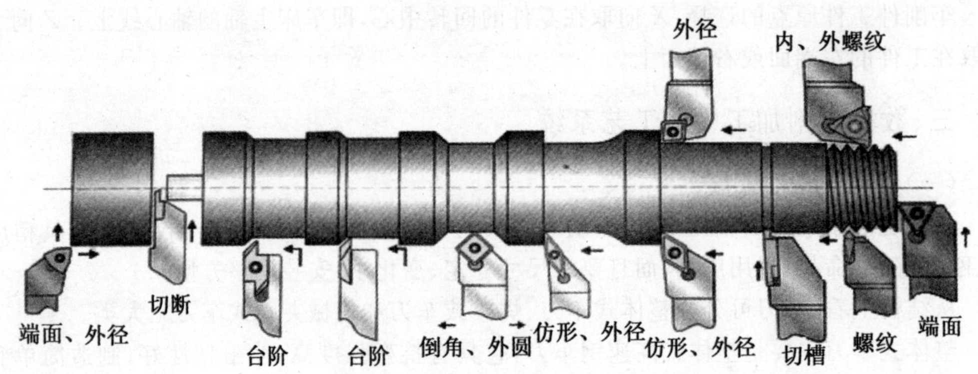


图 3-7　常用车刀类型及应用示意图

由于在数控加工中，切削速度要远高于普通加工，为适合因高速带来的高切削温度及严重摩擦，而不致使刀具磨损过于迅速，数控加工刀具以硬质合金为主，一般采用 YT、YW 类硬质合金加工钢料，YG 类硬质合金加工铸铁。刀具涂层材料及涂层技术的迅猛发展，为数控刀具的性能提高提供了良好的条件，因此数控刀具中，越来越多地采用涂层硬质合金。除此以外，亦有采用 CBN、金属复合陶瓷等特硬材料的数控刀具。

(二)夹具的选择

数控车床夹具可分为通用夹具、专用夹具及其他液压、电动和气动夹具。常用的通用夹具有三爪自动定心卡盘、四爪单动卡盘、软爪、花盘、自动卡盘等等。

1. 三爪自定心卡盘

三爪自定心卡盘的三个卡爪是同步运动的，能自动定心，一般不需找正。装夹工件方便、省时，自动定心好，但夹紧力较小，因此适用于装夹外形规则的轴类或盘类工件。数控车床多采用三爪自定心卡盘夹持工件，轴类工件还可使用尾座顶尖支撑工件。

2. 四爪卡盘

适合安装方形、椭圆形或不规则形状的工件，但装夹工件时必须找正，定中心。

数控车床上零件安装方法与普通车床一样，要尽量选用已有的通用夹具装夹，且应注意减少装夹次数，尽量做到在一次装夹中能把零件上所有要加工表面都加工出来。零件定位基准应尽量与设计基准重合，以减少定位误差对尺寸精度的影响。

(三)数控车削进给路线的确定

1. 制定工艺路线的原则

在数控车床加工过程中，考虑加工对象轮廓曲线形状、位置、材料、批量不同等多方面因素的影响，对零件制定工艺路线时，应考虑以下原则：

(1)先粗后精(见图 3-8)

粗加工：较短的时间内将工件各表面上的大部分加工余量切掉，提高切削效率，但应满足精车的余量均匀性要求。

半精加工：当粗加工满足不了最后精加工要求时，安排半精加工作为过渡工序，以便使精加工余量小而均匀。

精加工：零件轮廓由最后一刀连续加工而成。加工刀具的进、退刀位置尽量沿轮廓的切线方向切入和切出。

(2)先近后远　加工时,离对刀点近的部位先加工,离对刀点远的位置后加工,以缩短刀具空行程移动距离,提高工艺刚度。

例:加工如图 3-9 所示零件。如按Ø38mm→Ø36mm→Ø34mm 安排车削,会增加刀具返回对刀点所需的空行程时间,并在台阶处产生毛刺。因此,宜按Ø34mm→Ø36mm→Ø38mm的顺序先近后远安排加工。

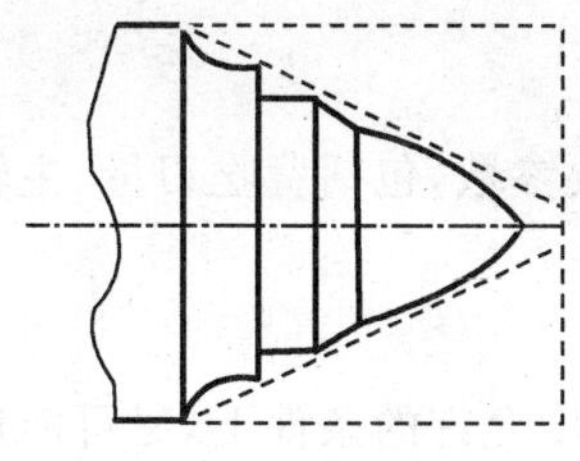

图 3-8　先粗后精示例

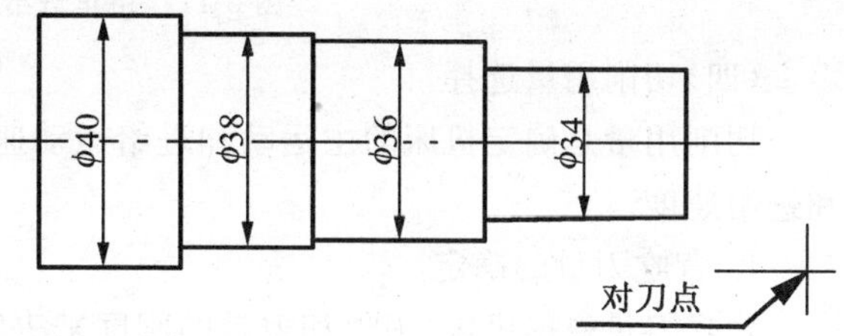

图 3-9　先近后远示例

(3)先内后外　因为控制内表面的尺寸和形状较困难,对既有内表面(内型、内腔),又有外表面的零件加工时,先加工内型和内腔,后加工外型表面。

(4)刀具集中　用一把刀加工完相应各部位,再换一把刀加工相应的其他部位,以减少空行程时间和换刀时间。

2. 走刀路线的确定

确定走刀路线的原则是在保证加工质量的前提下,使进给路线最短。

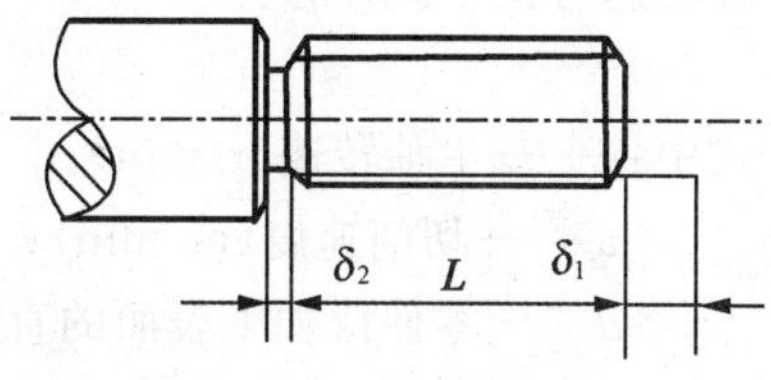


图 3-10　切入、切出距离

(1)加工时刀具的引进和退出要留有安全距离

在确定刀具进给路线时,为了保证切削加工中,刀具以最短的距离和不损坏刀具的情况下进入和离开加工位置,要合理地考虑刀具的引进和退出。如图 3-10 所示,加工螺纹时,为了保证加工过程中主轴转速一致,进入切削时要留有切入量 $\delta_1$ 和切出量 $\delta_2$。螺纹加工时,依据切削速度和螺距大小,其切入值和切出值一般留 1～2 倍的螺距值;外圆和端面加工时,一般留 1～2mm 的切入值和切出值。

(2)确定最短的切削进给路线　为了有效提高生产效率,降低刀具的损耗,应使切削进给路线最短。安排切削进给路线时要兼顾被加工零件的刚性及加工的工艺性等要求。

如图 3-11 所示为粗车图 3-8 所示零件两种不同切削进给路线的安排示例。图 3-11(a)表示利用数控系统具有的封闭式复合循环功能而控制车刀进行的走刀路线。图 3-11(b)表示利用矩形循环功能的“矩形”走刀路线。

分析以上两种切削进给路线可知,在同等条件下,矩形循环切削所需时间最短,刀具的损耗小,故制定加工方案时应优先选用矩形循环进给路线。

(3)精加工最后一刀要连续进给　如果需要以一刀或多刀进行精加工,则其最后一刀要沿轮廓连续加工而成,尽量避免在连续的轮廓中安排切入、切出、换刀或停顿,以免因切削力突然变化而造成弹性变形,使光滑连接的轮廓上产生刀痕等缺陷。

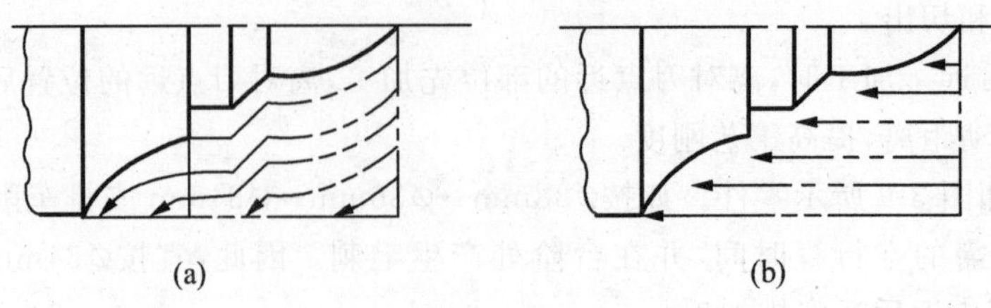


图 3-11　粗车进给路线示例

（四）切削用量选择

切削用量是确定机床的主运动和进给运动速度的重要参数，包括背吃刀量、主轴转速和进给速度。

1. 背吃刀量的确定

背吃刀量根据机床、工件和刀具的刚度来决定。在刚度允许的条件下，尽可能选取较大的切削深度，这样可以减少走刀次数，提高生产效率。

2. 主轴转速的确定

主轴转速根据零件上被加工部位的直径、零件和刀具的材料及加工条件等来确定，主轴转速可按下式计算：

$$n=1000v_c/(\pi d)$$

式中：$n$——主轴转速（r/min）；

$v_c$——切削速度（m/min）；

$d$——零件待加工表面的直径（mm）。

车削螺纹时，车床的主轴转速将受到螺纹的螺距（或导程）大小、驱动电动机的升降频率特性及螺纹插补运算速度等多种因素影响，故对于不同的数控系统，推荐有不同的主轴转速选择范围。大多数经济型数控系统推荐车螺纹时主轴转速计算如下：

$$n\leqslant\frac{1200}{P}-k$$

式中：$P$——工件螺纹的螺距或导程（mm）；

$k$——保险系数，一般取 80。

3. 进给速度的确定

（1）当工件质量要求能够保证时，选择较高的进给速度（0.4mm/r 以下）。

（2）切断、车削深孔或用高速钢刀具车削时，适宜选用较低的进给速度。

（3）刀具空行程应设定尽量高的进给速度。

（4）进给速度应与主轴转速和背吃刀量相适宜。

总之，切削用量的具体数值应根据机床性能、相关的手册并结合实际经验用类比方法确定。同时，使主轴转速、切削深度及进给速度三者能相互适应，以形成最佳切削用量。数控车削用量推荐值见表 3-1。

**表 3-1　　数控车削用量推荐表**

| 工件材料 | 加工内容 | 背吃刀量(mm) | 切削速度(m/min) | 进给量(mm/r) | 刀具材料 |
|---|---|---|---|---|---|
| 碳素钢 $\sigma_b$>600MPa | 粗加工 | 5～7 | 60～80 | 0.2～0.49 | YT 类 |
| | 粗加工 | 2～3 | 80～120 | 0.2～0.4 | |
| | 精加工 | 0.2～0.3 | 120～150 | 0.1～0.2 | |
| | 车螺纹 | | 70～100 | 导程 | |
| | 钻中心孔 | | 500～800r/min | | W18Cr4V |
| | 钻　孔 | | ～30 | 0.1～0.2 | |
| | 切断(宽度<5mm) | | 70～110 | 0.1～0.2 | YT 类 |
| 合金钢 $\sigma_b$=1470MPa | 粗加工 | 2～3 | 50～80 | 0.2～0.4 | YT 类 |
| | 精加工 | 0.1～0.15 | 60～100 | 0.1～0.2 | |
| | 切断(宽度<5mm) | | 40～70 | 0.1～0.2 | |
| 铸铁 200HBS 以下 | 粗加工 | 2～3 | 50～70 | 0.2～0.4 | YG 类 |
| | 精加工 | 0.1～0.15 | 70～100 | 0.1～0.2 | |
| | 切断(宽度<5mm) | | 50～70 | 0.1～0.2 | |
| 铝 | 粗加工 | 2～3 | 600～1000 | 0.2～0.4 | YG 类 |
| | 精加工 | 0.2～0.3 | 800～1200 | 0.1～0.2 | |
| | 切断(宽度<5mm) | | 600～1000 | 0.1～0.2 | |
| 黄铜 | 粗加工 | 2～4 | 400～500 | 0.2～0.4 | YG 类 |
| | 精加工 | 0.1～0.15 | 450～600 | 0.1～0.2 | |
| | 切断(宽度<5mm) | | 400～500 | 0.1～0.2 | |

# 任务二　数控车削程序编制

## 一、数控车削编程基础

### (一)数控加工程序组成

用 CAK6150 型数控车床加工如图 3-12(a)所示的零件，选用主偏角为 93°的外圆精车刀。刀具的起始位置和加工时刀具中心的移动轨迹如图 3-12(b)所示，其精加工程序如下：

```
%
O0001;                          程序名
N10 T0101;                      选择刀具,设置坐标系
N20 M03 S1000;                  主轴正转,转速 1000r/min
N30 G00 X40.0 Z2.0;             快速运动到切削起点 B
N40 G01 Z-30.0 F0.05;           加工Ø40 外圆面,切削进给速度为 0.05mm/r
N50 X60.0 W-20.0;               加工锥面
N60 Z-80.0;                     加工Ø60 外圆面
N70 G02 X80.0 Z-90.0 R10.0;     加工 R10 圆弧
N80 G01 Z-100.0;                加工Ø80 外圆面
N90 X85.0;                      刀到 C 点
N100 G00 X100.0 Z 100.0;        快速返回到 A 点
N110 M30;                       程序结束
%
```

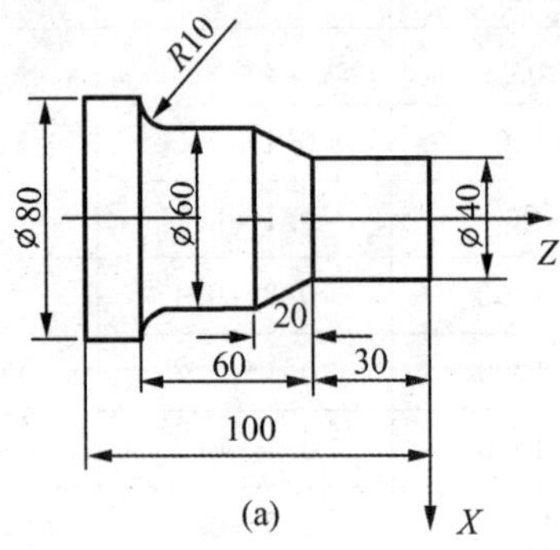

(a)

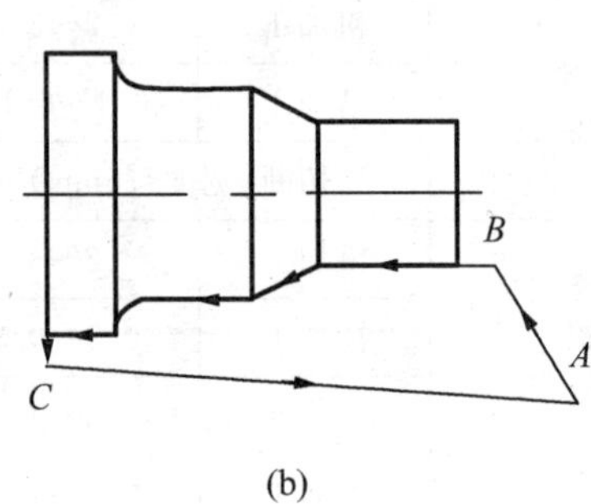

(b)

图 3-12　轴类零件加工

由上例可见,数控加工程序由程序名和若干个程序段(程序内容、程序结束)组成,每一个程序段占有一行。

1. 程序名

写在程序最前面,独占一行。由地址符后带若干位数字组成,地址符常见的有:“%”,“O”,“P”等,视具体数控系统而定。

2. 程序段

(1)组成　程序段表示一个完整的加工工步或动作。程序段由程序段号、若干功能字和程序段结束符号组成。如程序段:N20 G91 G00 X18 Y15;由五个功能字和结束符“;”组成。

功能字简称为字,是由一个英文字母与随后的若干位数字组成。这个英文字母称为字地址符,一个字所包含的字符个数称为字长。字的功能由地址符决定,地址符与后续数字之间可以加正负号。

(2)格式

①同一程序段中各个功能字的位置没有限制,可以任意排列。如:

N20 G01 X63.896 Y47.5 F50 S250 T02 M08

可以写成：

N20 M08 T02 S250 F50 Y47.5 X63.896 G01

但是，为了书写、输入、检查和校对的方便，功能字在程序段中习惯上按一定的顺序排列，见表 3-2。

表 3-2 程序段中各字符排列顺序

| N | G | X、Y、Z | F | S | T | M | ; |
|---|---|---|---|---|---|---|---|
| 程序段号 | 准备功能 | 坐标字 | 进给速度 | 主轴转速 | 刀具功能 | 辅助功能 | 程序段结束 |

②模态指令 上一程序段中已经指定，本程序段中仍然有效的指令，称为模态指令；反之为非模态指令。对于模态指令，如果上一程序段中已经指定，本程序段中又没有变化的部分，可以省略。如下列程序：

N20 G01 X63.896 Y47.5 F50 S250 T02 M08

N30 X89.4

其中：N30 X89.4 等效于：N30 G01 X89.4 Y47.5 F50 S250 T02 M08

(3)字地址符及其含义 由上面的论述可以看出，功能字是组成数控程序的最基本单元，它由地址符和数字组成，地址符决定了字的功能。ISO 代码中地址符的含义见表 3-3。

表 3-3 FANUC 系统中地址符及其含义

| 字符 | 含 义 | 字符 | 含 义 |
|---|---|---|---|
| A | 绕 X 坐标的角度尺寸 | P | 子程序号指定，调用次数指定 |
| B | 绕 Y 坐标的角度尺寸 | P、Q | 固定循环参数 |
| C | 绕 Z 坐标的角度尺寸 | P、X | 暂停时间 |
| D、H | 刀具偏置号 | R | 圆弧半径 |
| F | 进给速度功能 | S | 主轴转速功能 |
| G | 准备功能 | T | 刀具功能 |
| I | 圆弧圆心相对起点的 X 坐标的增量值 | U | 平行于 X 坐标的第二坐标 |
| J | 圆弧圆心相对起点的 Y 坐标的增量值 | V | 平行于 Y 坐标的第二坐标 |
| K | 圆弧圆心相对起点的 Z 坐标的增量值 | W | 平行于 Z 坐标的第二坐标 |
| M | 辅助功能 | X | X 坐标方向的主运动 |
| N | 程序段号 | Y | Y 坐标方向的主运动 |
| O | 程序号 | Z | Z 坐标方向的主运动 |

3. 字的类别及功能

功能字按其功能的不同分为七种类型，分别是顺序号字、准备功能字、坐标字、进给功能字、主轴转速功能字、刀具功能字和辅助功能字。

(1)顺序号字 顺序号字就是程序段序号。顺序号字位于程序段之首，其地址符是 N，后续数字一般 2～4 位。顺序号字既可以用在主程序中，也可以用在子程序和宏程序中。

顺序号用于编程者对程序的校对、检索和修改；在加工轨迹图的几何节点处标上相应程序段的顺序号，就可直观地检查程序；顺序号可作为条件转移的目标；标注了程序段顺序号的程序可以进行程序段的复归操作，这样操作者可以回到程序运行的中断处重新运行。

顺序号的使用规则如下：

①顺序号数字部分为整数，最小为1；

②顺序号数字可以不连续，也可以颠倒，一般习惯按顺序并以5或10的倍数编程，以备插入新的程序段；

③程序段可以部分或全部省略顺序号。

(2)准备功能字　准备功能字又称G功能或G指令，由地址符G和数字(00～99)组成，G后面的数字决定了该程序段指令的意义。准备功能是使数控机床建立起某种加工指令方式，如规定刀具和工件的相对运动轨迹(规定插补功能)、刀具补偿、固定循环、机床坐标系、坐标平面等多种加工功能。

需要特别注意的是，不同的数控系统，其G指令的功能并不相同，有些甚至相差很大，编程时必须严格按照数控系统编程手册的规定编制程序。FANUC 0i系统G功能指令见表3-4。

(3)坐标字　坐标字由坐标地址符和带正、负号的数字组成，又称尺寸字或尺寸指令。例如：X－38.276。坐标字用来指定机床在各种坐标轴上的移动方向和位移量。常用坐标字地址符有：

X，Y，Z，U，V，W——到达点的直线坐标；

A，B，C——到达点的角度坐标；

I，J，K——圆弧圆心点的增量坐标；

R——圆弧半径。

(4)进给功能字　进给功能字由地址符F和数字组成，又称F功能或F指令。F指令用来指定切削的进给速度。进给速度的指定有两种方式：一种是直接指定方式，即F后的数字就是进给速度的大小；另一种是代码指定方式，这种方式将进给速度划分成若干个档次，每一个档次赋予一个代码，F后的数字就是进给速度的代码。对于数控车床，进给速度可以用两种方式指定：

①每分钟进给(mm/min)：用G98指定，如：G98 F100表示切削进给速度为100mm/min。

②每转进给(mm/r)：用G99指定，如：G99 F0.3表示进给速度为0.3mm/r。

有些系统中也用G94和G95指定两种进给方式。

(5)主轴转速功能字　主轴转速功能字由地址符S和数字组成，又称S功能或S指令。S指令用来指定主轴的转速：一种是直接指定方式，用于中档以上无级变速的数控机床，S后的数字就是主轴转速的大小，单位符号为r/min；另一种是代码指定方式，有些数控机床没有伺服主轴，即采用机械变速装置，将主轴转速用代码表示，S后的数字就是主轴转速的代码，也有些机床编程时用其他地址符如M表示。

①恒线速度控制(G96)　当数控机床的主轴为伺服主轴时，可以通过指令G96设定恒线速度控制，单位符号为m/min。系统执行G96指令后，S后的数字就是切削速度。例如G96 S150，表示切削速度为150m/min。

②主轴转速控制(G97)　G97是取消恒线速度控制指令，系统执行G97后，S后的数字表示主轴每分钟的转速。例如G97 S1200，表示主轴转速为1200r/min。

**表 3-4　　FANUC 0i TC 系统 G 功能指令**

| G代码 | | | 组 | 功能 | G代码 | | | 组 | 功能 |
|---|---|---|---|---|---|---|---|---|---|
| A | B | C | | | A | B | C | | |
| G00* | G00* | G00* | 01 | 快速定位 | G70 | G70 | G72 | 00 | 精加工循环 |
| G01 | G01 | G01 | | 直线插补 | G71 | G71 | G73 | | 外圆粗车循环 |
| G02 | G02 | G02 | | 圆弧插补(顺) | G72 | G72 | G74 | | 端面粗车循环 |
| G03 | G03 | G03 | | 圆弧插补(逆) | G73 | G73 | G75 | | 封闭粗车循环 |
| G04 | G04 | G04 | 00 | 暂停 | G74 | G74 | G76 | | 端面深孔钻削循环 |
| G10 | G10 | G10 | | 可编程数据输入 | G75 | G75 | G77 | | 外径/内径钻孔循环 |
| G11 | G11 | G11 | | 可编程输入取消 | G76 | G76 | G78 | | 多头螺纹循环 |
| G20 | G20 | G70 | 06 | 英制输入 | G80* | G80* | G80* | 10 | 固定钻循环取消 |
| G21 | G21 | G71 | | 米制输入 | G83 | G83 | G83 | | 平面钻孔循环 |
| G27 | G27 | G27 | 00 | 返回参考点检查 | G84 | G84 | G84 | | 攻丝循环 |
| G28 | G28 | G28 | | 返回参考点 | G85 | G85 | G85 | | 正面镗循环 |
| G32 | G32 | G33 | 01 | 螺纹切削 | G87 | G87 | G87 | | 侧钻循环侧 |
| G40* | G40* | G40* | 07 | 取消刀尖半径补偿 | G88 | G88 | G88 | | 侧攻丝循环 |
| G41 | G41 | G41 | | 刀尖半径左偏补偿 | G89 | G89 | G89 | | 侧镗循环 |
| G42 | G42 | G42 | | 刀尖半径右偏补偿 | G90 | G77 | G20 | 01 | 外/内径车削循环 |
| G50 | G92 | G92 | 00 | 坐标系设定或最大主轴转速控制 | G92 | G78 | G21 | | 螺纹车削循环 |
| G54* | G54* | G54* | 14 | 选择工件坐标系 1 | G94 | G79 | G24 | | 端面车削循环 |
| G55 | G55 | G55 | | 选择工件坐标系 2 | G96 | G96 | G96 | 02 | 恒线速度控制 |
| G56 | G56 | G56 | | 选择工件坐标系 3 | G97* | G97* | G97* | | 主轴转速控制 |
| G57 | G57 | G57 | | 选择工件坐标系 4 | G98 | G94 | G94 | 05 | 每分钟进给 |
| G58 | G58 | G58 | | 选择工件坐标系 5 | G99* | G95* | G95* | | 每转进给 |
| G59 | G59 | G59 | | 选择工件坐标系 6 | — | G90* | G90* | 03 | 绝对值编程 |
| G65 | G65 | G65 | 00 | 宏程序调用 | — | G91 | G91 | | 增量值编程 |
| G66 | G66 | G66 | 12 | 宏程序模态调用 | — | G98 | G98 | 11 | 返回到初始点 |
| G67* | G67* | G67* | | 宏程序模态调用取消 | — | G99 | G99 | | 返回到 $R$ 点 |

注:(a)00 组代码是非模态 G 代码,其他各组均为模态 G 代码。

(b)同组中带 * 标记的 G 代码是在电源接通时或按下复位键时就立即生效的代码。

(c)不同组的 G 代码可以在同一程序段中指定,如果在同一程序段中指定同组 G 代码,最后指定的 G 代码有效。

(d)FANUC 提供了 A,B,C 三种 G 代码系统,可由用户通过修改参数对 G 代码系统进行选择,一般机床都选择 G 代码系统 A,当该机床有多轴功能时,可根据需要选择 G 代码系统 B 或 C。例如,若机床具有 U,W 旋转坐标功能时,不能用 U,W 表示增量坐标编程,应选择 G 代码功能 B 或 C 由 G90 表示绝对编程,G91 表示相对编程。

③最高速度限制(G50)　G50是主轴最高转速限制控制指令,用恒定速度控制进行切削加工时,为了防止出现超高速事故,必须限定主轴转速。系统执行G50后,S后的数字表示主轴允许最高转速。例如,G50 S5000,表示把主轴最高允许转速设定为5000r/min。

(6)刀具功能字　刀具功能字由地址符T和数字组成,又称T功能或T指令。T指令主要用来指定加工时所使用的刀具号。对于车床,其后的数字还兼作指定刀具补偿偏置号。

在FANUC 0i系统数控车床上,T之后一般跟四位数字,前两位是刀具号,后两位是刀具补偿号。如:T0303表示使用第三把刀具,并调用第三组刀具补偿值。

(7)辅助功能字　辅助功能字由地址符M和两位数字(00～99)组成,又称M功能或M指令。M指令用来指定主轴的启停、正反转、冷却液的开关、工件或刀具的夹紧与松开、刀具的更换等机床各种辅助动作及其状态。M指令与G指令一样,不同的数控机床,其M指令的功能并不相同,有些甚至相差很大,编程时必须严格按照所用机床说明书的规定编制程序。常用辅助功能指令见表3-5。

表3-5　**FANUC系统常用辅助功能指令**

| 代码 | 功　能 | 代码 | 功　能 |
|---|---|---|---|
| M00 | 程序停止 | M19 | 主轴定向停止 |
| M01 | 计划停止 | M30 | 纸带结束 |
| M02 | 程序结束 | M40～M45 | 齿轮换挡 |
| M03 | 主轴顺时针方向 | M68 | 液压卡盘夹紧 |
| M04 | 主轴逆时针方向 | M69 | 液压卡盘松开 |
| M05 | 主轴停止 | M78 | 尾架前进 |
| M06 | 铣削加工中心换刀 | M79 | 尾架后退 |
| M08 | 冷却液开 | M98 | 调用子程序 |
| M09 | 冷却液关 | M99 | 子程序结束 |

①M00——程序停止　M00使程序停止在本段状态,不执行下段。执行完含有M00的程序段后,机床的主轴、进给、冷却都自动停止,但全部现存的模态信息保持不变,重按控制面板上的循环启动键,便可继续执行后续程序。该指令可用于自动加工过程中停车进行测量工件尺寸、工件调头、手动变速等操作。

②M01——计划停止　该指令与M00相似,不同的是必须预先在控制面板上按下"任选停止"键,当执行到M01时程序才停止;否则,机床继续执行后续的程序段。该指令常用于工件尺寸的停机抽样检查等,当检查完成后,可按启动键继续执行以后的程序。

③M02——程序结束　用此指令使主轴、进给、冷却全部停止。M02必须出现在最后一个程序段中,表示加工程序全部结束。

④M30——纸带结束　与M02相似,程序结束后返回到程序开始。

(二)数控车床编程特点

1. 直径编程方式

由于被加工零件的径向尺寸在图样上和测量时都是以直径值表示的,因此采用直径尺寸编程与零件图样中的尺寸标注一致的方式,可避免尺寸换算过程中可能造成的错误,给编程带来很大方便。FANUC 0i系统默认为直径编程,当采用半径编程时必须更改系统设定。

2. 固定循环功能

车床上,工件的毛坯多为圆棒料或铸锻件,加工余量较大,所以为简化编程,数控装置常具备不同形式的固定循环,可进行多次重复循环切除加工余量。

3. 绝对值编程与增量值编程

在一个程序段中,可以采用绝对值编程、增量值编程或二者混合编程。

4. 刀具补偿功能

编程时,常认为车刀刀尖是一个点,而实际上为了提高刀具寿命和工件表面质量,车刀刀尖常被磨成一个圆弧,因此,当编制加工程序时,需要考虑对刀具进行半径补偿。

(三)数值的输入方法

1. 尺寸单位

工程图纸中的尺寸标注采用公制和英制两种形式。数控系统可根据所设定的状态,利用代码把所有的几何值转换为公制尺寸或英制尺寸,FANUC 0i 系统采用 G21 表示公制(mm)输入,G20 代表英制(inch)输入,系统通电后默认 G21 生效。

2. 绝对值和增量值编程

数控系统有两种方法指定刀具的移动:绝对值编程和增量值编程。绝对值编程指机床运动部件的坐标值相对于编程原点。增量值编程指机床运动部件的坐标值相对于上一位置。

FANUC 0i 系统数控车床采用绝对值编程时,尺寸值用 X、Z 表示,采用增量值编程时用 U、W 表示;并且在一个程序段中增量值和绝对值可以混合使用。有些数控系统用 G90 和 G91 指令分别对应着绝对值输入和增量值输入。系统通电后默认绝对值编程。

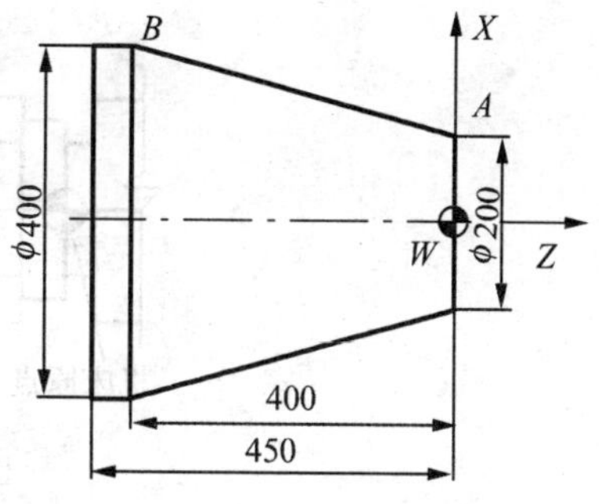

图 3-13 绝对值编程和增量值编程

如图 3-13 所示,由 $A \rightarrow B$ 的编程指令如下:

绝对值编程:

G01 X400.0 Z−400.0

增量值编程:

G01 U200.0 W−400.0

或:绝对值编程:

G90 G01 X400.0 Z−400.0

增量值编程:

G91 G01 X200.0 Z−400.0

3. 编程值中的小数点

FANUC 系统编程时数值、距离、时间或速度的输入可以使用小数点。下列地址可用小数点：

X,Y,Z,U,V,W,A,B,C,I,J,K,R,F

FANUC 0i 系统数值输入时，带小数点的数值单位为毫米(mm)，不带小数点的数值以系统的最小输入量为单位指定。

如：X100.0 表示 100mm；X100 表示 0.1mm(因其单位为系统最小输入量 0.001mm)。

(四)工件坐标系的设定

1. 用 G50 设定工件坐标系

指令格式：

G50 X_ Z_；

其中，X,Z 的值是起刀点相对于编程原点的坐标值。

说明：

(1)在执行此指令之前必须先进行对刀，通过调整机床，将刀尖放在程序所要求的起刀点(对刀点)位置上。

(2)此指令并不会产生机械移动，只是让系统内部用新的坐标值取代旧的坐标值，从而建立新的坐标系。

G50 编程实例：如图 3-14 所示，设置工件坐标系的程序段如下：

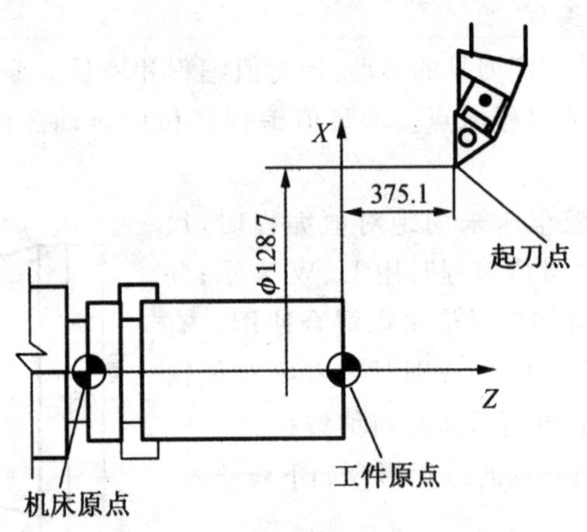


图 3-14 工件坐标系的设置

G50 X128.7 Z375.1；

2. 用 G54～G59 设置工件坐标系

通过对刀取得刀位点数据后，通过数控机床操作面板输入，设置 6 个工件原点偏置坐标系：G54～G59 是先测定出预置的工件原点相对于机床原点的偏置值，并把该偏置值通过参数设定的方式预置在机床参数数据库中，因而该值无论断电与否都将一直被系统所记忆，直到重新设置为止。当工件原点预置好以后，输入“G54”指令便可直接调用该预置工件坐标系。具体设置操作方法参见任务三数控车削加工操作。很多数控系统都提供

G54～G59 指令，完成预置 6 个工件原点的功能。系统通电时默认选择 G54 坐标系。

G54～G59 与 G50 之间的区别是：

(1)用 G50 时，后面一定要跟坐标地址字；而用 G54～G59 时，可不需要后跟坐标地址字(直接调用原参数)，也可单独指定，还可以与其他程序同段指定。

(2)使用 G50 时，必须保证刀具在对刀设定的起点(对刀点)上，再运行程序。而用 G54～G59 时，程序启动瞬间对刀具的刀位点没有要求。

(3)G54 建立的工件原点在程序运行前就已设定好，在程序运行中无法重置；G50 建立的工件原点是相对于程序执行过程中当前刀具刀位点的。编程时，可通过多次使用 G50 来重新建立新的工件坐标系。

(4)通过 G50 建立的工件坐标系在机床重新开机时消失；通过 G54～G59 建立的工件坐标系，工件原点在机床坐标系中的值存储在机床存储器内，在机床重新开机时仍然存在。

3. 通过刀具偏置设置工件坐标系

通过对刀，取得刀位点数据后，将每把刀具的偏移量输入到对应刀具补偿参数表中，程序中使用刀具功能便可以同时调用工件坐标系。具体设置方法参见任务三数控车削加工操作。

## 二、基本运动指令

(一)快速点定位 G00

指令格式：

G00 X(U)_ Z(W)_;

G00 指令控制刀具以点位控制的方式快速移动到目标位置，其移动速度由系统参数来设定。

说明：

(1)X，Z 表示绝对值编程时，快速定位目标点在工件坐标系中的坐标值；U，W 表示增量值编程时，快速定位目标点相对于起点的坐标增量。

(2)运动轨迹不一定是直线：执行 G00 时，$X$，$Z$ 轴分别以该轴设定的最大快进速度向目标点移动，行走路线通常为折线。因此，要注意刀具是否与工件和夹具发生干涉，避免发生碰撞。

如图 3-15 所示，指定刀具由 $A$ 点快速运动到 $B$ 点时，刀具先以 $X$，$Z$ 的合成速度方向移到 $C$ 点，然后再由余下行程的某轴单独地快速移动到 $B$ 点。

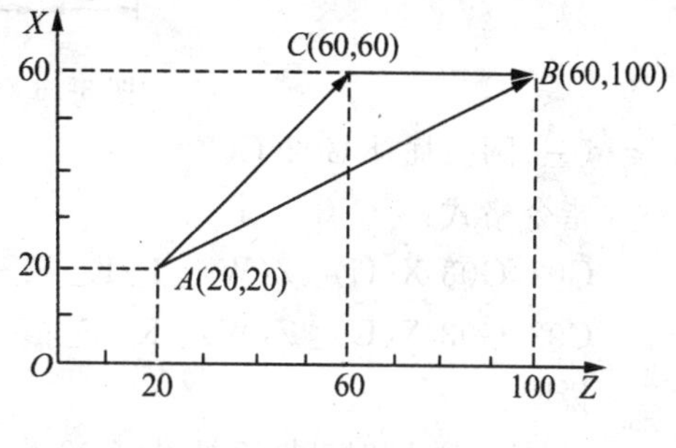

图 3-15　快速点定位

(3)执行 G00 时，各坐标轴移动速度由机床参数设定，不能由 F 代码来指定，有些机床中 G00 移动速度也受速度调整倍率的影响。

(4)G00 为模态指令，只有遇到同组指令(G01，G02，G03)时才会被取替。

(5)G00 代码段只能用于加工前、后的快速进刀和退刀，不能用于工件的切削行程中。

（二）直线插补 G01

指令格式：

G01 X(U)_ Z(W)_ F_；

说明：

(1)X(U),Z(W)表示目标点的坐标,F 表示切削进给速度。

(2)G01 为模态指令,使刀具从当前点沿直线移动到指令中给出的目标点。

(3)进给速度 F,若在前面已经指定,可以省略。F 指定的进给速度一直有效,直到指定新的进给 F 值。在执行 G01 时,机床的实际进给速度等于 F 指定的速度与进给速度倍率的乘积。

G00,G01 编程实例：

如图 3-16 所示,刀具初始点在 $P_0$点,其精加工程序如下：

| | |
|---|---|
| O0001； | |
| T0101； | 选择刀具,建立坐标系 |
| M03 S1000； | 主轴正转,转速 1000r/min |
| G00 X50.0 Z2.0； | 快速运动到 $P_1$ 点 |
| G01 Z－40.0 F0.1； | 以 0.1mm/r 的进给速度切削到 $P_2$ 点 |
| X80.0 W－20.0； | 加工到 $P_3$ |
| G00 X100.0 Z100.0； | 快速退刀到 $P_0$ 点 |
| M02； | 程序结束 |

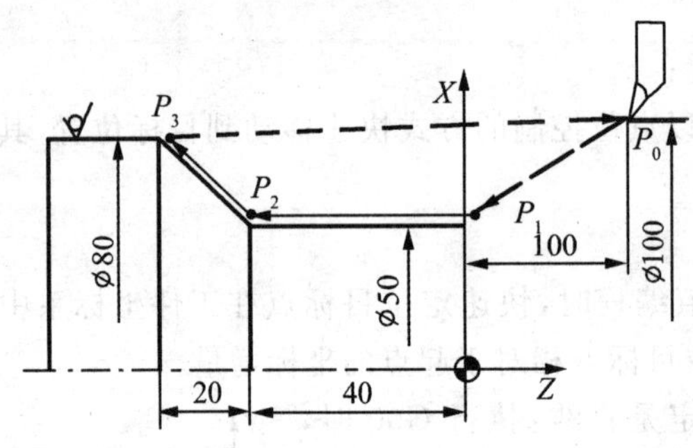


图 3-16 G00,G01 编程实例

（三）圆弧插补 G02/G03

指令格式：

G02/G03 X(U)_ Z(W)_ I_ K_ F_；

G02/G03 X(U)_ Z(W)_ R_ F_；

说明：

(1)G02 为顺时针圆弧插补,G03 为逆时针圆弧插补。

圆弧顺逆方向的判别：沿着不在圆弧平面内的坐标轴,由正方向向负方向看,顺时针方向为 G02,逆时针方向为 G03,如图 3-17 所示。在数控车削编程中,圆弧的顺逆方向,根据操作者与车床刀架的位置来判断,如图 3-18 所示。

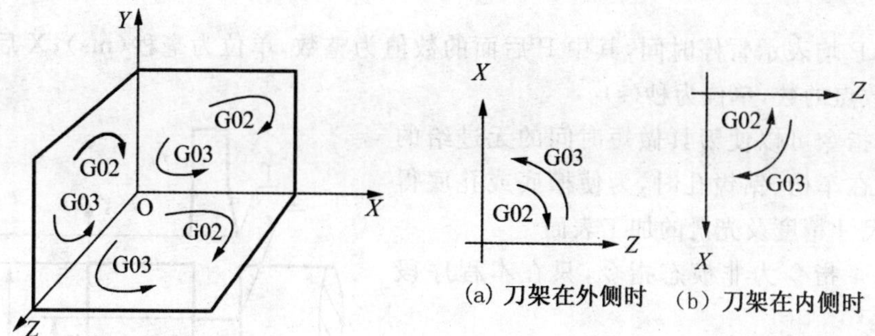


图 3-17　圆弧方向的判别　　图 3-18　圆弧顺逆与刀架位置关系

(2)X,Z 是指圆弧插补的终点坐标值;U,W 为圆弧的终点相对于圆弧的起点的坐标值。

(3)I,K 表示圆心相对于圆弧起点的增量坐标,与绝对值、增量值编程无关,为零时可省略。

(4)R 表示圆弧半径,特规定当圆弧的圆心角小于等于 180°时,R 值为正,如图 3-19 所示的圆弧 1;当圆弧的圆心角大于 180°时,R 值为负,如图 3-19 所示的圆弧 2。此种编程只适于非整圆的圆弧插补的情况,不适于整圆加工。

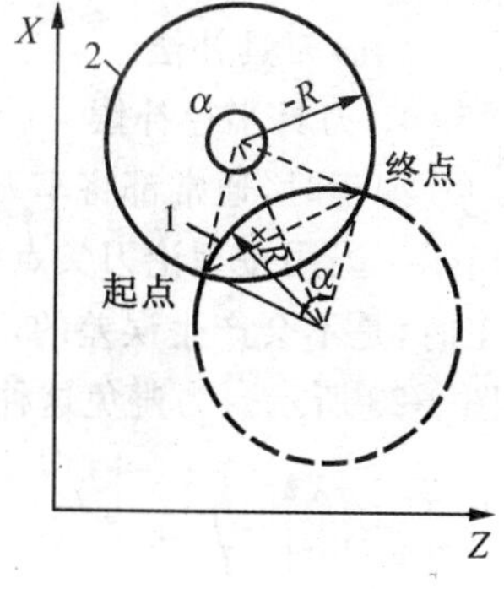


图 3-19　+R、-R 圆弧插补图

(5)X,Z 同时省略时,表示起、终点重合;若用 I,K 来指定圆心位置,则相当于指定了 360°的弧;若用 R 编程,则表示指定为 0°的弧。

(6)同一程序段中,I,K,R 同时出现时,R 优先,I,K 无效。

编程实例:如图 3-20 所示,该零件的精加工程序为:

O0132;
T0101;
M03 S1000;
G00 X20.0 Z2.0;
G01 Z−30.0 F0.1;
G02 X40.0 Z−40.0 R10.0;
G01 Z−60.0;
G01 X45.0;
G00 X100.0 Z100.0;
M02;

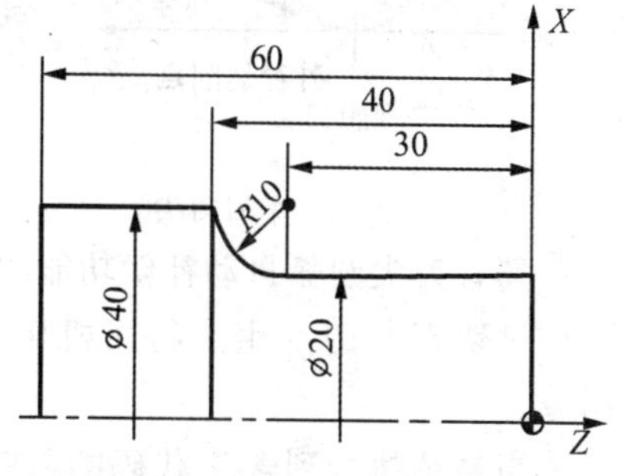


图 3-20　圆弧插补编程实例

(四)暂停指令 G04

指令格式:

G04 P_;
G04 X_;

说明：

(1)X,P 均表示暂停时间，其中 P 后面的数值为整数，单位为毫秒(ms)；X 后面的数值为带小数点的数，单位为秒(s)。

(2)该指令可以使刀具做短时间的无进给的光整加工，在车槽、钻镗孔时，为使槽底或孔底得到精确的尺寸精度及光滑的加工表面。

(3)G04 指令为非模态指令，只在本程序段有效。

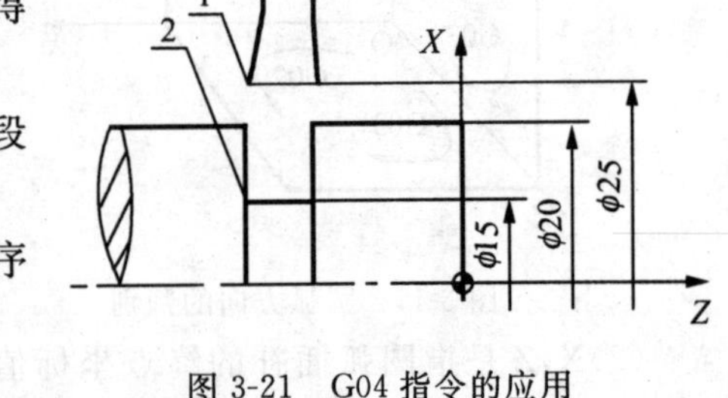

图 3-21 G04 指令的应用

编程实例：加工如图 3-21 所示退刀槽，程序如下：

G00 X25.0；　　快速到 1 点
G01 X15.0 F0.05；　　切削到槽底 2 点
G04 X0.5；　　暂停 0.5s
G00 X25.0；　　快速返回到 1 点

(五)刀具补偿

1. 刀具半径补偿

编程时，通常都将车刀刀尖作为一个点来考虑，但实际上刀尖处存在圆角，如图 3-22 所示。当用按理论刀尖点编出的程序进行端面、外径、内径等与轴线平行或垂直的表面加工时，是不会产生误差的。当进行倒角、锥面及圆弧切削时，则会产生少切或过切现象，如图 3-23 所示。为避免这种现象的发生，就需要使用刀尖圆弧自动补偿功能。

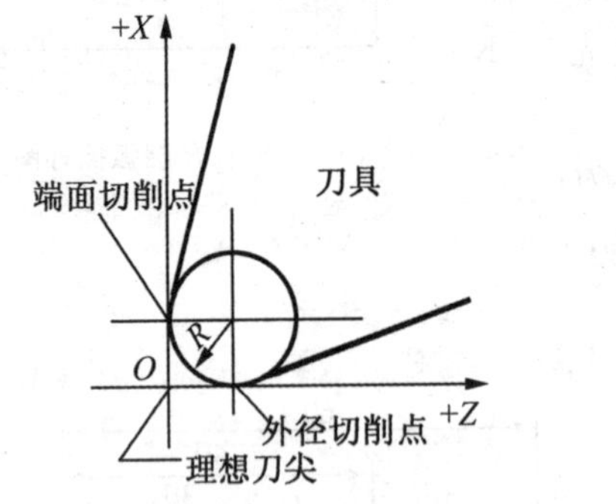

图 3-22 车刀刀尖

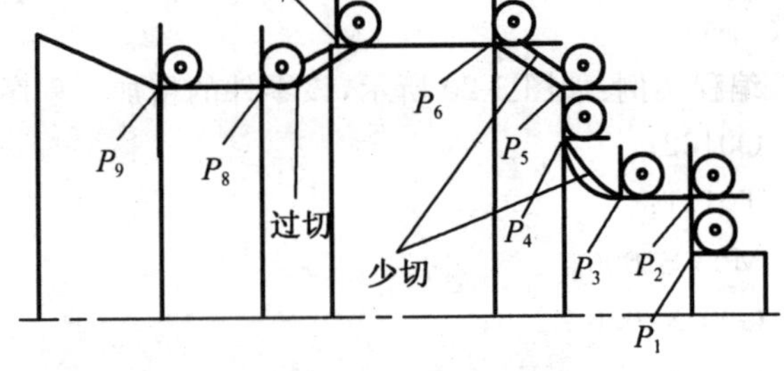

图 3-23 刀尖圆弧引起的过切和少切现象

具有刀尖圆弧自动补偿功能的数控系统能根据刀尖圆弧半径计算出补偿量，避免少切或过切现象的产生。利用机床自动进行刀尖半径补偿时，需要使用 G40,G41,G42 指令。

当系统执行到含 T 代码的程序指令时，仅仅是从中取得了刀具补偿的寄存器地址号(其中包括刀具几何位置补偿和刀具半径大小)，此时并不会开始实施刀尖半径补偿。只有遇到 G41,G42 指令时，才开始从刀库中提取数据并实施相应的刀径补偿，如图 3-24 所示。

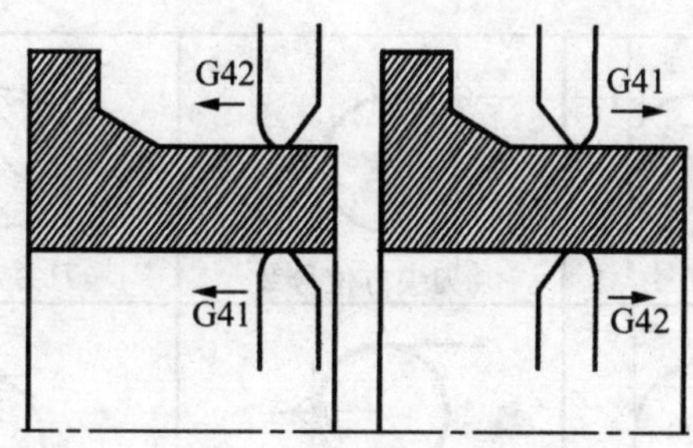


图 3-24　刀具半径补偿

G41——刀尖半径左偏补偿。沿着进给方向看，刀尖位置在编程轨迹的左边。

G42——刀尖半径右偏补偿。沿着进给方向看，刀尖位置在编程轨迹的右边。

G40——取消刀尖半径补偿。刀尖运动轨迹与编程轨迹一致。

在实际加工中，刀尖圆弧半径自动补偿功能的执行过程分为以下三步：

(1)建立刀具补偿　刀具中心轨迹由 G41，G42 确定，在原来编程轨迹基础上增加或减少一个刀尖半径值。

(2)进行刀具补偿　在刀具补偿期间，刀具中心轨迹始终偏离工件一个刀尖半径值。

(3)撤销刀具补偿　刀具撤离工件，补偿取消，与建立刀尖半径补偿一样，刀具中心轨迹要比程序轨迹增加或减少一个刀尖半径值。

刀具半径补偿的建立和取消是在刀具运动过程中形成的，其指令格式为：

建立刀补：

G41/G42 G00 X(U)_ Z(W)_;

或 G41/G42 G01 X(U)_ Z(W)_;

取消刀补：

G40 G00/G01 X(U)_ Z(W)_;

在使用中，应注意以下几点：

①刀具补偿的设定和取消不应在 G02，G03 圆弧轨迹程序上实施。

②设定和取消刀径补偿时，刀具位置的变化是一个渐变的过程。

③若输入刀补数据时给的是负值，则 G41，G42 互相转化。

④G41，G42 指令不要重复规定，否则会产生一种特殊的补偿。

采用刀径补偿，可加工出准确的轨迹尺寸形状。如果使用了不合适的刀具，如左偏刀换成右偏刀，那么采用同样的刀补算法还能保证加工准确吗？由此，就引出了刀尖方位的概念。

从刀尖中心观察的假想刀尖由切削时刀具的方向确定，图 3-25 为按假想刀尖方位以数字代码对应的各种刀具装夹放置的情况。如果以刀尖圆弧中心作为刀位点进行编程，则应选用 0 或 9 作为刀尖方位号。

刀位号必须同偏置值一起提前设定。刀尖刀位号设置在刀具几何偏置数据库内相应的刀尖方位代码地址上，才能保证对它进行正确的刀补，如图 3-26 所示。否则，将会出现不合要求的过切和少切现象。

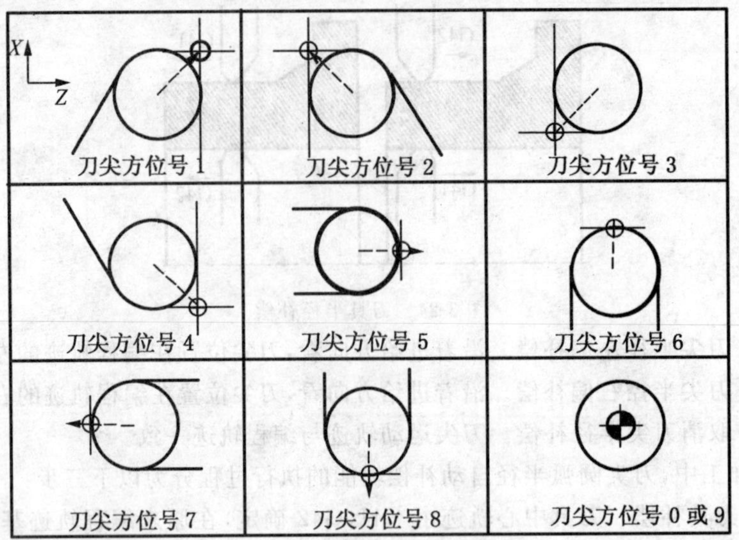


图 3-25　刀尖方位号

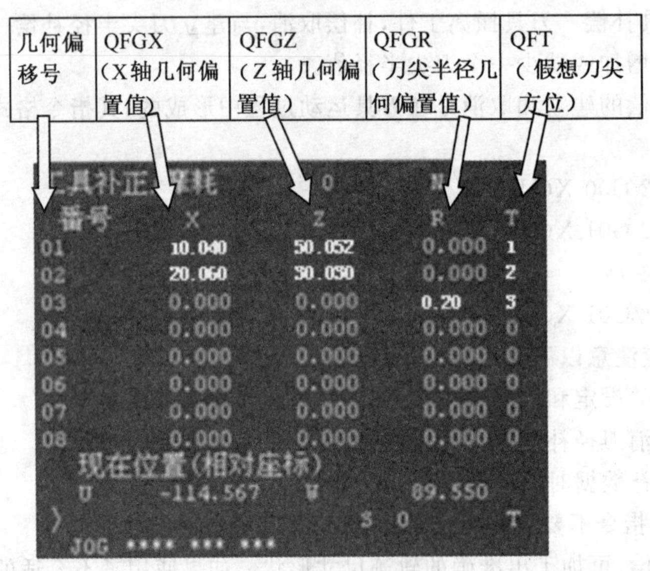


图 3-26　刀具参数偏置设置

编程实例：如图 3-27 所示，该零件精加工程序编写如下：

```
O0017；
T0101；                          选用刀具，调用刀补值
S600 M03；
G00 X30.0 Z5.0；
G42 G01 X30.0 Z2.0 F0.1；         建立刀具右偏补偿
G01 Z－30.0；
```

X 50.0 W－15.0；

G02 X60.0 W－10.0 R12.0；

G01 Z－65.0；

X65.0；

G40 G00 X100.0；取消刀补

Z100.0；

M02；

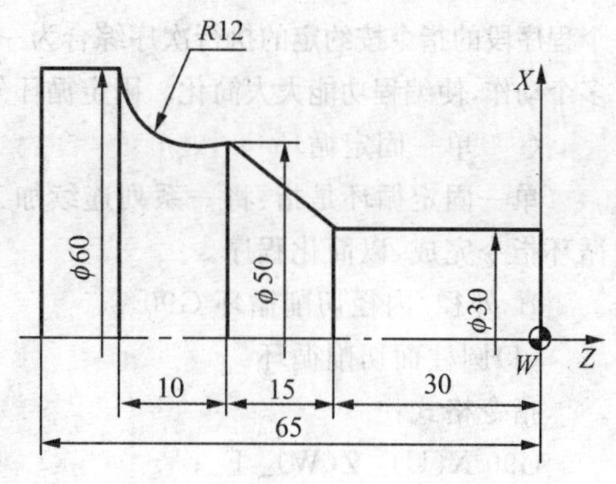

图 3-27 刀具半径补偿实例

2. 刀具位置补偿

刀具位置补偿分为刀具几何补偿和刀具磨损补偿。刀具几何补偿是补偿刀具形状和刀具安装位置与编程时理想刀具或基准刀具的偏移的；刀具磨损补偿则是用于补偿当刀具使用磨损后刀具头部与原始尺寸的误差的。这些补偿数据通常是通过对刀后采集到的，而且必须将这些数据准确地储存到刀具数据库中，然后通过程序中的刀补代码来提取并执行。

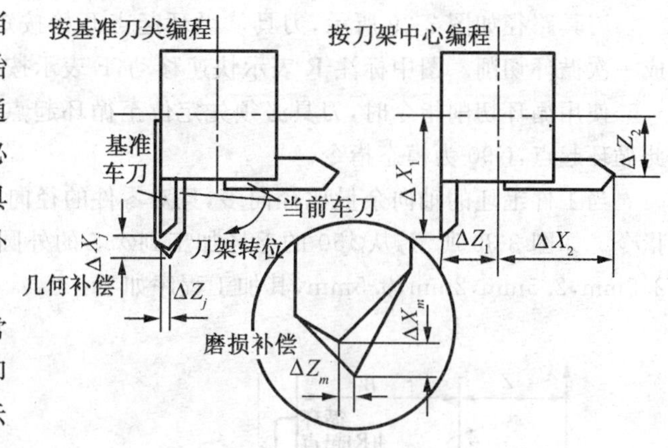

图 3-28 刀具几何补偿和磨损补偿

刀补指令用 T 代码表示。常用 T 代码格式为：T××××，即 T 后可跟 4 位数，其中前 2 位表示刀具号，后两位表示刀具补偿号。当补偿号为 0 或 00 时，表示不进行补偿或取消刀具补偿。若设定刀具几何补偿和磨损补偿同时有效时，刀补量是两者的矢量和。若使用基准刀具，则其几何补偿位置补偿为零，刀补只有磨损补偿。在图 3-28 中，按基准刀尖编程的情况下，若还没有磨损补偿时，则只有几何位置补偿，$\Delta X=\Delta X_j$，$\Delta Z=\Delta Z_j$；批量加工过程中出现刀具磨损后，则：$\Delta X=\Delta X_j+\Delta X_m$，$\Delta Z=\Delta Z_j+\Delta Z_m$；而当以刀架中心作参照点编程时，每把刀具的几何补偿便是其刀尖相对于刀架中心的偏置量。因而，第一把车刀：$\Delta X=\Delta X_1$，$\Delta Z=\Delta Z_1$；第二把车刀：$\Delta X=\Delta X_2$，$\Delta Z=\Delta Z_2$。

数控系统对刀具的补偿是通过拖板的移动来实现的。对带自动换刀的车床而言，执行 T 指令时，先是刀架转位，按前 2 位数字指定的刀具号选择刀具，再按后 2 位数字对应的刀补地址中刀具位置补偿值的大小来调整刀架拖板位置，实施刀具几何位置补偿和磨损补偿。

## 三、固定循环

前面所介绍的 G00，G01 等指令，都是基本指令，即一个指令只能使刀具产生一个动作。在车削毛坯多为棒料和铸锻件时，一般余量都较大，需要多次走刀切削。因此，在数控车床的数控系统中，设置了各种形式的固定循环功能。所谓固定循环，是指为了完成某种加工，将多个程序段的指令按约定的执行次序综合为一个程序段,即一个固定循环指令,可以使刀具产生多个动作,使编程功能大大简化。固定循环分为单一固定循环和复合固定循环。

(一)单一固定循环

单一固定循环是指:将一系列连续加工动作,如“切入→切削→退刀→返回”,用一个循环指令完成,以简化程序。

1. 外径/内径切削循环 G90

(1)圆柱面切削循环

指令格式:

G90 X(U)_ Z(W)_ F_;

其中:X,Z——圆柱面切削的终点坐标值;

U,W——圆柱面切削终点相对于循环起点的坐标增量。

刀具路径如图 3-29 所示,刀具从循环起点开始按矩形移动,最后又回到循环起点完成一次循环切削。图中标注 R 表示快速移动,F 表示按指定的进给速度移动。

使用循环切削指令时,刀具必须先定位至循环起点,且完成一次循环后,刀具仍回到此循环起点,G90 为模态指令。

当工件毛坯的轴向余量比径向多,且对零件的径向尺寸要求精度较高时,应选用 G90 指令。如图 3-30 所示,从ø50 的毛坯加工到ø35 的外圆面,分 4 次切削,背吃刀量分别为 2.5mm,2.5mm,2mm,0.5mm,其加工程序如下:

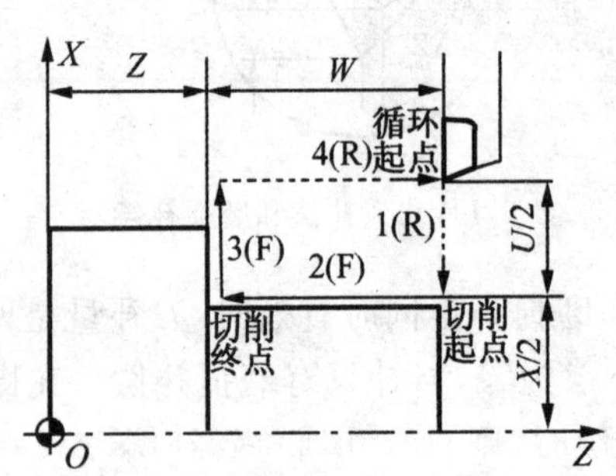


图 3-29　圆柱面切削循环

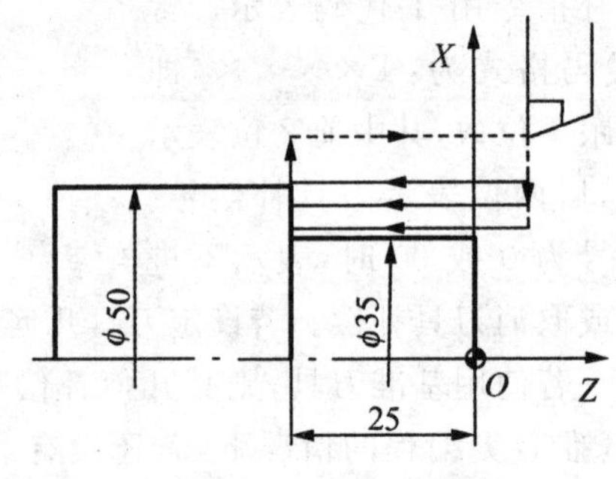


图 3-30　圆柱面切削循环实例

```
O0100;
T0101;
M03 S600;
G00 X52.0 Z2.0;
G90 X45.0 Z－25.0 F0.2;
    X40.0;
    X36.0;
    X35.0 F0.05 S1000;
G00 X100.0 Z100.0;
M02;
```

(2)锥面切削循环

指令格式：

G90 X(U)_ Z(W)_ R_ F_；

刀具路径如图 3-31 所示，R 为切削起点与切削终点的半径差。锥面起点坐标大于终点坐标时 R 为正，反之为负。加工如图 3-32 所示的工件，其数控程序如下：

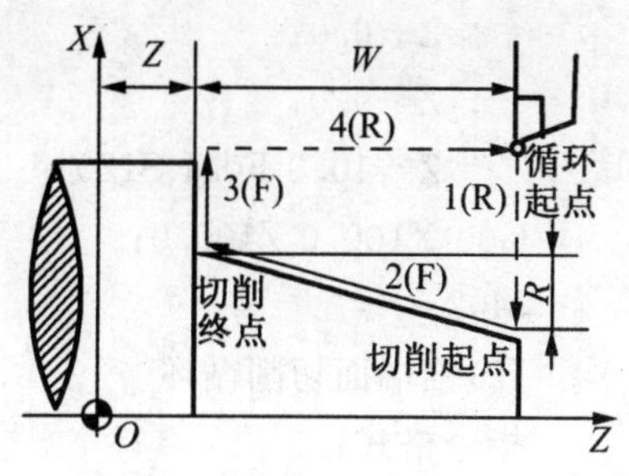


图 3-31　圆锥面切削循环

O1101；

T0101；

G96 M03 S100；

G00 X52.0 Z0.0；

G90 X40.0 Z－40.0 R－5.0 F0.1；

　　X35.0；

　　X30.0；

G00 X100.0 Z100.0；

M02；

2. 端面切削循环

(1)平面端面切削循环

指令格式：

G94 X(U)_ Z(W)_ F_；

其中：X，Z——端面切削终点坐标值；

U，W——端面切削终点相对于循环起点的坐标增量。

刀具路径如图 3-33 所示。

当工件毛坯的径向余量较大，且对零件的轴向尺寸精度又较高时，应选用 G94。

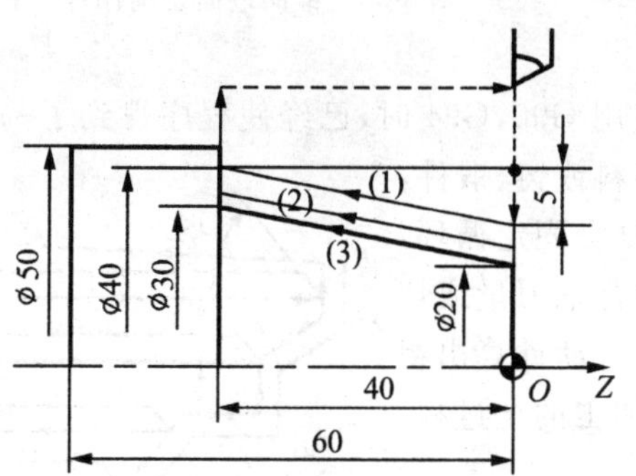

图 3-32　圆锥面切削循环实例

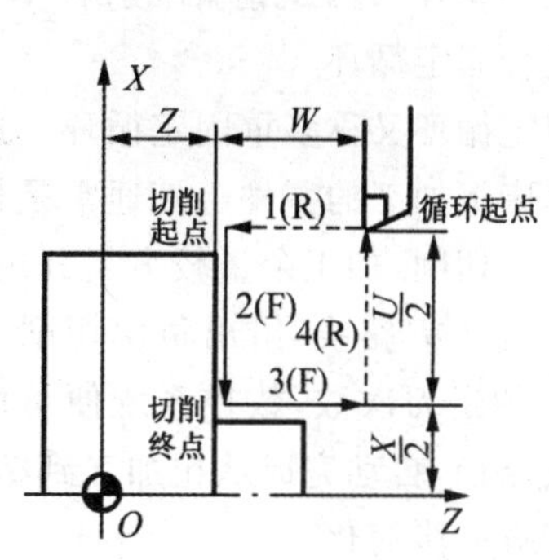


图 3-33　端面切削循环

编程实例：应用端面切削循环功能加工如图 3-34 所示零件。Z 向分 4 次切削，每次背吃刀量分别为 3mm，3mm，3mm，1mm，加工程序如下：

O1102；

T0101；

G96 M03 S80；

G50 S5000；
G00 X80.0 Z2.0；
G94 X30.0 Z－3.0 F0.2；
　　Z－6.0；
　　Z－9.0；
　　Z－10.0 F0.1 S120；
G00 X100.0 Z100.0；
M02；

(2)锥端面切削循环

指令格式：

G94 X(U)_ Z(W)_ R_ F_；

刀具路径如图 3-35 所示。R 表示端面切削的起点相对于终点在 $Z$ 轴方向的坐标分量。当起点 $Z$ 向坐标小于终点 $Z$ 向坐标时，R 为负，反之为正。

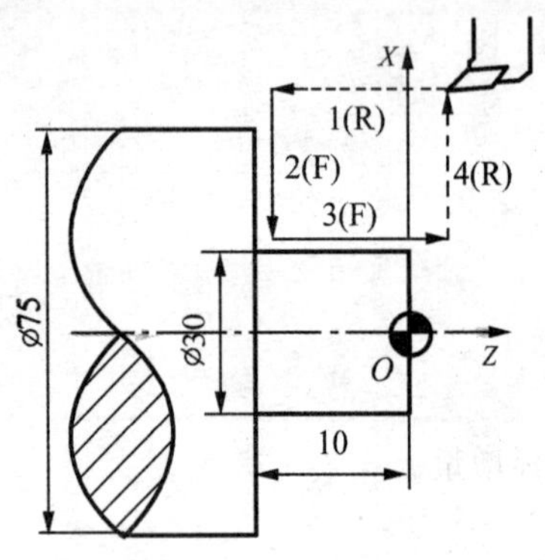


图 3-34　端面切削循环实例

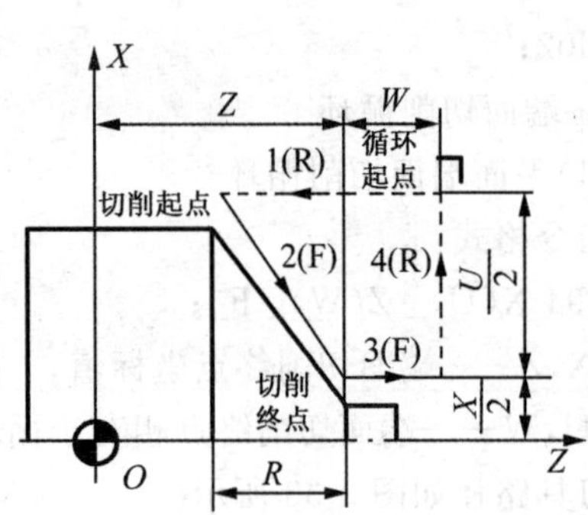


图 3-35　锥面端面切削循环

(二)复合固定循环

复合固定循环又称多重固定循环。应用 G90，G94 时，已经使程序得到了一些简化，但在数控车床上加工的零件毛坯通常是棒料或铸、锻件，需要多次重复切削，加工余量较大。利用复合固定循环，只要编出最终走刀路线，给出每次切削的背吃刀量或切除全部余量的走刀次数，数控系统便可以自动计算出粗加工的刀具路径，自动完成从粗加工到精加工的全过程，使程序得到进一步简化。

1. 外圆粗车循环 G71

该指令适用于圆柱棒料毛坯粗车外圆或圆筒毛坯粗车内孔时，需切除大部分加工余量，且对零件的径向尺寸要求精度较高的情况。其切削循环路径都平行于 $Z$ 轴，所以该指令又称轴向走刀粗车循环。其走刀路线如图 3-36 所示。

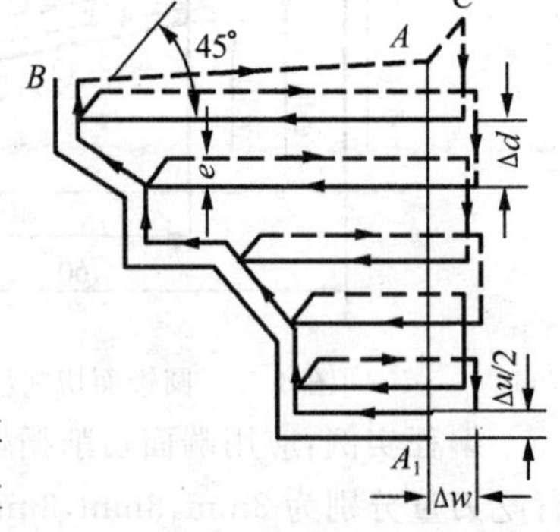


图 3-36　外圆粗车循环

指令格式：

G71 U(Δd) R(e)；

G71 P(ns) Q(nf) U(Δu) W(Δw) F(f) S(s) T(t)；

N(ns)；

…

N(nf)；

其中：Δd——X 向背吃刀量，半径值，无正负号，模态值；

e——退刀量，模态值；

ns——精加工轮廓程序段中开始程序段的段号；

nf——精加工轮廓程序段中结束程序段的段号；

Δu——X 向精加工余量，直径值，外圆加工为正，内孔加工为负；

Δw——Z 向精加工余量；

f，s，t——F，S，T 代码。

说明：

(1)ns～nf 程序段中的 F，S，T 功能，即使被指定也对粗车循环无效。

(2)G71 指令必须带有 P，Q 地址 ns，nf，且与精加工路径起、止顺序号对应，否则不能进行该循环加工。

(3)ns 的程序段必须为 G00/G01 指令，即从 $A$ 到 $A_1$ 的动作必须是直线或点定位运动，且该程序段中不应编有 Z 向移动指令。

(4)在顺序号为 ns 到顺序号为 nf 的程序段中，不能调用子程序，不能使用固定循环指令。

(5)零件轮廓必须符合 X 轴、Z 轴方向同时单调增大或单调减少，即不可有内凹的轮廓形状。

编程实例：如图 3-37 所示零件，毛坯为⌀120mm 的棒料，粗车背吃刀量 2mm，退刀量 1mm，精车余量 X 向 0.5mm，Z 向 0.2mm，其加工程序如下：

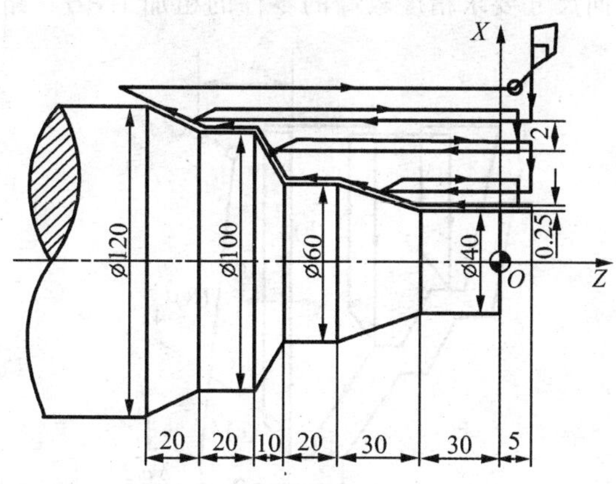


图 3-37　外圆粗车循环实例

```
    O1234;
    T0101;                                  选择粗加工刀具,调用坐标系
    M03 S600;                               粗车时主轴正转,转速 600r/min
    G00 X122.0 Z5.0;                        快速运动到粗车循环起点
    G71 U2.0 R1.0;                          粗车循环背吃刀量 2mm,退刀量 1mm
    G71 P50 Q100 U0.5 W0.2 F0.2;            精车余量 X 向 0.5mm,Z 向 0.2mm,粗车进给
                                            0.2mm/r
N50 G00 X40.0;                              精加工程序起始段只有 X 向移动
    Z5.0 S1000;                             精车时主轴转速 1000r/min
    G01 Z-30.0 F0.05;                       精加工时进给速度 0.05mm/r
    X60.0 W-30.0;
    W-20.0;
    X100.0 W-10.0;
    W-20.0;
N100 X120.0 W-20.0;                         精加工程序结束段号
    G00 X100.0 Z100.0;
    T0202;                                  换 2 号精车刀具
    G00 X122.0 Z5.0;
    G70 P50 Q100;                           精加工循环
    G00 X100.0 Z100.0;
    M30;
```

程序中 G70 P50 Q100 为精加工循环指令,其用法和含义见后述。

2. 端面粗车循环 G72

端面粗车循环是一种复合固定循环。端面粗车循环适用于 $Z$ 向余量小,$X$ 向余量大的棒料,且对零件的轴向尺寸要求精度较高的零件的粗加工,刀具路径如图 3-38 所示。

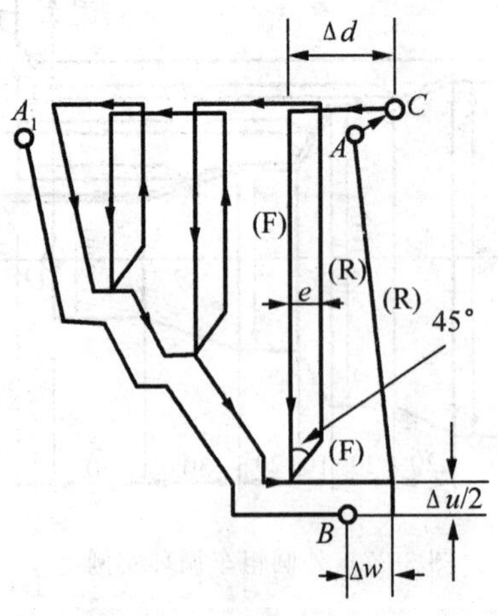


图 3-38 端面粗车循环

指令格式：

G72 W(Δd) R(e)；

G72 P(ns) Q(nf) U(Δu) W(Δw) F(f) S(s) T(t)；

其中：Δd——Z 向背吃刀量；

e——退刀量；

ns——精加工轮廓程序段中开始程序段的段号；

nf——精加工轮廓程序段中结束程序段的段号；

Δu——X 轴向精加工余量，直径值，外圆加工为正，内孔加工为负；

Δw——Z 轴向精加工余量；

f，s，t——F，S，T 代码。

说明：

(1)ns～nf 程序段中的 F，S，T 功能，即使被指定也对粗车循环无效。

(2)G72 指令必须带有 P，Q 地址 ns，nf，且与精加工路径起、止顺序号对应，否则不能进行该循环加工。

(3)ns 的程序段必须为 G00/G01 指令，即从 A 到 $A_1$ 的动作必须是直线或点定位运动，且该程序段中不应编有 X 向移动指令。

(4)在顺序号为 ns 到顺序号为 nf 的程序段中，不能调用子程序，不能使用固定循环指令。

(5)零件轮廓必须符合 X 轴、Z 轴方向同时单调增大或单调减少，即不可有内凹的轮廓形状。

编程实例：如图 3-39 所示零件，毛坯为Ø160mm 的棒料，粗车背吃刀量 2mm，退刀量 1mm，精车余量 X 向 0.2mm，Z 向 0.5mm，其加工程序如下：

```
    O0155；
    T0101；
    M03 S600；
    G00 X165.0 Z2.0；
    G72 W2.0 R1.0；
    G72 P50 Q100 U0.2 W0.5 F0.3；
N50 G00 Z-70.0 G96 S120；
    X160.0；
    G01 X120.0 W20.0 F0.1；
    W20.0；
    X80.0 W10.0；
    W10.0；
N100 X40.0 Z0.0；
    G70 P50 Q100；
    G00 X100.0 Z100.0；
    M30；
```

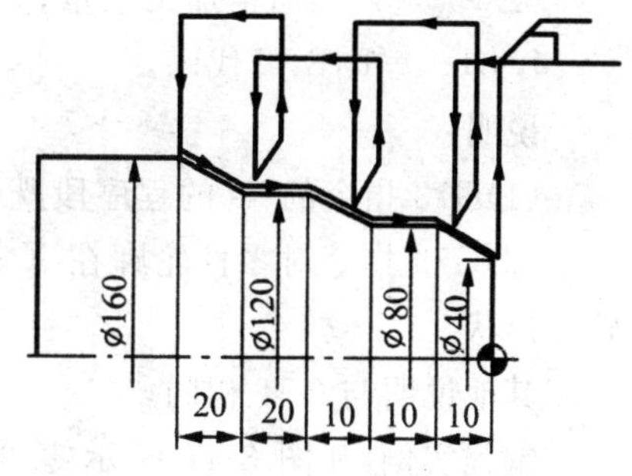

图 3-39 端面粗车循环实例

3. 封闭粗车循环 G73

封闭切削循环适于铸、锻毛坯切削，对零件轮廓的单调性则没有要求，又称环状粗车循环、轮廓粗车循环，刀具路径如图 3-40 所示：

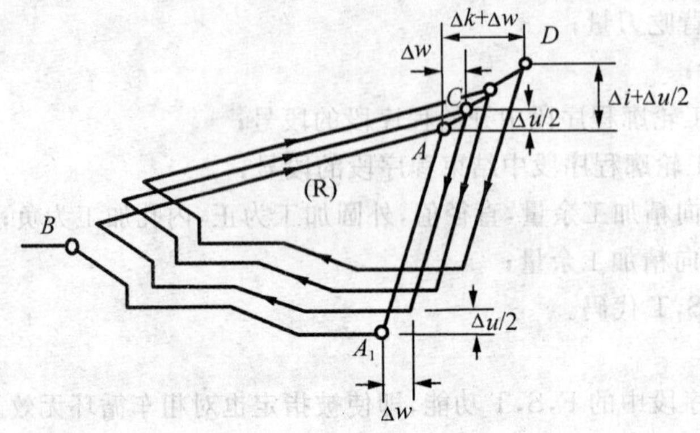


图 3-40　封闭粗车循环图

编程格式：

G73 U(Δi) W(Δk) R(d)；

G73 P(ns) Q(nf) U(Δu) W(Δw) F(f) S(s) T(t)；

其中：Δi——X 轴向总退刀量，半径值；

Δk——Z 轴向总退刀量；

d——重复加工次数；

ns——精加工程序开始段号；

nf——精加工程序结束段号；

Δu——X 轴向精加工余量；

Δw——Z 轴向精加工余量；

f，s，t——F，S，T 代码。

说明：

(1)G73 指令的 ns 的程序段既可以有 X 向移动指令又可以有 Z 向移动指令。

(2)G73 指令对零件轮廓在 X 轴、Z 轴方向的单调没有特殊要求，即可以加工内凹的轮廓形状。

其他说明与 G71 相同。

编程实例：如图 3-41 所示零件，铸造毛坯，最大单边余量为 9mm，X 向退刀量为 9.5mm，Z 向退刀量为 9.5mm，粗车循环次数为 3 次，精车余量 X 向 1mm，Z 向 0.5mm，其加工程序如下：

```
O0123;
T0101;
M03 S600;
G00 X42.0 Z2.0;
G73 U9.5 W9.5 R3;
```

```
    G73 P50 Q100 U1.0 W0.5 F0.2;
N50 G00 X20.0 Z2.0 S1000;
    G01 Z-20.0 F0.05;
    X40.0 W-10.0;
    W-20.0;
    G02 X80.0 W-20.0 R20.0;
    G01 X100.0 W-10.0;
N100 X105.0;
    G70 P50 Q100;
    G00 X100.0 Z100.0;
    M30;
```

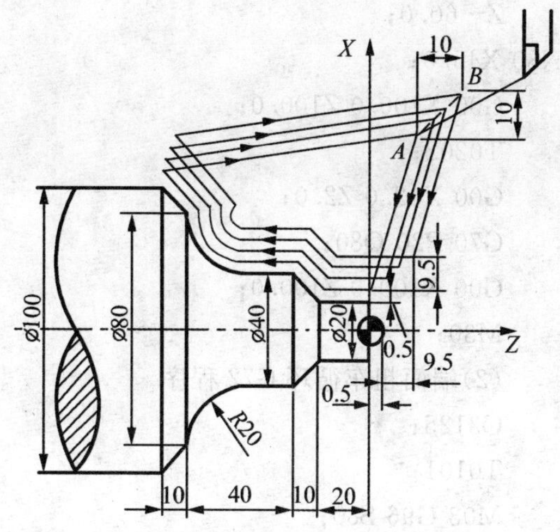

图 3-41 封闭粗车循环编程实例

4. 精加工循环 G70

由 G71,G72,G73 完成粗加工后,可以用 G70 进行精加工。精加工时,G71,G72,G73 程序段中的 F,S,T 指令无效,只有在 ns～nf 程序段中的 F,S,T 才有效。精车时的加工量是粗车循环时留下的精车余量,加工轨迹为工件的轮廓线。

编程格式:

G70 P(ns) Q(nf);

其中:ns——精加工轮廓程序段中开始程序段的段号;

nf——精加工轮廓程序段中结束程序段的段号。

实例:分别用 G71,G72,G73 加工如图 3-42 所示的零件,选择ø40mm×70mm 的棒料毛坯。

(1)外圆粗车循环 G71 程序

```
    O3125;
    T0101;
    M03 G96 S80;
    G50 S5000;
    G00 X40.0 Z2.0;
    G71 U2.0 R1.0;
    G71 P20 Q80 U0.5 W0.2 F0.3;
N20 G00 X18.0 S120;
    Z2.0;
    G01 Z-15.0 F0.1;
    X22.0 Z-25.0;
    Z-31.0;
    G02 X32.0 Z-36.0 R5.0;
    G01 Z-40.0;
    X36.0 Z-50.0;
```

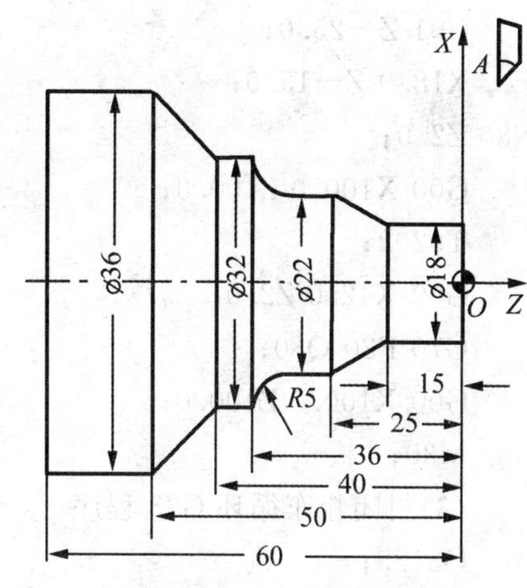

图 3-42 复合固定循环编程实例

```
    Z-60.0;
N80 X45.0;
    G00 X100.0 Z100.0;
    T0202;
    G00 X42.0 Z2.0;
    G70 P20 Q80;
    G00 X100.0 Z100.0;
    M30;
```

(2)端面粗车循环 G72 程序

```
    O3125;
    T0101;
    M03 G96 S80;
    G50 S5000;
    G00 X40.0 Z2.0;
    G72 W2.0 R1.0;
    G71 P20 Q80 U0.2 W0.5 F0.3;
N20 G00 Z-60.0 S120;
    G01 X36.0 F0.1;
    Z-50.0;
    X32.0 Z-40.0;
    Z-36.0;
    G03 X22.0 W5.0 R5.0;
    G01 Z-25.0;
    X18.0 Z-15.0;
N80 Z2.0;
    G00 X100.0 Z100.0;
    T0202;
    G00 X42.0 Z2.0;
    G70 P20 Q80;
    G00 X100.0 Z100.0;
    M30;
```

(3)封闭粗车循环 G73 程序

```
    O3125;
    T0101;
    M03 G96 S80;
    G50 S5000;
    G00 X40.0 Z2.0;
    G73 U11.0 W0 R5;
```

```
    G73 P20 Q80 U0.5 W0.2 F0.3;
N20 G00 X18.0 Z2.0 S120;
    G01 Z-15.0 F0.1;
    X22.0 Z-25.0;
    Z-31.0;
    G02 X32.0 Z-36.0 R5.0;
    G01 Z-40.0;
    X36.0 Z-50.0;
    Z-60.0;
N80 X45.0;
    G00 X100.0 Z100.0;
    T0202;
    G00 X42.0 Z2.0;
    G70 P20 Q80;
    G00 X100.0 Z100.0;
    M30;
```

5. 端面深孔钻削循环 G74

端面深孔钻削循环也称为纵向切削固定循环，可用于端面纵向断续切削，但实际多用于深孔钻削加工，其指令动作如图 3-43 所示，图中标(R)取为快速运动，标(F)取为进给速度运动。

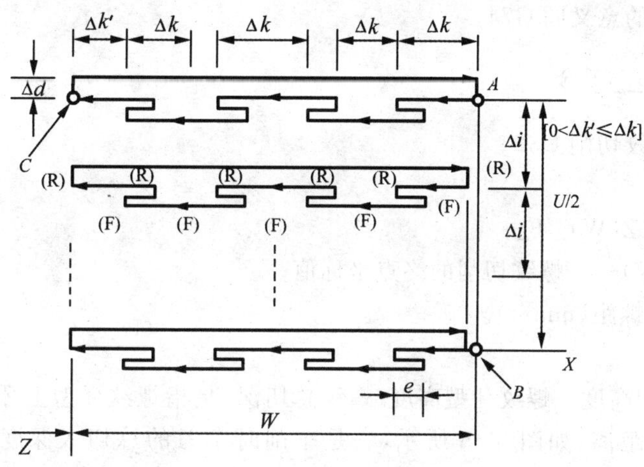


图 3-43　端面深孔钻削循环

指令格式：

G74 R(e);

G74 X(U) Z(W) P(Δi) Q(Δk) R(Δd) F(f);

其中：e——退刀量；

X——$B$ 点坐标；

U——从 $A$ 到 $B$ 的增量值；

Z——$C$ 点坐标；

W——从 $A$ 到 $C$ 的增量值；

Δi——$X$ 方向的移动量（无符号）；

Δk——$Z$ 方向的移动量（无符号）；

Δd——刀具在切削底部的退刀量，其符号总为正；

f——进给速度。

如果 X(U) 和 P(Δi) 都被忽略，则只在 $Z$ 向钻孔。

6. 外径/内径钻孔循环 G75

G75 与 G74 指令动作相似，只是切削方向旋转 90°，这种循环可用于断屑切削。如果将 Z(W) 和 Q(Δk) 省略，则 G75 可实现 $X$ 轴向切槽、$X$ 轴向排屑钻孔。其动作如图 3-44 所示。

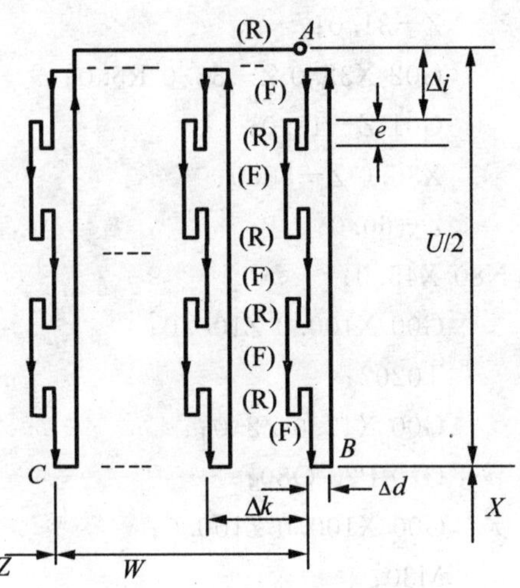


图 3-44　外径/内径钻孔循环

指令格式：

G75 R(e)；

G75 X(U) Z(W) P(Δi) Q(Δk) R(Δd) F(f)；

式中各参数的意义同 G74。

## 四、螺纹加工指令

### （一）基本螺纹切削 G32

指令格式：

G32 X(U)_ Z(W)_ F_；

其中：X(U)，Z(W)——螺纹切削的终点坐标值；

F——螺纹螺距(mm/r)。

说明：

(1)螺纹牙型高度　螺纹牙型高度（螺纹总切深）是指螺纹牙型上牙顶到牙底之间垂直于螺纹轴线的距离，如图 3-45 所示，它是车削时车刀的总切入深度。根据 GB192～197-81 规定，普通螺纹的牙型理论高度 $H=0.866P$，实际加工时，由于螺纹车刀刀尖半径的影响，螺纹的实际切深有变化。根据 GB197-81 规定，螺纹车刀可在牙底最小削平高度 $H/8$ 处削平或倒圆，则螺纹实际牙型高度可按下式计算：

$$h=H-2(H/8)=0.6495P$$

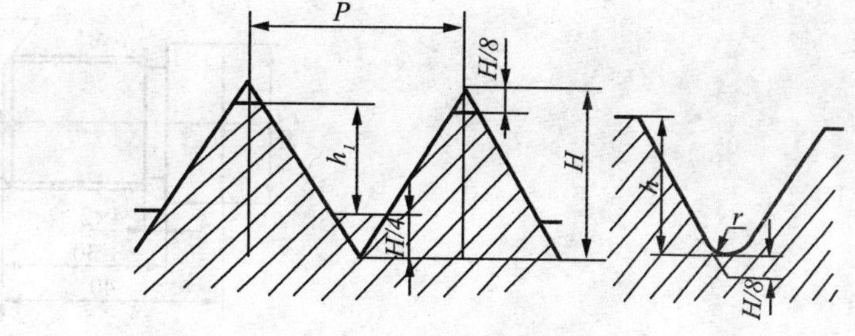


图 3-45　螺纹牙型高度

式中：$H$——螺纹原始三角形高度，$H=0.866P$(mm)；

$P$——螺距(mm)。

(2)车螺纹起始时有一个加速过程，结束前有一个减速过程，在这段距离中螺距不可能保持均匀，因而车螺纹时，两端必须设置足够的升速进刀阶段 $\delta_1$，降速退刀阶段 $\delta_2$。

(3)螺纹加工过程中，主轴转速必须保持为一常数，否则，螺距将发生变化。所以只能使用恒转速切削，不能恒线速度切削。车螺纹时，主轴转速将受到螺纹的螺距(或导程)大小、驱动电动机的升降频率特性及螺纹插补运算速度等多种因素影响，大多数经济型数控系统推荐车螺纹时主轴转速计算如下：

$$n\leqslant\frac{1200}{P}-k$$

式中：$P$——工件螺纹的螺距或导程(mm)；

$k$——保险系数，一般取 80。

(4)螺纹牙型较深、螺距较大，可分几次进给，每次进给的背吃刀量用螺纹深度减精加工背吃刀量所得的差按递减规律分配。常见公制螺纹及英制螺纹切削进给次数及背吃刀量见表 3-6、表 3-7。

(5)螺纹加工应分次进给，每次切削起点 $Z$ 坐标(即升速进刀阶段 $\delta_1$)应一致，防止产生乱牙。

(6)车外螺纹时，由于车刀的挤压，易使工件变形胀大，所以车外螺纹前的工件直径应比公称直径小(小 $0.13P\sim0.15P$)；车内螺纹时，孔径应比螺纹小径略大，孔径 $D\approx d-P$，其中 $d$ 为公称直径、$P$ 为螺距。

螺纹加工实例：加工图 3-46 所示的 M20×1 螺纹，其加工程序为：

```
…
M03 S400；
G00 X25.0 Z3.0；
G00 X19.3；
G32 Z−28.0 F1.0；
G00 X25.0；
Z3.0；
X18.9；
```

```
G32 Z-28.0 F1.0;
G00 X25.0;
Z3.0;
X18.7;
G32 Z-28.0 F1.0;
G00 X25.0;
X100 Z100.0;
…
```

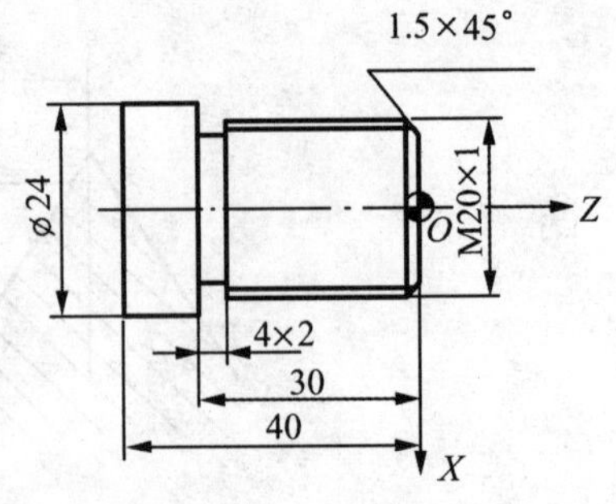


图 3-46　螺纹加工实例

**表 3-6　　常用公制螺纹切削的进给次数与背吃刀量(直径值)(mm)**

| 螺距 | | 1.0 | 1.5 | 2.0 | 2.5 | 3.0 | 3.5 | 4.0 |
|---|---|---|---|---|---|---|---|---|
| 牙深 | | 0.649 | 0.974 | 1.299 | 1.624 | 1.949 | 2.273 | 2.598 |
| 背吃刀量和切削次数 | 1次 | 0.7 | 0.8 | 0.9 | 1.0 | 1.2 | 1.5 | 1.5 |
| | 2次 | 0.4 | 0.6 | 0.6 | 0.7 | 0.7 | 0.7 | 0.8 |
| | 3次 | 0.2 | 0.4 | 0.6 | 0.6 | 0.6 | 0.6 | 0.6 |
| | 4次 | | 0.16 | 0.4 | 0.4 | 0.4 | 0.6 | 0.6 |
| | 5次 | | | 0.1 | 0.4 | 0.4 | 0.4 | 0.4 |
| | 6次 | | | | 0.15 | 0.4 | 0.4 | 0.4 |
| | 7次 | | | | | 0.2 | 0.2 | 0.4 |
| | 8次 | | | | | | 0.15 | 0.3 |
| | 9次 | | | | | | | 0.2 |

**表 3-7　　常用英制螺纹切削的进给次数与背吃刀量(直径值)(英寸)**

| 牙数/(牙/英寸) | | 24 | 18 | 16 | 14 | 12 | 10 | 8 |
|---|---|---|---|---|---|---|---|---|
| 牙深 | | 0.678 | 0.904 | 1.016 | 1.662 | 1.355 | 1.626 | 2.033 |
| 背吃刀量和切削次数 | 1次 | 0.8 | 0.8 | 0.8 | 0.8 | 0.9 | 1.0 | 1.2 |
| | 2次 | 0.4 | 0.6 | 0.6 | 0.6 | 0.6 | 0.7 | 0.7 |
| | 3次 | 0.16 | 0.3 | 0.5 | 0.5 | 0.6 | 0.6 | 0.6 |
| | 4次 | | 0.11 | 0.14 | 0.3 | 0.4 | 0.4 | 0.5 |
| | 5次 | | | | 0.13 | 0.21 | 0.4 | 0.5 |
| | 6次 | | | | | | 0.16 | 0.4 |
| | 7次 | | | | | | | 0.17 |

(二)螺纹切削循环 G92

螺纹切削循环 G92 把“切入→螺纹切削→退刀→返回”四个动作作为一个循环,如图 3-47 所示,用一个程序段来指定。

指令格式：

G92 X(U)_ Z(W)_ R_ F_；

其中：X，Z——螺纹切削的终点坐标值；

U，W——切削终点相对于循环起点的坐标增量；

F——螺纹螺距(mm/r)；

R——螺纹切削起点与切削终点的半径差。圆柱螺纹时，R=0。加工圆锥螺纹时，当 X 向切削起始点坐标小于切削终点坐标时，R 为负，反之为正，如图 3-48 所示。

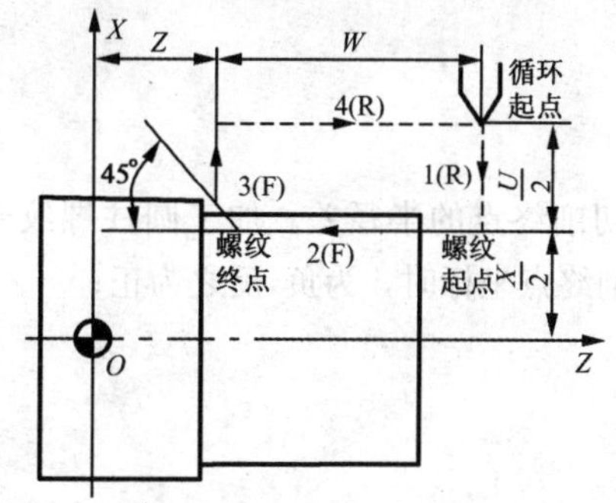


图 3-47　螺纹切削循环

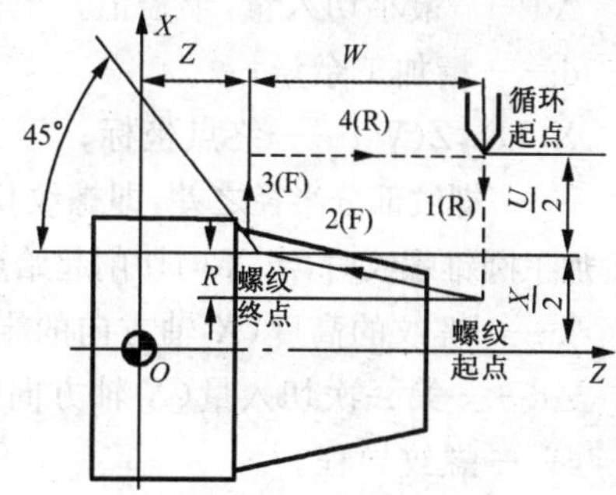


图 3-48　锥螺纹切削循环

加工实例：如图 3-46 所示，加工 M20×1 的螺纹，用 G92 加工程序为：

```
…
M03 S400；
G00 X25.0 Z3.0；
G92 X19.3 Z-28.0 F1.0；
X18.9；
X18.7；
G00 X100.0 Z100.0；
…
```

(三)复合螺纹切削循环指令 G76

复合螺纹切削循环指令可以完成一个螺纹段的全部加工任务。它的进刀方法有利于改善刀具的切削条件，在编程中应优先考虑应用该指令，该指令刀具路径如图 3-49 所示。

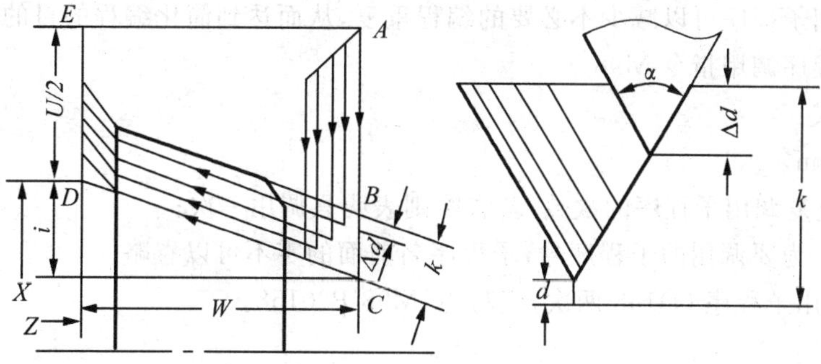


图 3-49　螺纹切削复合循环

指令格式：

G76 P(m)(r)(α) Q(Δd) R(d)；

G76 X(U)_ Z(W)_ R (i) P(k) Q(Δd) F(f)；

其中：m——精加工重复次数；

r——螺纹尾端倒角量，该值的大小可设置在 0.01$P$ 到 9.9$P$，$P$ 为螺距；

α——刀尖角，可从 80°，60°，55°，30°，29°和 0°六个角度中选择，用两位数表示；

m，r，α 用同地址 P 指定，例如：m=2，r=1.2P，α=60°，表示为 P021260；

Δd——最小切入量，半径值；

d——精加工余量；

X(U)，Z(W)——终点坐标；

i——螺纹部分半径之差，即螺纹切削起始点与切削终点的半径差。加工圆柱螺纹时，i=0。加工圆锥螺纹时，当 $X$ 向切削起始点坐标小于切削终点坐标时，i 为负，反之为正；

k——螺纹的高度（$X$ 轴方向的半径值）；

Δd——第一次切入量（$X$ 轴方向的半径值）；

f——螺纹导程。

加工实例：如图 3-46 所示，加工 M20×1 的螺纹，螺纹高度 0.65mm，螺距 1mm，螺纹尾端倒角 1.2P，刀尖角 60°，第一次切入 0.6mm，最小切深 0.1mm，用 G76 加工程序为：

```
…
M03 S400;
G00 X25.0 Z3.0;
G76 P011260 Q100 R0.1;
G76 X18.7 Z-28.0 R0 P650 Q600 F1.0;
G00 X100.0 Z100.0;
…
```

## 五、子程序

在编制加工程序过程中，如果有一组程序段在一个程序中多次出现或者在几个程序中都要使用它，则可以将这个典型的加工程序编制成固定程序，单独命名，这种程序称为子程序。使用子程序可以减少不必要的编程重复，从而达到简化编程的目的。

### （一）子程序调用指令 M98

编程格式：

M98 Pnnn××××；

nnn 为重复调用子程序的次数，若省略则表明只调用一次；

××××为要调用的子程序号，子程序名前面的零不可以省略。

例如，调用子程序 O0158 两次，应写为：M98 P20158。

(二)子程序结束并返回主程序指令 M99

子程序结构

O××××;

…

M99;

子程序的最后一个程序段为 M99,指定子程序结束并返回到主程序。

主程序可重复调用多次,被主程序调用的子程序还可以再调用其他的子程序,称为子程序的嵌套,如图 3-50 所示。子程序调用最多允许嵌套 4 层。

图 3-51 表示退刀槽的加工,其数控加工程序如下:

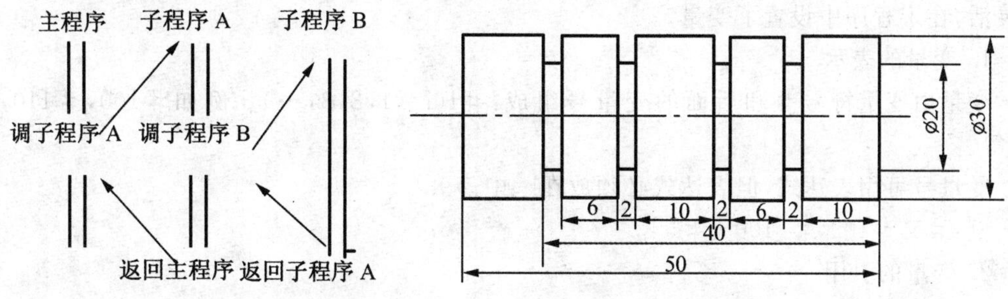


图 3-50 子程序的嵌套

图 3-51 子程序调用实例

主程序:

O0010;

T0101;

M03 S600;

G00 X35.0 Z0;

M98 P20011;

G00 X100.0 Z100.0;

M30;

子程序:

O0011;

G00 W-12.0;

G01 X20.0 F0.1;

G04 P1000;

G00 X35.0;

W-8.0;

G01 X20.0 F0.1;

G04 P1000;

G00 X35.0;

M99;

## 六、用户宏程序

用户宏程序是以变量的组合，通过各种算术和逻辑运算，转移和循环等命令，编制的一种可以灵活运用的程序，只要改变变量的值，即可以完成不同的加工和操作。用户宏程序可以简化程序的编制，提高工作效率。宏程序可以像子程序一样用一个简单的指令调用。

宏程序分为 A、B 两类。在一些较老的数控系统中采用 A 类宏程序，而现在常用的一些较为先进的数控系统中则采用 B 类宏程序。本书主要介绍 B 类宏程序。

（一）变量

在常规程序中，总是将一个具体的数值赋给一个地址，为了使程序更具有通用性，更加灵活，在宏程序中设置了变量。

1. 变量的表示

变量由变量符号＃和后面的变量号组成：＃i(i＝1，2，3，…)。例如＃100，＃110，＃5等。

变量号可用表达式，但表达式必须放在[]中。

例：＃5，＃109，＃[100＋＃5]。

2. 变量的引用

将跟随在一个地址后的数值用一个变量来代替，即引入了变量。

例：G01 X＃100 Z＃101 F＃102，当＃100＝25、＃101＝－30、＃102＝0.1 时，上式即表示为 G01 X25. Z－30. F0.1。

(1)用表达式指定变量，表达式要放在方括号里：如 G01 X[＃1＋＃2] F＃3。

(2)引用一个未定义变量时，在遇到地址字之前，该变量被忽略。

(3)要改变被引用变量的符号，在＃前加负号，如 G01 X－＃1。

3. 变量的类型

变量分为局部变量、公共变量和系统变量三种。

(1)局部变量(＃1～＃33)　局部变量是一个在宏程序中局部使用的变量，可以服务于不同的宏程序，在不同的宏程序中局部变量可以赋予不同的值，相互之间不影响。

(2)公共变量(＃100～＃199，＃500～＃999)　公共变量也叫通用变量，可在各级宏程序中被共同使用，即这一变量在不同程序级中调用时含义相同。因此，一个宏程序中经计算得到的一个通用变量的数值，可以被另一个宏程序调用。

(3)系统变量(＃1000～ )　系统变量用来读取和写入各种数控数据项，如当前位置和刀具偏置值，它的值取决于系统的状态。

4. 变量的赋值

(1)直接赋值　MDI 方式直接赋值或在程序中以等式方式赋值，等号左边不能用表达式。

(2)宏程序调用时赋值　宏程序以子程序的方式出现，所用变量可以在宏程序调用时赋值。

（二）运算指令

变量之间进行运算的通常表达形式是：＃i＝(表达式)

常用运算指令如下：

定义替换：#i=#j

加：#i=#j+#k

减：#i=#j-#k

乘：#i=#j×#k

除：#i=#j÷#k

正弦函数：#i=SIN[#j]

余弦函数：#i=COS[#j]

正切函数：#i=TAN[#j]

平方根：#i=SQRT[#j]

取绝对值：#i=ABS[#j]

以上算术运算和函数运算可以结合在一起使用，运算的先后顺序是：函数运算、乘除运算、加减运算。三角函数的运算中，单位为度。

表达式中括号的运算将优先进行。连同函数中使用的括号在内，括号在表达式中最多可用5层。

(三)宏程序调用G65

宏程序的简单调用是指在主程序中，宏程序可以被单个程序段单次调用。

调用指令格式：

G65 P(宏程序号) L(重复次数)(变量分配)；

其中：G65——宏程序调用指令；

P(宏程序号)——被调用的宏程序代号；

L(重复次数)——宏程序重复运行的次数，重复次数为1时，可省略不写；

(变量分配)——为宏程序中使用的变量赋值。

宏程序与子程序相同的一点是，一个宏程序可被另一个宏程序调用，最多可调用4重。

1. 变量分配类型Ⅰ

该类变量中的文字变量与数字序号变量之间有确定的关系，见表3-8。

说明：

①地址G,L,N,O,P不能在自变量中使用；

②每个字母指定一次；

③不需要指定的地址可以省略，对应于省略地址的局部变量设为空；

④地址不需要按字母顺序指定，应符合字地址的格式，但是I,J,K需要按字母顺序指定；

⑤#1～#26为数字序号变量。

例：

G65 P1000 A1.0 B2.0 I3.0

含义为：调用宏程序号为1000的宏程序运行一次，并为宏程序中的变量赋值，其中：#1=1.0，#2=2.0，#4=3.0。

2. 变量分配类型Ⅱ

该类变量中的文字变量与数字序号变量之间有确定的关系，见表3-8。

表 3-8 变量分配表

| 变量类型 | 变量分配类型Ⅰ | | 变量分配类型Ⅱ | | |
|---|---|---|---|---|---|
| 文字变量与数字序号变量之间的对应关系 | A #1 | Q #17 | A #1 | K3 #12 | J7 #23 |
| | B #2 | R #18 | B #2 | I4 #13 | K7 #24 |
| | C #3 | S #19 | C #3 | J4 #14 | I8 #25 |
| | D #7 | T #20 | I1 #4 | K4 #15 | J8 #26 |
| | E #8 | U #21 | J1 #5 | I5 #16 | K8 #27 |
| | F #9 | V #22 | K1 #6 | J5 #17 | I9 #28 |
| | H #11 | W #23 | I2 #7 | K5 #18 | J9 #29 |
| | I #4 | X #24 | J2 #8 | I6 #19 | K9 #30 |
| | J #5 | Y #25 | K2 #9 | J6 #20 | I10 #31 |
| | K #6 | Z #26 | I3 #10 | K6 #21 | J10 #32 |
| | M #13 | | J3 #11 | I7 #22 | K10 #33 |

说明：

①使用 A,B,C 各 1 次,I,J,K 各 10 次；

②I,J,K 的序号用于确定自变量指定的顺序,在实际编程中不写；

③程序中出现的第一个 I 为#4,第二个 I 为#7,以此类推。

例：

G65 P0020 A50 I40 J－20 K15 I－17 I8

调用宏程序 O0020 一次,并为宏程序中的变量赋值,其中：#1＝50,#4＝40,#5＝－20,#6＝15,#7＝－17,#7＝8。

若两种变量指定方法同时使用,优先采用后出现的那种。

(四)控制转移指令

1. 无条件转移指令

指令格式：

GOTO n；

其中：n——程序段号。

也就是将程序无条件地转移到 Nn 的程序段执行,如：

GOTO 50；

2. 条件转移指令

指令格式：

IF［条件表达式］GOTO n；

以上程序段含义为：

①如果条件表达式的条件得以满足,则转而执行程序中程序段号为 n 的相应操作,程序段号 n 可以由变量或表达式替代；

②如果表达式中条件未满足，则顺序执行下一段程序；

③如果程序作无条件转移，则条件部分可以被省略；

④表达式可按如下书写：

```
#j EQ #k        表示=
#j NE #k        表示≠
#j GT #k        表示>
#j LT #k        表示<
#j GE #k        表示≥
#j LE #k        表示≤
```

3. 循环语句

指令格式：

```
WHILE [条件表达式] DO m(m=1,2,3);
.
.
.
END m;
```

上述“WHILE…END m”程序含义为：

①条件表达式满足时，重复执行 DO m 至 END m 间的程序段；

②条件表达式不满足时，程序转到 END m 后执行；

③如果 WHILE [条件表达式]部分被省略，则程序段 DO m 至 END m 之间的部分将一直重复执行。

注意：

①WHILE　DO m 和 END m 必须成对使用。

②DO 语句允许有 3 层嵌套，即：

```
DO 1
DO 2
DO 3
END 3
END 2
END 1
```

③DO 语句范围不允许交叉，即如下语句是错误的：

```
DO 1
DO 2
END 1
END 2
```

编程实例：如图 3-52 所示，零件端部为椭圆，方程为$\frac{(z+30)^2}{30^2}+\frac{x^2}{20^2}=1$，其精加工程序如下：

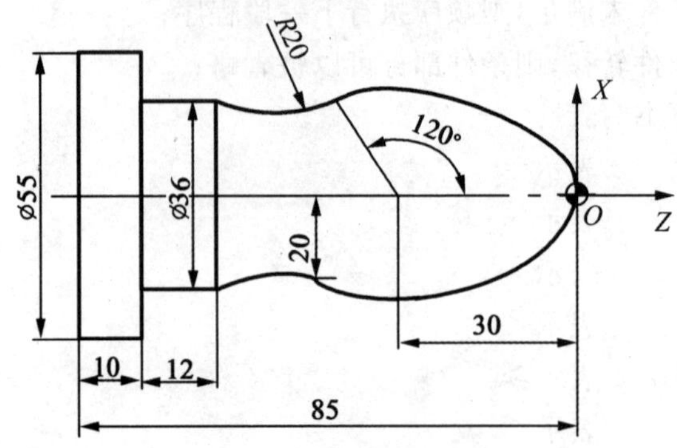


图 3-52 宏程序加工实例

主程序

```
O0362;
T0101;
M03 S800;
G00 X0 Z2.0;
G01 X0 Z0 F0.1;
G65 P1300;                          调用宏程序
G02 X36.0 Z-63.0 R20.0;
G01 W-12.0;
X55.0;
Z-85.0;
G00 X100.0 Z100.0;
M30;
```

子程序

```
O1300;
#101=0;                             #101:椭圆圆心角,初值为 0
N50 IF [#101 GT 120] GOTO 100;
#102=30.0*COS[#101]-30.0;           #102:椭圆上任一点 Z 坐标
#103=40.0*SIN[#101];                #103:椭圆上任一点 X 坐标,直径值
G01 X#103 Z#102 F0.1;
#101=#101+0.4;
GOTO 50;
N100 M99;
```

## 七、综合实例

**实例 1:**如图 3-53 所示为某转轴零件,用 CAK6150 型数控车床加工,试编制数控加工程序。

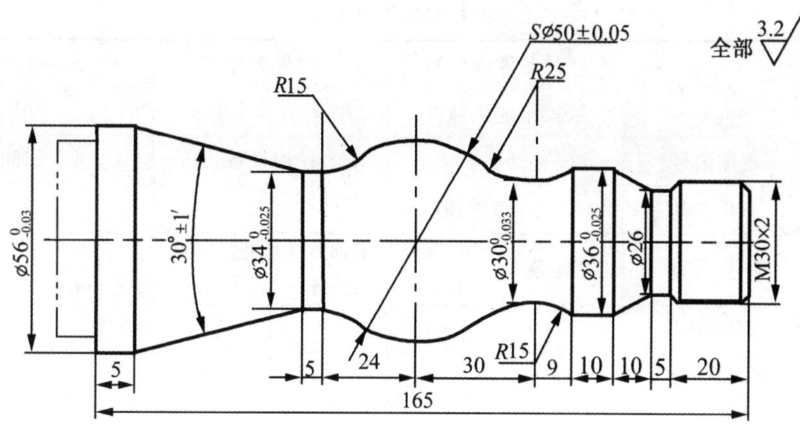


图 3-53 典型轴类零件

该零件数控车削工艺介绍如下：

1. 零件图工艺分析

该零件加工表面由圆柱面、圆锥面、球面及螺纹等组成。圆柱面直径、球面直径及凹圆弧面的直径尺寸和大锥面的锥角等的精度要求较高；全部的表面粗糙度为 Ra3.2μm。零件的材料为 45# 钢，切削加工性能较好，无热处理要求。

2. 选择毛坯

毛坯选Ø60mm×200mm 的热轧棒料。

3. 划分工序

用一台数控车床完成粗、精加工只需一道工序，若用两台数控车床分别进行粗、精加工则需两道工序。

4. 确定加工顺序

加工顺序为先粗车后精车，粗车给精车留 0.25mm 的余量；工步顺序按由近到远（由右至左）的原则进行，即先从右到左进行粗车（留 0.25mm 精车余量），然后从右到左进行精车，最后车削螺纹。该零件数控加工工序见表 3-9。

(1)粗车 粗车采用平行于工件轮廓的环形进刀路线，根据相应的粗加工指令自动生成粗加工刀具轨迹。

(2)精车 自右向左精车：螺纹右段倒角→车削螺纹段外圆Ø30mm→螺纹左段倒角→5mm×Ø26mm 螺纹退刀槽→长 10mm 的圆锥→Ø36mm 圆柱段→*R*15mm，*R*25mm，*S*Ø50mm，*R*15mm 各圆弧面→5mm×Ø34mm 的外圆面→30°±1′的圆锥面→Ø56mm 圆柱段。

(3)车螺纹

(4)切断

5. 确定进给路线

运用数控系统的循环功能进行粗车和车螺纹，数控系统自行确定其进给路线。精车的进给路线是从右到左沿零件表面轮廓进给。

表 3-9　　数控加工工序卡

| 单位名称 | | 产品名称或代号 | | 零件名称 | | 零件图号 | |
|---|---|---|---|---|---|---|---|
| | | 数控车削实训件 | | 典型零件 1 | | 01 | |
| 工序号 | 程序编号 | 夹具名称 | | 使用设备 | | 车间 | |
| | | 三爪卡盘 | | CAK6150 型数控车床 | | | |
| 工步 | 工步内容 | 刀具号 | 刀具规格(mm) | 主轴转速(r/min) | 进给速度(mm/r) | 背吃刀量(mm) | 备注 |
| 1 | 车端面 | T01 | 25×25 | 500 | | 1 | 手动 |
| 2 | 粗车外圆面 | T01 | 25×25 | 500 | 0.2 | 2 | 自动 |
| 3 | 精车外圆面 | T02 | 20×20 | 900 | 0.1 | 0.25 | 自动 |
| 4 | 车螺纹 | T02 | 20×20 | 350 | 2 | | 自动 |
| 5 | 切断 | T03 | 20×20 | 500 | | | 手动 |
| 编制 | | 审核 | | 批准 | | 共　页 | 第　页 |

6. 零件的装夹与夹具选择

为便于装夹，毛坯的左端可在普通车床上预先车出夹持部分(见图 3-53 中的双点画线部分)，右端面也应先车出端面并钻好中心孔。装夹时以零件的轴线和左端大端面(设计基准)为定位基准。用三爪自定心卡盘定心夹紧左端，采用活动顶尖作辅助支承(一夹一顶)。

7. 选择刀具

①粗车选用硬质合金 90°外圆车刀，副偏角不能太小，以防与工件轮廓发生干涉，必要时应作图检验，本例取 $\kappa_r'=50°$。

②精车和车螺纹选用硬质合金 60°外螺纹车刀。

各工步刀具选用见表 3-10。

表 3-10　　数控加工刀具卡片

| 产品名称或代号 | | 数控车削实训件 | 零件名称 | 典型零件 1 | 零件图号 | 01 |
|---|---|---|---|---|---|---|
| 序号 | 刀具号 | 刀具规格名称 | 数量 | 加工表面 | 刀尖半径(mm) | 备注 |
| 1 | T01 | 90°右偏外圆车刀 | 1 | 粗车外圆面 | 0.2 | 25×25 |
| 2 | T02 | 60°外螺纹车刀 | 1 | 精车外圆面，加工螺纹 | 0.1 | 20×20 |
| 3 | T03 | 切断刀 | 1 | 切断工件 | | 20×20 |
| 编制 | | 审核 | 批准 | 年　月　日 | 共　页 | 第　页 |

8. 选择切削用量

①背吃刀量　粗车循环时，其背吃刀量确定为 $a_p=2$mm；精车时，$a_p=0.25$mm。

②主轴转速　车直线和圆弧轮廓时的主轴转速可通过查表获得，取粗车的切削速度

$v_c$＝90m/min，精车的切削速度 $v_c$＝120m/min。根据坯件直径（精车时取平均直径），并结合机床说明书选取（粗车时，主轴转速 $n$＝500r/min；精车时，主轴转速 $n$＝900r/min）。车螺纹时的主轴转速 $n$＝350r/min。

③进给速度　此处采用每转进给，粗车时，选取进给速度 $f$＝0.2mm/r；精车时，选取 $f$＝0.1mm/r。车螺纹的进给速度等于螺纹导程，即 $f$＝2mm/r。

9. 零件加工程序（见表 3-11）

**表 3-11　　参考程序列表**

| 程序名 | O3001 | 工件材料　45#钢 | 刀具　90°外圆车刀、60°螺纹车刀 |
|---|---|---|---|
| 程序段号 | 程序内容 | | 说明 |
| | O3001； | | 程序名 |
| N10 | T0101； | | 选择 1 号刀具，调用坐标系 |
| N20 | M03 S500； | | 设定主轴转速 |
| N30 | G00 X62.0 Z2.0； | | 快进到循环起点 |
| N40 | G73 U17.0 W1.0 R8； | | 粗加工循环 |
| N50 | G73 P60 Q200 U0.5 W0.2 F0.2； | | |
| N60 | G00 X24.0 Z1.0 S900； | | |
| N70 | G01 X29.8 Z－2.0 F0.1； | | 精加工起始程序段 |
| N80 | Z－18.0； | | |
| N90 | X26.0 W－2.0； | | 精加工程序 |
| N100 | W－5.0； | | |
| N110 | X36.0 W－10.0； | | |
| N120 | W－10.0； | | |
| N130 | G02 X30.0 W－9.0 R15.0； | | |
| N140 | G02 X40.0 W－15.0 R 25.0； | | |
| N150 | G03 X40.0 W－30.0 R25.0； | | |
| N160 | G02 X34.0 Z－108.0 R15.0； | | |
| N170 | G01 W－5.0； | | |
| N180 | X56.0 Z－160.0； | | |
| N190 | Z－165.0； | | |
| N200 | X65.0； | | 精加工结束程序段 |

续表

| | | |
|---|---|---|
| N210 | G00 X100.0 Z100.0； | 到换刀点 |
| N220 | T0202； | 换 2 号刀 |
| N230 | G00 X62.0 Z2.0； | 快进到精加工循环起点 |
| N240 | G70 P60 Q200； | 精加工循环 |
| N250 | G00 X35.0 Z3.0 S350； | 到螺纹起点　主轴降速 |
| N260 | G92 X29.1 Z−23.0 F2.0； | 加工螺纹 |
| N270 | X28.5； | |
| N280 | X27.9； | |
| N290 | X27.5； | |
| N300 | X27.4； | |
| N310 | G00 X100.0 Z100.0； | 退刀 |
| N320 | M30； | 程序结束 |

**实例 2**：单件小批生产如图 3-54 所示的轴承套，用 CAK6150 型数控车床加工，试编制数控加工程序。

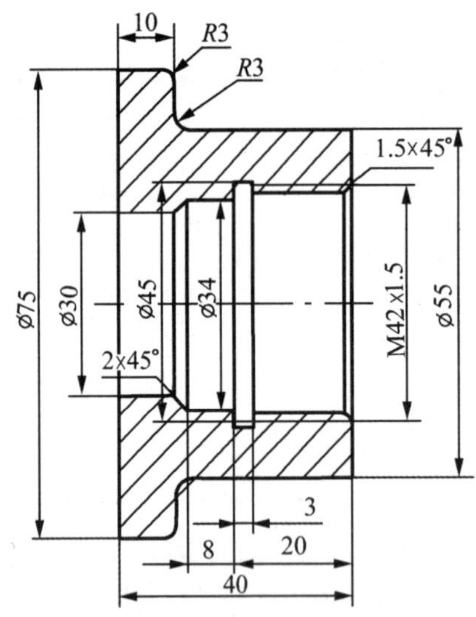


图 3-54　轴承套零件图

该零件数控车削工艺介绍如下：

(1)零件图工艺分析　该零件主要由内外圆柱面、外圆弧面及内螺纹等表面组成，零件图尺寸标注完整，轮廓描述清楚。零件材料为 45# 钢，切削加工性能较好，无热处理和硬度要求。

(2)选择毛坯　毛坯选ø80mm×50mm 的热轧棒料。

为便于装夹，毛坯的左端可预先车出一台阶，装夹时以零件的轴线和左端面为定位基准。用三爪自定心卡盘夹紧左端。

(3)加工顺序　采用由内到外、由粗到精、由近到远的加工顺序，并尽量在一次装夹中加工出较多的工件表面。

该零件数控加工工序见表 3-12。

**表 3-12　　数控加工工序卡**

<table>
<tr><td rowspan="2">单位名称</td><td rowspan="2"></td><td colspan="2">产品名称或代号</td><td colspan="2">零件名称</td><td colspan="2">零件图号</td></tr>
<tr><td colspan="2">数控车削实训件</td><td colspan="2">轴承套</td><td colspan="2">02</td></tr>
<tr><td>工序号</td><td>程序编号</td><td colspan="2">夹具名称</td><td colspan="2">使用设备</td><td colspan="2">车间</td></tr>
<tr><td></td><td></td><td colspan="2">三爪卡盘和自制心轴</td><td colspan="2">CAK6150 型数控车床</td><td colspan="2"></td></tr>
<tr><td>工步</td><td>工步内容</td><td>刀具号</td><td>刀具规格<br>(mm)</td><td>主轴转速<br>(r/min)</td><td>进给速度<br>(mm/r)</td><td>背吃刀量<br>(mm)</td><td>备注</td></tr>
<tr><td>1</td><td>车端面</td><td>T04</td><td>25×25</td><td>600</td><td></td><td></td><td>手动</td></tr>
<tr><td>2</td><td>钻Ø5 中心孔</td><td>T05</td><td>Ø5</td><td>900</td><td></td><td>2.5</td><td>手动</td></tr>
<tr><td>3</td><td>钻底孔</td><td>T06</td><td>Ø26</td><td>200</td><td></td><td>8</td><td>手动</td></tr>
<tr><td>4</td><td>粗镗内孔</td><td>T01</td><td>25×25</td><td>600</td><td>0.2</td><td>2</td><td>自动</td></tr>
<tr><td>5</td><td>精镗内孔</td><td>T01</td><td>25×25</td><td>1000</td><td>0.1</td><td>0.25</td><td>自动</td></tr>
<tr><td>6</td><td>切槽</td><td>T02</td><td>3</td><td>400</td><td>0.1</td><td></td><td>自动</td></tr>
<tr><td>7</td><td>切螺纹</td><td>T03</td><td>25×25</td><td>350</td><td>1.5</td><td></td><td>自动</td></tr>
<tr><td>8</td><td>粗车外圆面</td><td>T04</td><td>25×25</td><td>600</td><td>0.2</td><td>2</td><td>自动</td></tr>
<tr><td>9</td><td>精车外圆面</td><td>T04</td><td>25×25</td><td>1000</td><td>0.1</td><td>0.25</td><td>自动</td></tr>
<tr><td>编制</td><td></td><td>审核</td><td></td><td>批准</td><td></td><td>共　页</td><td>第　页</td></tr>
</table>

①内孔加工　Ø5 中心钻钻中心孔→Ø26 钻头钻底孔→粗镗内孔→精镗内孔→切槽→加工内螺纹。

②外圆面加工　从右向左粗加工→精加工。

(4)走刀路线　粗加工时，内孔和外圆面均采用 G71 的粗加工循环，系统设定自动走刀路线；精加工时沿零件轮廓由右向左进行。

(5)刀具选择　选用硬质合金 93°外圆车刀，93°内孔镗刀，宽度为 3mm 的内孔切槽刀，60°的内螺纹车刀。

该零件数控加工刀具见表 3-13。

(6)切削用量选择

①背吃刀量　粗加工循环时，其背吃刀量确定为 $a_p=2$mm；精加工时，$a_p=0.25$mm。

②主轴转速　取粗加工的切削速度 $v_c=90$m/min，精加工的切削速度 $v_c=120$m/min。粗车外圆或内孔时，主轴转速 $n=600$r/min；精车或精镗时，主轴转速 $n=1000$r/min。车螺纹时的主轴转速 $n=350$r/min。

③进给速度　采用每转进给，粗加工时，选取进给速度 $f=0.2$mm/r；精加工时，选取

$f=0.1\text{mm/r}$。车螺纹的进给速度等于螺纹螺距，即 $f=1.5\text{mm/r}$。

表 3-13　**数控加工刀具卡**

| 产品名称或代号 | | | 零件名称 | 轴承套 | 零件图号 | 02 |
|---|---|---|---|---|---|---|
| 序号 | 刀具号 | 刀具规格名称 | 数量 | 加工表面 | 刀尖半径(mm) | 备注 |
| 1 | T01 | 93°镗刀 | 1 | 镗内孔各表面 | 0.4 | |
| 2 | T02 | 内孔切槽刀 | 1 | 切槽 | | |
| 3 | T03 | 60°内螺纹车刀 | 1 | 车 M42 螺纹 | | |
| 4 | T04 | 93°外圆车刀 | 1 | 外圆面 | 0.25 | |
| 5 | T05 | ø5 中心钻 | 1 | 钻ø5 中心孔 | | |
| 6 | T06 | ø26 钻头 | 1 | 钻底孔 | | |
| 编制 | | 审核 | | 批准 | | 年　月　日 | 共　页 | 第　页 |

(7)零件加工程序(见表 3-14)

表 3-14　**参考程序列表**

| 程序名 | O3002 | 工件材料 | 45# 钢 | 刀具 | 内孔镗刀、内孔切槽刀、外圆车刀、内螺纹车刀 |
|---|---|---|---|---|---|

| 程序段号 | 程序内容 | 说明 |
|---|---|---|
| | O3002； | 程序名 |
| | T0101； | 选择 1 号刀具，调用坐标系 |
| | M03 S600； | 设定主轴转速 |
| | G00 X25.0 Z2.0； | 快进到循环起点 |
| | G71 U2.0 R1.0； | 内孔粗加工循环 |
| | G71 P50 Q100 U－0.5 W0.2 F0.2； | |
| N50 | G00 X46.0 S1000； | |
| | Z1.5； | 精加工起始程序段 |
| | G01 X40.0 Z－1.5 F0.1； | |
| | Z－20.0； | |
| | X34.0； | 精加工程序 |
| | W－8.0； | |
| | X30.0 W－2.0； | |
| | Z－41.0； | |
| N100 | X26.0； | 精加工结束程序段 |
| | G70 P50 Q100； | 内孔精加工 |
| | G00 X100.0 Z100.0； | 换切槽刀 |

续表

| | | |
|---|---|---|
| | T0202； | |
| | G00 X25.0 Z2.0 S400； | 加工退刀槽 |
| | G00 Z－20.0； | |
| | G01 X45.0 F0.1； | |
| | G04 P1000； | |
| | G00 X25.0； | |
| | Z100.0； | 换内螺纹车刀 |
| | X100.0； | |
| | T0303； | |
| | G00 X30.0 Z3.0 S350； | 加工螺纹 |
| | G92 X40.8 Z－18.0 F1.5； | |
| | X41.4； | |
| | X41.8； | |
| | X42.0； | |
| | G00 X100.0 Z100.0； | 换外圆车刀 |
| | T0404； | |
| | G00 X81.0 Z2.0 S600； | 外圆面粗加工循环 |
| | G71 U2.0 R1.0； | |
| | G71 P200 Q300 U0.5 W0.2 F0.2； | |
| N200 | G00 X55.0 S1000； | 精加工程序起始段号 |
| | Z2.0； | |
| | G01 Z－27.0 F0.1； | |
| | G02 X61.0 Z－30.0 R3.0； | 精加工程序 |
| | G01 X69.0； | |
| | G03 X75.0 W－3.0 R3.0； | |
| | G01 Z－40.0； | 精加工程序结束段号 |
| N300 | X82.0； | |
| | G70 P200 Q300； | 外圆面精加工循环 |
| | G00 X100.0 Z100.0； | |
| | M30； | 程序结束 |

# 任务三　数控车削加工操作

## 一、数控车床操作面板

数控车床的操作面板包括两部分:数控系统操作面板和机床控制面板。由于数控车床配置上的差异,数控系统操作面板和机床控制面板的布局也各不相同。现以某配备 FANUC 0i 数控系统的数控车床为例,介绍数控车床操作面板,如图 3-55 所示。

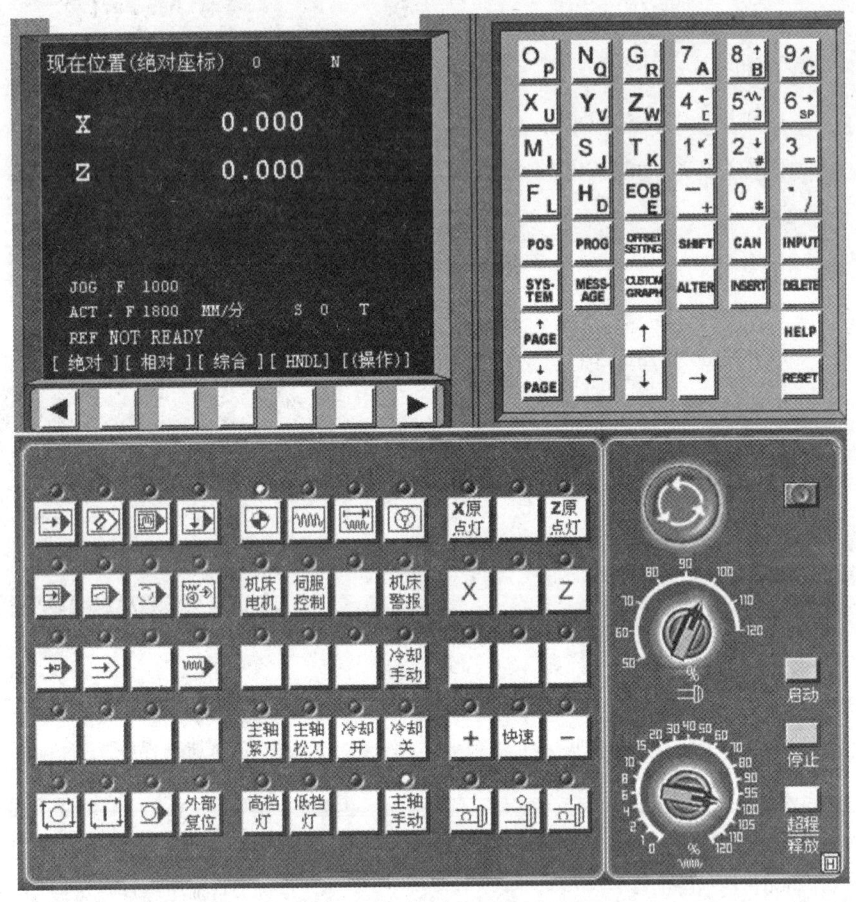


图 3-55　FANUC 0i 车床操作面板

### 1. FANUC 0i 系统面板

数控系统操作面板包括显示屏和 MDI 键盘两部分,显示屏主要用来显示坐标位置、程序、图形、参数、诊断和报警信息等;MDI 键盘一般包括字母键、数字键和功能键等,可进行程序、参数、机床指令的输入以及系统功能的选择等。图 3-55 所示的上半部分为 FANUC 0i 系统的 MDI 键盘(右半部分)和 CRT 界面(左半部分),其 MDI 键盘各按键的功能见表 3-15。

表 3-15　　**FANUC 0i 系统面板 MDI 各键功能**

| MDI 软键 | 功　能 |
|---|---|
| ↑PAGE ↓PAGE | 软键 PAGE↑实现左侧 CRT 中显示内容的向上翻页；软键 PAGR↓实现左侧 CRT 显示内容的向下翻页 |
| ↑ ← ↓ → | 移动 CRT 中的光标位置。软键↑实现光标的向上移动；软键↓实现光标的向下移动；软键←实现光标的向左移动；软键→实现光标的向右移动 |
| O N G X Y Z M S T F H EOB | 实现字符的输入，按“SHIFT”键后再按字符键，将输入右下角的字符。软键中的“EOB”将输入“;”号表示换行结束 |
| 7 8 9 4 5 6 1 2 3 - 0 . | 实现字符的输入，例如：按软键5将在光标所在位置输入“5”字符，按软键“SHIFT”后再按5将在光标所在位置处输入“]” |
| POS | 在 CRT 中显示坐标值 |
| PROG | CRT 将进入程序编辑和显示界面 |
| OFFSET SETTING | CRT 将进入参数补偿显示界面 |
| SYS-TEM | 显示机床参数 |
| MESS-AGE | 显示报警信息 |
| CUSTOM GRAPH | 在自动运行状态下将数控显示切换至轨迹模式 |
| SHIFT | 输入字符切换键 |
| CAN | 删除单个字符 |
| INPUT | 将数据域中的数据输入到指定的区域 |
| ALTER | 字符替换 |
| INSERT | 将输入域中的内容输入到指定区域 |
| DELETE | 删除一段字符 |
| HELP | 显示帮助信息 |
| RESET | 机床复位 |

2. 机床控制面板

机床控制面板由生产机床的厂家所决定，各厂家机床控制面板上的按钮布局和功能会有所不同，但主要按钮的功能基本相同，部分主要按钮功能见表 3-16。

表 3-16 机床控制面板按钮含义

| 按钮 | 名称 | 功能说明 |
|---|---|---|
|   | 自动运行 | 此按钮被按下,系统进入自动加工模式 |
|   | 编辑 | 此按钮被按下后,系统进入程序编辑状态,用于直接通过操作面板输入数控程序和编辑程序 |
|   | MDI | 此按钮被按下后,系统进入 MDI 模式,手动输入并执行指令 |
|   | 远程执行 | 此按钮被按下后,系统进入远程执行模式即 DNC 模式,输入输出资料 |
|   | 单节 | 此按钮被按下后,运行程序时每次执行一条数控指令 |
|   | 机械锁定 | 锁定机床 |
|   | 试运行 | 机床进入空运行状态 |
|   | 进给保持 | 程序运行暂停,在程序运行过程中,按下此按钮运行暂停。按“循环启动”恢复运行 |
|   | 循环启动 | 程序运行开始;系统处于“自动运行”或“MDI”位置时按下有效,其余模式下使用无效 |
|   | 回原点 | 机床处于回零模式 |
|   | 手动 | 机床处于手动模式,可以手动连续移动 |
|   | 手动脉冲 | 机床处于手轮控制模式 |
| 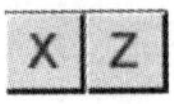 X Z | $X(Z)$轴选择按钮 | 在手动状态下,按下该按钮则机床移动 $X(Z)$轴 |
| 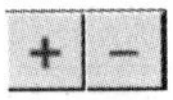 + − | 正(负)向移动按钮 | 手动状态下,点击该按钮系统将向所选轴正(负)向移动。回零状态时,点击该按钮将所选轴回零 |
|  快速 | 快速按钮 | 按下该按钮,机床处于手动快速状态 |
|   | 主轴倍率旋钮 | 旋转此旋钮,可调节主轴转速 |
|   | 进给倍率旋钮 | 旋转此旋钮,可调节 $X$,$Z$ 轴进给速度 |
|   | 急停按钮 | 按下此按钮,使机床移动立即停止,并且所有的输出如主轴的转动等都会关闭 |
|   | 主轴控制按钮 | 从左至右分别为:正转、停止、反转 |
|  启动 停止 | 启动(关闭) | 启动(关闭)控制系统 |

## 二、数控加工操作过程

### (一)启动机床

接通机床电源,按下"启动"按钮,此时机床电机和伺服控制的指示灯变亮,然后旋转"急停"按钮,将其释放。

### (二)车床回原点

机床回原点是机床加工前的重要准备工作,此操作的目的是建立机床坐标系。按下"回原点"按钮,转入回原点模式。在回原点模式下,先将 $Z$ 轴回原点,按下操作面板上的"$Z$ 轴选择"按钮,使 $Z$ 轴方向移动指示灯变亮,按下"正方向移动"按钮,此时 $Z$ 轴将回原点,$Z$ 轴回原点灯变亮。同样,再按下"$X$ 轴选择"按钮,使指示灯变亮,按下,$X$ 轴将回原点,$X$ 轴回原点灯变亮。

### (三)手动操作

1. 手动/连续方式

按下操作面板上的"手动"按钮,使其指示灯亮,机床进入手动模式。按下键,移动 $X$ 坐标轴;分别按下、键,控制机床 $X$ 轴正、负方向的移动;同样按下键,控制 $Z$ 轴的移动。点击控制主轴的正转、反转和停止。

2. 手动脉冲方式(手轮方式)

可用手轮方式调节机床 $X$ 轴与 $Z$ 轴移动。按下操作面板上的手轮按钮,使指示灯变亮。选择手轮移动倍率,倍率有×1,×10,×100 三挡。选择要移动的坐标轴,顺时针转动向正方向移动,逆时针转动向负方向移动。

### (四)MDI 模式

1. 按下操作面板上的 MDI 按钮,使其指示灯变亮,进入 MDI 模式。
2. 在 MDI 键盘上按"PROG"键,进入编辑页面。
3. 输入数据指令:在输入键盘上按下数字/字母键,可以作取消、插入、删除等修改操作。

### (五)装夹工件及刀具

1. 选择毛坯

根据零件形状尺寸、材料种类、技术要求等,选择合适种类的毛坯材料。

2. 安装零件

数控车床夹具一般是三爪自定心卡盘,根据零件形状尺寸,毛坯伸出卡盘适当长度,采用手动或自动夹紧工件(注意一定要可靠夹紧)。

3. 选择刀具

根据所选数控车床型号、工件形状尺寸、毛坯材料种类等选择合适的刀片种类和尺寸形状及合适种类、尺寸的刀杆,用螺钉固定在刀架上(注意使用刀垫使刀具刀尖与机床主轴轴心等高)。

(六)对刀操作

数控程序按工件坐标系编程，对刀的目的是建立工件坐标系与机床坐标系之间的联系。下面以将工件右端面中心点设为工件坐标系原点为例具体说明车床对刀的方法，将工件上其他点设为工件坐标系原点的对刀方法与其类似。

1. 切削外径

按下操作面板上的“手动”按钮，手动状态指示灯变亮，机床进入手动操作模式，按下控制面板上的按钮，使 $X$ 轴方向移动指示灯变亮，按或键，使机床在 $X$ 轴方向移动；同样使机床在 $Z$ 轴方向移动。通过手动方式将机床移到接近工件端面及外圆处(以上操作也可以使用手轮来操作)。按下操作面板上的按钮，使其指示灯变亮，主轴转动。再按下键，选择“$X$”轴，逆时针方向旋转至工件外径内侧 1.0mm 处，选择“$Z$”轴，逆时针方向旋转，用所选刀具来试切一段工件外圆，然后顺时针方向旋转手轮，沿“$Z$”轴正方向移动至工件端面之外，$X$ 方向保持不动，刀具退出，如图 3-56 所示。

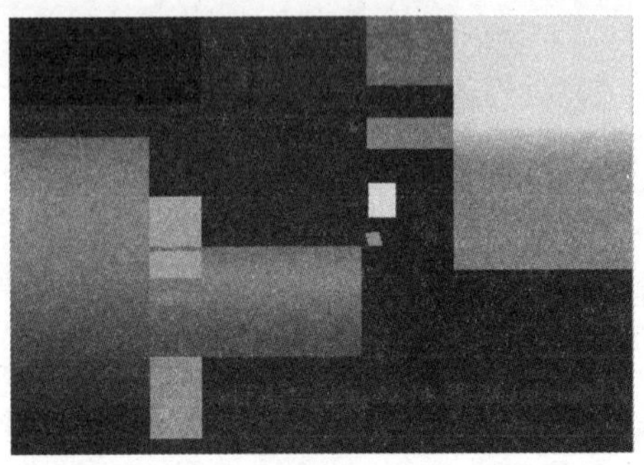

图 3-56　车床对刀

2. 测量切削位置的直径

按下操作面板上的按钮，使主轴停止转动。用卡尺或千分尺测量试切段工件外圆直径，记下该直径值 α。

3. 按下控制箱键盘上的“OFFSETSETTING”键，按下菜单软键[形状]。

4. 把光标定位在需要设定的刀具编号的 $X$ 坐标补正上。

5. 输入 Xα。

6. 按菜单软键[测量]，则 $X$ 轴补正量自动显示在光标位置，如图 3-57 所示(通过按软键[操作]，可以进入相应的菜单)。

7. 切削端面

按下操作面板上的按钮，使其指示灯变亮，主轴转动。将刀具移至端面左侧处，留加工余量，手轮选择 $X$ 方向，逆时针转动手轮，切削工件端面，若端面加工较好，即设该端面为 Z0，然后顺时针方向旋转手轮，沿“$X$”轴正方向移动至工件端面之外，$Z$ 方向保持不动，刀具退出。

8. 按下操作面板上的“主轴停止”按钮，使主轴停止转动。

9. 把光标定位在形状补正中需要设定的刀具编号的 $Z$ 坐标补正上。

10. 输入 Z0,按菜单软键[测量],则 $Z$ 轴补正量自动显示在光标位置,如图 3-58 所示。

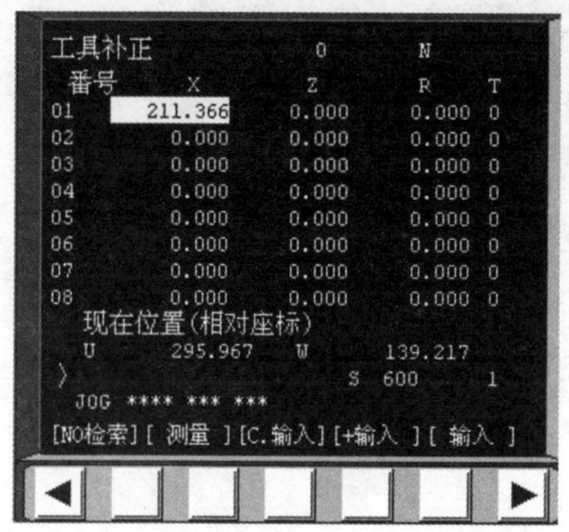


图 3-57　$X$ 向刀具偏移量输入

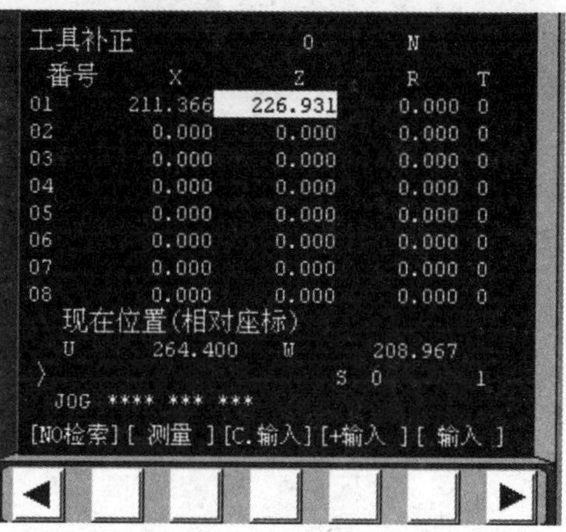


图 3-58　$Z$ 向刀具偏移量输入

(七)输入程序,检查运行轨迹

按下键及 MDI 键盘上的“PROG”按钮,利用 MDI 键盘输入数控加工程序。按下操作面板上的“自动运行”按钮,使其指示灯变亮,转入自动加工模式,按下 MDI 键盘上的“PROG”按钮,按数字/字母键,输入“Ox”(x 为所需要检查运行轨迹的数控程序号),按开始搜索,找到后,程序显示在 CRT 界面上。按“CUSTOMGRAPH”按钮,进入检查运行轨迹模式,按下操作面板上的“循环启动”按钮,即可观察数控程序的运行轨迹。

(八)自动运行加工

首先检查机床是否回零,若未回零,先将机床回零,然后调出数控加工程序。

按下操作面板上的“自动运行”按钮,使其指示灯变亮,按下操作面板上的“循环启动”按钮,程序开始执行。

数控程序在运行过程中可根据需要暂停、急停和重新运行。数控程序在运行时,按“进给保持”按钮,程序停止执行;再按“循环启动”按钮,程序从暂停位置开始执行。

## 三、利用数控加工仿真软件进行数控仿真加工

目前,为了解决数控设备数量的制约,数控加工仿真软件在数控教学中获得了较普遍的应用。下面以宇龙数控加工仿真软件为例,简单介绍数控仿真加工的操作过程。

1. 启动仿真系统

打开电脑的“开始”菜单,在“程序/数控加工仿真系统”中选择“数控加工仿真系统”点击进入。

2. 选择机床

如图 3-59 所示,点击菜单“机床/选择机床…”,在选择机床对话框中,控制系统选择 FANUC 0i,机床类型选择车床,然后按确定按钮。

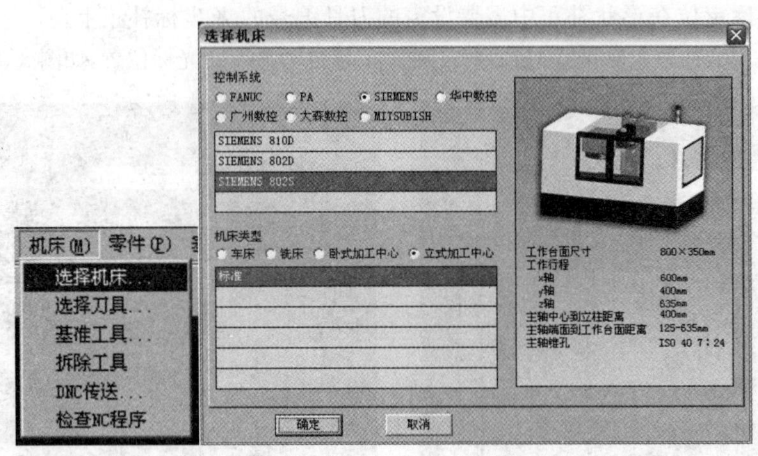


图 3-59 机床选择界面

3. 启动机床

按下“启动”按钮，此时机床电机和伺服控制的指示灯变亮。检查“急停”旋钮是否松开至状态，若未松开，旋转“急停”按钮，将其松开。

4. 机床回参考点

检查操作面板上回原点指示灯是否亮，若指示灯亮，则已进入回原点模式；若指示灯不亮，则点击“回原点”按钮，转入回原点模式。在回原点模式下，先将 X 轴回原点，点击操作面板上的“X 轴选择”按钮，使 X 轴方向移动指示灯变亮，点击“正方向移动”按钮，此时 X 轴将回原点，X 轴回原点灯变亮。同样，再点击“Z 轴选择”按钮，使指示灯变亮，点击，Z 轴将回原点，Z 轴回原点灯变亮。

5. 毛坯定义和装夹工件

打开菜单“零件/定义毛坯”或在工具条上选择“”，系统打开毛坯定义对话框，根据实例分析定义工件的毛坯，如图 3-60 所示。

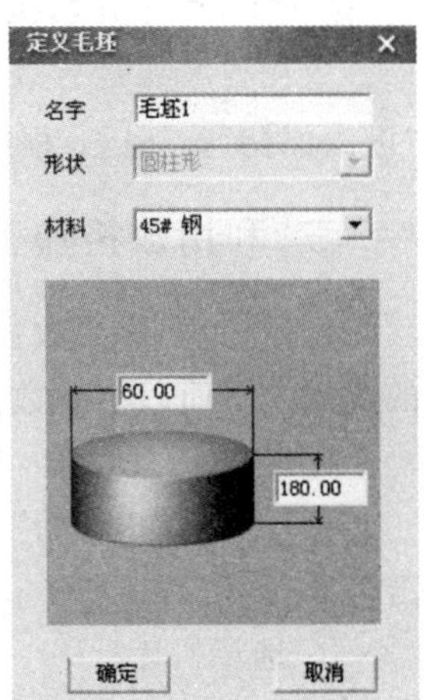


图 3-60 毛坯定义

(1)名字输入 在毛坯名字输入框内输入毛坯名，也可使用缺省值。

(2)选择毛坯材料 毛坯材料列表框中提供了多种供加工的毛坯材料，可根据需要在“材料”下拉列表中选择毛坯材料。

(3)参数输入 尺寸输入框用于输入尺寸，单位：mm。

(4)保存退出 按“确定”按钮，保存定义的毛坯并且退出本操作。

(5)放置零件 打开菜单“零件/放置零件”命令或者在工具条上选择图标，系统弹出操作对话框，如图 3-61 所示。

在列表中点击所需的零件，选中的零件信息加亮显示，按下

“安装零件”按钮，系统自动关闭对话框。

(6)调整零件位置　零件可以在卡盘内移动。毛坯安装完后，系统将自动弹出一个小键盘，如图3-62所示。通过按动小键盘上的方向按钮，实现零件的平移和旋转或车床零件调头。小键盘上的“退出”按钮用于关闭小键盘。选择菜单“零件/移动零件”也可以打开小键盘。请在执行其他操作前关闭小键盘。

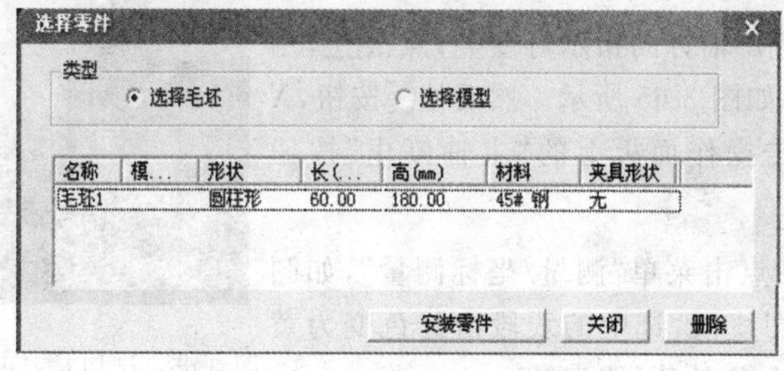


图3-61　“选择零件”对话框

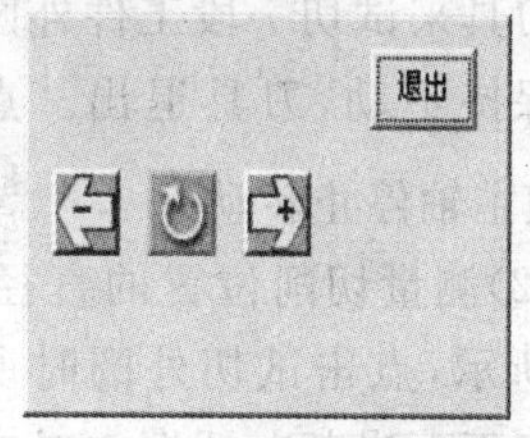


图3-62　零件调整界面

6. 选择刀具

打开菜单“机床/选择刀具”，系统弹出刀具选择对话框。系统中数控车床允许同时安装8把刀具(后置刀架)或者4把刀具(前置刀架)，如图3-63和图3-64所示。

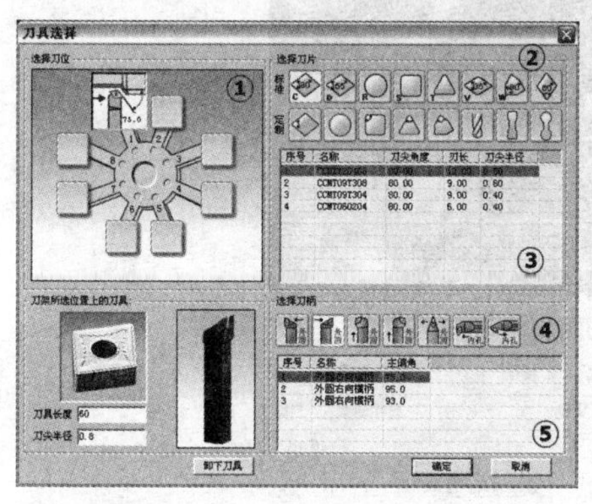


图3-63　车刀选择对话框(8把刀具)

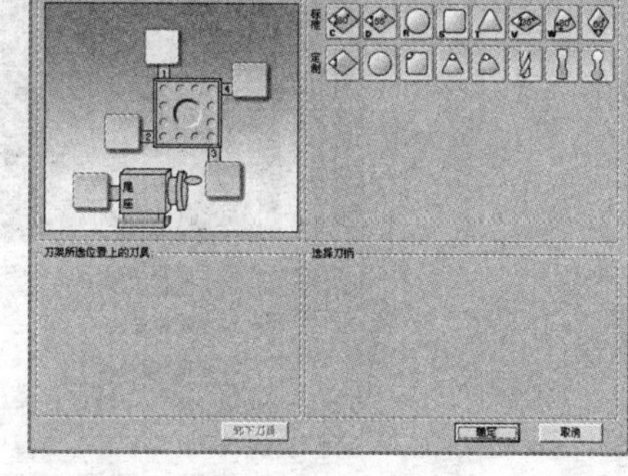


图3-64　车刀选择对话框(4把刀具)

(1)选择、安装车刀　在刀架图中点击所需的刀位，该刀位对应程序中的T01～T08(T04)。然后选择刀片类型，在刀片列表框中选择刀片；选择刀柄类型，在刀柄列表框中选择刀柄。

(2)变更刀具长度和刀尖半径　“选择车刀”完成后，该界面的左下部位显示出刀架所选位置上的刀具。其中显示的“刀具长度”和“刀尖半径”均可以由操作者修改。

(3)拆除刀具　在刀架图中点击要拆除刀具的刀位，点击“卸下刀具”按钮。

(4)确认操作完成　点击“确认”按钮。

7. 对刀操作

车床对刀一般采用试切法。下面以通过测量直接输入刀具偏移量的方法讲述试切对刀的过程。

(1)切削外径　点击操作面板上的“手动”按钮，手动状态指示灯变亮，机床进入手动操作模式，点击控制面板上的按钮，使 $X$ 轴方向移动指示灯变亮，点击或，使机床在 $X$ 轴方向移动；同样使机床在 $Z$ 轴方向移动。通过手动方式将机床移到工件端面及外圆内侧位置，留加工余量。

点击操作面板上的按钮，使其指示灯变亮，主轴转动。再点击“$Z$ 轴方向选择”按钮，使 $Z$ 轴方向指示灯变亮，点击，用所选刀具来试切一段工件外圆，如图 3-65 所示。然后按按钮，$X$ 方向保持不动，刀具退出。点击操作面板上的“主轴停止”按钮，使主轴停止转动。

图 3-65　试切对刀示意图

(2)测量切削位置的直径　点击菜单“测量/坐标测量”，如图 3-66 所示，点击试切外圆时所切线段，选中的线段由红色变为黄色。记下下半部对话框中对应的 $X$ 的值(即直径)。

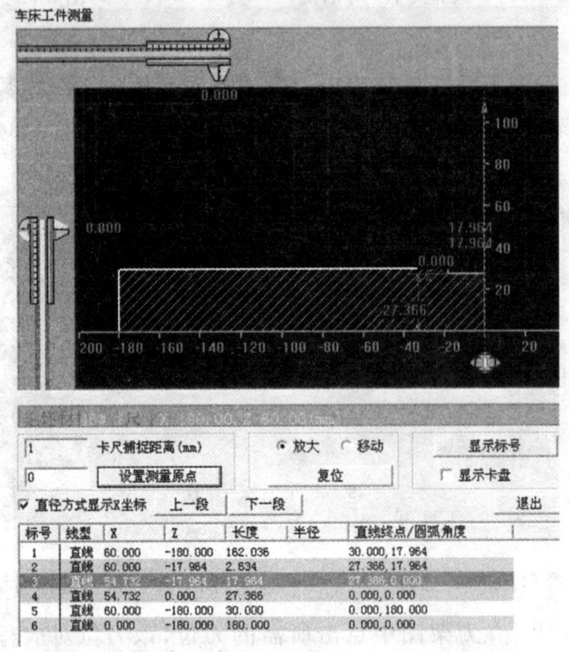


图 3-66　测量界面

(3)点击 MDI 键盘上的“OFFSETSETTING”键，进入形状补偿参数设定界面，将光标移到与刀位号相对应的位置，输入直径值，按菜单软键[测量]，如图 3-67 所示，对应的刀具偏移量自动输入。

(4)试切工件端面，把端面在工件坐标系中 $Z$ 的坐标值，记为 β(此处以工件端面中心点为工件坐标系原点，则 β 为 0)。

(5)进入形状补偿参数设定界面，将光标移到相应的位置，输入 Zβ，按[测量]软键，如图 3-68 所示，对应的刀具偏移量自动输入。

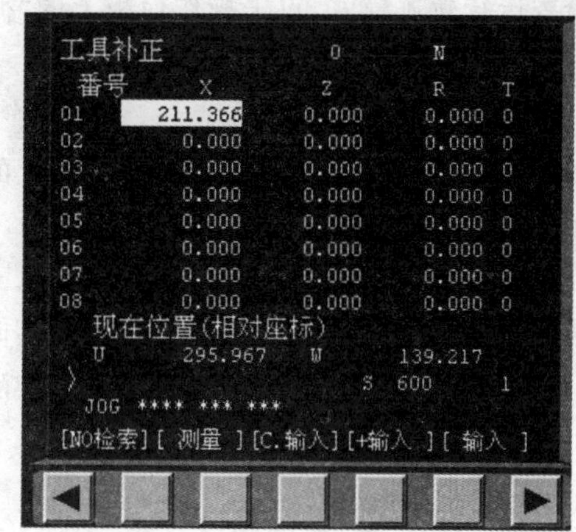


图 3-67　*X* 向刀具偏移量输入

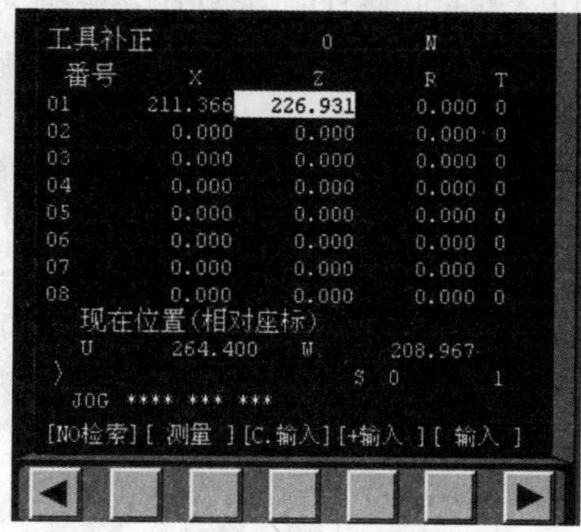


图 3-68　*Z* 向刀具偏移量输入

8. 程序输入

数控程序可以通过记事本或写字板等编辑软件输入并保存为文本格式(＊.txt 格式)文件,也可直接用 FANUC 0i 系统的 MDI 键盘输入。

点击操作面板上的编辑键,编辑状态指示灯变亮,此时已进入编辑状态。点击 MDI 键盘上的“PROG”,CRT 界面转入编辑页面。再按菜单软键[操作],在出现的下级子菜单中按软键,按菜单软键[READ],转入如图 3-69 所示界面,点击 MDI 键盘上的数字/字母键,输入“Ox”(x 为任意不超过四位的数字),按软键[EXEC];点击菜单“机床/DNC 传送”,在弹出的对话框(见图 3-70)中选择所需的 NC 程序,按“打开”确认,则数控程序被导入并显示在 CRT 界面上。

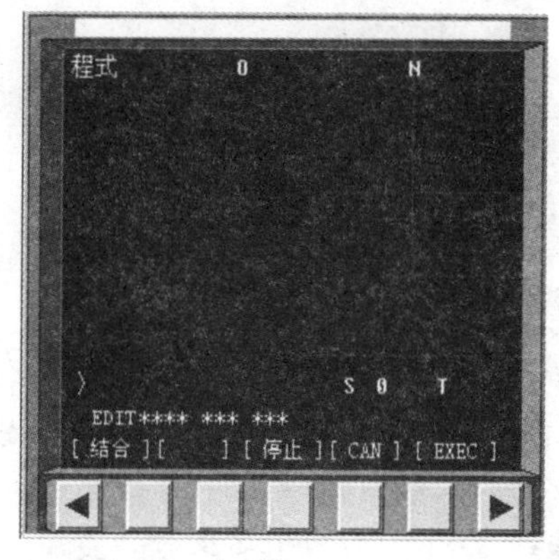


图 3-69　程序输入界面

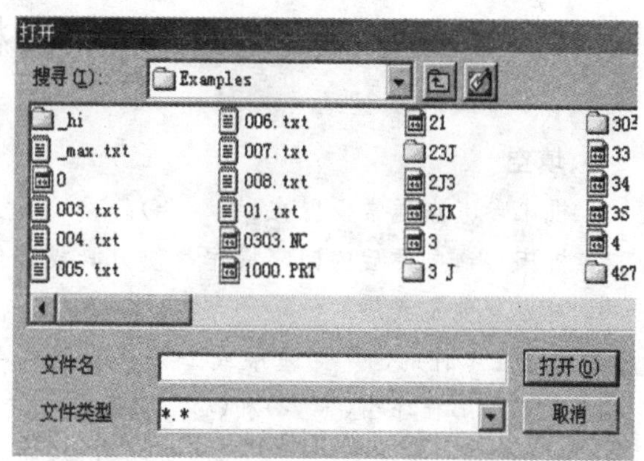


图 3-70　导入程序

9. 检查运行轨迹

NC 程序导入后,可检查运行轨迹。点击操作面板上的“自动运行”按钮,使其指示灯变亮,转入自动加工模式,点击 MDI 键盘上的“PROG”按钮,点击数字/字母键,输入“Ox”(x 为所需要检查运行轨迹的数控程序号),按开始搜索,找到后,程序显示在 CRT

界面上。点击“CUSTOMGRAPH”按钮，进入检查运行轨迹模式，点击操作面板上的“循环启动”按钮，即可观察数控程序的运行轨迹。

10. 自动运行程序

(1)自动/连续方式　检查机床是否回零，若未回零，先将机床回零。点击操作面板上的“自动运行”按钮，使其指示灯变亮。点击操作面板上的“循环启动”按钮，程序开始执行。

(2)自动/单段方式　检查机床是否回零，若未回零，先将机床回零。点击操作面板上的“自动运行”按钮，使其指示灯变亮。点击操作面板上的“单节”按钮。点击操作面板上的“循环启动”按钮，每点击一次程序执行一个程序段。如图 3-71 所示为某零件的仿真加工结果。

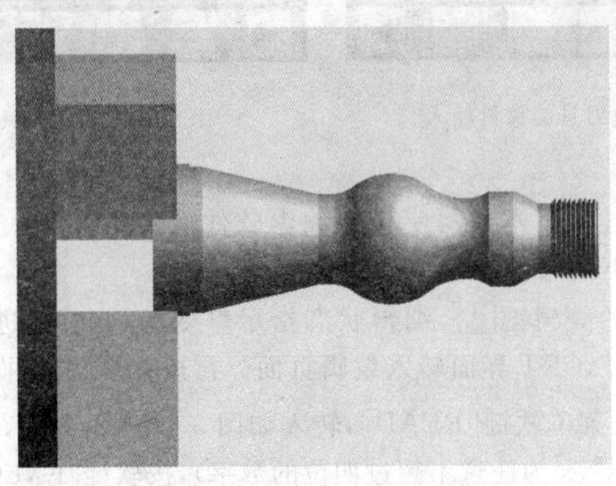

图 3-71　仿真加工完成的零件

# 知识点自检

**一、填空**

1. 机床参考点通常设置在(　　　)。

2. 机床接通电源后的回零操作是使刀具或工作台退到(　　　)。

3. 对刀点既是程序的(　　)，也是程序的(　　)。为了提高零件的加工精度，对刀点应尽量选在零件的(　　)基准或工艺基准上。

4. 数控加工程序由(　　)和(　　)组成。

5. 粗加工时，应选择(　　　)的背吃刀量、进给量，(　　　)的切削速度。

6. 精加工时，应选择较(　　　)的背吃刀量、进给量，较(　　　)的切削速度。

7. (　　)表示调用子程序，(　　)表示子程序结束返回主程序。

8. G41 表示(　　　)，G42 表示(　　　)。

9. FANUC 系统中，刀具功能 T0106 的含义为(　　　)。

10. FANUC 系统中 PROG 按钮含义为(　　)。

## 二、判断

1. G00,G01 指令都能使机床坐标轴准确到位,因此它们都是插补指令。(　　)

2. 程序段的顺序号,根据数控系统的不同,在某些系统中可以省略。(　　)

3. 子程序的编写方式必须是增量方式。(　　)

4. 点位控制的特点是,可以以任意途径达到目标点,因为在定位过程中不进行加工。(　　)

5. G40 是数控编程中的刀具左补偿指令。(　　)

6. 刀具补偿寄存器内只允许存入正值。(　　)

7. 数控加工程序是由若干程序段组成,而且一般常采用可变程序进行编程。(　　)

8. G04 X3.0 表示暂停 3ms。(　　)

9. 数控机床编程有绝对值和增量值编程,使用时不能将它们放在同一程序段中。(　　)

10. 圆弧插补用半径编程时,当圆弧所对应的圆心角大于 180°时半径取负值。(　　)

11. 子程序的编写方式必须是增量方式。(　　)

12. 一个主程序中只能有一个子程序。(　　)

13. 数控车床的特点是 $Z$ 轴进给 1mm,零件的直径减小 2mm。(　　)

14. 数控车床的刀具功能字 T 既指定了刀具数,又指定了刀具号。(　　)

## 三、选择

1. G96 S100 表示切削点线速度控制在(　　)。

A. 100m/min　　B. 100r/min　　C. 100mm/min　　D. 100mm/r

2. 程序停止,程序复位到起始位置的指令是(　　)。

A. M00　　B. M01　　C. M02　　D. M30

3. 圆锥切削循环的指令是(　　)。

A. G90　　B. G92　　C. G94　　D. G96

4. 90°外圆车刀的刀尖位置编号是(　　)。

A. 1　　B. 2　　C. 3　　D. 4

5. 辅助功能 M05 代码表示(　　)。

A. 程序停止　　B. 主轴停止　　C. 换刀　　D. 切削液开

6. 数控系统常用的两种插补功能是(　　)。

A. 直线插补和圆弧插补　　B. 直线插补和抛物线插补

C. 抛物线插补和圆弧插补　　D. 螺旋线插补和抛物线插补

7. ISO 标准规定绝对尺寸方式的指令为(　　)。

A. G90　　B. G91　　C. G92　　D. G98

8. 主轴转速应根据允许的切削速度 $v_c$ 和刀具的直径 $D$ 来选择,其计算公式为(　　)。

A. $n=v_c/(1000\pi D)$　　B. $n=1000\pi D/v_c$　　C. $n=1000v_c/(\pi D)$　　D. $n=\pi D/v_c$

## 四、简答

1. 数控车床适合加工什么样的零件？

2. 数控车床的机床坐标系和工件坐标系是如何设定的？

3. 数控车床的机床原点、参考点和工件原点之间有何区别？试以某具有参考点功能的车床为例，用图示表达出它们之间的相对位置关系。

4. 绝对编程和增量编程有何不同？

5. 程序是由什么组成的？在程序段格式中，字地址格式的特点有哪些？

6. 编程中常用的功能字有哪些？它们的功能分别是什么？

7. 急停按钮有什么用处？急停后重新启动时，是否能马上投入持续加工状态？一般应进行些什么样的操作处理？

8. 什么叫 MDI 操作？用 MDI 操作方式能否进行切削加工？

9. 数控车床圆弧的顺逆应如何判断？

10. 什么是刀具补偿？数控车床上一般应考虑哪些刀具补偿？

## 五、试编制下列各零件图的数控加工程序

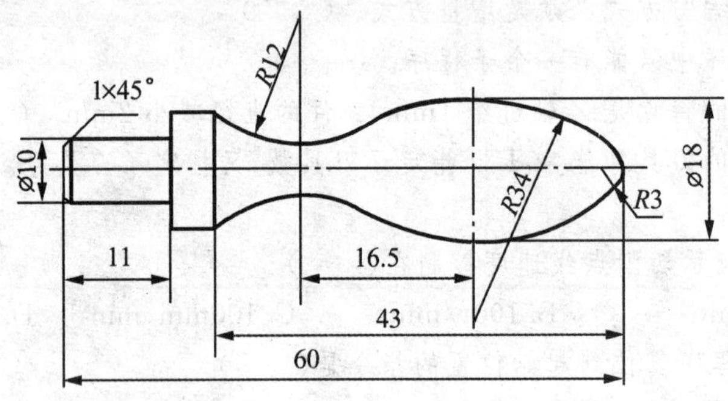


题 5-1 图

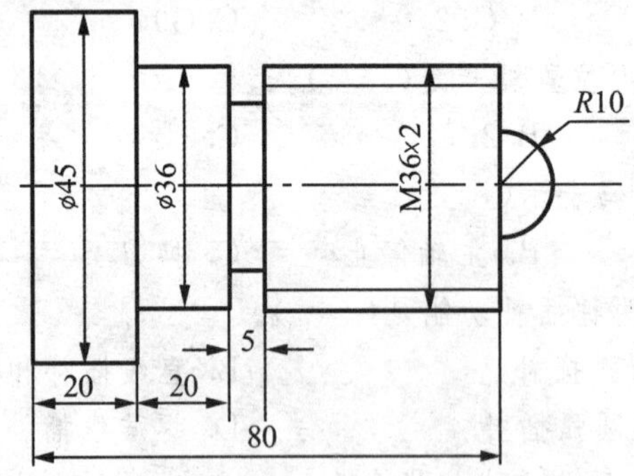


题 5-2 图

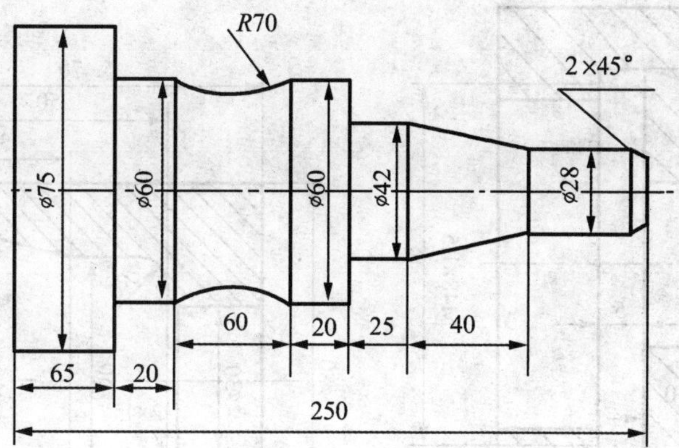


题 5-3 图

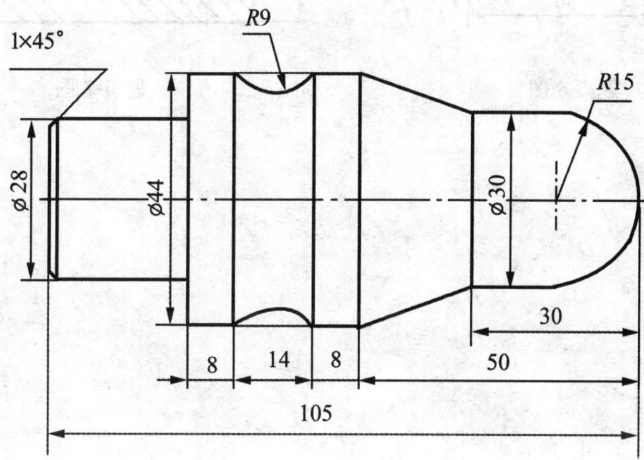


题 5-4 图

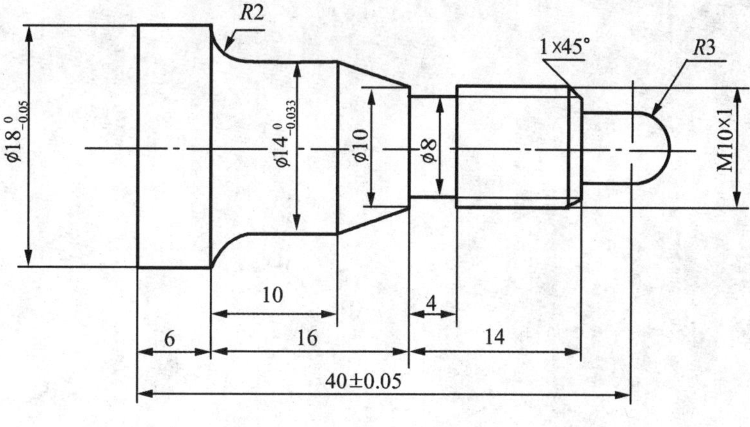


题 5-5 图

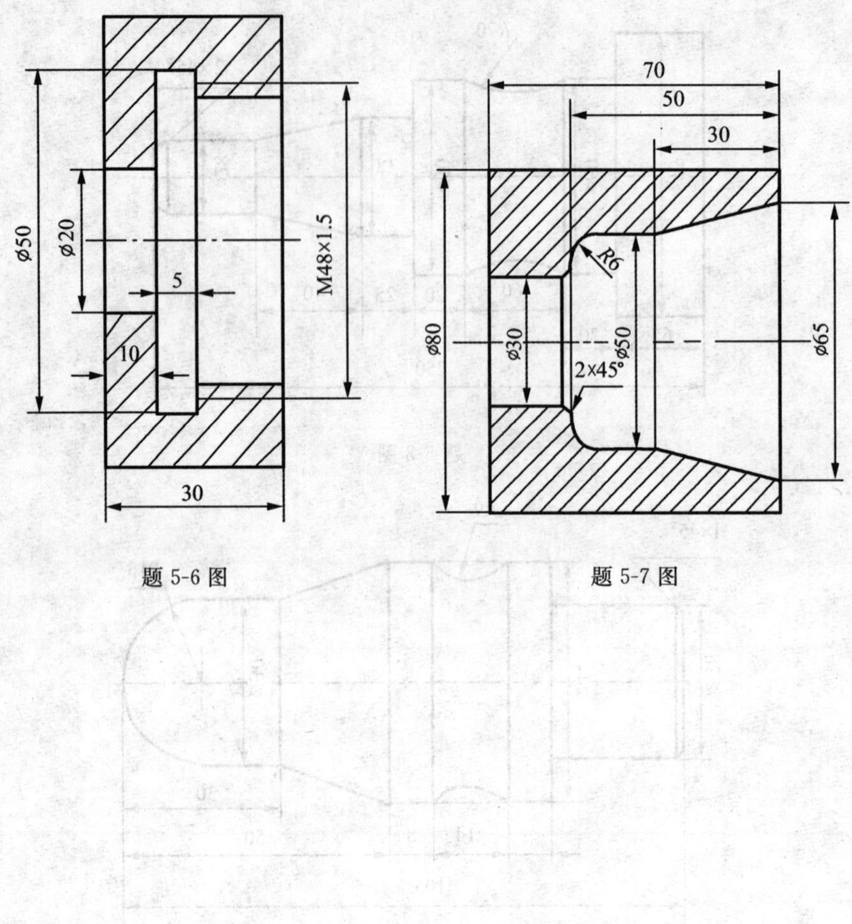


题 5-6 图　　　　题 5-7 图

# 项目四　数控铣床、加工中心编程与加工

**项目导读：**数控铣床和加工中心是一种多功能、高精度、高效率、高自动化机床，在实际生产中得到广泛应用。本项目通过介绍数控铣削加工特点及其工艺系统组成、数控铣削加工程序编制、加工中心程序编制、数控铣削加工操作四个任务的学习和实施，使学生学会数控铣床与加工中心加工工艺制定、加工指令的运用、加工程序的编制、仿真加工等方面的知识，并最终掌握操作数控铣床与加工中心进行零件的自动加工。

**教学目标：**通过教学，使学生掌握数控铣削加工的特点及工艺参数的合理选取，熟悉数控铣削程序的组成及编程方法，能够对中等复杂零件进行数控加工工艺分析、编写加工程序并操作机床完成零件的自动加工等。

## 任务一　数控铣削加工特点及其工艺系统组成

### 一、数控铣床的特点

（一）数控铣床主要加工对象

铣削加工是机械加工中最常用的加工方法之一，它主要包括平面铣削和轮廓铣削，也可以对零件进行钻、扩、铰、镗、锪加工及螺纹加工等。数控铣削主要适合于下列几类零件的加工。

1. 平面类零件

加工面平行、垂直于水平面或其加工面与水平面的夹角为定角的零件称为平面类零件，如图 4-1 所示。

在数控铣床上加工的绝大多数零件属于平面类零件。平面类零件的特点是：各个加工单元面是平面，或可以展开成为平面，如图 4-1 中的曲线轮廓面 $A$，$B$，$C$，展开后均为平面。平面类零件是数控铣削加工对象中最简单的一类，一般只须用 3 坐标数控铣床的两坐标联动就可以把它们加工出来。

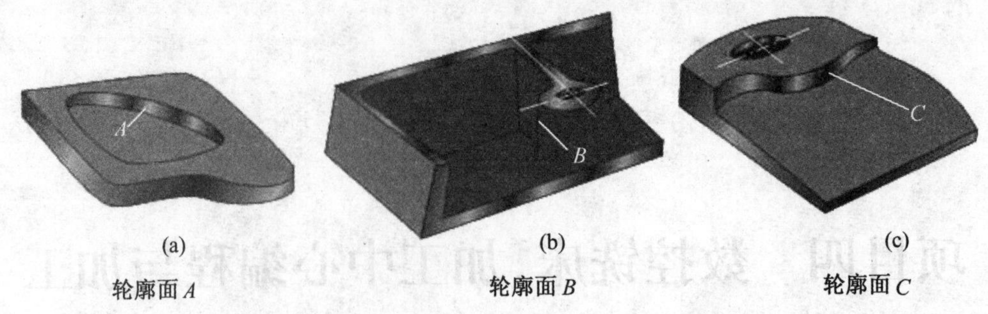


图 4-1 平面类零件

2. 变斜角类零件

加工面与水平面的夹角呈连续变化的零件称为变斜角类零件，如图 4-2 所示机翼整体壁板，这类零件多数为飞机零件，如飞机上的整体梁、框、缘条与肋等，此外还有检验夹具与装配型架等。变斜角类零件的变斜角加工面不能展开为平面，但在加工中，加工面与铣刀圆周接触的瞬间为一条直线。最好采用 4 坐标和 5 坐标数控铣床摆角加工，在没有上述机床时，也可用 3 坐标数控铣床进行近似加工。

3. 立体曲面类零件

加工面为空间曲面的零件称为立体曲面类零件。图 4-3 是立体曲面加工图，这类零件的加工面不能展成平面，一般使用球头铣刀切削，加工面与铣刀始终为点接触，若采用其他刀具加工，易于产生干涉而铣伤邻近表面。加工立体曲面类零件一般使用三坐标数控铣床。

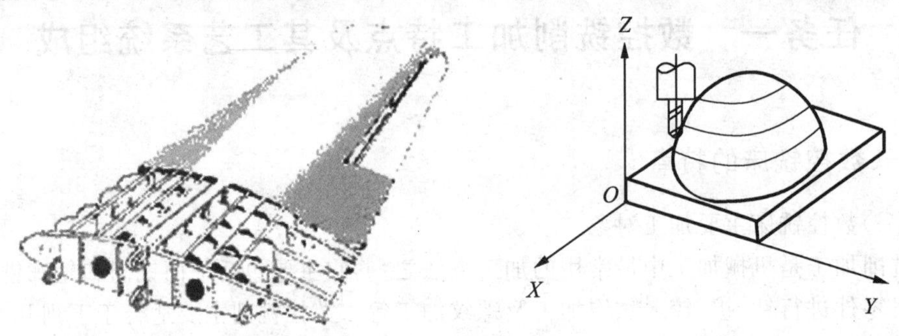


图 4-2 机翼整体壁板　　图 4-3 立体曲面加工

(二)XKA714 型数控铣床系统配置、机床功能与技术参数

如图 4-4 所示为 XKA714 床身型数控铣床，其主要技术参数如下：

图 4-4 立式数控铣床

工作台面积：800mm×400mm

T 形槽：3mm×18H8mm

工作台最大承重：500kg

工作台行程：X 向、Y 向、Z 向行程：610mm、410mm、510mm

主轴端面至工作台面距离:125～635mm

主轴中心至立柱导轨面距离:220～630mm

主轴转速:60～6000rpm

锥孔:7:24

刀柄:BT-40

主电机功率:5.5/7.5kW

三向进给:切削进给速度:1～5000mm/min

快速进给速度:$X$,$Y$:10000mm/min;$Z$:8000mm/min

进给电机扭矩:$X$,$Y$:7.5N·m;$Z$:16N·m

精度:定位精度:0.02mm

重复定位精度:0.005mm

典型配用数控系统:华中世纪星,FANUC 0i

控制轴数:3 轴

(三)数控铣床的结构特点

数控铣床的机械结构,除铣床基础部件外,由下列各部分组成:①主传动系统;②进给系统;③实现工件回转、定位的装置和附件;④实现某些部件动作和辅助功能的系统和装置,如液压、气动、润滑、冷却等系统和排屑、防护等装置。铣床基础件称为铣床大件,通常是指床身、底座、立柱、横梁、滑座、工作台等,它是整台铣床的基础和框架。铣床的其他零部件,或者固定在基础件上,或者工作时在它的导轨上运动。其他机械结构的组成则按铣床的功能需要选用。除了采用数控装置代替了操纵手柄、手轮外,数控铣床在结构上主要有下列几个特点:

(1)控制机床运动的坐标特征 为了要把工件上各种复杂的形状轮廓连续加工出来,必须控制刀具沿设定的直线、圆弧或空间的直线、圆弧轨迹运动,这就要求数控铣床的伺服拖动系统能实现多坐标联动。数控铣床要控制的坐标数起码是三坐标中任意两坐标联动,要实现连续加工直线变斜角工件,起码要实现四坐标联动,而若要加工曲线变斜角工件,则要求实现五坐标联动。因此,数控铣床所配置的数控系统在档次上一般都比其他数控机床相应更高一些。

(2)数控铣床的主轴特征 现代数控铣床的主轴开启与停止、主轴正反转与主轴变速等都可以按程序介质上编入的程序自动执行。不同的机床其变速功能与范围也不同。有的采用变频机组(目前已很少采用),固定几种转速,可任选一种编入程序,但不能在运转时改变;有的采用变频器调速,将转速分为几挡,编程时可任选一挡,在运转中可通过控制面板上的旋钮在本挡范围内自由调节;有的则不分挡,编程时可在整个调速范围内任选一值,在主轴运转中可以在全速范围内进行无级调整,但从安全角度考虑,每次只能调高或调低在允许的范围内,不能有大起大落的突变。在数控铣床的主轴套筒内一般都设有自动拉、退刀装置,能在数秒钟内完成装刀与卸刀,使换刀较方便。此外,多坐标数控铣床的主轴可以绕 $X$,$Y$ 或 $Z$ 轴做数控摆动,也有的数控铣床带有万能主轴头,扩大了主轴自身的运动范围,但主轴结构更加复杂。

(四)数控铣床的分类

1. 按主轴的位置分类

(1)立式数控铣床　主轴轴线垂直于水平工作台面。数控立式铣床在数量上一直占据数控铣床的大多数，应用范围也最广，结构如图 4-5 所示。从机床数控系统控制的坐标数量来看，目前 3 坐标数控立铣仍占大多数，一般可进行 3 坐标联动加工，但也有部分机床只能进行 3 个坐标中的任意两个坐标联动加工(常称为 2.5 坐标加工)。此外，还有机床主轴可以绕 $X,Y,Z$ 坐标轴中的其中一个或两个轴做数控摆角运动的 4 坐标和 5 坐标数控立铣。

(2)卧式数控铣床　与通用卧式铣床相同，其主轴轴线平行于水平面，结构如图 4-6 所示。为了扩大加工范围和扩充功能，卧式数控铣床通常采用增加数控转盘或万能数控转盘来实现 4、5 坐标加工。不但工件侧面上的连续回转轮廓可以加工出来，而且可以实现在一次安装中，通过转盘改变工位，进行“四面加工”。

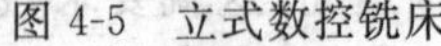
图 4-5　立式数控铣床

图 4-6　卧式数控铣床

(3)立卧两用数控铣床　目前，这类数控铣床已不多见，由于这类铣床的主轴方向可以更换，能达到在一台机床上既可以进行立式加工，又可以进行卧式加工，而同时具备上述两类机床的功能，其使用范围更广，功能更全，选择加工对象的余地更大，且给用户带来不少方便。特别是生产批量小，品种较多，又需要立、卧两种方式加工时，一台这样的机床就行了。

2. 数控铣床按构造分类

(1)工作台升降式数控铣床　这类数控铣床采用工作台移动、升降，而主轴不动的方式。小型数控铣床一般采用此种方式。

(2)主轴头升降式数控铣床　这类数控铣床采用工作台纵向和横向移动，且主轴沿垂向溜板上下运动。主轴头升降式数控铣床在精度保持、承载重量、系统构成等方面具有很多优点，已成为数控铣床的主流。

(3)龙门式数控铣床　这类数控铣床主轴可以在龙门架的横向与垂向溜板上运动，而龙门架则沿床身做纵向运动。大型数控铣床，因要考虑到扩大行程，缩小占地面积及刚性等技术上的问题，往往采用龙门架移动式。

（五）数控铣床的工作方式

与加工中心相比，数控铣床除了缺少自动换刀功能及刀库外，其他方面均与加工中心类同，也可以对工件进行钻、扩、铰、锪和镗孔加工与攻丝等，但它主要还是被用来对工件进行铣削加工，这里所说的主要加工对象及分类也是从铣削加工的角度来考虑的。

一般情况下，数控铣床只能加工平面曲线轮廓，若增加一个回转坐标，即在工作台上安装一个数控回转工作台或数控分度头，则这种机床称为四坐标数控机床，就可以加工螺旋槽、叶片等立体曲面零件了。

## 二、数控铣削加工中的工艺系统

（一）数控铣削刀具

数控铣床上所采用的刀具种类繁多，要根据被加工零件的材料、几何形状、表面质量要求、热处理状态、切削性能及加工余量等，选择刚性好、耐用度高的刀具。刀具选择总的原则是：安装调整方便，刚性好，耐用度和精度高。同时要考虑在满足加工要求的前提下，尽量选择较短的刀柄，以提高刀具加工的刚性。

选取刀具时，要使刀具的尺寸与被加工工件的表面尺寸相适应。生产中，被加工零件的几何形状是选择刀具类型的主要依据，见表 4-1。平面零件周边轮廓的加工，常采用立铣刀；铣削平面时，应选硬质合金刀片铣刀；加工凸台、凹槽时，选高速钢立铣刀；加工毛坯表面或粗加工孔时，可选取镶硬质合金刀片的玉米铣刀；对一些立体型面和变斜角轮廓外形的加工，常采用球头铣刀、环形铣刀、锥形铣刀和盘形铣刀。在进行自由曲面加工时，由于球头刀具的端部切削速度为零，因此，为保证加工精度，切削轨迹间距一般很小，故球头刀具常用于曲面的精加工。而平头刀具在表面加工质量和切削效率方面都优于球头刀，因此，只要在保证不过切的前提下，无论是曲面的粗加工还是精加工，都应优先选择平头刀。另外，刀具的耐用度和精度与刀具价格关系极大，必须引起注意的是，在大多数情况下，选择好的刀具虽然增加了刀具成本，但由此带来的加工质量和加工效率的提高，则可以使整个加工成本大大降低。

在经济型数控加工中，由于刀具的刃磨、测量和更换多为人工手动进行，占用辅助时间较长，因此，必须合理安排刀具的排列顺序。

一般应遵循以下原则：

(1)尽量减少刀具数量；

(2)一把刀具装夹后，应完成其所能进行的所有加工部位的加工；

(3)粗精加工的刀具应分开使用，即使是相同尺寸规格的刀具；

(4)先铣后钻；

(5)先进行曲面精加工，后进行二维轮廓精加工；

(6)在可能的情况下，应尽可能利用数控机床的自动换刀功能，以提高生产效率等。

表 4-1　　　　　　　　铣床加工刀具类型的选择

| 表面形状 | 刀具类型 | 加工示例 |
|---|---|---|
| 大平面 | 面铣刀 |  |
| 小平面 | 通用铣刀 | 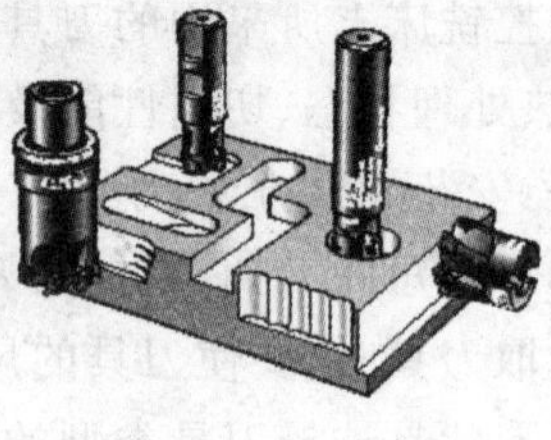 |
| 凸台、凹槽及平面轮廓<br>较平坦的曲面 | 立铣刀、环形刀 |  |
| 曲面 | 球头铣刀粗加工用<br>两刃铣刀,半精加工和精<br>加工用四刃铣刀 | 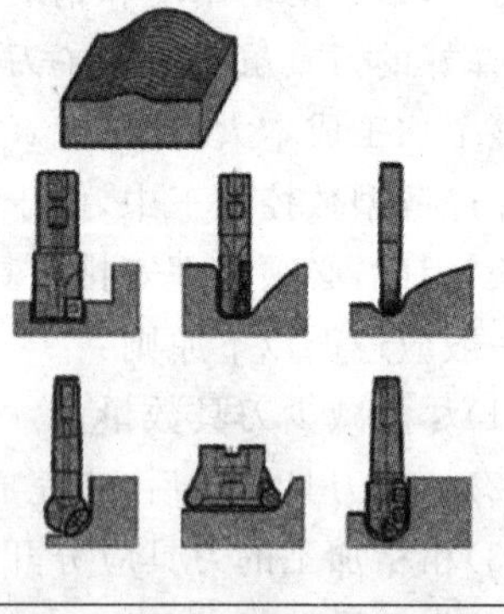 |
| 孔 | 钻头<br>铰刀<br>镗刀 | 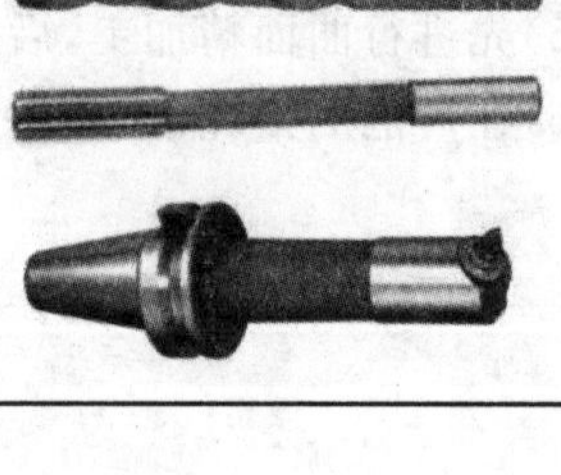 |

(二)夹具的选择与工件的装夹

在数控铣床上加工的工件多为形状复杂的平面曲线轮廓或立体曲面零件,但所使用夹具的结构往往并不复杂,根据加工零件的不同,数控铣削加工时常用的机床夹具和零件安装方法有以下几种,见表 4-2。

**表 4-2　　铣削加工中工件的装夹方式**

| 零件特点 | 夹具类型 | 装夹示例 |
| --- | --- | --- |
| 板类零件上表面的加工 | 成组压板  |  |
| 尺寸不大且零件侧面精度较高的板形、条形零件的加工 | 通用夹具<br>平口钳  |  |
| 夹紧圆柱表面加工<br>其他表面 | 卡盘  |  |
| 批量生产 | 专用夹具 |  |

(三)数控铣削加工走刀路线的确定

(1)铣削轮廓时刀具要沿切向引进和退出,避免法向产生切痕,如图 4-7 和图 4-8 所示。

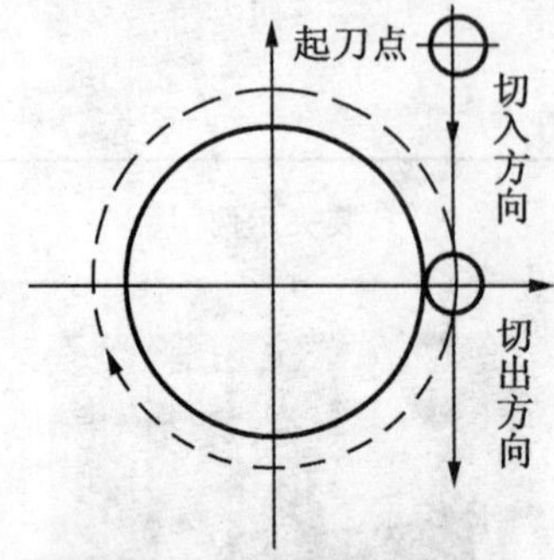

图 4-7 铣削外轮廓

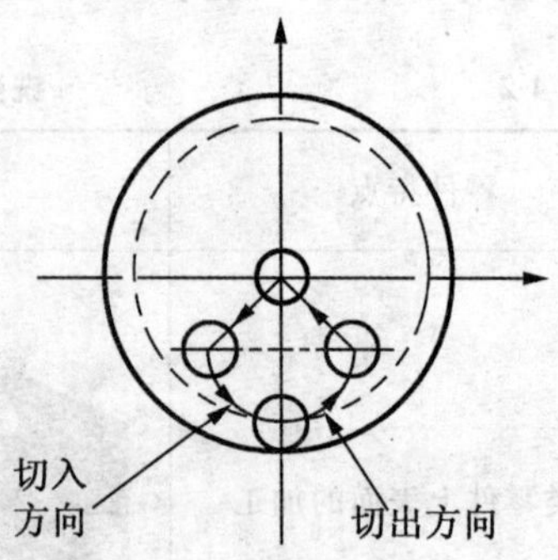

图 4-8 铣削内轮廓

(2)消除反向间隙对加工精度的影响 相互位置精度高的表面(如孔系)的加工路线,应避免将坐标轴的反向间隙带入。如图 4-9 所示,若按 1—2—3—4 的路线加工四个孔时,$X$ 方向间隙会使第 4 孔的定位误差增加。最佳路线为:1—2—3—$A$—4。

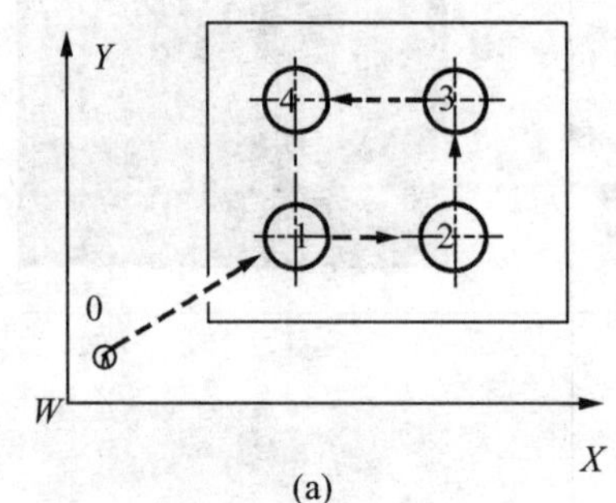


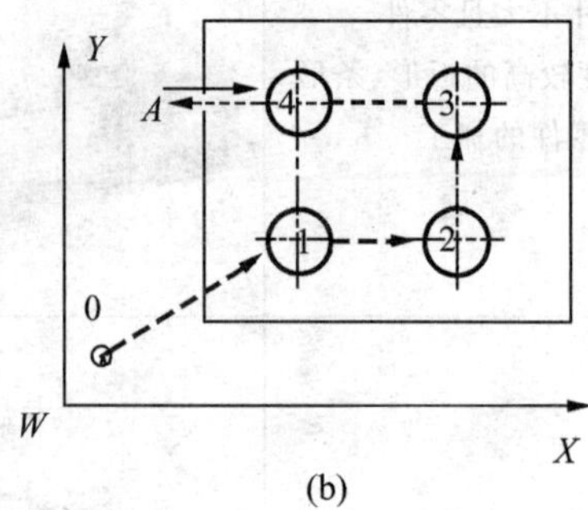


图 4-9 孔加工消除间隙方法

(3)凹槽类工件的加工路线,根据不同的场合选用行切、环切或复合走刀法

①行切法:路线最短,效率最高,质量不高,如图 4-10(a)所示;

②环切法:质量高,路线最长,效率最低,如图 4-10(b)所示;

③复合法:先行切最后环切,如图 4-10(c)所示。

(4)为提高加工效率,应使加工路线最短 如图 4-11 所示孔系的加工中,有两种加工路线,采用图(b)的加工路线比图(a)的加工路线缩短一倍。

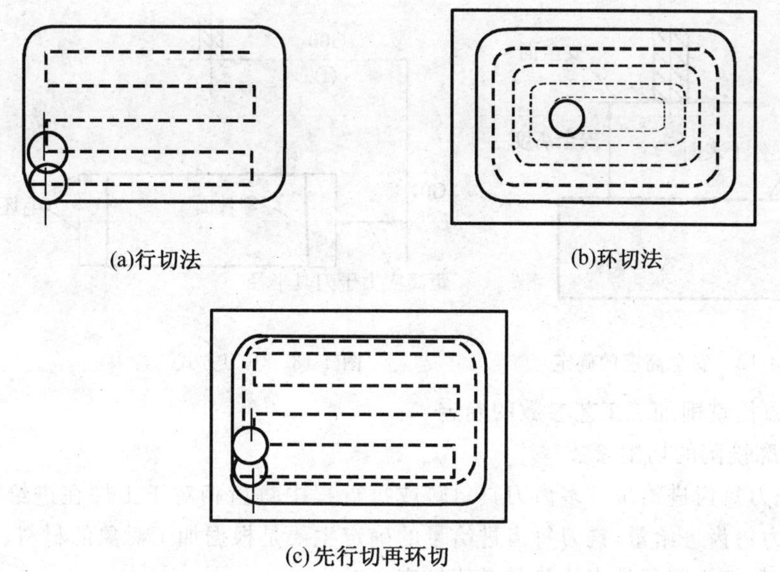


图 4-10　凹槽的铣削加工路线

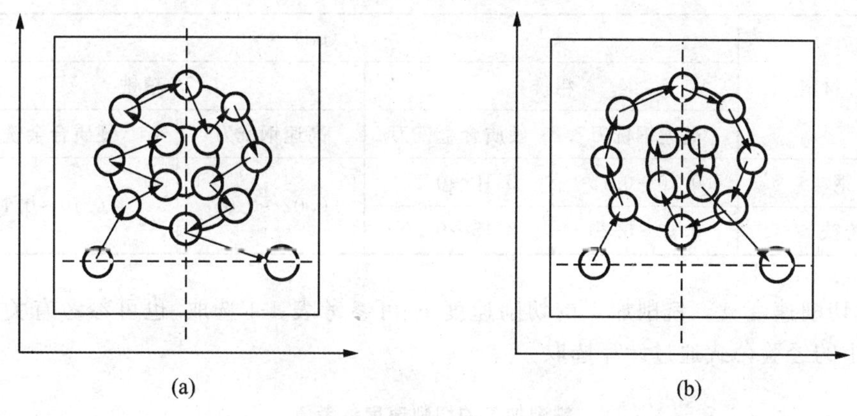


图 4-11　孔系加工中的加工路线

(5)起刀点和退刀点必须离开零件加工上表面,保证有一个安全高度　对于铣削加工,起刀点和退刀点必须离开加工零件上表面有一个安全高度,保证刀具在停止状态时,不与加工零件和夹具发生碰撞。在安全高度位置时,刀具中心所在的平面称为安全平面,如图 4-12 所示。

刀具从安全高度下降到切削高度时,应离开毛坯边缘一定距离,不能紧贴理论轮廓直接下刀,如图 4-13 所示。对于型腔粗加工,要先钻底孔,并从工艺孔进刀。

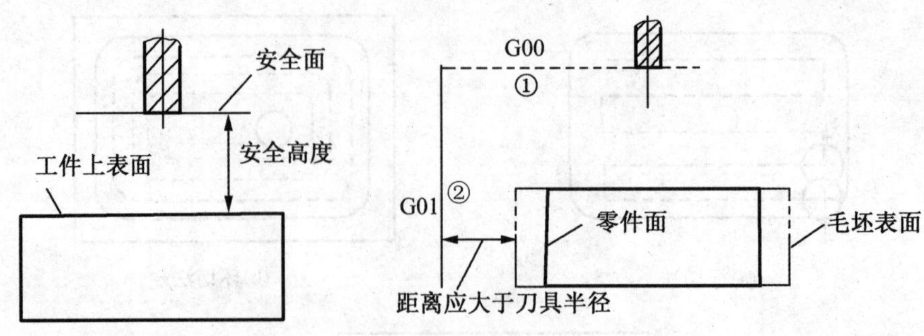


图 4-12　安全高度的确定　　图 4-13　下刀方式

(四)数控铣削加工工艺参数的确定

1. 轮廓铣削的切削参数

(1)铣刀每齿进给量　多齿刀具每转或每行程中每齿相对于工件在进给方向上的相对位移量为每齿进给量，铣刀每齿进给量的确定主要是根据加工对象的材料、刀具的材质和硬度等，数控铣削每齿进给量参考值见表 4-3。

**表 4-3**　**铣刀每齿进给量参考值**

| 工件材料 | $f_z$(mm) | | | |
|---|---|---|---|---|
| | 粗铣 | | 精铣 | |
| | 高速钢铣刀 | 硬质合金铣刀 | 高速钢铣刀 | 硬质合金铣刀 |
| 钢 | 0.10～0.15 | 0.10～0.25 | 0.02～0.05 | 0.10～0.15 |
| 铸铁 | 0.12～0.20 | 0.15～0.30 | | |

(2)切削速度 $v_c$　铣削加工的切削速度 $v_c$ 可参考表 4-4 选取，也可参考有关切削用量手册中的经验公式通过计算选取。

**表 4-4**　**铣削加工的切削速度参考值**

| 工件材料 | 硬度(HBS) | $v_c$(m/min) | |
|---|---|---|---|
| | | 高速钢铣刀 | 硬质合金铣刀 |
| 钢 | ＜225 | 18～42 | 66～150 |
| | 225～325 | 12～36 | 54～120 |
| | 325～425 | 6～21 | 36～75 |
| 铸铁 | ＜190 | 21～36 | 66～150 |
| | 190～260 | 9～18 | 45～90 |
| | 260～320 | 4.5～10 | 21～30 |

2. 孔加工工艺知识

(1)孔的加工方法　在数控铣床上加工孔的方法很多，根据孔的尺寸精度、位置精度及表面粗糙度等要求，一般有点孔、钻孔、扩孔、锪孔、铰孔、镗孔及铣孔等。常用孔的加工方法见表 4-5。

**表 4-5　　孔的加工方法与步骤的选择**

| 序号 | 加工方案 | 精度等级 | 表面粗糙度 | 适用范围 |
|---|---|---|---|---|
| 1 | 钻 | 11～13 | 50～12.5 | 加工未淬火钢及铸铁的实心毛坯，也可用于加工有色金属(但粗糙度较差)，孔径小于 20mm |
| 2 | 钻—铰 | 9 | 3.2～1.6 | |
| 3 | 钻—粗铰(扩)—精铰 | 7～8 | 1.6～0.8 | |
| 4 | 钻—扩 | 11 | 6.3～3.2 | 同上，但孔径大于 20mm |
| 5 | 钻—扩—铰 | 8～9 | 1.6～0.8 | |
| 6 | 钻—扩—粗铰—精铰 | 7 | 0.8～0.4 | |
| 7 | 粗镗(扩孔) | 11～13 | 6.3～3.2 | 除淬火钢外各种材料，毛坯有铸出孔或锻出孔 |
| 8 | 粗镗(扩孔)—半精镗(精扩) | 8～9 | 3.2～1.6 | |
| 9 | 粗镗(扩)—半精镗(精扩)—精镗 | 6～7 | 1.6～0.8 | |

(2)孔加工切削用量　孔加工切削用量见表 4-6。

**表 4-6　　孔加工切削用量**

| 刀具名称 | 刀具材料 | 切削速度(m/min) | 进给量(mm/r) | 背吃刀量(mm) |
|---|---|---|---|---|
| 中心钻 | 高速钢 | 20～40 | 0.05～0.10 | 0.5$D$ |
| 标准麻花钻或扩孔钻 | 高速钢 | 20～40 | 0.15～0.25 | 0.5$D$ |
| | 硬质合金 | 40～60 | 0.05～0.20 | 0.5$D$ |
| | 硬质合金 | 45～90 | 0.05～0.40 | ≤2.5 |
| 机用铰刀 | 硬质合金 | 6～12 | 0.3～1 | 0.10～0.30 |
| 机用丝锥 | 硬质合金 | 6～12 | $P$ | 0.5$P$ |
| 粗镗刀 | 硬质合金 | 80～250 | 0.10～0.50 | 0.5～2.0 |
| 精镗刀 | 硬质合金 | 80～250 | 0.05～0.30 | 0.3～1 |

# 任务二 数控铣削程序编制

## 一、数控铣削编程特点

(一)铣削加工程序编制的特点

1. 铣削是机械加工最常见的方法之一,它包括平面铣削、二维轮廓的铣削加工、平面型腔的铣削加工、钻孔加工、镗孔加工、螺纹加工以及三维复杂型面的加工。其中复杂曲线轮廓的外形铣削、复杂型腔铣削和三维复杂型面的铣削加工一般采用计算机辅助数控编程,其他加工可以采用手工编程。

2. 数控铣床的数控系统具有多种插补方法,一般都具有直线插补和圆弧插补功能。有的还具有随机坐标插补、抛物线插补、螺旋线插补等插补功能。编程要充分合理地选择这些功能,以提高加工精度和效率。

3. 程序编制就是要充分利用数控铣床齐全的功能,如刀具半径补偿、刀具长度补偿和固定循环、对称加工等多种功能。

(二)数控铣削加工中的坐标系

在数控铣床上,机床原点一般取在 $X,Y,Z$ 三个坐标轴正方向的极限位置上,如图4-14所示,图中 $O$ 即为机床原点。

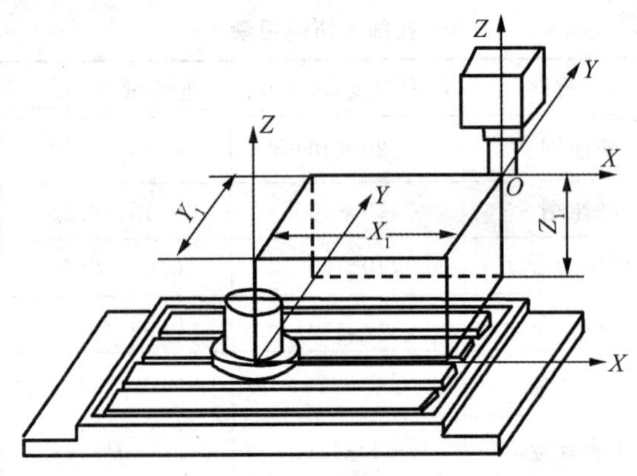


图 4-14 机床坐标系

工件坐标系又称编程坐标系。编程人员在编制程序时,根据零件图样选定编程原点(工件原点),建立编程坐标系。编程原点应尽量选在零件的设计基准或工艺基准上,编程坐标系中各轴的方向应该与机床坐标系相应的坐标轴方向一致。工件坐标系可用下述两种方法设定。

1. 用 G92 指令设定工件坐标系

指令格式:

G92 X_ Y_ Z_;

X,Y,Z 为当前刀位点在工件坐标系中的坐标,该点通常被称为对刀点。

如图 4-15 所示，其坐标系设置命令为：

G92 X20. Y10. Z10；

其确立的加工原点在距离刀具起始点 X=－20，Y=－10，Z=－10 的位置上。

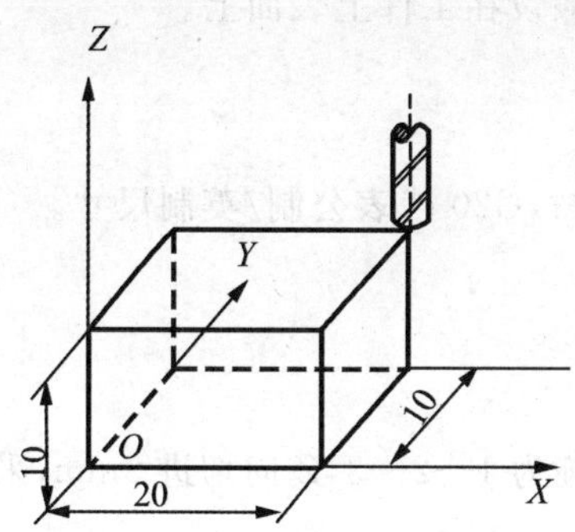


图 4-15　机床坐标系设定

2. 用 G54～G59 选择工件坐标系

用 G54～G59 可以选择六个工件坐标系，这六个工件坐标系的作用是相同的。用 G54～G59 设置工件坐标系时，必须预先测量出工件坐标系的零点在机床坐标系里的坐标值，并把这个坐标值存放在坐标偏置画面的相应的参数中，编程时再用指令 G54～G59 调用。

如图 4-16 所示，工件原点相对机床原点的偏移值分别为－301.333，－170.123，－411.909，若选用 G54 坐标系，则在 G54 存储器中分别输入这三个值。

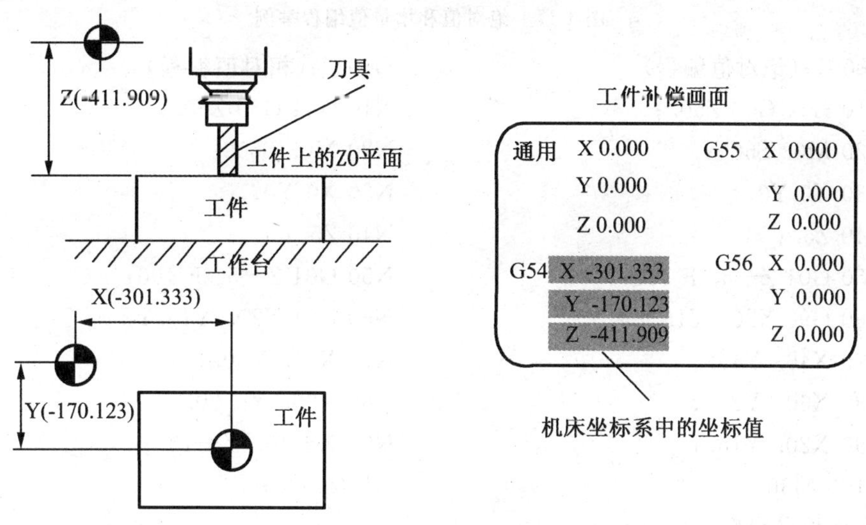


图 4-16　G54 设定工件坐标系

3. 工件原点的位置的选择

工件坐标系的原点（即程序原点）要选择便于测量或对刀的基准位置，同时要便于编程计算。选择工件原点的位置时应注意：

(1)工件原点应选在零件图的尺寸基准上，这样便于坐标的计算，减少错误。

(2)工件原点尽量选在精度较高的加工表面,以提高被加工零件的精度。

(3)对于对称零件,工件原点应设在对称中心上。

(4)对于一般零件,通常设在工件外轮廓某一角上。

(5)$Z$ 轴方向的零件,一般设在工件上表面上。

(三)数值的输入方法

1. 尺寸单位指令

FANUC 0i 系统采用 G21,G20 代表公制/英制尺寸。

2. 绝对值和增量值编程

G90 绝对值编程

G91 增量值编程

如图 4-17 所示,走刀轨迹为 1—2—3,$Z$ 向切进 5mm,采用绝对值和相对值编写的程序分别如下:

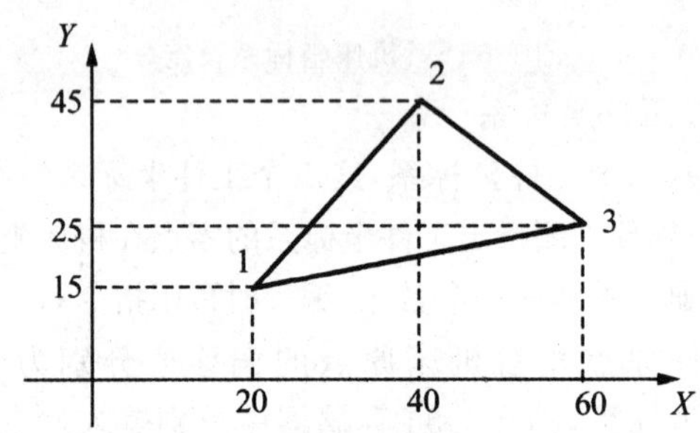


图 4-17　绝对值和增量值编程举例

| O0001;(绝对值编程) | O0002;(相对值编程) |
|---|---|
| N10 G54 G00 Z50.; | N10 G54 G00 Z50.; |
| N20 M03 S600; | N20 M03 S600; |
| N30 X0 Y0; | N30 X0 Y0; |
| N40 Z5.; | N40 Z5.; |
| N50 G01 Z−5. F 100; | N50 G01 Z−5. F 100; |
| N60 G90 X20. Y15.; | N60 G91 X20. Y15.; |
| N70 X40. Y45.; | N70 X20. Y30.; |
| N80 X60. Y25.; | N80 X20. Y−20.; |
| N90 X20. Y15.; | N90 X−40. Y−10.; |
| N100 M30; | N100 M30; |

3. 小数点编程

本系统要注意小数点的输入。

X15 表示 X 的坐标值为 0.015mm;

X15. 表示 X 的坐标值为 15mm。

## 二、基本指令

FANUC 0i 系统 G 功能指令见表 4-7。

**表 4-7　　FANUC 0i MC G 代码功能表**

| G代码 | 组别 | 功能 | 备注 | G代码 | 组别 | 功能 | 备注 |
|---|---|---|---|---|---|---|---|
| * G00 | 01 | 快速定位 | 模态 | G56 | 14 | 选择工件坐标系 3 | 模态 |
| G01 | | 直线插补 | 模态 | G57 | | 选择工件坐标系 4 | 模态 |
| G02 | | 圆弧插补/螺旋线插补 CW | 模态 | G58 | | 选择工件坐标系 5 | 模态 |
| G03 | | 圆弧插补/螺旋线插补 CCW | 模态 | G59 | | 选择工件坐标系 6 | 模态 |
| G04 | 00 | 暂停 | 非模态 | G65 | 00 | 宏程序调用 | 非模态 |
| G15 | | 极坐标指令消除 | 非模态 | G66 | 12 | 宏程序模态调用 | 模态 |
| G16 | | 极坐标指令 | 非模态 | * G67 | | 宏程序模态调用取消 | 模态 |
| * G17 | 16 | 选择 *XY* 平面 | 模态 | G68 | | 坐标旋转有效 | 模态 |
| G18 | | 选择 *ZX* 平面 | 模态 | G69 | | 坐标旋转取消 | 模态 |
| G19 | | 选择 *YZ* 平面 | 模态 | G73 | 10 | 深孔钻循环 | 模态 |
| G20 | 06 | 英寸输入(in) | 模态 | G74 | | 左旋攻丝循环 | 模态 |
| G21 | | 毫米输入(mm) | 模态 | G76 | | 精镗循环 | 模态 |
| G27 | 00 | 返回参考点检测 | 非模态 | * G80 | | 固定循环取消 | 模态 |
| G28 | | 返回参考点 | 非模态 | G81 | | 钻孔循环,锪镗循环 | 模态 |
| G29 | | 从参考点返回 | 非模态 | G82 | | 钻孔循环 | 模态 |
| G30 | | 返回第 2,3,4 参考点 | 非模态 | G83 | | 深孔钻循环 | 模态 |
| G31 | | 跳转功能 | 非模态 | G84 | | 攻丝循环 | 模态 |
| * G40 | 07 | 刀具半径补偿取消 | 模态 | G85 | | 镗孔循环 | 模态 |
| G41 | | 刀具半径补偿,左侧 | 模态 | G86 | | 镗孔循环 | 模态 |
| G42 | | 刀具半径补偿,右侧 | 模态 | G87 | | 背镗循环 | 模态 |
| G43 | 08 | 正向刀具长度补偿 | 模态 | G88 | | 镗孔循环 | 模态 |
| G44 | | 负向刀具长度补偿 | 模态 | G89 | | 镗孔循环 | 模态 |
| G49 | | 刀具长度补偿取消 | 模态 | G90 | 03 | 绝对值编程 | 模态 |
| G50 | 11 | 比例缩放取消 | 模态 | G91 | | 增量值编程 | 模态 |
| G51 | | 比例缩放有效 | 模态 | G92 | 00 | 设定工件坐标系 | 非模态 |
| * G54 | 14 | 选择工件坐标系 1 | 模态 | G98 | 05 | 固定循环返回初始点 | 模态 |
| G55 | | 选择工件坐标系 2 | 模态 | G99 | | 固定循环返回到 *R* 点 | 模态 |

说明:(1)当机床电源打开或按重置键时,标有"*"符号的 G 代码被激活,即默认状态;

(2)不同组的 G 代码可以在同一程序段中指定,如果在同一程序段中指定同组 G 代码,最后指定的 G 代码有效。

(一)功能指令

功能指令包括：刀具功能、主轴转速功能和进给功能。

1. 刀具功能

由地址功能码 T 和数字组成，格式为：T××，其中，××表示刀具号。

2. 主轴转速功能

由地址码 S 与其后面的若干数字组成，其指定的数值为机床主轴转速(r/min)。

3. 进给功能

进给功能 F 表示刀具中心运动时的进给速度。由地址码 F 和后面若干位数字构成。其数值为进给量(mm/r)或进给速度(mm/min)，可在编程时选用。

(二)基本运动指令

1. G00 快速点定位

指令格式：

G00 X_ Y_ Z_；

G00 指令刀具相对于工件以各轴预先设定的速度，从当前位置快速移动到程序段指令的目标点。由于各轴以各自的速度移动，不能保证同时到达终点，其运动轨迹不一定是两点的连线，而有可能是一条折线。

由于 G00 指令的速度很快，甚至高达 30m/min，使用时必须格外小心。为防止刀具与工件发生碰撞，编程加工时，应先将 *Z* 轴移动到安全高度，然后再执行该指令。

2. G01 直线插补

指令格式：

G01 X_ Y_ Z_ F_；

其中：X，Y，Z——目标点坐标；

F——进给速度。

编程实例：走刀轨迹为从 *A* 到 *B* 的直线，如图 4-18 所示。采用绝对值方式编程为：

G90 G01 X60. Y30. F100；

采用增量值方式编程为：

G91 G01 X40. Y20. F100；

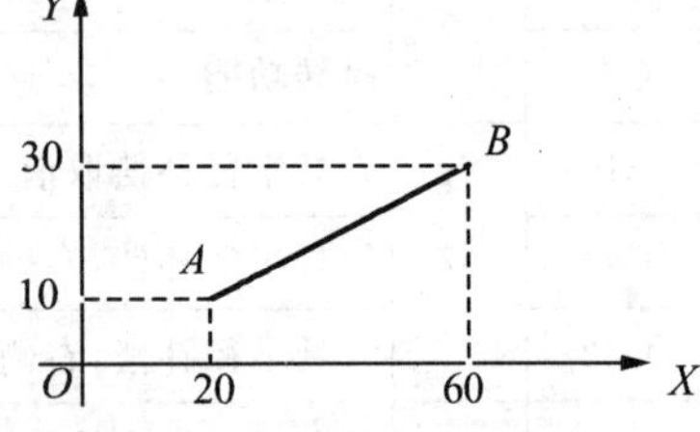

图 4-18　直线插补举例

3. G02/G03 圆弧插补

指令格式为：

在 *XY* 平面上的圆弧：

$$G17 \begin{Bmatrix} G02 \\ G03 \end{Bmatrix} X\_ \ Y\_ \begin{Bmatrix} I\_ \ J\_ \\ R\_ \end{Bmatrix} F\_;$$

在 *ZX* 平面上的圆弧：

$$G18 \begin{Bmatrix} G02 \\ G03 \end{Bmatrix} X\_ \ Z\_ \begin{Bmatrix} I\_ \ K\_ \\ R\_ \end{Bmatrix} F\_;$$

在 *YZ* 平面上的圆弧：

$$G19\begin{Bmatrix}G02\\G03\end{Bmatrix}Y\_\ Z\_\ \begin{Bmatrix}J\_\ K\_\\R\_\end{Bmatrix}F\_;$$

(1)坐标平面的选择

G17～G19 分别表示刀具的圆弧插补平面和刀具半径补偿平面分别为空间坐标系中的 *XY*,*ZX*,*YZ* 平面,如图 4-19 所示。对于立式数控铣床,G17 为缺省值,即可以省略。

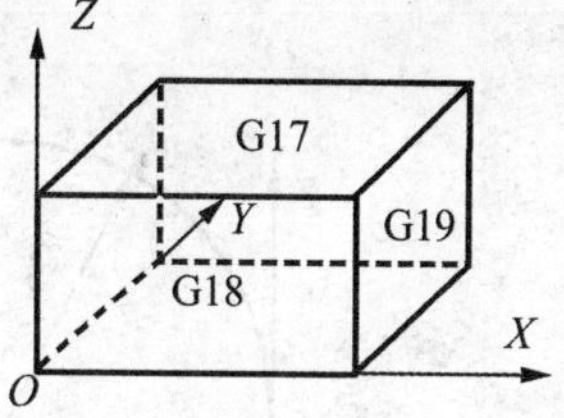


图 4-19　坐标平面的选择

(2)移动方向

G02 为顺时针方向;G03 为逆时针方向。

圆弧顺逆方向的判别:沿着不在圆弧平面内的坐标轴,由正方向向负方向看,顺时针方向为 G02,逆时针方向为 G03,具体方向如图 4-20 所示。

(3)圆弧的圆心

①用半径指令圆心　由于在同一半径 R 的情况下,从圆弧的起点到终点有两种圆弧的可能性,大于 180°和小于 180°两个圆弧。如图 4-21 所示。为便于区分,特规定圆心角≤180°时,用"＋R"表示,如图 4-21 中的圆弧 1。圆心角＞180°时,用"－R"表示,如图 4-21 中的圆弧 2。注意:此种编程只适于非整圆的圆弧插补的情况,不适于整圆加工。

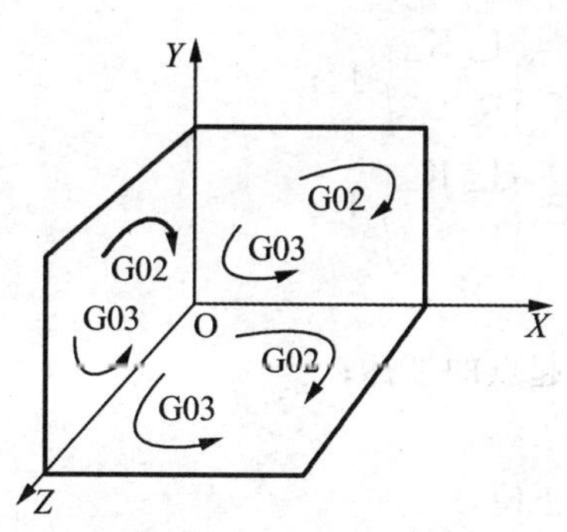


图 4-20　圆弧顺逆方向的判别

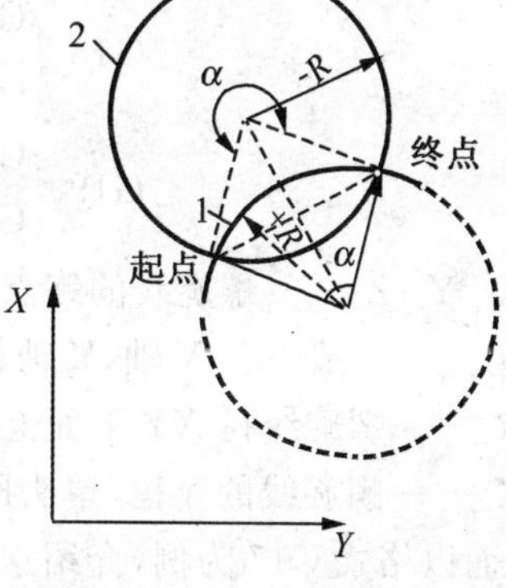

图 4-21　＋*R*、－*R* 的圆弧插补

②用 I,J,K 指令圆心　G17 时为 I,J;G18 时为 I,K;G19 时为 J,K,其值为增量值,即从圆弧起点指向圆心的矢量在坐标轴上的分量,I,J,K 分别对应坐标轴 *X*,*Y*,*Z*。

举例,如图 4-22 所示,从 *A* 点到 *B* 点的圆弧编程方式为:

小圆弧(*ACB*)用 G03 X0 Y25. R25. F100 或 G03 X0 Y25. I－25. J0 F100 来编写;

大圆弧(*ADB*)用 G03 X0 Y25. R－25. F100 或 G03 X0 Y25. I0 J25. F100 来编写。

4. 螺旋线插补(G02,G03)

螺旋线插补指令与圆弧插补指令相同,即 G02 和 G03 分别表示顺时针、逆时针螺旋线插补,顺逆的方向要看圆弧插补平面,方法与圆弧插补相同。在进行圆弧插补时,垂直于插补平面的坐标同步运动,构成螺旋线插补运动,如图 4-23 所示。

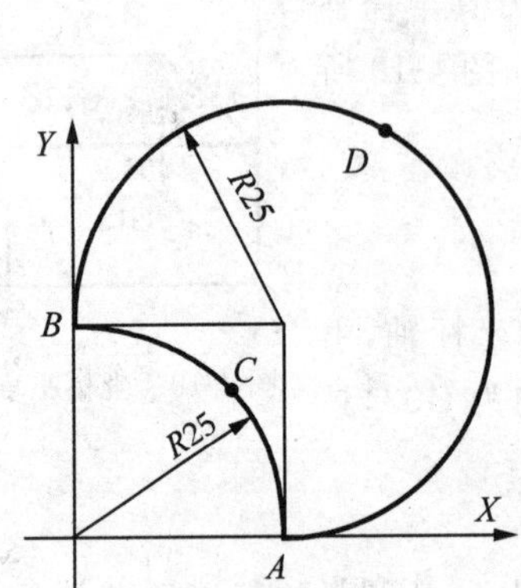

图 4-22 圆弧插补举例

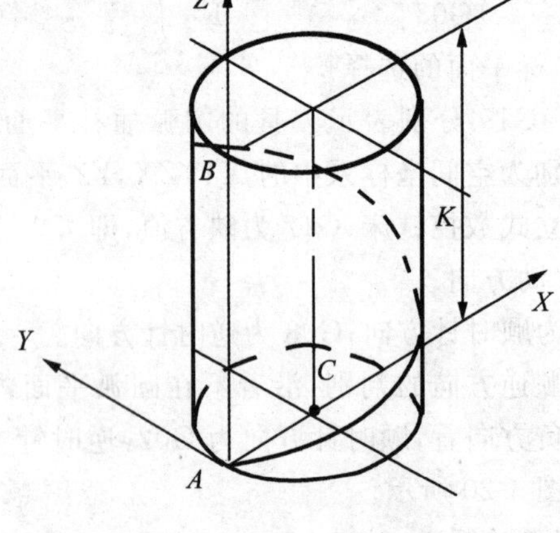

图 4-23 螺旋线插补

指令格式：

$$G17\begin{Bmatrix}G02\\G03\end{Bmatrix}X\_\ Y\_\ Z\_\begin{Bmatrix}I\_\ J\_\\R\_\end{Bmatrix}K\_;$$

$$G18\begin{Bmatrix}G02\\G03\end{Bmatrix}X\_\ Y\_\ Z\_\begin{Bmatrix}I\_\ K\_\\R\_\end{Bmatrix}J\_;$$

$$G19\begin{Bmatrix}G02\\G03\end{Bmatrix}X\_\ Y\_\ Z\_\begin{Bmatrix}J\_\ K\_\\R\_\end{Bmatrix}I\_;$$

其中：X_ Y_ Z_——螺旋线的终点坐标；

I_ J_——圆心在 X 轴、Y 轴相对于螺旋线起点的坐标；

R_——螺旋线在 XY 平面上的投影半径；

K_——螺旋线的导程(单头即为螺距)，取正值。

下面以格式 G17 为例，介绍这个参数的应用，另外两个格式中的参数应用类同。

**例 4-1** 如图 4-24 所示，螺旋槽由两个螺旋面组成，前半圆 *AmB* 为左旋螺旋面，后半圆 *AnB* 为右旋螺旋面，螺旋槽最深处为 *A* 点，最浅处为 *B* 点。要求用∅8 的立铣刀加工该螺旋槽。

(1)计算求得刀心轨迹坐标如下：

*A* 点：X=96，Y=60，Z=−4

*B* 点：X=24，Y=60，Z=−1

导程：K=6

(2)程序如下：

```
O0002;
N01 G54 G90 G00 X0 Y0;
N02 Z50.0;
N03 X24.0 Y60.0;
```

N04 Z2.0；

N05 S1500 M03；

N06 G01 Z−1.0 F50；

N07 G03 X96.0 Y60.0 Z−4.0 I36.0 J0 K6.0 F150；

N08 G03 X24.0 Y60.0 Z−1.0 I−36.0 J0 K6.0；

N09 G01 Z2.0；

N10 G00 Z50.0；

N11 X0 Y0 M05；

N12 M30；

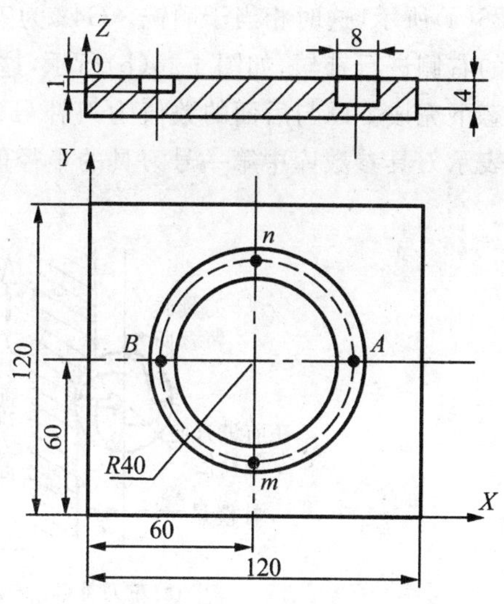


图 4-24　螺旋槽加工

(三)刀具半径补偿指令(G41,G42,G40)

具有刀具半径补偿功能的数控系统，按被加工工件轮廓曲线编程，在程序中利用刀具半径补偿指令，数控系统会自动计算刀心轨迹坐标，使刀具偏离工件轮廓一个半径值，就可以加工出零件的实际轮廓。操作时还可以用同一个程序，通过改变刀具半径值，对零件轮廓进行粗、精加工。

在数控铣削加工中，由于刀具具有一定的刀具半径，刀具中心的运动轨迹并不是加工工件的实际轮廓，如图 4-25 所示。在进行工件轮廓加工时，刀具中心应该始终偏离工件轮廓表面一个刀具半径值，通常称为刀具半径偏置。如果直接采用刀心轨迹编程，就必须根据工件轮廓形状及刀具半径计算刀具中心的运动轨迹，计算工作量大而且复杂。即使编出程序，当刀具由于磨损、重磨、换刀等原因而半径改变时，必须重新计算，重新编程，十分繁琐，加工精度很难保证。大多数数控系统给出了刀具半径补偿指令，以简化编程工作量。

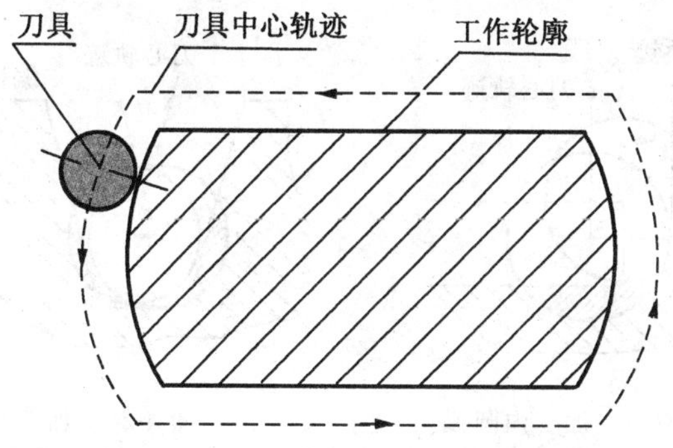


图 4-25　加工过程中刀具中心轨迹

指令格式：

$$\begin{Bmatrix} G01 \\ G00 \end{Bmatrix} \begin{Bmatrix} G41 \\ G42 \end{Bmatrix} X\_\ Y\_\ D\_;$$

G41 为刀具半径左补偿(左刀补)，即相对于刀具前进方向的左侧进行补偿，如图 4-

26(a)所示,这时相当于顺铣。G42 为刀具半径右补偿(右刀补),即相对于刀具前进方向的右侧进行补偿,如图 4-26(b)所示,这时相当于逆铣。刀补的建立必须在 G00 或 G01 状态下完成。D 与后面的数值为刀补号码,它代表存入刀具数据库中刀补的数值,如 D01 表示刀具参数库中第一号刀具的半径值(或直径值)。

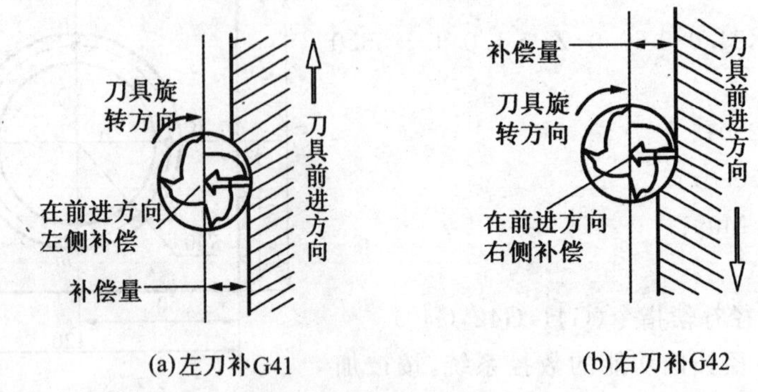


图 4-26　刀具半径补偿示意图

轮廓加工完成后,应取消刀具半径补偿,其格式为:

$$\begin{Bmatrix} G01 \\ G00 \end{Bmatrix} G40\ X\_\ Y\_;$$

在使用刀具半径补偿功能时,还应注意以下几个问题:

(1)若 D 代码中存放的刀具半径补偿值为负值,那么 G41 与 G42 指令可以相互取代。

(2)在建立刀具半径补偿或撤销刀具半径补偿时,移动指令只能用 G01 或 G00,不能用 G02 或 G03。

(3)刀具半径补偿引起的过切:

①加工半径小于刀具半径的内圆弧,如图 4-27 所示。

②铣削槽底宽小于刀具直径的沟槽,如图 4-28 所示。

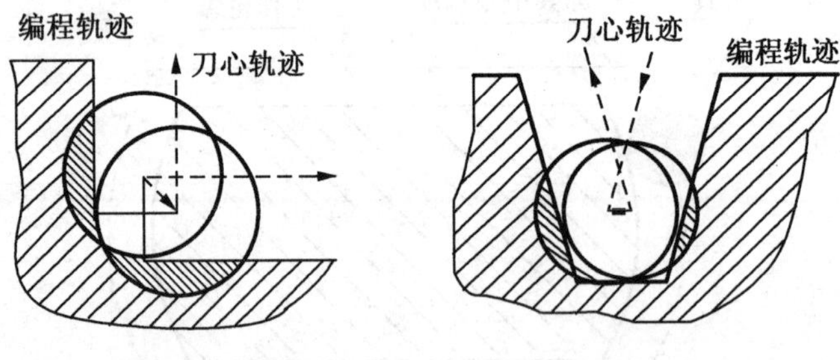


图 4-27　加工内圆弧　　图 4-28　加工沟槽

(4)一般情况下,刀具半径补偿偏置代号要在刀补取消后才能变换。

如果在补偿状态下变换偏置代号,当前程序段终点的偏移向量值由该程序段所指定的补偿值决定,而当前程序段起点的偏移向量值则保持不变,如图 4-29 所示。

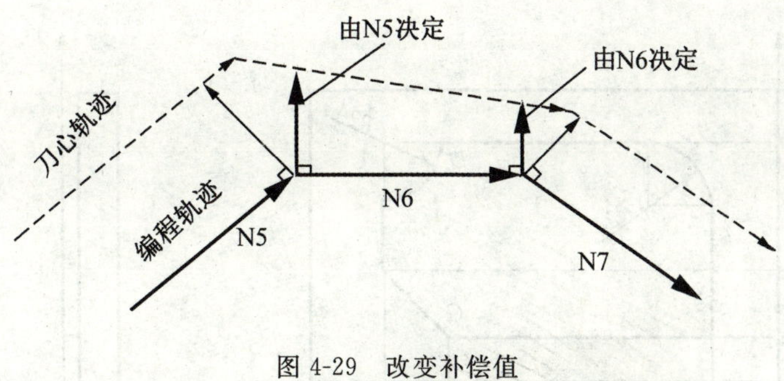


图 4-29 改变补偿值

(5)采用同一加工程序可以实现用一把刀具完成工件的粗、精加工，如图 4-30 所示。设刀具半径为 $R$，精加工余量为 $\Delta$，则粗加工的偏移量为 $R+\Delta$，精加工的偏移量为 $R$。

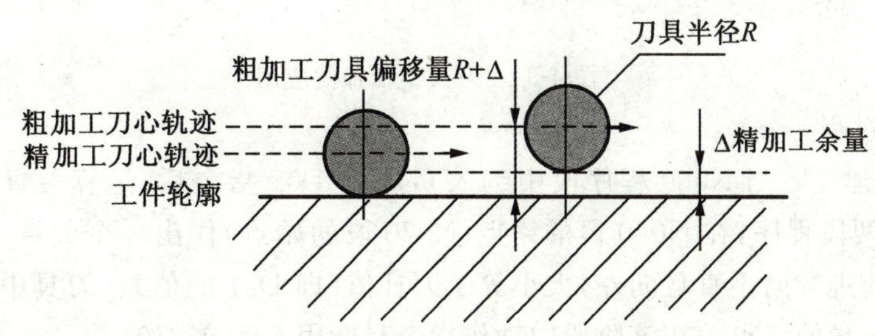


图 4-30 应用刀具半径补偿实现工件的粗、精加工

**例 4-2** 如图 4-31 所示，加工零件凸台的外轮廓，其数控程序如下。

1. 加工程序

| | |
|---|---|
| O0003 | 程序号 |
| N010 G54 S1500 M03； | 设工件零点为 $O$ 点，主轴正转 1500r/min |
| N020 G90 G00 Z100.0； | 刀具快速移动到安全高度 |
| N030 X0 Y0； | 刀具快进至(0,0,100) |
| N040 Z2.0； | 刀具快进至离工件表面 2mm 处 |
| N050 G01 Z－3.0 F50； | 刀具切削进给到深度－3mm 处 |
| N060 G41 X20.0 Y14.0 F150 D01； | 建立刀具半径左补偿直线进给到 $A$ 点 |
| N070 Y62.0； | 直线插补到 $B$ 点 |
| N080 G02 X44.0 Y86.0 I24.0 J0； | 圆弧插补到 $C$ 点 |
| N090 G01 X96.0； | 直线插补到 $D$ 点 |
| N100 G03 X120.0 Y62.0 I24.0 J0； | 圆弧插补到 $E$ 点 |
| N110 G01 Y40.0； | 直线插补到 $F$ 点 |
| N120 X100.0 Y14.0； | 直线插补到 $G$ 点 |
| N130 X20.0； | 直线插补到 $A$ 点 |
| N140 G00 Z100.0； | $Z$ 向提刀 |
| N150 G40 G00 X0 Y0； | 取消刀具半径补偿返回到起刀点 |
| N160 M30； | 程序结束 |

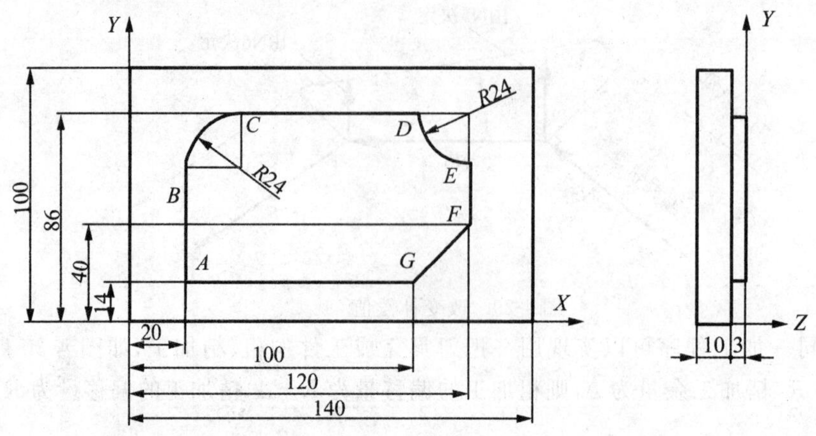


图 4-31　刀具半径补偿应用

2. 刀补过程

(1)刀补建立　当 N060 程序段中编入 G41 和 D01 指令后，运算装置同时先行读入 N070、N080 两段程序，在 N060 段的终点(N070 段的始点)作出一个矢量，该矢量的方向与下一段的前进方向垂直且向左，大小等于刀补值(即 D01 的值)。刀具中心在执行这一段时移向该矢量的终点。在该阶段中动作指令只能用 G00 或 G01。

(2)刀补状态　从 N070 段开始进入刀补状态，在此状态下 G01，G02，G03，G00 都可使用。这一阶段也是每段都先行读入两段，自动按照启动阶段的矢量作法作出每个沿前进方向左侧且加上刀补的矢量路径。

(3)取消刀补　当 N150 程序段中用到 G40 指令时，则在 N130 的终点(N150 段的始点)作出一个矢量，刀具中心就停止在这个矢量的终点，从这一位置开始刀具中心移向 N150 段的终点。此时也只能用 G00 或 G01。

(四)刀具长度补偿(G43，G44，G49)

刀具长度补偿用来补偿刀具长度方向的尺寸变化。使用刀具长度补偿功能，编程人员可以不考虑实际刀具的长度，而按标准刀具的长度进行编程，当实际刀具长度与标准刀具长度不一致时，可用刀具长度补偿功能进行补偿；当刀具因磨损、重磨、换刀而长度发生变化时，不必修改程序，只要修改刀具长度补偿值即可。

G43——刀具长度正补偿；

G44——刀具长度负补偿；

G49——取消刀具长度补偿。

编程格式：

G00/G01 G43/G44 Z_ H_；

……

G00/G01 G49 Z_；

其中：H_——刀具长度补偿代号。

刀具长度补偿原理，如图 4-32 所示。在程序执行时，数控系统将刀具长度补偿值与

$Z$ 向坐标尺寸进行运算，按运算结果进行 $Z$ 轴的移动。正补偿(G43)时，是将 H 中的值加到 $Z$ 向坐标尺寸上；负补偿(G44)时，是从 $Z$ 向坐标尺寸中减去 H 中的值。编程中可以任选其中一种形式来实现刀具长度的补偿，但要注意补偿代号 H 后面数值的正负不同。

图 4-32 中，负补偿(短刀具)对应的程序段为：

　　G91 G01 G44 Z－S H01　　　　H01 中的值为 $+\Delta_1$。

或 G91 G01 G43 Z－S H01　　　　H01 中的值为 $-\Delta_1$。

图 4-32 中，正补偿(长刀具)对应的程序段为：

　　G91 G01 G43 Z－S H02　　　　H02 中的值为 $+\Delta_2$。

或 G91 G01 G44 Z－S H02　　　　H02 中的值为 $-\Delta_2$。

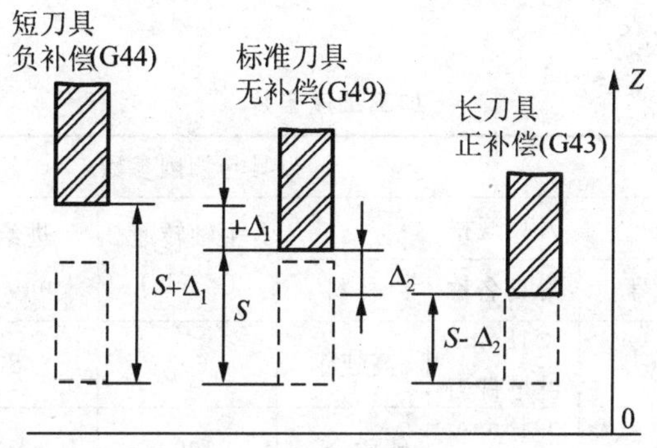


图 4-32　刀具长度补偿示意图

**例 4-3**　如图 4-33 所示为零件上型腔的加工。零件材料为 45# 钢，毛坯尺寸：150mm ×150mm×50mm。

分析：本例工件是封闭内轮廓加工，注意铣刀的半径不能大于内轮廓的最小曲率半径。

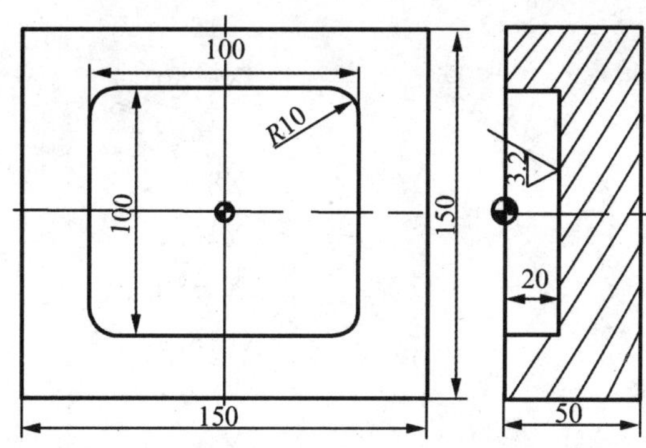


图 4-33　刀具长度补偿实例

1. 工艺分析

粗、精加工选用⌀18mm 的键槽铣刀，加工路线如图 4-34 和图 4-35 所示。粗加工采用先行切法，而后环切；精加工采用半径补偿加工。

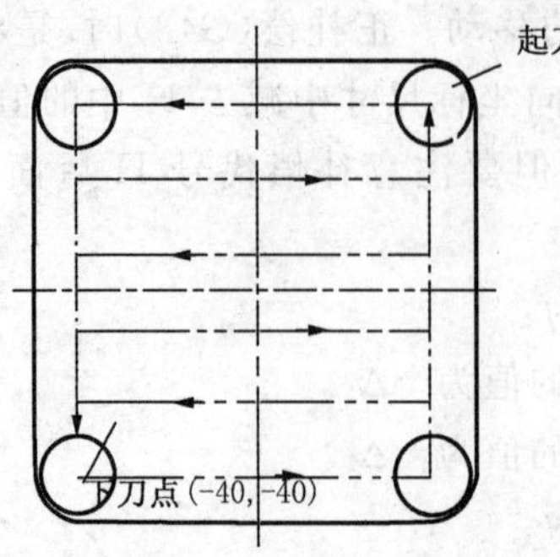


图 4-34 粗加工路径

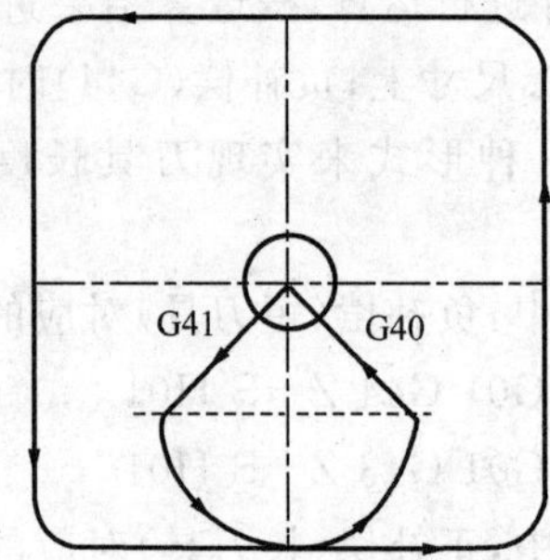


图 4-35 精加工路径

2. 加工工序卡片

该零件加工工序见表 4-8。

**表 4-8** **加工工序卡片**

| 加工工序 | | 刀具与切削参数 | | | | | | |
|---|---|---|---|---|---|---|---|---|
| 序号 | 加工内容 | 刀具规格 | | | 主轴转速 (r/min) | 进给率 (mm/min) | 刀具补偿 | |
| | | 刀号 | 刀具名称 | 材料 | | | 长度 | 半径 |
| 1 | 粗铣内轮廓 | T01 | Ø18mm 键槽铣刀 | 高速钢 | 600 | 80 | | |
| 2 | 精铣内轮廓 | T02 | Ø18mm 键槽铣刀 | 硬质合金 | 1000 | 60 | H02 | D02 |

3. 加工程序

```
O0006;(主程序)
G54 G00 Z100.;
T01 M03 S600;
X-40. Y-40.;
Z0;
M98 P50007;
Z5.;
G00 Z100.;
M00;(手动换刀)
T02 M03 S1000;
G43 G00 Z50. H02;
X0 Y0;
Z5.;
M98 P0008;
G49 G00 Z100.;
M30;
```

```
O0007;(粗加工子程序)
G91 G01 Z-4. F80;
X80. Y0;
Y16.;
X-80.;
Y16.;
X80.;
Y16.;
X-80.;
Y16.;
X80.;
Y16.;
X-80.;
Y-80.;
X80.;
Y80.;
```

```
G90 X-40. Y-40.;
M99;
O0008;(精加工子程序)
G01 Z-20. F60;
G41 X-25. Y-25. D02;
G03 X0 Y-50. R25.;
G01 X40.;
G03 X50. Y-40. R10.;
G01 Y40.;
G03 X40. Y50. R10.;
G01 X-40.;
G03 X-50. Y40. R10.;
G01 Y-40.;
G03 X-40. Y-50. R10.;
G01 X0;
G03 X25. Y-25. R25.;
G40 G01 X0 Y0;
M99;
```

(五)子程序调用

指令格式:M98 P△△△○○○○;

前三位为子程序重复调用次数,省略时为调用一次,后四位为子程序号。

子程序格式:

O××××;

·

·

·

M99;

M99为子程序结束指令或返回主程序指令。

**例 4-4**　编写如图4-36所示零件的并行排列轮廓加工程序,已知毛坯尺寸:100mm×70mm×20mm。

分析:零件在*XY*平面具有三个轮廓形状相同的槽,深度只有5mm,只要编写一个子程序,在不同的位置只要调用3次即可。选用Ø12mm的高速钢键槽铣刀进行轮廓的加工。

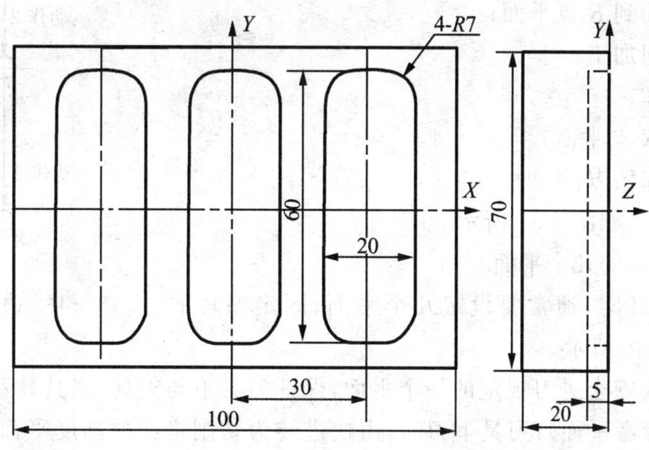


图4-36　子程序加工

程序如下:

```
O0004;(主程序)
G54 G00 Z100.;
```

```
M03 S750;
X30. Y0;
Z5.;
G01 Z-5. F100;
M98 P0005;
G90 G00 Z5.;
X0 Y0;
G01 Z-5. F100;
M98 P0005;
G90 G00 Z5.;
X-30. Y0;
G01 Z-5. F100;
M98 P0005;
G90 G00 Z50.;
M30;
```

```
O0005;(子程序)
G91 G41 Y10. D01;
G03 X-10. Y-10. R10.;
G01 Y-23.;
G03 X7. Y-7. R7.;
G01 X6.;
G03 X7. Y7. R7.;
G01 Y46.;
G03 X-7. Y7. R7.;
G01 X-6.;
G03 X-7. Y-7. R7.;
G01 Y-23.;
G03 X10. Y-10. R10.;
G01 G40 Y10.;
M99;
```

## 三、固定循环

### (一)固定循环的六个动作

在数控铣削加工中,常用的固定循环指令能完成的工作有钻孔、攻螺纹和镗孔等。这些循环通常包括下列 6 个基本操作动作:

(1)在 $XY$ 平面定位;

(2)快速移动到 $R$ 点平面;

(3)孔的切削加工;

(4)孔底动作;

(5)返回到 $R$ 点平面;

(6)返回到起始点。

上述基本动作如图 4-37 所示。

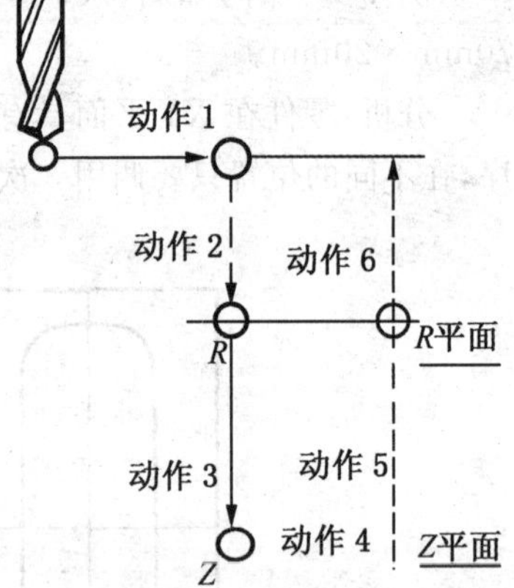

图 4-37 固定循环的动作

### (二)固定循环的几个平面

使用固定循环时,通常要设定几个平面,固定循环的几个平面如图 4-38 所示。

初始平面:为安全进刀规定的一个平面,保证刀具不与夹具、工具等发生干涉。

$R$ 点平面(参考平面):刀具下刀时,由快进转为切削进给的高度平面,也是 $Z$ 方向的进刀点。

孔底平面:加工不通孔时,孔底平面就是孔底的 $Z$ 轴高度。而加工通孔时,除要考虑孔底平面的位置外,还要考虑刀具的超越量,以保证所有孔深都加工到尺寸。

循环过程中,刀具返回点由 G98、G99 设定,G98 返回到初始平面,G99 返回到 $R$ 平面，如图 4-39 所示。

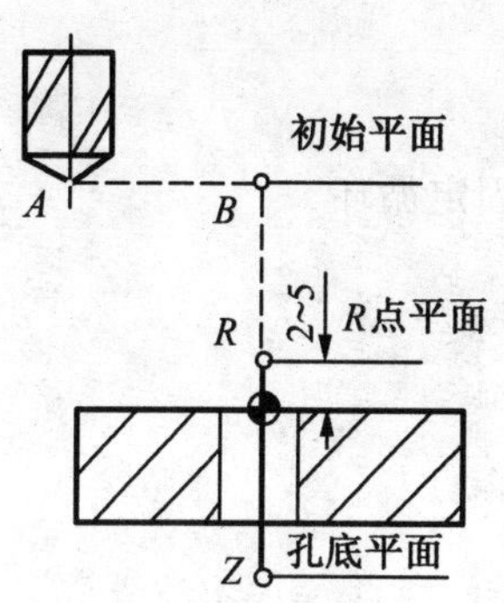


图 4-38　固定循环的几个平面

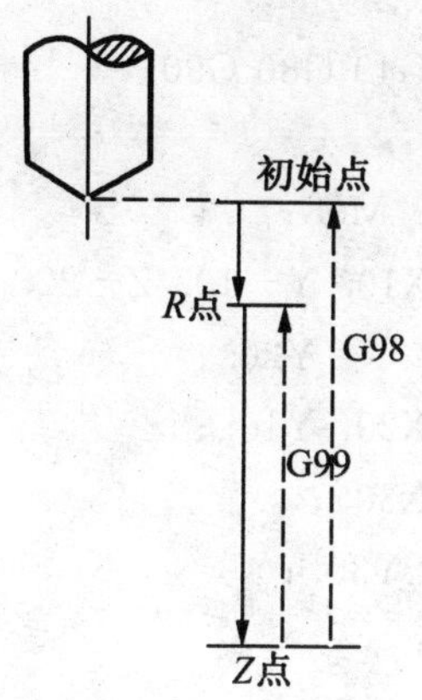


图 4-39　孔加工的返回方式

(三)常用的固定循环指令及应用

1. 孔循环取消(G80)

指令格式：G80；

取消所有孔加工固定循环模态。

2. 钻孔加工循环(G81，G82，G73，G83)

(1)钻孔、点钻循环(G81)　G81 循环主要用于钻浅孔、通孔和中心孔，即钻头不需要在 Z 轴深度位置暂停，该指令循环动作如图 4-40 所示。G81 如果用于镗孔，将在退刀时刮伤内圆柱面。

指令格式：

G81 X_ Y_ Z_ R_ F_；

**例 4-5**　编写如图 4-41 所示孔系的加工程序(设 Z 轴开始点距工作表面 5mm 处，切削深度为 20mm)。

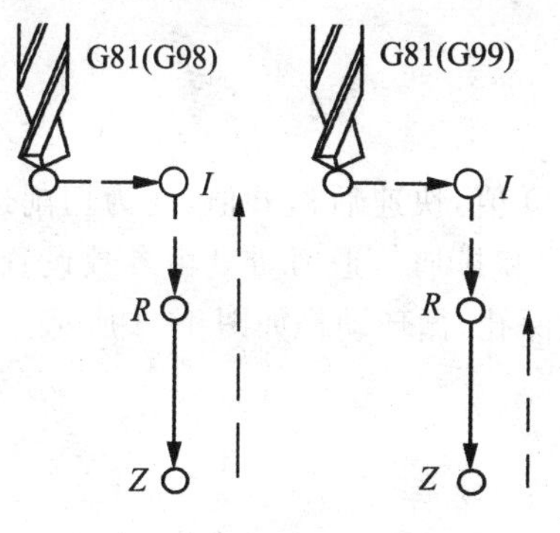


图 4-40　G81 循环动作

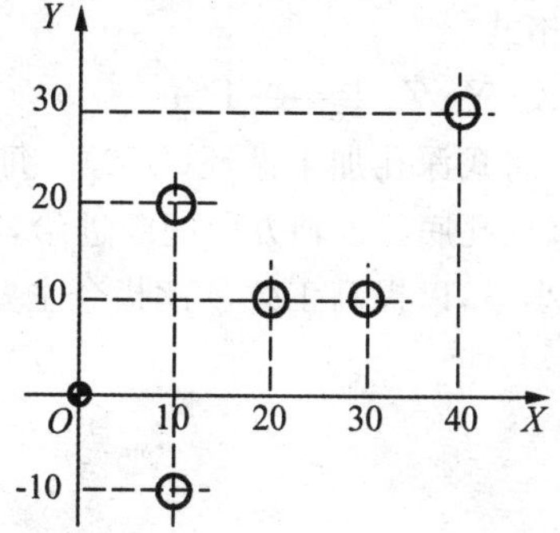


图 4-41　G81 编程举例

分析：本例工件的 5 个孔精度较低，故可直接采用钻孔方式进行加工。由于加工的是通孔，可以用 G81 编程，其加工程序如下：

①用 G81 及绝对方式编程

```
O2001;
G54 G40 G49 G80 G90;
M03 S800;
G00 Z100. M08;
G98 G81 X10. Y-10. Z-22. R5. F100;      钻孔固定循环
          Y20.;
     X20. Y10.;
     X30.;
G99 X40. Y30.;
G80 M09;
M30;
```

②用 G81 及增量方式编程

```
O0002;
N1 G54 G00 Z100.;
N2 M03 S600;
N3 G99 G81 X10.0 Y-10.0 Z-22.0 R5.0 F150;   用 G99 指令提刀到 R 点
N4 G91 Y30.0 Z-27. R0;
N5 X10.0 Y-10.0;
N6 X10.0;
N7 G98 X10.0 Y20.0;                          用 G98 指令刀具返回初始点
N8 G80 G90 Z50.;                             G80 取消固定循环
N9 M30;
```

(2)带停顿的钻孔循环(G82) 该指令除了要在孔底暂停外，其他动作与 G81 相同。暂停时间由地址 P 给出。此指令主要用于加工盲孔，以提高孔深精度。循环动作如图 4-42所示。

指令格式：

G82 X_ Y_ Z_ P_ R_ F_;

(3)断屑式深孔加工循环(G73) 每次切深为 Q 值，快速后退 d 值，变为切削进给继续切入，直至孔底。*Z* 轴方向间断进给，有利于断屑和排屑。退刀量 d 由参数设置，可以设定为微小量，以提高工效。此指令主要用于加工深孔，循环动作如图 4-43 所示。

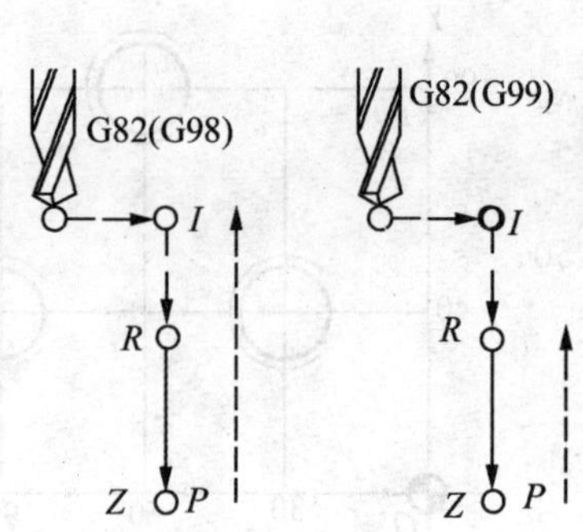


图 4-42　G82 循环动作

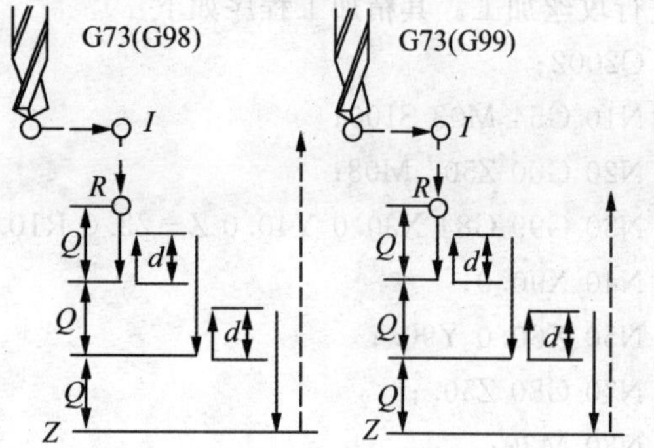

图 4-43　G73 循环动作

指令格式：

G73 X_ Y_ Z_ Q _ R _ F_；

(4)排屑式深孔加工循环(G83)　G83 与 G73 都是深孔加工指令，略有不同的是 G83 每次钻头间歇进给后回退到 $R$ 点平面，排屑更彻底。Q 为每次进给深度；d 为每次退刀后，再次进给时，由快速进给转换为切削进给时距上次加工面的距离。该循环动作如图 4-44所示。

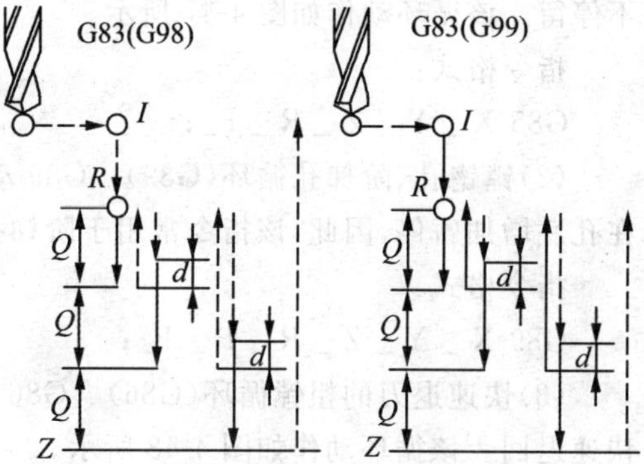

图 4-44　G83 循环动作

指令格式：

G83 X_ Y _ Z _ R _ Q _ F _；

3. 攻螺纹循环(G74，G84)

(1)左旋螺纹加工循环(G74)　G74 指令用于切削左旋螺纹孔。从 $R$ 点到 $Z$ 点攻丝时，进给时主轴反转进刀，到孔底部时，主轴正转，刀具以正向进给速度退出。该循环中机床动作如图 4-45 所示。G74 指令中进给倍率不起作用；进给保持只能在返回动作结束后执行。

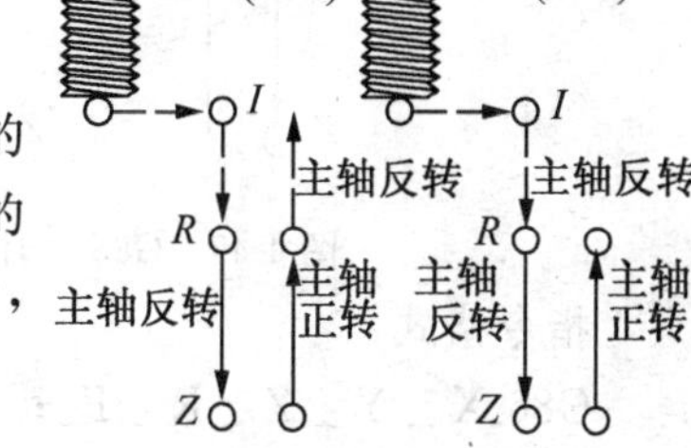


图 4-45　G74 循环动作

指令格式：

G74 X_ Y _ Z _ R _ F_；

(2)右旋螺纹加工循环(G84)　攻丝循环指令 G84 的循环动作与 G74 指令相同，而主轴转向与 G74 指令中的相反。刀具正向进给，主轴正转。到孔底部时，主轴反转，刀具以反向进给速度退出。

指令格式：

G84 X_ Y _ Z _ R _ F_；

注意：进给速度 F＝转速(r/min)×螺距(mm)。

**例 4-6**　编写如图 4-46 所示螺纹孔(右旋螺纹)的加工程序(设 $Z$ 轴开始点距工作表面 10mm 处，切削深度为 20mm)。

分析：加工本例工件时，采用钻孔方式加工 3 个底孔，直径为∅11.8mm，然后对 3 个孔进行攻丝加工。其精加工程序如下：

O2002；

N10 G54 M03 S100；

N20 G00 Z50. M08；

N30 G99 G84 X30.0 Y40.0 Z－22.0 R10.0 F150；

N40 X90.0；

N50 X60.0 Y90.；

N70 G80 Z50.；

N80 M30；

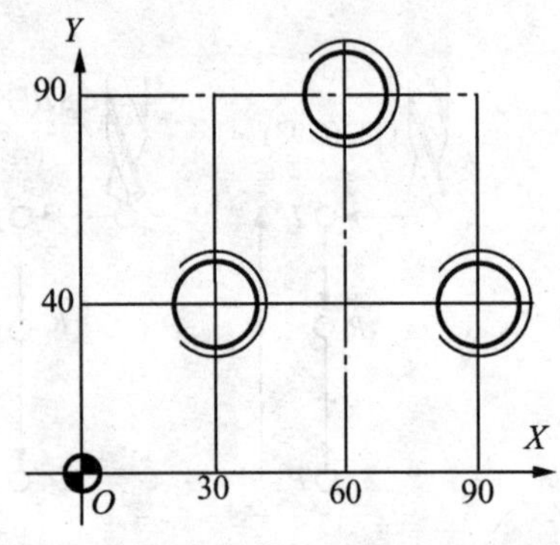

图 4-46　G84 编程举例

4. 镗孔循环(G85,G89,G86,G88,G76,G87)

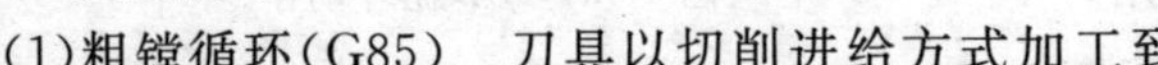

(1)粗镗循环(G85)　刀具以切削进给方式加工到孔底，然后以切削进给方式返回到 $R$ 点平面。可以用于镗孔、铰孔、扩孔等，刀具在孔底不停留。该循环动作如图 4-47 所示。

指令格式：

G85 X _ Y _ Z _ R _ F_；

(2)镗锪孔、阶梯孔循环(G89)　G89 动作与 G85 动作基本相似，不同的是，G89 动作在孔底增加暂停，因此，该指令常用于阶梯孔的加工。

指令格式：

G89 X _ Y _ Z _ R _ P _ F_；

(3)快速退刀的粗镗循环(G86)　G86 指令与 G81 相同，但在孔底时主轴停止，然后快速退回。该循环动作如图 4-48 所示。

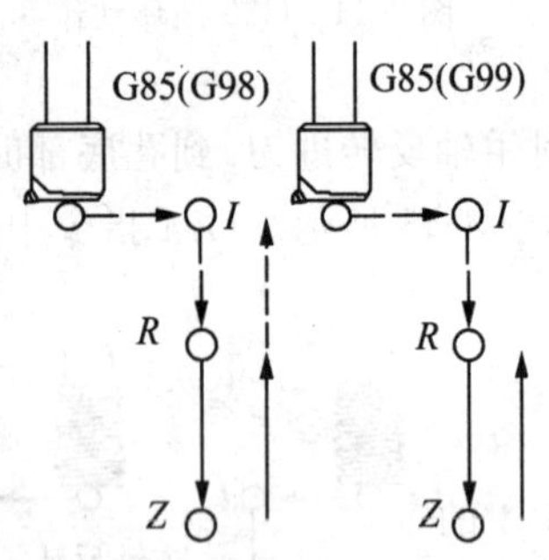

图 4-47　G85 循环动作

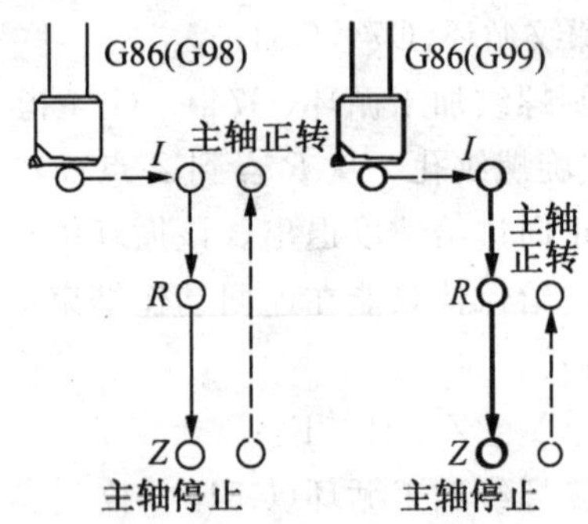

图 4-48　G86 循环动作

指令格式：

G86 X _ Y _ Z _ R _ F_；

(4)镗循环，手动退回(G88)　G88 指令在镗孔到底后主轴停止，通过手动方式返回，所以可使刀具做微量的水平移动(刀尖离开孔壁)后沿轴向上升，克服了 G86 指令在镗孔结束返回时镗刀刀尖在孔壁划出刻痕的问题，适用于对孔壁质量要求较高的场合。该循环动作如图 4-49 所示。

指令格式：

G88 X _ Y _ Z _ R _ F_；

(5)精镗循环(G76)　精镗时，主轴在孔底定向停止后，向刀尖反方向移动，然后快速退刀。这种带有让刀的退刀不会划伤已加工平面，保证了镗孔精度。程序格式中，Q 表示刀尖的偏移量，一般为正数，移动方向由机床参数设定。循环动作如图 4-50 所示。

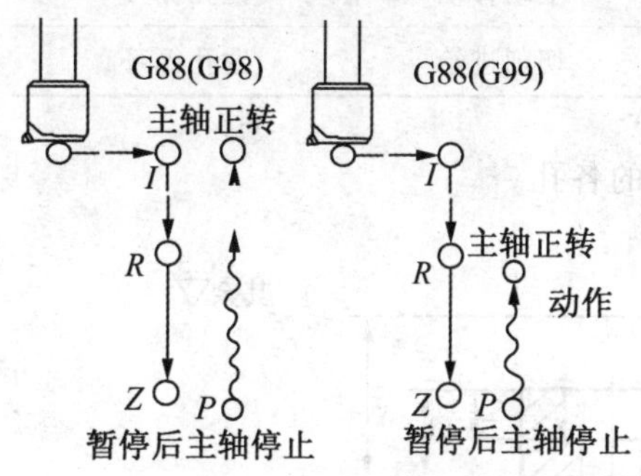


图 4-49　G88 循环动作

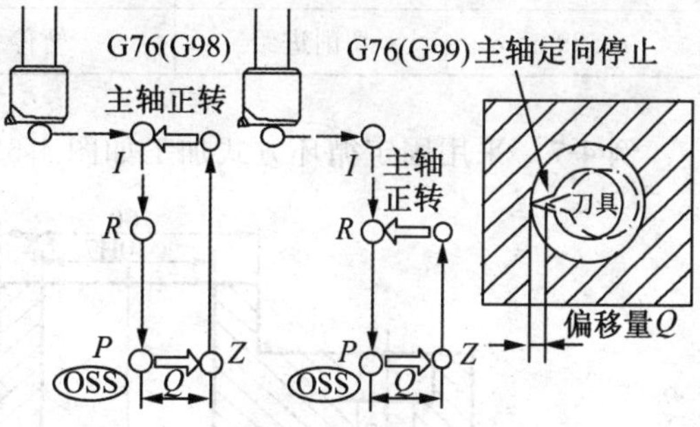

图 4-50　G76 循环动作

指令格式：

G76 X _ Y _ Z _ R _ Q _ F_；

(6)背镗孔(G87)　刀具运动到孔中心位置后，主轴定向停止，然后向刀尖相反方向偏移 Q 值，然后快速运动到孔底位置，接着返回前面的位移量，回到孔中心，主轴正转，刀具向上进给运动到 Z 点，主轴又定向停止，然后向刀尖相反方向偏移 Q 值，快退。刀具返回到初始平面，再返回一个位移量，回到孔中心，主轴正转，继续执行下一段程序。循环动作如图 4-51 所示。

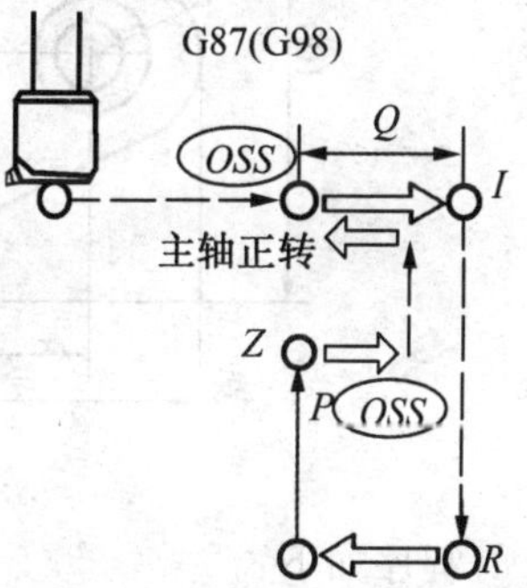

图 4-51　G87 循环动作

指令格式：

G87 X _ Y _ Z _ R _ Q _ F_；

各种孔加工固定循环见表 4-9。

**表 4-9**　**固定循环功能**

| G 代码 | 钻削(－Z 方向) | 在孔底的动作 | 回退(＋Z 方向) | 应用 |
|---|---|---|---|---|
| G73 | 间歇进给 | — | 快速移动 | 高速深孔钻循环 |
| G74 | 切削进给 | 停刀→主轴正转 | 切削进给 | 左旋攻丝循环 |
| G76 | 切削进给 | 主轴定向停止 | 快速移动 | 精镗循环 |
| G80 | — | — | — | 取消固定循环 |
| G81 | 切削进给 | — | 快速移动 | 钻孔、点钻循环 |
| G82 | 切削进给 | 暂停 | 快速移动 | 钻孔、锪镗循环 |
| G83 | 间歇进给 | — | 快速移动 | 深孔钻循环 |
| G84 | 切削进给 | 暂停→主轴反转 | 切削进给 | 攻丝循环 |

续表

| G85 | 切削进给 | — | 切削进给 | 镗孔循环 |
|---|---|---|---|---|
| G86 | 切削进给 | 主轴停止 | 快速移动 | 镗孔循环 |
| G87 | 切削进给 | 主轴正转 | 快速移动 | 背镗循环 |
| G88 | 切削进给 | 暂停→主轴停止 | 手动移动 | 镗孔循环 |
| G89 | 切削进给 | 暂停 | 切削进给 | 镗孔循环 |

**例 4-7**　采用固定循环方式加工如图 4-52 所示的各孔。

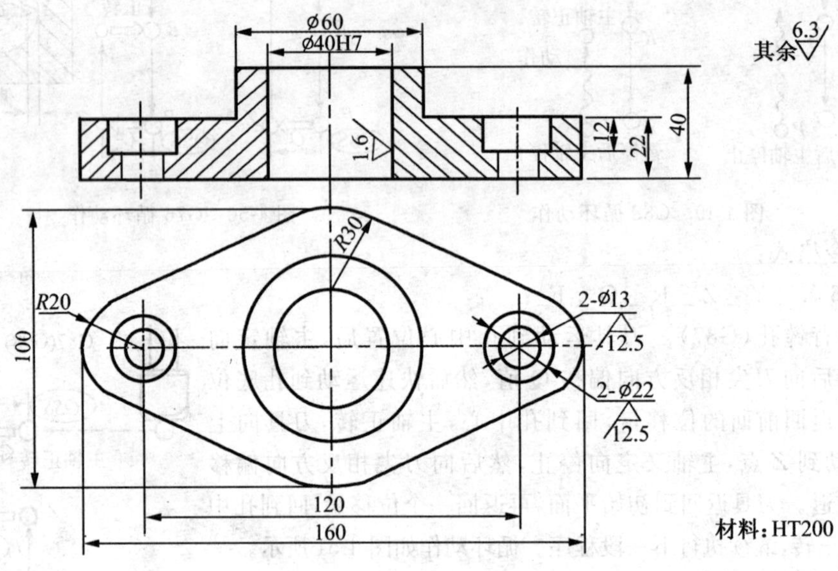


图 4-52　固定循环编程举例

程序如下：

```
O0003;(钻孔程序)
G54 G00 G49 G40 G80;
M03 S1000 M08;
G00 Z100.;
G81 G98 X60. Y0 Z-42. R-13. F100;
        X0 R5.;
        X-60. R-13.;
G80;
M30;
O0004;(铰孔程序)
G54 G00 G49 G40 G80;
M03 S1000 M08;
G00 Z100.;
G85 G98 X60. Y0 Z-42. R-13. F100;
X-60.;
G80;
M30;
O0005;(锪孔程序)
G54 G00 G49 G40 G80;
M03 S1000 M08;
G00 Z100.;
G82 G98 X60. Z-42. R-13. P1000 F100;
X-60.;
G80;
M30;
O0006;(粗镗孔程序)
```

```
G54 G00 G49 G40 G80;
M03 S1000 M08;
G00 Z100.;
M03 S1000 M08;
G00 Z100.;
G85 G99 X0 Y0 Z-42. R5. F100;
G80;
M30;
```

```
O0007;(精镗孔程序)
G54 G00 G49 G40 G80;
M03 S1000 M08;
G00 Z100.;
G76 G99 X0 Y0 Z-42. R5. Q5. F100;
G80;
M30;
```

## 四、简化编程功能

1. 极坐标指令(G15,G16)

G15:极坐标指令取消;G16:极坐标指令有效。

极坐标角度规定:逆时针为角度的正方向,顺时针为负方向。

**例 4-8**　如图 4-53 所示工件,毛坯尺寸为Ø50mm×35mm,材料为 45[#] 钢,试编制其加工程序。

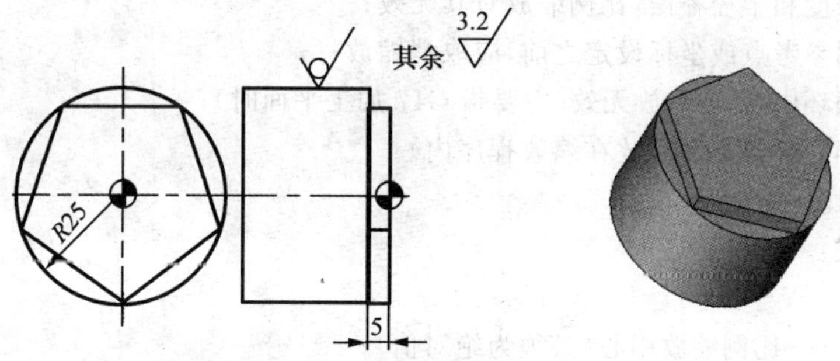


图 4-53　极坐标编程应用实例

分析:加工本例工件时,由于外接正五边形顶点的基点计算很麻烦,容易出错,为此采用极坐标方式进行编程加工,从而到达简化基点计算的目的。其加工程序如下:

```
O5001;
G54 G40 G49 G17 G80 G90;
G00 Z50.;
X0 Y-50.;
M03 S600;
Z0;
G01 Z-5. F100;
G16;                          建立极坐标
G42 G01 X25. Y-90. D01;       第一点,极角 90°
             Y-18.;           第二点,极角 -18°
             Y54.;            第三点,极角 54°
```

```
        Y126.;            第四点,极角 126°
        Y198.;            第五点,极角 198°
        Y-90.;            回到第一点,极角-90°
G15;                      取消极坐标
G40 G01 X0 Y-50.;
G00 Z100.;
M30;
```

2. 比例缩放(G50,G51)

对加工程序指定的图形进行比例缩放有两种指令格式。

(1)等比例缩放

指令格式:

G51 X _ Y _ Z _ P_;

其中:X,Y,Z——比例缩放中心(必须为绝对值);

P——缩放比例(小数点编程无效)。

说明:①小数点编程不能用于缩放比例;

②若坐标省略,则以刀具当前点为缩放中心;

③对于长度和半径补偿,比例缩放对其无效;

④在返回参考点或坐标设定之前,应取消缩放;

⑤固定循环中,$Z$ 轴缩放无效(主要指 G17 加工平面时);

⑥刀具半径补偿程序应放在缩放程序内。

(2)不等比例缩放

指令格式:

G51 X _ Y _ Z _ I _ J _ K_;

其中:X,Y,Z——比例缩放中心(必须为绝对值);

I,J,K——各轴(X,Y,Z)的缩放比例。

(3)比例缩放取消 G50

**例 4-9** 如图 4-54 所示工件,毛坯尺寸为 50mm×50mm×20mm,材料为 45# 钢,试编制其加工程序。

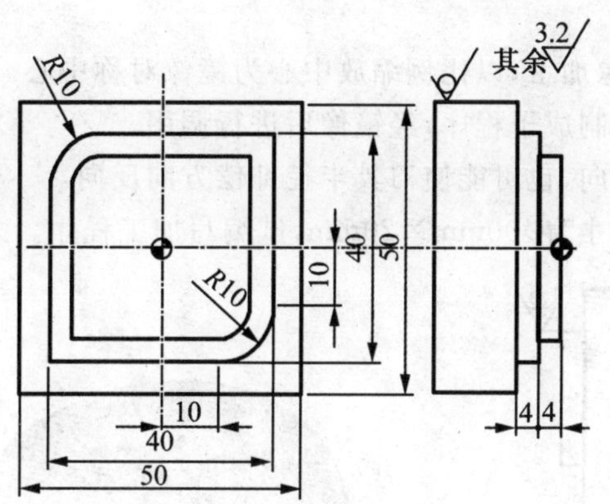

图 4-54　缩放功能应用实例

分析：本例的轮廓由两部分组成，这两部分尺寸成比例关系（0.6 倍）。因此，本例可采用比例缩放指令来进行编程，其加工程序如下：

```
O5002;                        主程序
G54 G40 G49 G17 G80 G90;
G00 Z50.;
X50. Y50.;
M03 S600;
Z0;
G01 Z-8. F100;
M98 P0001;
G01 Z-4. F100;
G51 X0 Y0 P600;               X0,Y0 为缩放中心，缩放比例 0.6
M98 P0001;
G50;                          取消缩放
G00 Z100.;
M30;
O0001;                        轮廓子程序
G41 X20. D01;
    Y-10.;
G02 X10. Y-20. R10.;
G01 X-20.;
    Y10.;
G02 X-10. Y20. R10.;
G01 X50.;
G40 Y50.;
M99;
```

3. 镜像加工(G50,G51)

当各轴缩放比例为负值时,则执行镜像加工,以比例缩放中心为镜像对称中心。

说明:(1)一般将原始像的加工程序编制成子程序,经镜像后进行调用。

(2)镜像加工可能使圆弧加工反向,也可能使刀具半径补偿方向反向。

**例 4-10**　如图 4-55 所示工件,毛坯尺寸为Ø90mm×20mm,试编写加工程序。

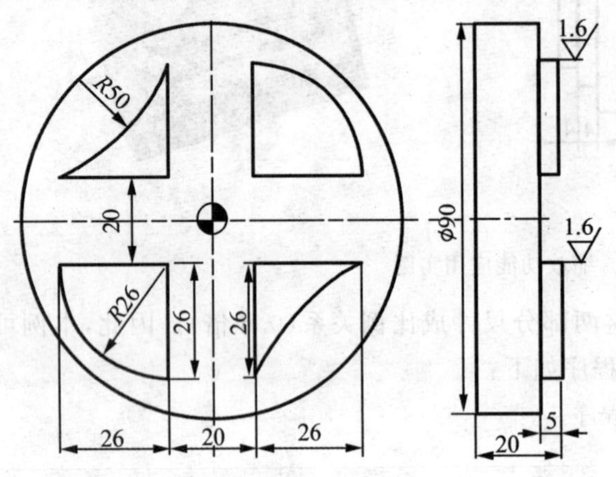

图 4-55　镜像功能应用实例

分析:本例工件 4 个凸台两两沿中心线对称,对于这类工件,可采用坐标镜像指令来编程,从而实现简化编程的目的。

其加工程序如下:

```
O5003;                          主程序
G54 G40 G49 G17 G80 G90;
G00 Z50.;
X70. Y0;
M03 S600;
Z0;
G01 Z-5. F100;
X0 Y0;
M98 P0002;                      调用凸圆弧子程序
M98 P0003;                      调用凹圆弧子程序
G51 X0 Y0 I-1000 J-1000;        以坐标原点作为镜像中心点
M98 P0002;                      调用凸圆弧子程序
M98 P0003;                      调用凹圆弧子程序
G50;                            取消镜像
G00 Z100.;
M30;
```

```
O0002;                          凸圆弧凸台子程序
G41 G01 X10. Y0 D01;
Y36.;
G02 X36. Y10. R26.;
G01 X0;
G40 G01 Y0;
M99;

O0003;                          凹圆弧凸台子程序
G41 G01 X0 Y10. D01;
X-36.;
G03 X-10. Y36. R50.;
G01 Y0;
G40 G01 X0;
M99;
```

5. 坐标旋转(G68,G69)

指令格式：

G68 X _ Y _ R_;

其中:X,Y——图形旋转中心；

R——旋转角度，一般为 0°～360°，逆时针为正，顺时针为负，不足 1°用小数点表示。

G69 为坐标旋转取消。

**例 4-11**　如图 4-56 所示工件，毛坯尺寸为Ø50mm×20mm，试编制其加工程序。

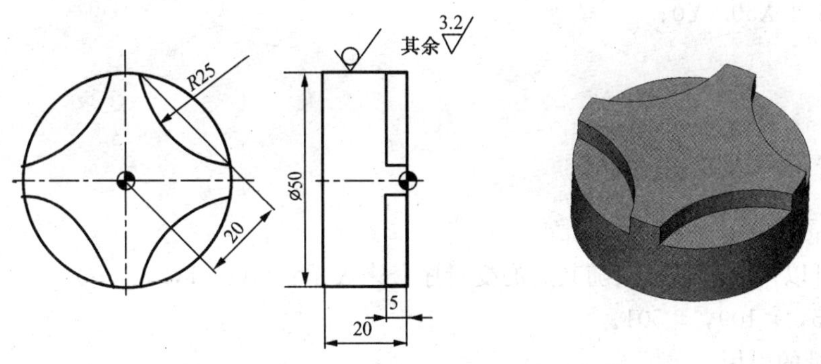


图 4-56　坐标旋转功能应用实例

分析：圆周上均布的 4 个圆弧形轮廓的大小、尺寸完全一致，只是与坐标轴夹角不同，可以认为是绕着工件中心旋转。采用坐标旋转指令编程，可以省去复杂的数学计算。

```
O5004;                     主程序
G54 G40 G49 G17 G80 G90;
G00 Z50.;
X50. Y0;
```

```
M03 S600;
Z0;
G68 X0 Y0 R45.;          坐标逆时针旋转 45°
M98 P0004;               调用圆弧加工子程序
G69;                     取消旋转
G68 X0 Y0 R135.;         坐标逆时针旋转 135°
M98 P0004;               调用圆弧加工子程序
G69;                     取消旋转
G68 X0 Y0 R225.;         坐标逆时针旋转 225°
M98 P0004;               调用圆弧加工子程序
G69;                     取消旋转
G68 X0 Y0 R315.;         坐标逆时针旋转 315°
M98 P0004;               调用圆弧加工子程序
G69;                     取消旋转
G00 Z100.;
M30;

O0004;                   圆弧加工子程序
G00 X50. Y0;
G01 Z-5. F100;
G41 X20. Y15. D01;
G03 Y-15. R25.;
G40 G01 X50. Y0;
Z5.;
M99;
```

## 五、宏程序及应用

1. 变量的表示

变量可以用"＃"号和跟随其后的变量序号来表示：＃i(i=1,2,3,…)

例：＃5，＃109，＃501。

2. 变量的引用

将跟随在一个地址后的数值用一个变量来代替，即引入了变量。

例：对于 F＃103，若＃103=50 时，则为 F50；

对于 Z－＃110，若＃110=100 时，则为 Z－100；

对于 G＃130，若＃130=3 时，则为 G03。

3. 变量的类型

变量根据变量号可以分成四种类型，各种变量类型、变量号及其功能见表 4-10。

表 4-10　变量的类型

| 变量号 | 变量类型 | 功　能 |
|---|---|---|
| ＃0 | 空变量 | 该变量总是空，没有值能赋给该变量 |
| ＃1～＃33 | 局部变量 | 局部变量只能用在宏程序中存储数据，例如，运算结果。当断电时，局部变量被初始化为空。调用宏程序时，自变量对局部变量赋值 |
| ＃100～＃199<br>＃500～＃999 | 公共变量 | 公共变量在不同的宏程序中的意义相同。当断电时，变量＃100～＃199 初始化为空。变量＃500～＃999 的数据保存，即使断电也不丢失 |
| ＃1000～ | 系统变量 | 系统变量用于读和写 CNC 运行时各种数据的变化，例如，刀具的当前位置和补偿值 |

4. 算术和逻辑运算

表 4-11 中列出的运算可以在变量中执行。运算符右边的表达式可包含常量和/或由函数或运算符组成的变量。表达式中的变量＃j 和＃k 可以用常量替换。左边的变量也可以用表达式赋值。

表 4-11　算术和逻辑运算

| 运算 | 格式 | 说明 |
|---|---|---|
| 赋值 | ＃i=＃j | |
| 加 | ＃i=＃j ＋＃k | |
| 减 | ＃i=＃j －＃k | |
| 乘 | ＃i=＃j ×＃k | |
| 除 | ＃i=＃j ÷＃k | |
| 正弦 | ＃i=SIN[＃j] | 角度的单位为°，如：90°30′应表示为 90.5° |
| 余弦 | ＃i=COS[＃j] | |
| 正切 | ＃i=TAN[＃j] | |
| 反正切 | ＃i=ATAN[＃j] | |
| 平方根 | ＃i=SQRT[＃j] | |
| 绝对值 | ＃i=ABS[＃j] | |
| 四舍五入圆整 | ＃i=ROUND[＃j] | |
| 或 | ＃i=＃j OR ＃k | 逻辑运算对二进制数逐位进行 |
| 异或 | ＃i=＃j XOR ＃k | |
| 与 | ＃i=＃j AND ＃k | |

5. 控制语句

(1)无条件转移指令(GOTO 语句)

语句格式为：

GOTO n；

无条件跳转到 n 的程序段中，顺序号必须位于程序段的最前面。如：

GOTO 1；

(2)条件转移(IF 语句)

语句格式为：

IF [条件式] GOTO n；

条件成立时，从顺序号为 n 的程序段开始执行；条件不成立时，执行下一个程序段。

条件表达式必须包括运算符，运算符的含义见表 4-12。

**表 4-12　运算符**

| 运算符 | 含义 | 运算符 | 含义 |
|---|---|---|---|
| EQ | 等于(=) | GE | 大于或等于(≥) |
| NE | 不等于(≠) | LT | 小于(<) |
| GT | 大于(>) | LE | 小于或等于(≤) |

(3)循环语句[WHILE 语句]

语句格式为：

WHILE [条件式] DO m；(m=1,2,3)

…

END m；

当条件成立时，程序执行从 DO m 到 END m 之间的程序段；如果条件不成立，则执行 END m 后的程序段。

**例 4-12**　如图 4-57 所示，毛坯尺寸为 100mm×50mm×10mm，材料为 45[#] 钢，试编写孔的加工程序。

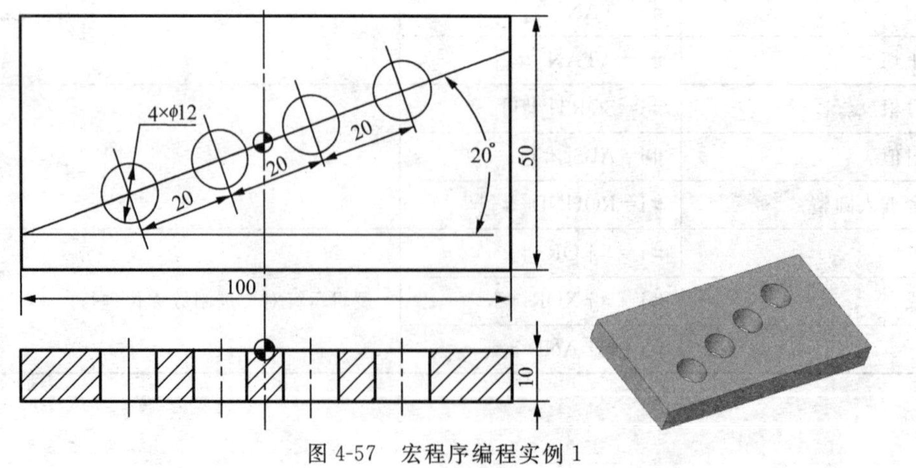


图 4-57　宏程序编程实例 1

分析:本例工件的 4 个孔均布在一条斜直线上,如果采用宏程序编程则可省略孔中心点的坐标计算,从而提高编程的正确率,其程序如下:

```
O6001;
G54 G40 G49 G17 G80 G90;
G00 Z50.;
M03 S600;
#1=-30;                              长度赋初值
N50 #2=#1*COS[20];                   孔中心 X 坐标
#3=#1*SIN[20];                       孔中心 Y 坐标
G81 X#2 Y#3 Z-12. R5. F100;          钻孔加工
#1=#1+20;                            长度每次增加 20
IF [#1 LE 30] GOTO 50;               条件判断
G80;                                 取消固定循环
G00 Z100.;
M30;
```

**例 4-13**　如图 4-58 所示工件,毛坯尺寸为 60mm×40mm×25mm,材料为 HT150,试编写椭圆的精加工程序。

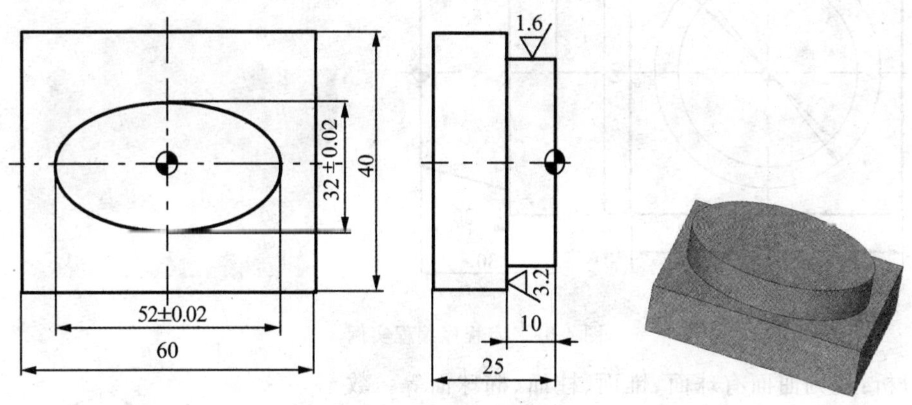


图 4-58　宏程序编程实例 2

分析:在毛坯中心建立工件坐标系,$Z$ 轴原点设在顶面上。

根据椭圆参数方程:X=a*cosφ;　　Y=b*sinφ

把角 φ 作为自变量,程序如下:

```
O6002;
G54 G40 G49 G17 G80 G90;
G00 Z50.;
X50. Y0;
M03 S600;
Z5.;
G01 Z-10. F100;
```

```
G41 Y-24. D01;
G02 X26. Y0 R24.;
#100=0;                          角度赋初值
N10 #101=26*COS[#100];           X坐标
#102=16*SIN[#100];               Y坐标
G01 X#101 Y#102;                 以直线逼近椭圆
#100=#100+1;                     角度增量
IF [#100 LE 360] GOTO 10;        条件判断
G02 X50. Y24. R24.;
G40 G01 Y0;
G00 Z100.;
M30;
```

**例 4-14**　如图 4-59 所示工件，毛坯尺寸为 60mm×60mm×30mm，材料为 45#钢。试编写零件上圆锥体的程序。

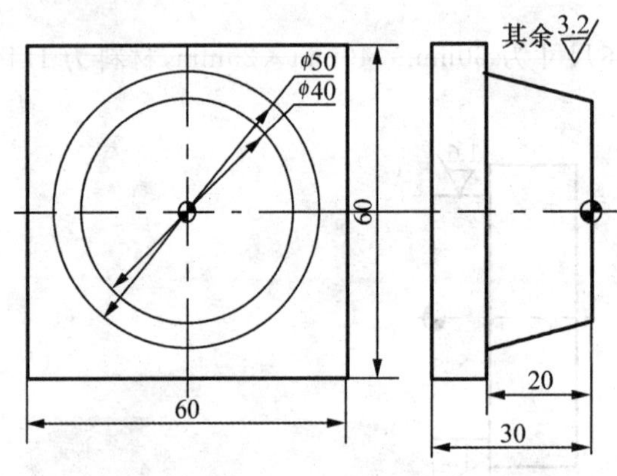

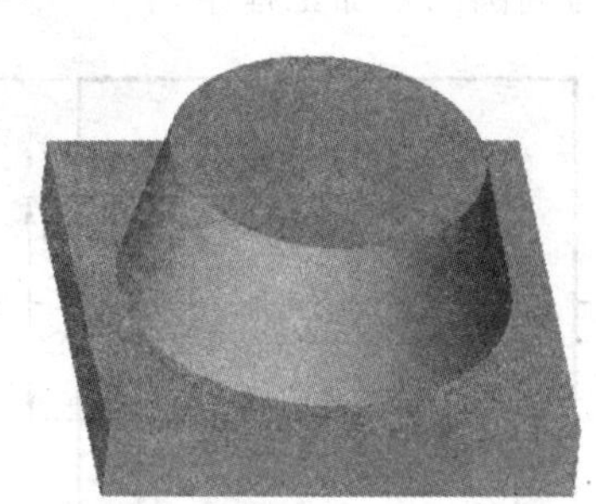

图 4-59　宏程序编程实例 3

分析：规则曲面有球面、锥面、柱面、椭球面等。数控机床加工这些零件时，可用球头刀或立铣刀采用“行(层)切法”加工，如图 4-60 所示，加工时刀具沿 $XY$ 平面运动一周，在零件轮廓上加工出一平面曲线，然后在 $Z$ 方向移动一个行距 $\Delta Z$，再加工出一个新的平面曲线，直至整个曲面形状加工结束。

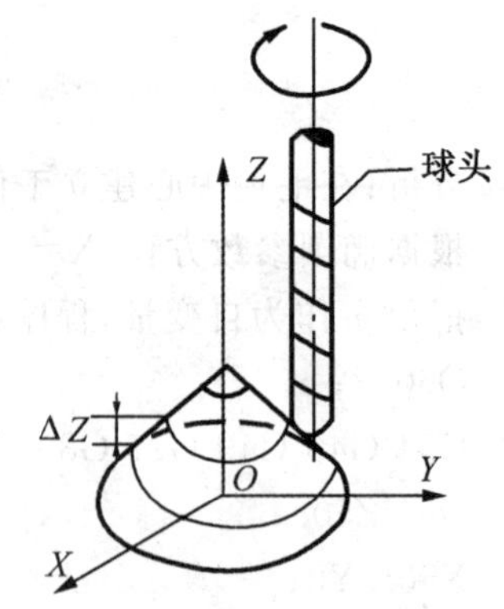


图 4-60　“行(层)切法”加工示意图

本例选择Ø16mm 的立铣刀采用层切法逐层加工整圆。根据计算，$Z$ 方向上每下降 0.1mm，所加工圆的半径增大 0.025mm。

编写精加工程序如下：

```
O6003;
G54 G40 G49 G17 G80 G90;
```

```
G00 Z50.;
X50. Y0;
M03 S600;
Z5.;
#100=20;                                X坐标
#101=0;                                 Z坐标
N50 G41 G01 X#100 D01 F100;
Z#101;
G02 I-#100;
#100=#100+0.025;                        X坐标变量
#101=#101-0.1;                          Z坐标变量
IF [#101 GE -20] GOTO 50;               条件判断
G40 G01 X50. Y0;
G00 Z100.;
M30;
```

**例 4-15** 如图 4-61 所示，毛坯尺寸为 50mm×50mm×30mm，试编写该工件半圆球曲面的加工程序。

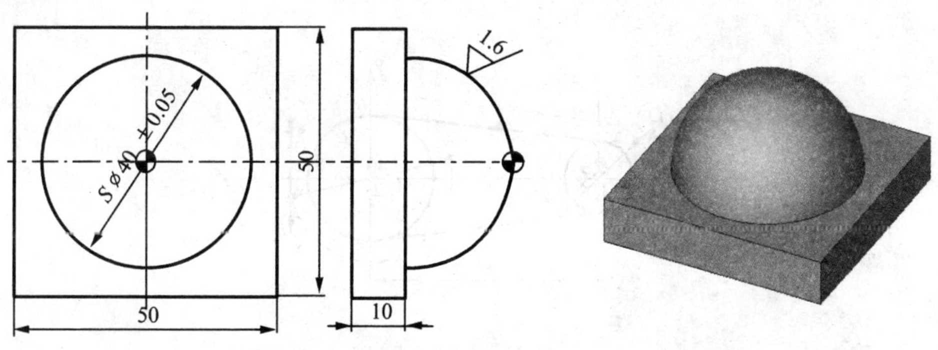


图 4-61 宏程序编程实例 4

分析：工件上表面为规则的圆弧曲面，可采用宏程序编程。选用Ø10mm 球形铣刀编程与加工，其精加工程序如下：

```
O6004;
G54 G40 G49 G17 G80 G90;
G00 Z50.;
X50. Y0;
M03 S600;
Z10.;
#100=0;                                  高度赋初值
N10 #101=[20-#100]*[20-#100];
#102=SQRT[20*20-#101];                   X坐标
```

```
G41 G01 X#102 D01 F100;
Z-#100;                                    Z坐标
G02 I-#102;
#100=#100+0.5;
IF [#100 LE 20] GOTO 10;                   条件判断
G40 G01 X50. Y0;
G00 Z100.;
M30;
```

## 六、数控铣削程序的编制综合实例

**例 4-16**　如图 4-62 所示为某连杆零件，要求对该连杆的轮廓进行精铣数控加工，试编写加工程序。

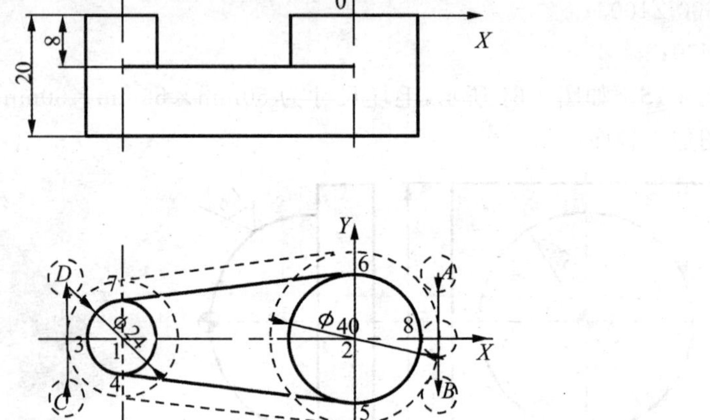


图 4-62　连杆零件图

1. 刀具选择Ø16 的立铣刀。

2. 安全高度：10mm。

3. 工艺路线安排

采用左刀补由 *A* 点进刀，再由 *B* 点退刀加工Ø40 的圆；由 *C* 点进刀，再由 *D* 点退刀加工Ø24 的圆；然后由 *A* 点进刀，再由 *B* 点退刀加工整个轮廓。

4. 编程计算

连杆轮廓的特征点计算结果如下：

点 1：X=－82　Y=0

点 2：X=0　Y=0

点 3：X=－94　Y=0

点 4：X=－83.165　Y=－11.943

点 5：X=－1.951　Y=－19.905

点 6：X＝－1.951　Y＝19.905

点 7：X＝－83.165　Y＝11.943

点 8：X＝20　Y＝0

5. 程序

```
O0006;
N10 G54 G90 G00 X28.0 Y20.0;                 建立工件坐标系,快速移动到A点
N20 G43 Z10.0 H01;                           刀具长度补偿,快进至安全高度
N30 G01 Z-8.0 F200 S1000 M03 M08;            下刀至-8mm高度处,启动主轴和冷却液
N40 G41 X20.0 Y0 D01 F100;                   刀具半径左补偿,切向进刀至8点
N50 G02 I-20.0 J0;                           圆弧插补铣Ø40的圆
N60 G40 G01 X28.0 Y-20.0;                    取消刀补,切向退刀至B点
N70 G00 Z10.0;                               提刀至安全高度
N80 X-102.0 Y-20.0;                          快速移动到C点
N90 G01 Z-8.0 F200 ;                         下刀至-8mm高度处
N100 G41 X-94.0 Y0 D01 F100;                 刀具半径左补偿,切向进刀至3点
N110 G02 I12.0 J0;                           圆弧插补铣Ø24的圆
N120 G40 G01 X-102.0 Y20.0;                  取消刀补,切向退刀至D点
N130 G00 Z10.0;                              提刀至安全高度
N140 X28.0 Y20.0;                            快速移动到A点
N150 G01 Z-21.0 F200;                        下刀至-21mm高度处
N160 G41 X20.0 Y0 D01 F100;                  刀具半径左补偿,切向进刀至8点
N170 G02 X-1.951 Y-19.905 I-20.0 J0;         圆弧插补至5点
N180 G01 X-83.165 Y-11.943;                  直线进给至4点
N190 G02 Y11.943 I1.165 J11.943;             圆弧插补至7点
N200 G01 X-1.951 Y19.905;                    直线进给至6点
N210 G02 X20.0 Y0 I1.195 J19.905;            圆弧插补至8点
N220 G40 G01 X28.0 Y-20.0;                   取消刀补,切向退刀至B点
N230 G00 Z10.0 M05 M09;                      提刀至安全高度,主轴停止,关冷却液
N240 G91 G49 G28 Z0;                         取消刀具长度补偿,Z轴返回参考点
N250 G28 X0 Y0;                              X,Y轴返回参考点
N260 M30;                                    程序结束
```

**例 4-17**　如图 4-63 所示的零件，毛坯外形尺寸为Ø120mm×40mm。按图纸要求制定正确的工艺方案（包括定位、夹紧方案和工艺路线），选择合理的刀具和切削工艺参数，编写数控加工程序。

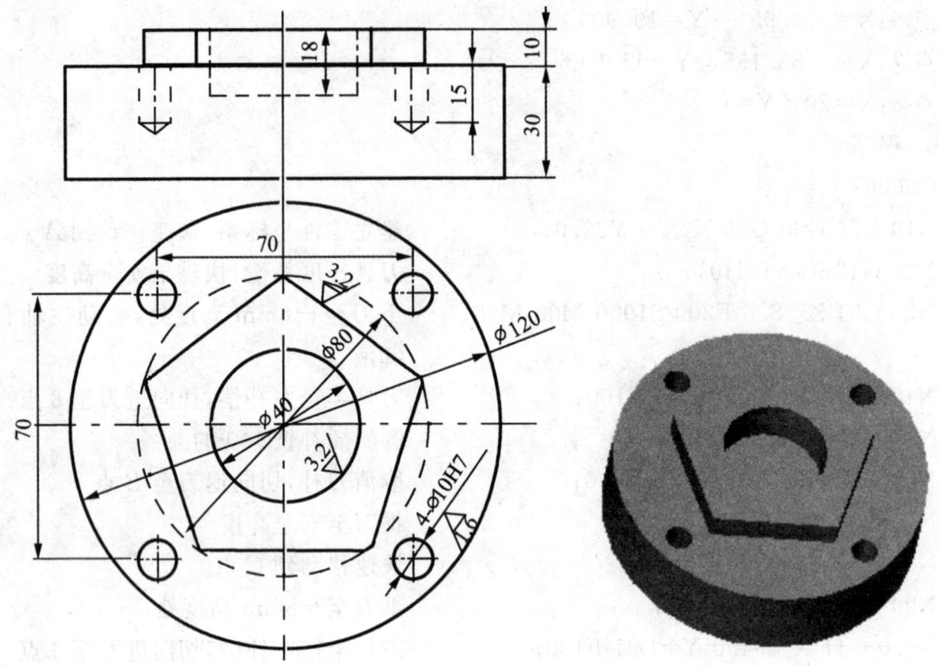


图 4-63 例 4-17 零件图

1. 工艺分析

根据对图纸的分析,决定先对 4 个ϕ10 的孔进行钻削,然后依次对五边形和ϕ40mm 的内圆进行粗加工,接着再对其精加工,最后对 4 个ϕ10 的孔进行铰削。

2. 夹具、刀具确定

(1)夹具的确定 数控铣床对夹具的基本要求是:能保证定位与夹紧,保证工件的尺寸精度、表面质量及加工效率。本例中采用的夹具为液压平口虎钳和 V 形块。

(2)刀具的选用 对于ϕ10 孔的加工采用ϕ3 的中心钻、ϕ9.8 的钻头和ϕ10 的铰刀;对于五边形和ϕ40mm 的内圆的粗加工采用ϕ20 的铣刀(2 刃),精加工采用ϕ12 的铣刀(2 刃)。

3. 坐标系、对刀位置和方法确定

编程原点建立在毛坯最上表面的中心。

在编程原点确定后,对于编程坐标系,对刀位置及对刀方法也就确定下来了。在本例中采用量块对刀的方法(*Z* 轴设定器、量块、直接对刀)。

4. 加工路线确定

根据本工件的实际情况,确定加工路线如图 4-64 所示。我们还需注意的是:

(1)在加工中,我们一般选用顺铣,这样可以提高刀具耐用度,减少切削变形,节省机床功率消耗;

(2)精加工余量为 0.2mm;

(3)确定是否要分层铣,这根据毛坯的厚度和刀具的直径确定;

(4)在粗加工中为节省时间常采用直线进退刀;在精加工中,为了得到较好加工表面常采用圆弧进退刀方式，如图 4-64 所示。在本例中，采用的都是圆弧进退刀。

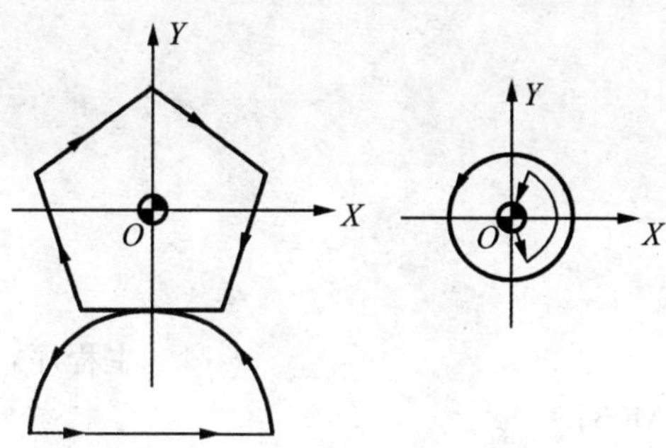


图 4-64　粗、精加工的走刀路线

5. 切削参数的选择

该零件加工工序刀具选用及切削参数见表 4-13。

**表 4-13　　各工序刀具的切削参数**

| 加工工序 | | 刀具与切削参数 | | | | | | |
|---|---|---|---|---|---|---|---|---|
| 工序 | 加工内容 | 刀具规格 | | | 主轴转速 (r/min) | 进给率 (mm/min) | 刀具补偿 | |
| | | 刀号 | 刀具名称 | 材料 | | | 长度 | 半径 |
| 1 | 点孔 | T01 | Ø3mm 中心钻 | 高速钢 | 1000 | 120 | | |
| 2 | 钻底孔 | T02 | Ø9.8mm 钻头 | | 500 | 80 | H02 | |
| 3 | 粗加工五边形 | T03 | Ø20mm 立铣刀 | | 400 | 80 | H03 | D03=10.2 |
| 4 | 粗加工内圆 | T03 | Ø20mm 立铣刀 | | 400 | 80 | H03 | D03=10.2 |
| 5 | 精加工五边形 | T04 | Ø12mm 立铣刀 | 硬质合金 | 800 | 120 | H04 | D04=6 |
| 6 | 精加工内圆 | T04 | Ø12mm 立铣刀 | | 800 | 120 | H04 | D04=6 |
| 7 | 铰孔 | T05 | Ø10mm 铰刀 | | 300 | 50 | H05 | |

6. 数值点的计算

(1)有些数据需要用计算器计算，最好精确到 0.001mm；

(2)有些数值点需通过计算机绘图后捕捉获得，最好计算出数值点的绝对坐标值，以免编程出错。

7. 程序

O0001；　　主程序，手动换上Ø3 的中心钻

N10 G90 G54 G00 Z100.0；

N20 S1000 M03；

N30 M08；

```
N40 G98 G81 X35.0 Y35.0 R5.0 Z-5.0 F120;    固定循环,加工4个底孔
N50 X-35.0;
N60 Y-35.0;
N70 X35.0;
N80 G80;
N90 M30;

O0002;                                      主程序,手动换上Ø9.8的钻头
N10 G90 G54 S500 M03;
N20 G00 G43 Z100.0 H02;                     对2号刀具进行刀具长度补偿
N30 M08;
N40 G98 G83 X35.0 Y35.0 R5.0 Z-25.0 Q3.0 F80;
N50 X-35.0;
N60 Y-35.0;
N70 X35.0;
N80 G80 G49 Z100.0;
N90 M30;

O0003;                                      主程序,手动换上Ø20立铣刀
N010 G90 G54 G40 G49 G80;
N020 S400 M03;
N030 G43 Z100.0 H03;                        对3号刀具进行刀具长度补偿
N040 M08;
N050 X0 Y-104.721 ;                         五边形粗加工
N060 Z5.0;
N070 G01 Z-9.8 F80;
N080 M98 P0006 D03 ;
N090 G00 Z100.0;
N0100 X0 Y0;                                内圆粗加工
N110 Z5.0;
N130 M98 P20007 D03;
N140 G00 G49 Z100.0;
N150 M30;

O0004;                                      主程序,手动换上Ø12立铣刀
N0010 G90 G54 G40 G49 G80;
N0020 G43 G00 Z100. H04;
N0030 M03 S800;
```

```
N0040 M08;
N0250 X0 Y-104.721 ;                              五边形精加工
N0260 Z5.0;
N0270 G01 Z-10.0 F120;
N0280 M98 P0006 D04;
N0290 G00 Z100.0;
N0360 X0 Y0;                                      内圆精加工
N0370 Z5.0;
N0380 G01 Z-18.0 F30.0;
N0390 M98 P0007 D04;
N0400 G00 G49 Z100.0;
N0410 M30;

O0005;                                            主程序,手动换上Ø10 铰刀
N0010 G90 G54 S300 M03;
N0020 G43 G00 Z100.0 H05;                         对 5 号刀具进行刀具补偿
N0030 M08;                                        冷却液开
N0040 G98 G85 X35.0 Y35.0. R5.0 Z-25.0 F50;固定循环,铰削 4 个孔
N0050 X-35.0;
N0060 Y-35.0;
N0070 X35.0;
N0080 G80;
N0090 G00 G49 Z100.0;
N0100 M30;

O0006;                                            加工五边形的子程序
N0010 G41 G01 X40.0;
N0020 G03 X0 Y-64.721 R40.0;
N0030 G01 X-47.023;
N0040 X-76.085 Y24.721;
N0050 X0 Y80.0;
N0060 X76.085 Y24.721;
N0070 X47.023 Y-64.721;
N0080 X0;
N0090 G03 X-40.0 Y -104.721 R40.0;
N0100 G40 G01 X0;
N0110 M99;
```

```
O0007;                                  加工内圆的子程序
N120 G91 G01 Z-8.9 F80;
N010 G90 G41 G01 X5.0 Y-15.0;
N020 G03 X20.0 Y0 R15.0;
N030 G03 X20.0 Y0 I-20.0;
N040 G03 X5.0 Y15.0 R15.0;
N050 G40 G01 X0 Y0;
N060 M99;
```

# 任务三　加工中心加工程序编制

## 一、加工中心简介

### (一)什么是加工中心

加工中心(Machining Center)简称 MC,是指配有刀库和自动换刀装置,在一次装夹工件后可实现多工序(甚至全部工序)加工的,适用于复杂零件加工的高效率自动化机床,其各组成部分,如图 4-65 所示。

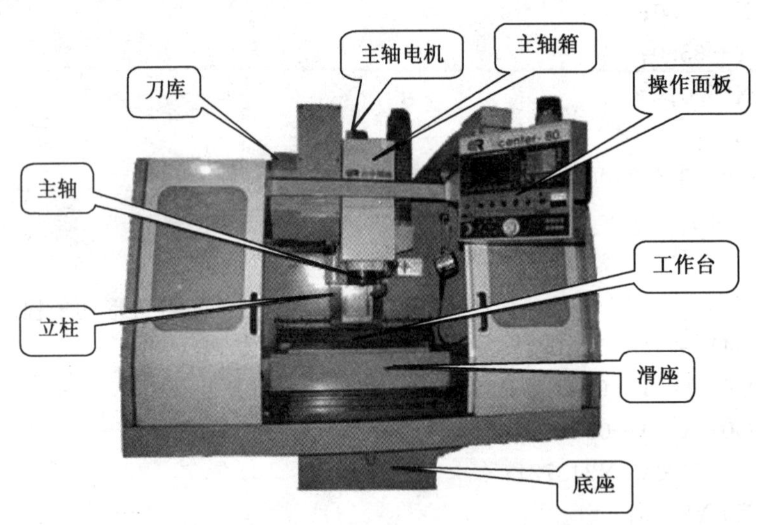


图 4-65　加工中心组成图

### (二)加工中心的特点

加工中心是典型的集高新技术于一体的机械加工设备,它的发展代表了一个国家设计、制造的水平,因此在国内外企业界都受到高度重视。如今,加工中心已成为现代机床发展的主流方向,广泛应用于机械制造中。与普通数控机床相比,它具有以下几个突出特点。

1. 工序集中

加工中心备有刀库并能自动更换刀具，对工件进行多工序加工，使得工件在一次装夹后，数控系统能控制机床按不同工序，自动选择和更换刀具，自动改变机床主轴转速、进给量和刀具相对工件的运动轨迹，以及其他辅助功能。现代加工中心更大程度地使工件在一次装夹后实现多表面、多特征、多工位的连续、高效、高精度加工，即工序集中。这是加工中心最突出的特点。

2. 对加工对象的适应性强

加工中心生产的柔性不仅体现在对特殊要求的快速反应上，而且可以快速实现批量生产，提高市场竞争能力。

3. 加工精度高

加工中心同其他数控机床一样具有加工精度高的特点，而且加工中心由于加工工序集中，避免了长工艺流程，减少了人为干扰，故加工精度更高，加工质量更加稳定。

4. 加工生产率高

零件加工所需要的时间包括机动时间与辅助时间两部分。加工中心带有刀库和自动换刀装置，在一台机床上能集中完成多种工序，因而可减少工件装夹、测量和机床的调整时间，减少工件半成品的周转、搬运和存放时间，使机床的切削利用率(切削时间和开动时间之比)高于普通机床 3～4 倍，达 80%以上。

5. 操作者的劳动强度减轻

加工中心对零件的加工是按事先编好的程序自动完成的，操作者除了操作键盘、装卸零件、进行关键工序的中间测量以及观察机床的运行之外，不需要进行繁重的重复性手工操作，劳动强度和紧张程度均可大为减轻，劳动条件也得到很大的改善。

6. 经济效益高

使用加工中心加工零件时，分摊在每个零件上的设备费用是较昂贵的，但在单件、小批生产的情况下，可以节省许多其他方面的费用，因此能获得良好的经济效益。例如，在加工之前节省了画线工时，在零件安装到机床上之后可以减少调整、加工和检验时间，减少了直接生产费用。另外，由于加工中心加工零件不需手工制作模型、凸轮、钻模板及其他工夹具，省去了许多工艺装备，减少了硬件投资。还由于加工中心的加工稳定，减少了废品率，使生产成本进一步下降。

7. 有利于实现生产管理的现代化

用加工中心加工零件，能够准确地计算零件的加工工时，并有效地简化检验和工夹具、半成品的管理工作。这些特点有利于使生产管理现代化。当前有许多大型 CAD/CAM 集成软件已经开发了生产管理模块，实现了计算机辅助生产管理。加工中心的工序集中加工方式固然有其独特的优点，但也带来不少问题，列举如下：

(1)粗加工后直接进入精加工阶段，工件的温升来不及恢复，冷却后尺寸变动，影响零件精度。

(2)工件由毛坯直接加工为成品，一次装夹中金属切除量大、几何形状变化大，没有释放应力的过程，加工完了一段时间后内应力释放，使工件变形。

(3)切削不断屑，切屑的堆积、缠绕等会影响加工的顺利进行及零件表面质量，甚至使刀具损坏、工件报废。

(4)装夹零件的夹具必须满足既能承受粗加工中大的切削力，又能在精加工中准确定位的要求，而且零件夹紧变形要小。

(5)由于 ATC 的应用，使工件尺寸受到一定的限制，钻孔深度、刀具长度、刀具直径及刀具质量也要加以考虑。

(三)加工中心的分类及其加工范围

根据机床的主轴布置形式将加工中心分为以下三种：

(1)立式加工中心　主轴轴线垂直于工作台。它具有操作方便、工件装夹和找正容易、占地面积小等优点，故应用较广。但由于受立柱的高度和自动换刀装置的限制，不能加工太高的零件。因此，主要适用于加工高度尺寸小、加工面与主轴轴线垂直的板材类、壳体类零件，也可用于模具加工。

(2)卧式加工中心　指主轴平行于工作台。它的工作台大多为可分度的回转台或由伺服电动机控制的数控回转台，在零件的一次装夹中通过旋转工作台可实现多加工面加工。如果为数控回转工作台，还可参与机床各坐标轴的联动，实现螺旋线的加工。因此，它适用于加工内容较多、精度较高的箱体类零件及小型模具型腔的加工。它是加工中心中种类最多、规格最全、应用范围最广的一种。

(3)复合加工中心　指在一台加工中心上有立、卧两个主轴，或主轴可改变 90°的角度，或工作台可带动工件一起旋转 90°的加工中心。它综合了立式和卧式的优点，但机床的控制系统和机床结构很复杂，价格昂贵。主要适用于复杂箱体类零件和具有复杂曲线的零件(如螺旋桨叶片及各种复杂模具)的加工。

(四)加工中心的刀具安装与更换

数控铣床和加工中心上通常采用标准的刀具，根据加工的需要还会用到各种高效刀具，如高刚性麻花钻、可转位钻头、可转位扩孔钻、硬质合金螺旋齿立铣刀、机夹硬质合金单刃铰刀、微调镗刀、球头铣刀及各种复合刀具。在加工中心上，各种刀具分别装在刀库内，加工时，自动换刀装置按程序规定随时进行选刀和换刀动作。因此刀具的存放和与主轴的连接必须采用标准刀柄，以便使钻、镗、扩、铣削等工序加工时，迅速、准确地装到机床主轴或刀库上去。

数控铣床或加工中心使用的刀具通过刀柄与主轴连接，刀柄通过拉钉和主轴内的拉紧装置固定在主轴上，由刀柄夹持刀具传递转速、扭矩。刀柄的强度、刚性、制造精度以及夹紧力对加工性能有直接的影响。

1. 数控刀柄

目前，我国的加工中心采用 TSG 工具系统，其刀柄有直柄(三种规格)和锥柄(四种规格)两种，共包括 16 种不同用途的刀柄。我国的 TSG 系统固定了各式刀柄、刀杆、接长杆等工具代号、结构、尺寸系列、连接形式及适用范围。带有机械手夹持槽的锥柄代号为 JT，柄锥为 7∶24；直柄代号为 JZ。目前使用较多的是 JT 和 BT 类柄部形式，其含义为：

JT 表示采用国际标准 ISO7388 号加工中心机床用锥柄柄部(带机械手夹持槽)。其后数字为相应的 ISO 锥度号，如 50 和 40 分别代表大端直径 69.85 和 44.45 的 7∶24 锥度。

BT 表示采用日本标准 MAS403 号加工中心机床用锥柄柄部(带机械手夹持槽);其后数字为相应的 ISO 锥度号,如 50 和 40 分别代表大端直径 69.85 和 44.45 的 7∶24 锥度。

我国使用的各种刀柄形式代号见表 4-14。

常用刀柄分类及应用见表 4-15。

**表 4-14　工具柄部形式代号**

| 代　　号 | 工具柄部形式 |
|---|---|
| JT | 自动换刀机床用 7∶24 圆锥工具柄 GB 10944-89 |
| BT | 自动换刀机床用 7∶24 圆锥 BT 型工具柄 JIS B6339 |
| ST | 手动换刀机床用 7∶24 圆锥工具柄 GB 3837.3-83 |
| MT | 带扁尾莫氏圆锥工具柄 GB 1443-85 |
| MW | 无扁尾莫氏圆锥工具柄 GB 1443-85 |
| ZB | 直柄工具柄 GB 6131-85 |

**表 4-15　常用刀柄分类及应用分类**

| 分类方法 | 刀柄种类 | 刀柄实例 | 应用 |
|---|---|---|---|
| 按结构分 | 整体式 | 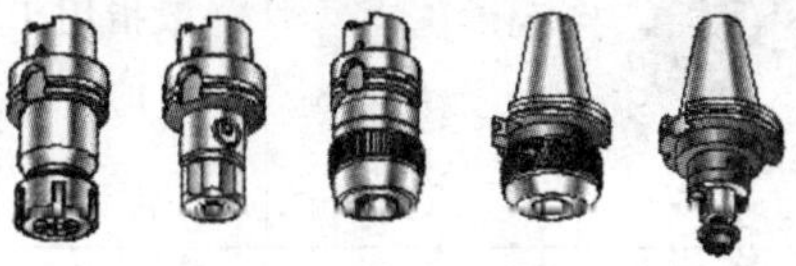 | 直接夹住刀具,刚性好,但需针对不同的刀具分别配备,其规格、品种繁多,给管理和生产带来不便 |
| | 模块式 |  | 装配不同刀具时更换连接部分即可,克服了整体式刀柄的缺点,但对连接精度、刚性、强度等都有很高的要求 |
| 按刀具夹紧方式分 | 弹簧夹头式刀柄 | 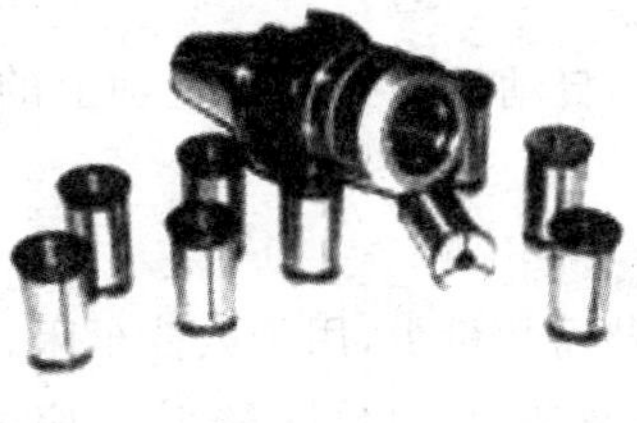 | 采用 ER 型卡簧,适用于夹持 16mm 以下直径的铣刀进行铣削加工;若采用 KM 型卡簧,则称为强力夹头刀柄,可以提供较大的夹紧力,适用于夹持 16mm 以上直径的铣刀进行强力铣削 |

续表

| | | | |
|---|---|---|---|
| 按刀具夹紧方式分 | 侧向夹紧式刀柄 |   | 适用于切削力大的加工，但一种尺寸的刀具需对应配备一种刀柄 |
| | 液压夹紧式刀柄 |  | 可提供较大的夹紧力 |
| | 冷缩夹紧式刀柄 |  | 装刀时加热刀柄孔，靠冷缩夹紧刀具，使刀具和刀柄合二为一，在不经常换刀的场合使用 |
| 按允许的转速分 | 低速刀柄 |  | 一般指用于主轴转速在 8000r/min 以下的刀柄 |
| | 高速刀柄 |  | 一般指用于主轴转速在 8000r/min 以上高速加工的刀柄，其上有平衡调整环，必须经常平衡检测 |

刀柄也可按所夹持的刀具种类分为圆柱铣刀刀柄、锥柄钻头刀柄、盘铣刀刀柄、直柄钻头刀柄、镗刀刀柄、丝锥刀柄等。

2. 自动换刀装置

换刀装置的用途是按照加工需要，自动地更换装在主轴上的刀具。自动换刀装置是一套独立、完整的部件。

(1)自动换刀装置的形式

回转刀架换刀装置：结构简单、装刀数量少，用于数控车床。
带刀库的自动换刀装置：结构较复杂、装刀数量多，广泛应用。

(2)刀库的形式

- 鼓轮式　结构简单，刀库容量相对较小，一般有 1～24 把刀具，主要适用于小型加工中心，如图 4-66 所示。
- 链式　刀库容量大，一般有 1～100 把刀具，主要适用于大中型加工中心，如图 4-67 所示。

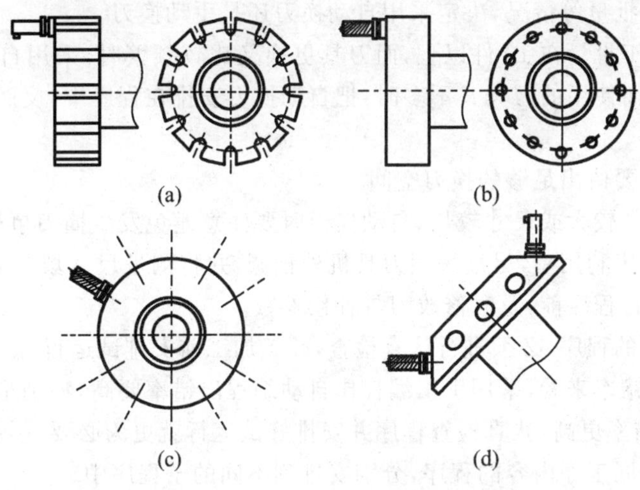


图 4-66　鼓轮式刀库

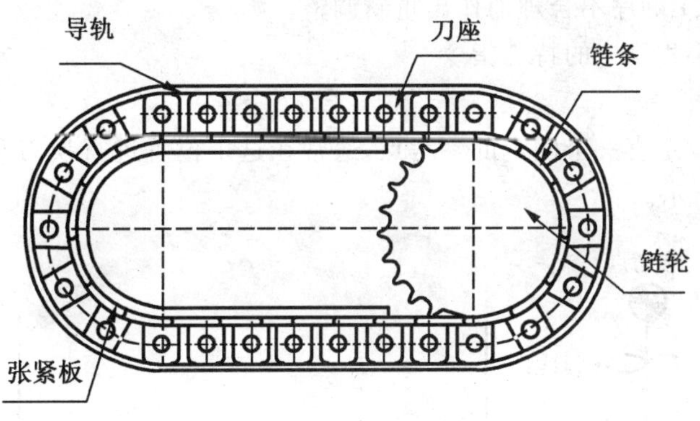


图 4-67　链式刀库

(3)自动换刀过程

自动换刀装置的换刀过程由选刀和换刀两部分组成。当执行到 T××指令即选刀指令后，刀库自动将要用的刀具移动到换刀位置，完成选刀过程，为下面的换刀做好准备；当执行到 M06 指令时即开始自动换刀，把主轴上用过的刀具取下，将选好的刀具安装在主轴上。

- 选刀方式
  - 顺序选刀方式
  - 任选方式
    - 刀具编码方式
    - 刀座编码方式
    - 计算机记忆方式
- 换刀方式
  - 机械手换刀
  - 刀库—主轴运动换刀

## 二、加工中心的程序编制

### (一)加工中心程序编制中的注意事项

1. 由于零件加工的工序多,使用的刀具种类多,甚至在一次装夹下,要完成粗加工、半精加工与精加工,周密合理地安排各工序加工的顺序,有利于提高加工精度和生产效率。

2. 根据加工批量等情况,决定采用自动换刀还是手动换刀

一般对于加工批量在10件以上,而刀具更换又比较频繁时,采用自动换刀为宜。但当加工批量很小而使用的刀具又不多时,把自动换刀安排在程序中,反而会增加机床的调整时间。

3. 自动换刀要留出足够的换刀空间

有些刀具直径较大或尺寸较长,自动换刀时要注意避免发生撞刀事故。

4. 为提高机床利用率,尽量采用刀具机外预调,并将测量尺寸填写到刀具卡片中,以便于操作者在运行程序前,及时修改刀具补偿参数。

5. 对于编好的程序,必须进行认真检查,并于加工前安排试运行

从编程的出错率来看,采用手工编程比自动编程出错率要高,特别是在现场为临时加工而编程时,出错率更高,认真检查程序并安排好试运行就更为必要。

6. 尽量把不同工序内容的程序,分别安排到不同的子程序中

当零件加工工序较多时,为了便于程序的调试,一般将各工序内容分别安排到不同的子程序中,主程序主要完成换刀及子程序的调用。这种安排便于按每一工序独立地调试程序,也便于因加工顺序不合理而作出重新调整。

### (二)加工中心程序中的特殊指令

1. 回参考点指令

数控机床上设定有一个固定的参考点,通常在这个位置进行换刀和设定编程的绝对零点,如图4-68所示。

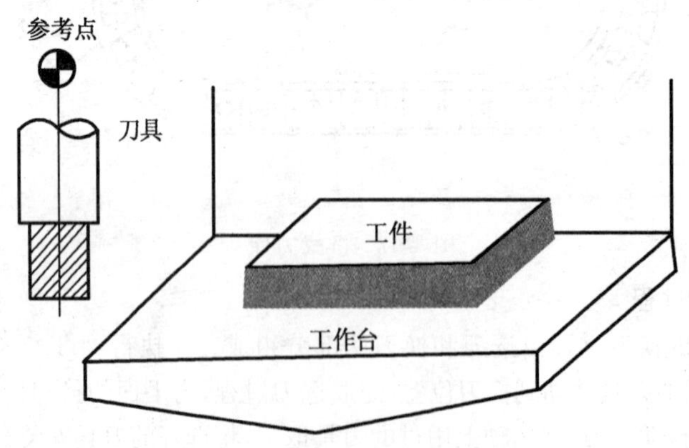


图4-68　参考点位置

自动返回参考点指令(G28)

指令格式:

G28 X _Y _ Z_;

功能:使各轴以快速移动速度经中间点返回到参考点,X,Y,Z 为中间点坐标。设置中间点的目的是避免刀具在快速返回参考点时与工件或夹具等发生碰撞。

例 N1 G28 X40.0 Y60.0;中间点为(X40.0,Y60.0)

2. 加工中心的换刀操作

在加工中心上,换刀是不可避免的。但机床出厂时都有一个固定的换刀点,不在换刀位置,便不能够换刀。而且换刀前,刀补和循环都必须取消掉,主轴停止,冷却液关闭。条件繁多,如果每次手动换刀前,都要保证这些条件,不但易出错而且效率低,因此常先编制一个换刀程序保存在系统内部,需要换刀时在 MDI 状态下用 M98 调用就可以一次性完成换刀动作。程序如下:

```
O2002;            程序名
G80 G40 G49 ;     取消固定循环、刀补
M05;              主轴停止
M09;              冷却液关闭
G91 G28 Z0;       Z 轴回到第二原点,即换刀点
M06;              换刀
M99;              子程序结束
```

在需要换刀的时候,只需在 MDI 状态下,键入"T5 M98 P2002",即可换上所需刀具 T5,从而避免了许多不必要的失误。

在自动加工中,除加入自动换刀程序外,加工中心的编程方法和普通数控机床相同。换刀程序可采用两种方法设计:

方法一:

```
N10 G91 G28 Z0;
M05,
N20 M06 T02;
```

方法二:

```
N50 G01 Z50. T02;
………………
N100 G28 Z0 M06;
N110 G01 Z50. T03;
```

N100 程序段换上 N50 程序段选出的 T02 号刀具;在换刀后,紧接着选出下次要用的 T03 号刀具。

## 三、加工中心编程综合实例

**例 4-18**　如图 4-69 所示的加工零件,毛坯外形尺寸为 110mm×80mm×20mm,除上表面以外的其他五面均已加工,并符合尺寸与粗糙度要求,材料为 45# 钢。按图纸要求制定正确的工艺方案(包括定位、夹紧方案和工艺路线),选择合理的刀具和切削工艺参数,编写数控加工程序。

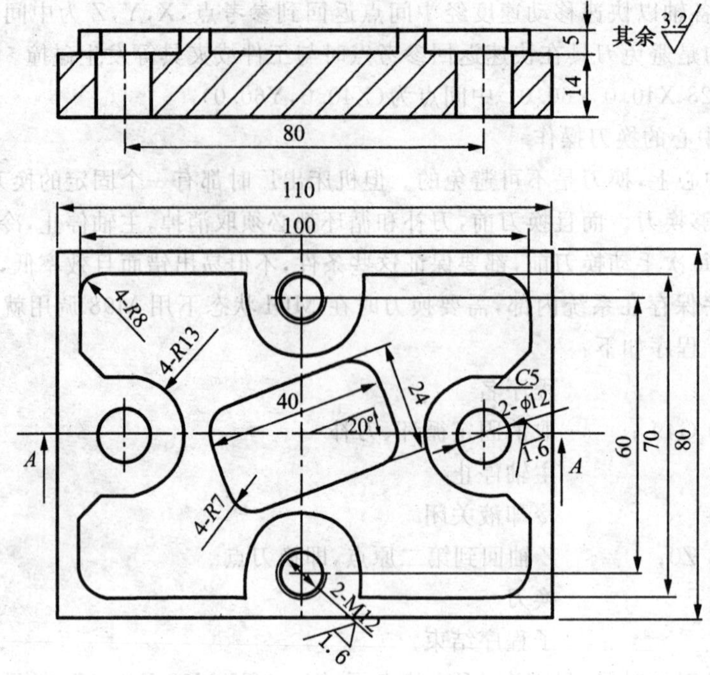


图 4-69　加工中心编程综合实例 1

1. 工艺分析

如图 4-69 所示，零件外形规则，被加工部分的各尺寸、表面粗糙度等要求较高。图中包含了平面、内外轮廓、钻孔、铰孔以及攻丝等加工，且大部分的尺寸均达到 IT8～IT7 级精度。

选用机用平口虎钳装夹工件，校正平口钳固定钳口与工作台 *X* 轴移动方向平行，在工件下表面与平口钳之间放入精度较高且厚度适当的平行垫块，工件露出钳口表面不低于 7mm，利用木槌或铜棒敲击工件，使平行垫块不能移动后夹紧工件。设置工件坐标系为顶面分中；刀具长度补偿值在表面铣削后，直接用刀具确定。工件上表面为执行刀具长度补偿后的 *Z* 零点表面。

2. 根据零件图纸要求确定的加工工序和刀具的选择

(1)装夹工件，铣削 110mm×80mm 的平面，保证厚度尺寸 19mm。选用Ø80mm 可转位面铣刀。

(2)粗加工外轮廓及去除多余材料，选用Ø16mm 立铣刀。

(3)粗加工旋转型腔，选用Ø12mm 键槽铣刀。

(4)精加工外轮廓与旋转型腔，选用Ø10mm 立铣刀。

(5)点孔加工，选用Ø4mm 中心钻。

(6)钻孔加工，选用Ø11.8mm 直柄麻花钻。

(7)铰孔加工，保证孔的直径和深度，选用Ø12mm 机用铰刀。

(8)攻丝加工，选用 M12 机用丝锥。

3. 切削参数的选择

该零件加工工序刀具选用及切削参数见表 4-16。

**表 4-16　　各工序刀具的切削参数**

<table>
<tr><th colspan="2">加工工序</th><th colspan="7">刀具与切削参数</th></tr>
<tr><th rowspan="2">工序</th><th rowspan="2">加工内容</th><th colspan="3">刀具规格</th><th rowspan="2">主轴转速<br>(r/min)</th><th rowspan="2">进给率<br>(mm/min)</th><th colspan="2">刀具补偿</th></tr>
<tr><th>刀号</th><th>刀具名称</th><th>材料</th><th>长度</th><th>半径</th></tr>
<tr><td>1</td><td>铣平面</td><td>T01</td><td>Ø50mm 面铣刀</td><td>硬质合金</td><td>600</td><td>120</td><td></td><td></td></tr>
<tr><td>2</td><td>粗加工<br>外轮廓</td><td>T02</td><td>Ø16mm 立铣刀</td><td rowspan="8">高速钢</td><td>500</td><td>100</td><td>H02</td><td>D02<br>=8.1</td></tr>
<tr><td>3</td><td>粗加工<br>旋转型腔</td><td>T03</td><td>Ø16mm 键槽铣刀</td><td>700</td><td>60</td><td>H03</td><td>D03<br>=8.1</td></tr>
<tr><td>4</td><td>精加工<br>外轮廓</td><td>T04</td><td>Ø16mm 立铣刀</td><td>1000</td><td>60</td><td>H04</td><td>D04<br>=8</td></tr>
<tr><td>5</td><td>精加工<br>旋转型腔</td><td>T05</td><td>Ø10mm 立铣刀</td><td>800</td><td>80</td><td>H05</td><td>D05<br>=5</td></tr>
<tr><td>6</td><td>点孔</td><td>T06</td><td>Ø4mm 中心钻</td><td>1200</td><td>120</td><td>H06</td><td></td></tr>
<tr><td>7</td><td>钻孔</td><td>T07</td><td>Ø 11. 8mm 直柄麻花钻</td><td>550</td><td>80</td><td>H07</td><td></td></tr>
<tr><td>8</td><td>铰孔</td><td>T08</td><td>Ø12mm 机用铰刀</td><td>300</td><td>50</td><td>H08</td><td></td></tr>
<tr><td>9</td><td>攻丝</td><td>T09</td><td>M12mm 机用丝锥</td><td>100</td><td></td><td>H09</td><td></td></tr>
</table>

4. 编写程序

```
O0001;                              主程序
N10 G54 G90 G49 G17 G80;            程序初始化
N20 T01 M03 S600 M08;               Ø50mm 面铣刀
N30 G00 X80. Y－20.;
N40 Z2.;
N50 G01 Z0 F120;
N60 X－80.;
N70 Y20.;
N80 X80.;
N90 Z2.;
N100 G00 Z100.;
N110 M05 M09;
N120 G91 G28 Z0;                    回参考点
N130 M06 T02;                       换Ø16mm 立铣刀
N140 M03 S500 M08;
```

```
N150 G90 G44 G00 Z100. H02;               粗加工外轮廓
N160 G00 X100. Y0;
N170 Z2.;
N180 G01 Z-4.5 F100;
N190 G42 G01 X50. D02;
N200 G01 Y27.;
N210 M98 P0002;                           调子程序
N220 Z2.;
N230 G49 G00 Z100.;
N240 M05 M09;
N250 G91 G28 Z0;
N260 M06 T03 D03;                         换Ø16mm 键槽铣刀
N270 G90 G44 G00 Z100. H03;               粗加工旋转型腔
N280 M03 S700 M08;
N290 X0 Y0;
N300 Z2.;
N310 G01 Z-4.5 F60;
N320 G68 X0 Y0 R20.;
N330 M98 P0003;                           调子程序
N340 G69;
N350 G49 G00 Z100.;
N360 M05 M09;
N370 G91 G28 Z0;
N380 M06 T04;                             换Ø16mm 立铣刀
N390 M03 S1000 M08;                       精加工外轮廓
N400 G44 G00 Z100. H04;
N410 G00 X100. Y0;
N420 Z2.;
N430 G01 Z-5. F60;
N440 G42 G01 X50. D04;
N450 G01 Y27.;
N460 M98 P0002;                           调子程序
N470 Z2.;
N480 G49 G00 Z100.;
N490 M05 M09;
N500 G91 G28 Z0;
N510 M06 T05 D05;                         换Ø10mm 立铣刀
N520 G90 G44 G00 Z100. H05;               精加工旋转型腔
```

```
N530 M03 S800 M08;
N540 X0 Y0;
N550 G01 Z-5. F80;
N560 G68 X0 Y0 R20.;
N570 M98 P0003;                              调子程序
N580 G69;
N590 G49 G00 Z100.;
N600 M05 M09;
N610 G91 G28 Z0;
N620 M06 T06;                                换Ø4mm 中心钻
N630 G44 G90 G00 Z100. H06;
N640 M03 S1200 M08;
N650 G99 G81 X-40. Y0 Z-3. R0 F120;          固定循环指令钻孔加工
N660 X40.;
N670 X0 Y30.;
N680 G98 Y-30.;
N690 G80;
N700 G49 G00 Z100.;
N710 M05 M09;
N720 G91 G28 Z0;
N730 M06 T07;                                换Ø11.8mm 直柄麻花钻
N740 G43 G90 G00 Z100. H07;
N750 M03 S550;
N760 G99 G81 X-40. Y0 Z-22. R0 F80;          固定循环指令钻孔加工
N770 X40.;
N780 X0 Y30.;
N790 G98 Y-30.;
N800 G80;
N810 G49 G00 Z100.;
N820 M05 M09;
N830 G91 G28 Z0;
N840 M06 T08;                                换Ø12mm 机用铰刀
N850 G90 G44 G00 Z100. H08;
N860 M03 S300;
N870 G99 G85 X-40. Y0 Z-22. R0 F50;          固定循环指令铰孔加工
N880 G98 X40.;
N890 G80;
N900 G49 G00 Z100.;
```

```
N910 M05 M09;
N920 G91 G28 Z0;
N930 M06 T09;                                    换 M12mm 机用丝锥
N940 G90 G44 G00 Z100. H09;
N950 M03 S100;
N960 G99 G84 X0. Y30. Z-22. R1. F150;            固定循环指令螺纹加工
N970 G98 Y-30.;
N980 G80;
N990 G49 G00 Z100.;
N995 M30;

O0002;                                           外轮廓加工子程序
N10 G03 X42. Y35. R8.;
N20 G01 X13.;
N30 Y30.;
N40 G02 X-13. R13.;
N50 G01 Y35.;
N60 X-42.;
N70 G03 X-50. Y27. R8.;
N80 G01 Y18.;
N90 X-45. Y13.;
N100 X-40.;
N110 G02 Y-13. R13.;
N120 G01 X-45.;
N130 X-50. Y-18.;
N140 Y-27.;
N150 G03 X-42. Y-35. R8.;
N160 G01 X-13.;
N170 Y-30.;
N180 G02 X13. R13.;
N190 G01 Y-35.;
N200 X42.;
N210 G03 X50. Y-27. R8.;
N220 G01 Y-18.;
N230 X45. Y-13.;
N240 X40.;
N250 G02 Y13. R13.;
N260 G01 X45.;
```

```
N270 X55. Y23. ;
N280 G40 G01 X85. Y0;
N290 M99;

O0003;                                          旋转型腔加工子程序
N10 G41 X10. Y2. ;
N20 G03 X0. Y12. R10. ;
N30 G01 X-13. ;
N40 G03 X-20. Y5. R7. ;
N50 G01 Y-5. ;
N60 G03 X-13. Y-12. R7. ;
N70 G01 X13. ;
N80 G03 X20. Y-5. R7. ;
N90 G01 Y5. ;
N100 G03 X13. Y12. R7. ;
N110 G01 X0;
N120 G03 X-10. Y2. R10. ;
N130 G40 G01 X10. Y0;
N140 M99;
```

**例 4-19**　加工图 4-63 所示零件，毛坯外形尺寸为ø120mm×40mm。按图纸要求制定正确的工艺方案(包括定位、夹紧方案和工艺路线)，选择合理的刀具和切削工艺参数，编写数控加工程序。

工艺分析见铣削综合练习。

加工程序如下：

```
O0001;                                          主程序,ø3 的中心钻
N10 G90 G54 G00 Z100.0;
N20 S1000 M03 T01;
N30 M08;
N40 G98 G81 X35.0 Y35.0 R5.0 Z-5.0 F120;       固定循环,加工 4 个底孔
N50 X-35.0;
N60 Y-35.0;
N70 X35.0;
N80 G80;
N90 G91 G28 Z0;
N100 M09 M05;
N110 M06 T02;                                   换上ø9.8 的钻头
N120 S500 M03;
```

```
N130 G90 G00 G43 Z100.0 H02;                        对 2 号刀具进行刀具长度补偿
N140 M08;
N150 G98 G83 X35.0 Y35.0 R5.0 Z－25.0 Q3.0 F80;
N160 X－35.0;
N170 Y－35.0;
N180 X35.0;
N190 G80 G49 Z100.0;
N200 G91 G28 Z0;
N210 M09 M05;
N220 M06 T03;                                       换上Ø20 立铣刀
N230 S400 M03;
N240 G90 G00 G43 Z100.0 H03;                        对 3 号刀具进行刀具长度补偿
N250 M08;
N260 X0 Y－104.721 ;                                五边形粗加工
N270 Z5.0;
N280 G01 Z－9.8 F80;
N290 M98 P0006 D03 ;
N300 G00 Z100.0;
N310 X0 Y0;                                         内圆粗加工
N320 Z5.0;
N330 M98 P20007 D03;
N340 G00 G49 Z100.0;
N350 G91 G28 Z0;
N360 M05 M09;
N370 M06 T04;                                       换上Ø12 立铣刀
N380 G90 G43 G00 Z100. H04;                         对 4 号刀具进行刀具长度补偿
N390 M03 S800;
N400 M08;
N410 X0 Y－104.721 ;                                五边形精加工
N420 Z5.0;
N430 G01 Z－10.0 F120;
N440 M98 P0006 D04;
N450 G00 Z100.0;
N460 X0 Y0;                                         内圆精加工
N470 Z5.0;
N480 G01 Z－18.0 F30.0;
N490 M98 P0007 D04;
N500 G00 G49 Z100.0;
```

```
N510 G91 G28 Z0;
N520 M05 M09;
N530 M06 T05;                                           换上Ø10 铰刀
N540 S300 M03;
N550 G90 G43 G00 Z100.0 H05;                            对 5 号刀具进行刀具补偿
N560 M08;                                               冷却液开
N570 G98 G85 X35.0 Y35.0. R5.0 Z−25.0 F50;              固定循环,铰削 4 个孔
N580 X−35.0;
N590 Y−35.0;
N600 X35.0;
N610 G80;
N620 G00 G49 Z100.0;
N630 M30;

O0006;                                                  加工五边形的子程序
N0010 G41 G01 X40.0;
N0020 G03 X0 Y−64.721 R40.0;
N0030 G01 X−47.023;
N0040 X−76.085 Y24.721;
N0050 X0 Y80.0;
N0060 X76.085 Y24.721;
N0070 X47.023 Y−64.721;
N0080 X0;
N0090 G03 X−40.0 Y−104.721 R40.0;
N0100 G40 G01 X0;
N0110 M99;

O0007;                                                  加工内圆的子程序
N120 G91 G01 Z−8.9 F80;
N010 G90 G41 G01 X5.0 Y−15.0;
N020 G03 X20.0 Y0 R15.0;
N030 G03 X20.0 Y0 I−20.0;
N040 G03 X5.0 Y15.0 R15.0;
N050 G40 G01 X0 Y0;
N060 M99;
```

# 任务四　数控铣削加工操作

本任务中，以图 4-70 所示零件的数控加工为例，讲述数控铣削加工的操作过程。数控加工程序的编写采用刀具半径补偿指令，刀具选择直径为 8mm 的平底立铣刀，工件坐标系为顶面中心。

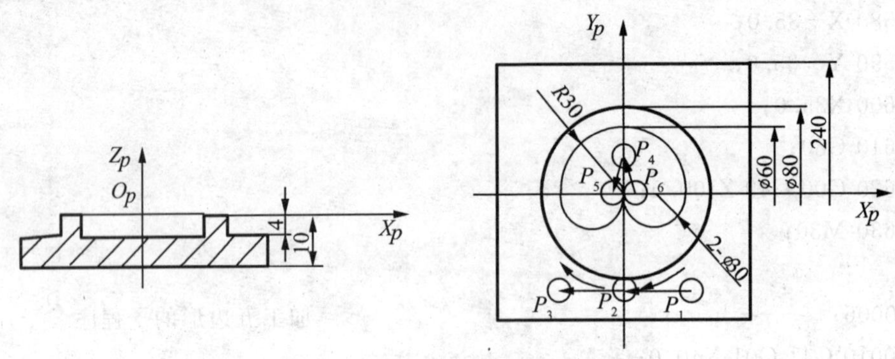


图 4-70　数控铣削加工操作实例

加工刀路分析：外轮廓沿圆弧切线方向 $P_1 \rightarrow P_2$ 切入，沿圆弧切线方向 $P_2 \rightarrow P_3$ 切出，采用左侧刀具半径补偿。内轮廓加工时，$P_4 \rightarrow P_5$ 为切入段，$P_6 \rightarrow P_4$ 为切出段，采用右侧刀具半径补偿。外轮廓加工完毕取消左侧刀具半径补偿，待刀具移至 $P_4$ 点，再建立右侧刀具半径补偿。毛坯为高度 14mm、边长 240mm 的正方形毛坯。

## 一、数控加工程序

根据上述数控加工刀路分析，该零件的数控加工程序见表 4-17。

表 4-17　　数控程序清单与说明

| 程　序 | 注　释 |
|---|---|
| O0100； | 程序号 |
| N010 G90 G54 G00 Z100.； | 绝对值输入，建立工件坐标系 |
| N020 X20. Y－40.； | 快速进给至 X＝20，Y＝－40 |
| N030 G00 Z2. S150 M03； | Z 轴快移至 Z＝2，主轴正转，转速 1500r/min |
| N040 G01 Z－4. F100； | Z 轴进给至 Z＝－4，进给速度 100mm/min |
| N050 G41 X0. Y－40. D01； | 直线插补至 X＝0，Y＝－40，刀具半径补偿量 D01＝4mm |
| N060 G02 X0. Y－40. I0. J40.； | 顺圆插补至 X＝0，Y＝－40 |
| N070 G40 G1 X－20. Y－40.； | 直线插补至 X＝－20，Y＝－40，取消刀具半径补偿 |

续表

| | |
|---|---|
| N080 G00 Z2.； | Z 轴快移至 Z=2 |
| N090 X0. Y15.； | 快速进给至 X=0，Y=15 |
| N100 G01 Z-4.； | Z 轴进给至 Z=-4 |
| N110 G42 X0. Y0. D01； | 直线插补至 X=0，Y=0，刀具半径右补偿 D01=4mm |
| N120 G02 X-30. Y0. I-15. J0.； | 顺圆插补至 X=-30，Y=0 |
| N130 X30. Y0. I30. J0.； | 顺圆插补至 X=30，Y=0 |
| N140 X0. Y0. I-15. J0.； | 顺圆插补至 X=0，Y=0 |
| N150 G40 G01 X0. Y15.； | 直线插补至 X=0，Y=15，取消刀具半径补偿 |
| N160 G00 Z100.； | Z 轴快移至 Z=100 |
| N170 X0. Y0. M05； | 快速进给至 X=0，Y=0，主轴停 |
| N180 M30； | 主程序结束，光标返回程序开头 |

## 二、数控铣床操作面板

数控铣床的操作面板包括两部分：数控系统操作面板和机床控制面板。数控系统操作面板由生产该数控系统的厂家所决定，比如 FANUC 系统的面板、西门子系统的面板等。数控系统操作面板由显示屏和 MDI 键盘两部分组成，显示屏主要用来显示坐标位置、程序、图形、参数、诊断和报警信息等；MDI 键盘一般包括字母键、数字键和功能键等，可进行程序、参数、机床指令的输入以及系统功能的选择等，具体的功能说明可参考系统手册。机床控制面板由生产机床的厂家所决定，各厂家机床控制面板上的按钮布局和功能会有所不同，但主要按钮的功能基本相同。

如图 4-71 所示为配备 FANUC 0i 系统的某数控铣床操作面板。面板各按钮的功能在数控车床操作中已有介绍，在此不再赘述。

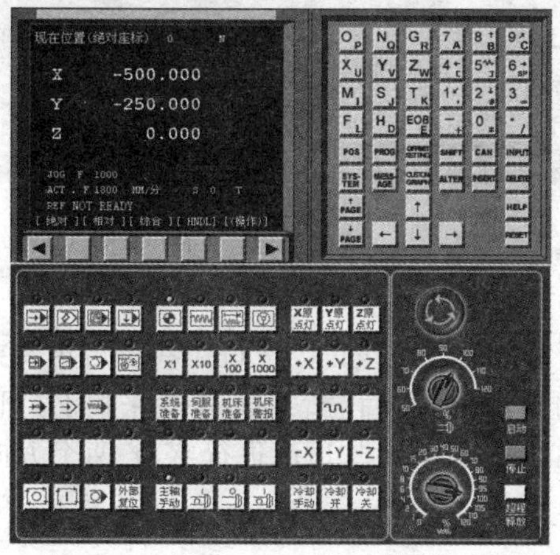


图 4-71　FANUC 0i 系统数控铣床操作面板

## 三、数控加工操作过程

1. 加工准备

根据加工要求，准备好所需的工、量、刀具及夹具。本例中采用平口钳装夹工件，刀具选择直径为8mm的平底立铣刀。

2. 机床开机

打开机床电源，然后按机床控制面板右侧的启动按钮给系统上电，系统自检完成后会出现急停按钮未释放的报警。此时，释放急停按钮，报警信号取消。

3. 机床回原点

机床回原点是机床加工前的重要准备工作，此操作的目的是建立机床坐标系，否则在后续的加工过程中会出现坐标混乱的现象。

机床回原点的操作过程如下：

按下机床控制面板上的回原点按钮，机床转入回原点模式。注意，为安全起见，机床回原点时，要先将Z轴回原点，然后再将X，Y轴回原点。

在回原点模式下，按下控制面板上的 Z 按钮，使Z轴方向移动指示灯变亮，按下 + ，此时Z轴将回原点，Z轴回原点灯变亮，CRT上的Z坐标变为“0.000”。同样，再分别按下X轴、Y轴方向移动按钮 X Y ，使指示灯变亮，按下 + ，此时X轴、Y轴将回原点，X轴、Y轴回原点灯变亮。此时CRT界面如图4-72所示。

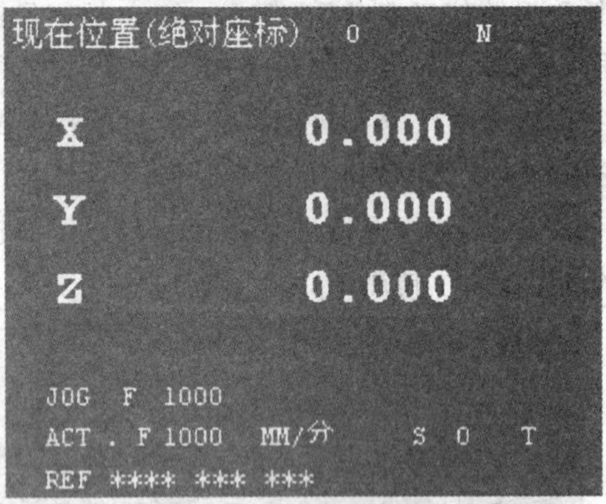

图4-72　机床回原点CRT界面

4. 工件装夹及找正

工件装夹之前要先对平口钳进行找正。平口钳找正后再装夹好工件，然后对工件进行找正。通常的方法是用磁力表座和百分表通过手轮来找正。平口钳一般是对钳口的侧面进行X方向的找正。工件一般是对其顶面进行X，Y两个方向的找正，即工件顶面的找平。

5. 机床对刀

机床对刀的目的是建立工件坐标系，即将工作原点（编程零点）在机床坐标系中的位置坐标值预存到数控系统中去，如图 4-73 所示。

此例的工件坐标系为顶面分中。对于 $X$,$Y$ 方向的分中可以利用光电式寻边器来进行。使用光电式寻边器时，首先将光电式寻边器像使用刀具一样装夹到机床主轴上，然后利用手轮慢慢靠近工件侧面（注意，在寻边器快要靠近工件侧面时，要将手轮的倍率旋钮打到×1 的倍率上，以提高对刀的精度），在寻边器接触工件侧面的瞬间，光电式寻边器会进行光电显示，此时手轮停止转动。

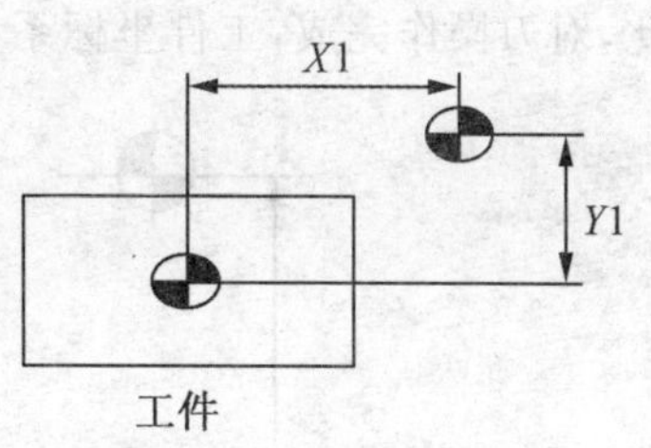

图 4-73　工件坐标系示意图

以 $Y$ 方向的分中操作为例，先在工件内侧移动寻边器接触工件边缘，机床显示坐标值为 $Y1$，再在工件外侧移动寻边器接触工件边缘，机床显示坐标值为 $Y2$，然后抬高寻边器向工件中间移动到坐标值显示为 $(Y1+Y2)/2$ 处，此时寻边器处于工件顶面 $Y$ 方向的中点，如图 4-74 所示。

此时，按机床系统面板上的 OFFSET SETTING 按钮，使系统面板显示如图 4-75 所示坐标设置界面，将光标移动到 G54 的 $Y$ 坐标处，输入 $Y0$（表示此时寻边器所处的位置是工件坐标系的 $Y$ 坐标值为 0 处），然后按面板下方[测量]所对应的软键，此时工件坐标系在机床坐标系中的 $Y$ 坐标值将被存入系统中。同样，可以进行 $X$ 方向的分中操作。

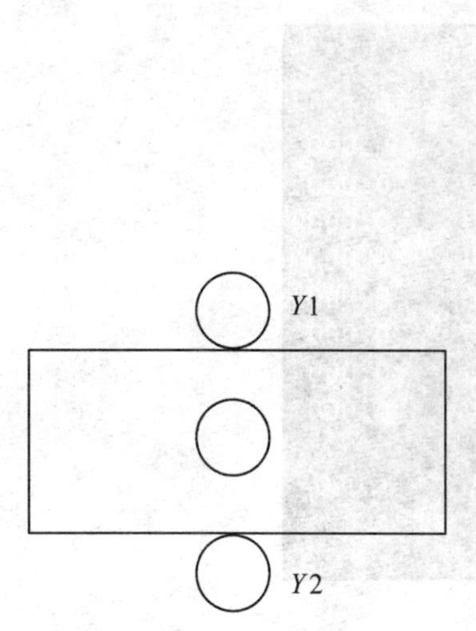

图 4-74　工件 $Y$ 向分中示意图

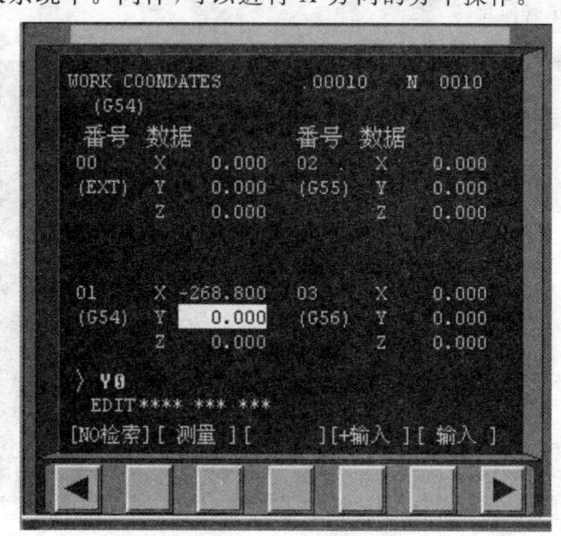

图 4-75　坐标设置界面

对于 $Z$ 方向的对刀，我们可以直接用刀具借助于塞尺进行，如图 4-76 所示。此时，刀具不能旋转，利用手轮慢慢靠近工件（同样，在刀具快要靠近贴紧工件的塞尺时，要将手轮的倍率旋钮打到×1 的倍率上，以提高对刀的精度），感觉到刀具快要贴近塞尺时要慢慢往复抽动塞尺，感觉刀具是否压紧塞尺，在塞尺刚好被压紧的瞬间停止手轮的转动。同样进入如图 4-75 所示的界面，将光标移动到 G54 的 $Z$ 坐标处，若塞尺的厚度为 1mm，输入 $Z1.0$（表示此时刀具所处的位置是工件坐标系的 $Z$ 坐标值为 1.0 处），然后按面板下方

[测量]所对应的软键，此时工件坐标系在机床坐标系中的 $Z$ 坐标值将被存入系统中。至此，对刀操作完成，工件坐标系在机床坐标系中的位置坐标值已被存入系统中。

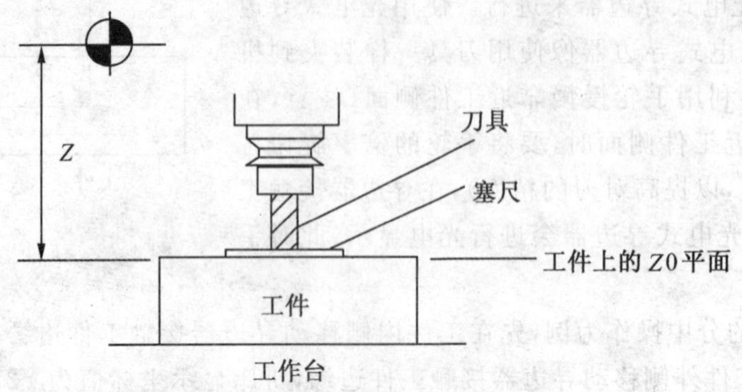


图 4-76　$Z$ 向对刀示意图

6. 设置刀具补偿参数

数控铣床及加工中心的刀具补偿包括刀具的半径补偿和长度补偿。此例中，只需输入半径补偿即可。按机床系统面板上的 OFFSET SETTING 按钮，直至切换到如图 4-77 所示的工具补正输入界面，在番号 001 的形状(D)处输入半径补偿值 4.0(刀具直径为 8.0)。

工具补正　　O　　N

| 番号 | 形状(H) | 摩耗(H) | 形状(D) | 摩耗(D) |
| --- | --- | --- | --- | --- |
| 001 | 0.000 | 0.000 | 0.000 | 0.000 |
| 002 | 0.000 | 0.000 | 0.000 | 0.000 |
| 003 | 0.000 | 0.000 | 0.000 | 0.000 |
| 004 | 0.000 | 0.000 | 0.000 | 0.000 |
| 005 | 0.000 | 0.000 | 0.000 | 0.000 |
| 006 | 0.000 | 0.000 | 0.000 | 0.000 |
| 007 | 0.000 | 0.000 | 0.000 | 0.000 |
| 008 | 0.000 | 0.000 | 0.000 | 0.000 |

现在位置(相对座标)

X　-500.000　Y　-250.000　Z　0.000

>　　S　0　　T

MEM　****　***　***

图 4-77　工具补正输入界面

7. 输入 NC 程序

数控加工程序的输入方法有很多种。简短的程序可以直接在 MDI 模式下手动输入。如果程序是在电脑上完成的，可以利用读写卡读入数控系统中。对于较大的程序，由于数控系统的内存限制，不能一次性读入，我们可以利用读写卡进行 DNC 加工，也可以利用网络传输进行 DNC 加工。具体的操作可以参考系统手册进行。

8. 图形模拟

为保证程序的正确性，在进行正式的数控加工之前要利用系统的图形模拟功能

(CUSTOM GRAPH)进行程序的验证。

9. 自动加工

程序输入后，按下控制面板上的“自动运行”按钮，然后按下循环启动按钮，程序开始执行。

## 四、利用数控加工仿真软件进行数控仿真加工

目前，为了解决数控设备数量的制约，数控加工仿真软件在数控教学中获得了较普遍的应用。下面以宇龙数控加工仿真软件为例，简单介绍数控仿真加工的操作过程。

1. 启动仿真系统

打开电脑的“开始”菜单，在“程序/数控加工仿真系统”中选择“数控加工仿真系统”点击进入。

2. 选择机床

如图 4-78 所示，点击菜单“机床/选择机床…”，在选择机床对话框中，控制系统选择 FANUC 0i，机床类型选择立式铣床，然后按确定按钮，此时界面如图 4-79 所示。

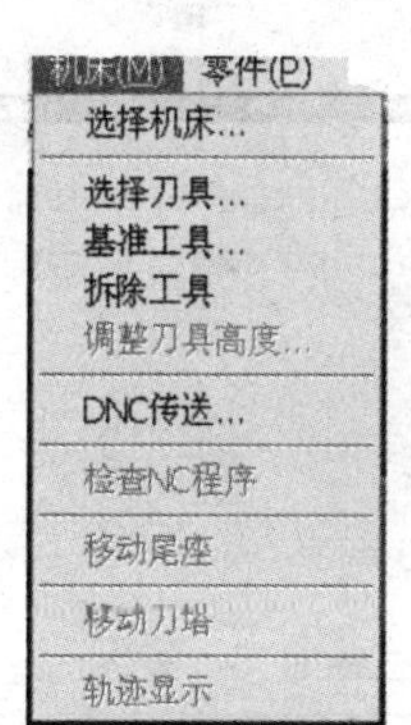


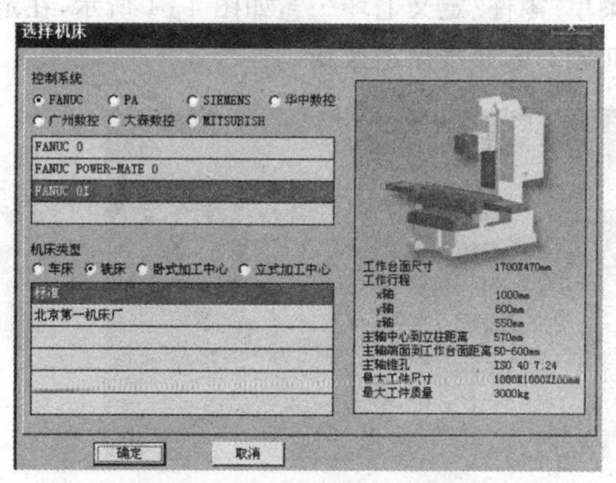


图 4-78　“机床”菜单及“选择机床”对话框

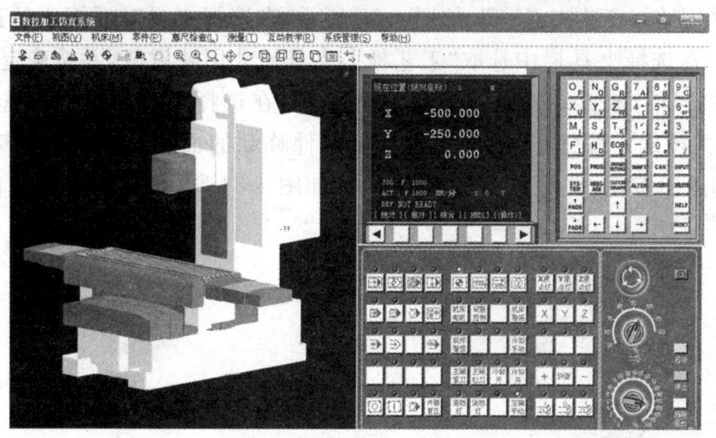


图 4-79　“数控加工仿真系统”软件界面

3. 机床回零

按下“启动”按钮，此时机床电机和伺服控制的指示灯变亮。检查“急停”旋钮是否松开至状态，若未松开，旋转“急停”按钮，将其松开。

检查操作面板上回原点指示灯是否亮，若指示灯亮，则已进入回原点模式；若指示灯不亮，则点击按钮，转入回原点模式。

在回原点模式下，先将 *X* 轴回原点，点击操作面板上的 X 按钮，使 *X* 轴方向移动指示灯变亮，点击 + ，此时 *X* 轴将回原点，*X* 轴回原点灯变亮，CRT 上的 *X* 坐标变为“0.000”。同样，再分别点击 *Y* 轴、*Z* 轴方向移动按钮 Y 、Z ，使指示灯变亮，点击 + ，此时 *Y* 轴、*Z* 轴将回原点，*Y* 轴、*Z* 轴回原点灯变亮，。此时 CRT 界面如图 4-80 所示。

4. 安装零件

点击菜单“零件/定义毛坯…”，如图 4-81 所示，在定义毛坯对话框中将零件尺寸改为高 14、长和宽 240，并按确定按钮。

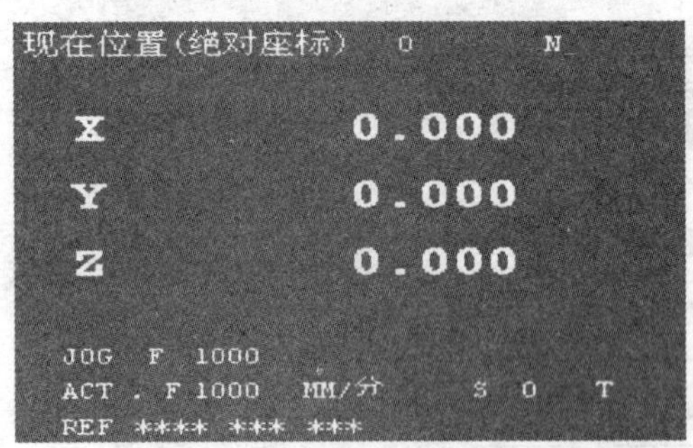


图 4-80 “数控加工仿真系统”CRT 界面

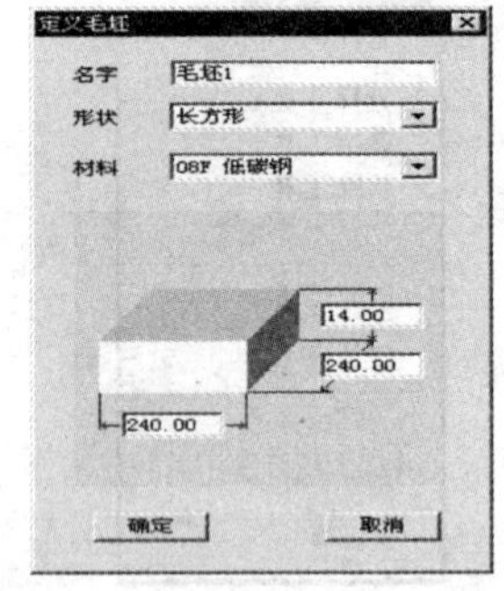


图 4-81 “定义毛坯”对话框

点击菜单“零件/安装夹具…”，如图 4-82 所示，在选择夹具对话框中的选择零件栏中选取“毛坯 1”，在选择夹具栏中选取“工艺板”，夹具尺寸用缺省值，并按确定按钮。

点击菜单“零件/放置零件…”，如图 4-83 所示，在选择零件对话框中选取名称为“毛坯 1”的零件，并按确定按钮，界面上出现控制零件移动的面板，可以用其移动零件，此时点击面板上的退出按钮，关闭该面板，此时机床如图 4-84 所示，零件已放置在机床工作台面上。

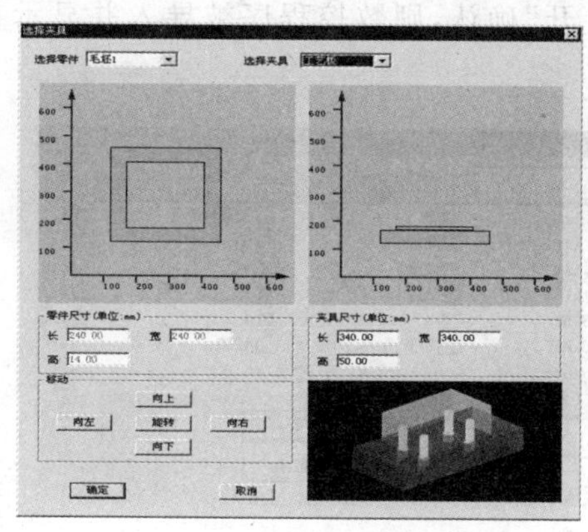

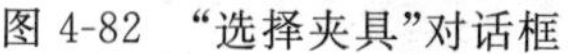

图 4-82　“选择夹具”对话框

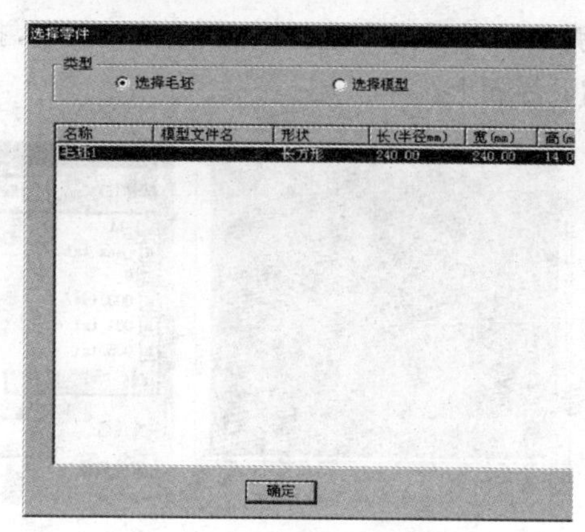


图 4-83　“选择零件”对话框

点击菜单“零件/安装压板”，在选择压板对话框中，点击左边的图案，选取安装四块压板，压板尺寸用缺省值，点击确定按钮，此时机床台面上的零件已安装好压板，如图 4-85 所示。

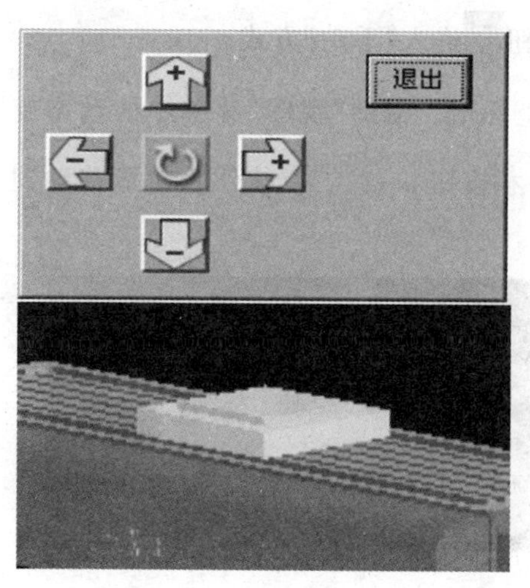


图 4-84　移动零件面板及机床上的零件

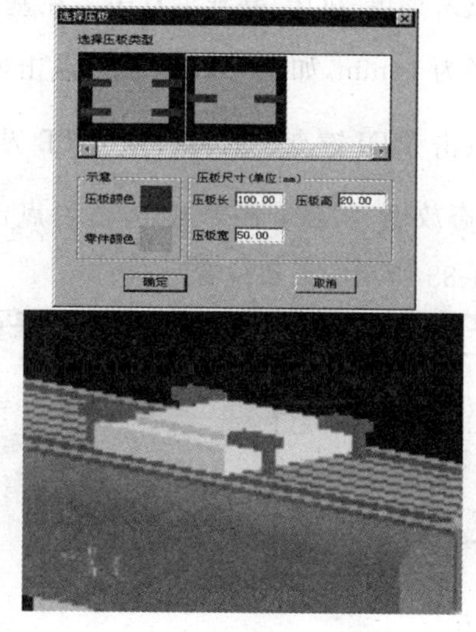


图 4-85　“选择压板”对话框及安装压板后的零件

5. 输入 NC 程序

数控程序可以通过记事本或写字板等编辑软件输入并保存为文本文件，也可直接用 FANUC 0i 系统的 MDI 键盘输入。

点击操作面板上的编辑，编辑状态指示灯变亮，此时已进入编辑状态。点击 MDI 键盘上的PROG，CRT 界面转入编辑页面。再按软键“操作”，在出现的下级子菜单中按软键▶，按软键“READ”，转入如图 4-86 所示界面，点击 MDI 键盘上的数字/字母键，输入“Ox”(x 为任意不超过四位的数字)，按软键“EXEC”；点击菜单“机床/DNC 传送”，在弹出的对话框中选择所需的 NC 程序，按“打开”确认，则数控程序被导入并显示在 CRT 界面上。

图 4-86 “打开”对话框

6. 对基准、装刀具

本例中以零件上表面中心为原点，将说明如何通过对基准来建立工件坐标系与机床坐标系的关系。

点击菜单“机床/基准工具…”，在基准工具对话框中选取左边的刚性圆柱基准工具，其直径为 14mm，如图 4-87 所示。点击面板中的按钮进入“手动”方式。

点击 MDI 键盘上的 POS，使 CRT 界面上显示坐标值。借助“视图”菜单中的动态旋转、动态放缩、动态平移等工具，适当点击 X、Y、Z 按钮和 +、- 按钮将机床移动到如图 4-88 所示的大致位置。

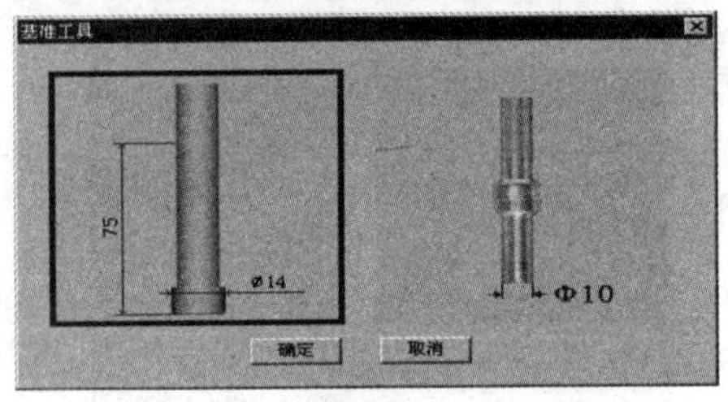


图 4-87 “基准工具”对话框

图 4-88 零件在机床上的位置

点击菜单“塞尺检查/1mm”，首先对 $X$ 轴方向的基准，将基准工具移动到如图 4-89 所示的位置，点击操作面板上的手动脉冲按钮或，使手动脉冲指示灯变亮，采用手动脉冲方式精确移动机床，点击显示手轮，将手轮对应轴旋钮置于 $X$ 挡，调节手轮进给速度旋钮，在手轮上点击鼠标左键或右键精确移动靠棒，使得提示信息对话框显示“塞尺检查的结果：合适”，记下此时 CRT 中的 $X$ 坐标 113.503，如图 4-89 所示，此为基准工具中心的 $X$ 坐标，故工件中心的 $X$ 坐标为 113.503－1(塞尺厚度)－14/2(基准工具半径)－240/2(取工件中心为原点)＝－14.497，同样操作可得到工件中

心的 $Y$ 坐标为－153.429。

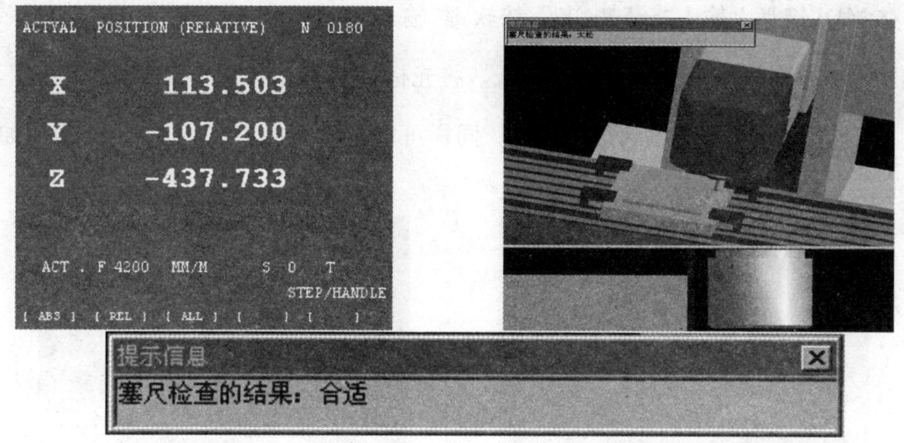


图 4-89 $X$,$Y$ 方向对刀

$X$,$Y$ 方向基准对好后，点击菜单“塞尺检查/收回塞尺”收回了塞尺，抬高并点击“机床/拆除工具”拆除基准工具，点击菜单“机床/选择刀具”，选择一把直径为 8mm 的平底刀，如图 4-90 所示，装好刀具后，机床如图 4-91 所示。用类似方法得到工件上表面的 $Z$ 坐标为－404.000。

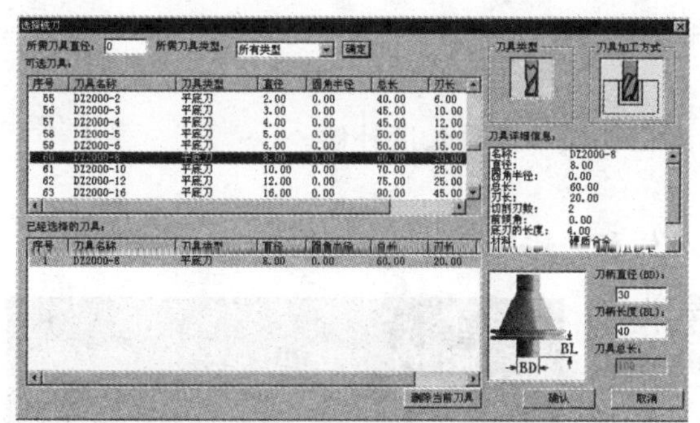


图 4-90 “刀具选择”对话框

图 4-91 $Z$ 方向对刀

7. 设置参数

确定工件与机床坐标系的关系有两种方法：一种是通过 G54～G59 设定，另一种是通过 G92 设定。此处采用的是 G54 方法。

(1)G54～G59 参数设置

在 MDI 键盘上点击 OFFSET SETTING 键，按软键“坐标系”进入坐标系参数设定界面，输入“0x”，(01 表示 G54，02 表示 G55，以此类推)，按软键“NO 检索”，光标停留在选定的坐标系参数设定区域，如图 4-92 所示。

也可以用方位键 ↑ ↓ ← → 选择所需的坐标系和坐标轴。利用 MDI 键盘输入通过对刀得到的工件坐标原点在机床坐标系中的坐标值。设通过对刀得到的工件坐标原点在机床坐标系中的坐标值(如－500,－415,－404),则首先将光标移到 G54 坐标系 $X$ 的位置,在 MDI 键盘上输入“－500.00”,按软键“输入”或按 INPUT,参数输入到指定区域。按 CAN 键逐字删除输入域中的字符。点击 ↓ ,将光标移到 $Y$ 的位置,输入“－415.00”,按软键“输入”或按 INPUT,参数输入到指定区域。同样可以输入 $Z$ 的值。此时 CRT 界面如图 4-93 所示。

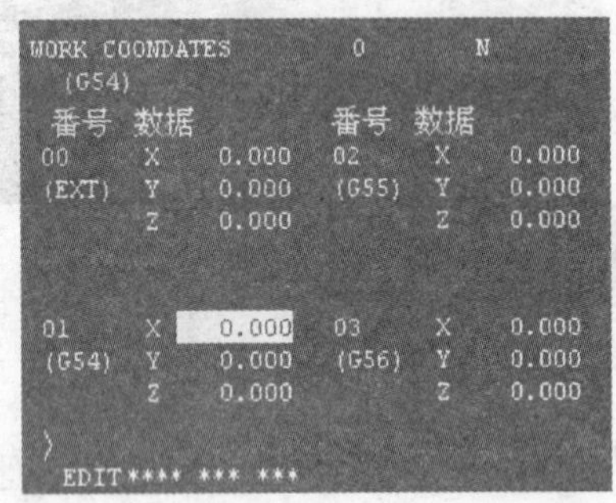


图 4-92　坐标系参数设定界面

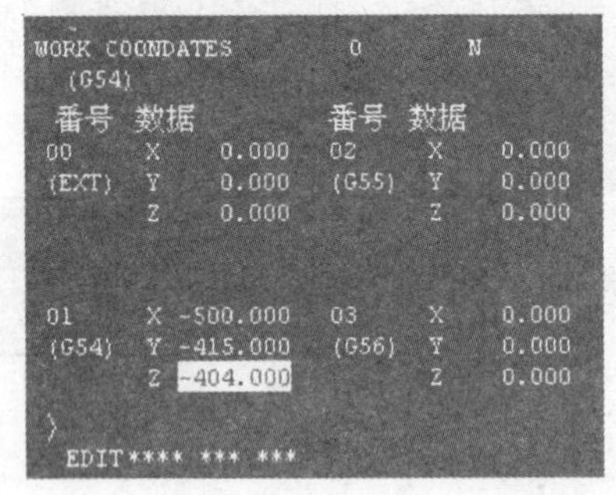


图 4-93　输入坐标系参数

注:$X$ 坐标值为－100,须输入“X－100.00”。若输入“X－100”,则系统默认为－0.100。

如果按软键“＋输入”,键入的数值将和原有的数值相加以后输入。

(2)设置铣床刀具补偿参数

铣床及加工中心的刀具补偿包括刀具半径补偿和刀具长度补偿。

输入半径补偿参数:

FANUC 0i 的刀具半径补偿包括形状补偿和磨耗补偿。

①在 MDI 键盘上点击 OFFSET SETTING 键,进入参数补偿设定界面,如图 4-94 所示。

②用方位键 ↑ ↓ 选择所需的番号,并用 ← → 确定需要设定的直径补偿是形状补偿还是磨耗补偿,将光标移到相应的区域。

③点击 MDI 键盘上的数字/字母键,输入刀尖直径补偿参数。

④按软键“输入”或按 INPUT,参数输入到指定区域。按 CAN 键逐字删除输入域中的字符。

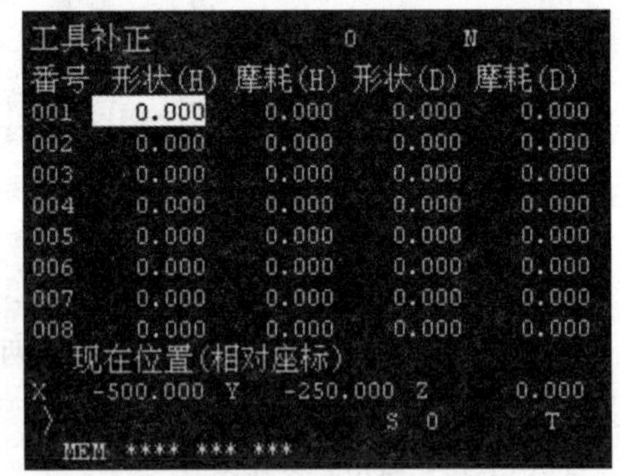


图 4-94　“刀具补正”对话框

注:直径补偿参数若为 4mm,在输入时需输入“4.000”,如果只输入“4”,则系统默认为“0.004”。

输入长度补偿参数:

长度补偿参数在刀具表中按需要输入。FANUC 0i 的刀具长度补偿包括形状长度补偿和磨耗长度补偿。

①在 MDI 键盘上点击OFFSET SETTING键，进入参数补偿设定界面，如图 4-94 所示。

②用方位键 ↑ ↓ ← → 选择所需的番号，并确定需要设定的长度补偿是形状补偿还是磨耗补偿，将光标移到相应的区域。

③点击 MDI 键盘上的数字/字母键，输入刀具长度补偿参数。

④按软键"输入"或按INPUT，参数输入到指定区域。按CAN键逐字删除输入域中的字符。

8. 自动加工

检查机床是否回零，若未回零，先将机床回零。（参见 2"机床回零"）。

导入数控程序或自行编写一段程序（参见 4"输入 NC 程序"）。点击操作面板上的"自动运行"按钮，使其指示灯变亮。点击操作面板上的，程序开始执行，执行结果如图 4-95 所示。

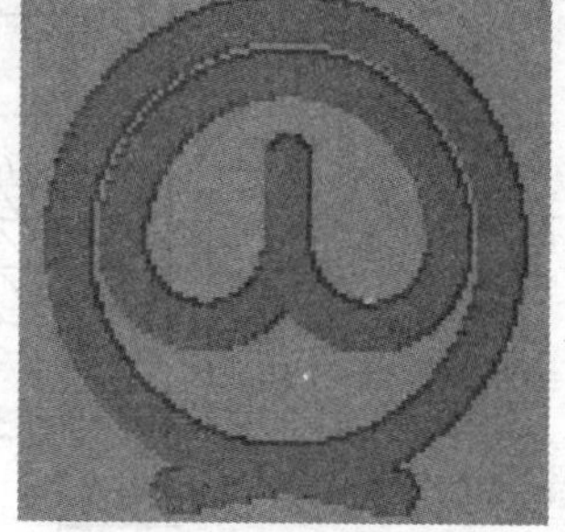

图 4-95　执行结果

## 知识点自检

1. 刀具补偿有何作用？

2. 什么是固定循环，数控铣床上的固定循环有什么用途？

3. 加工题图所示零件，按单件生产安排其数控加工工艺，编写出加工程序。毛坯为 120mm×100mm×10mm 的长方体，材料为 45# 钢。

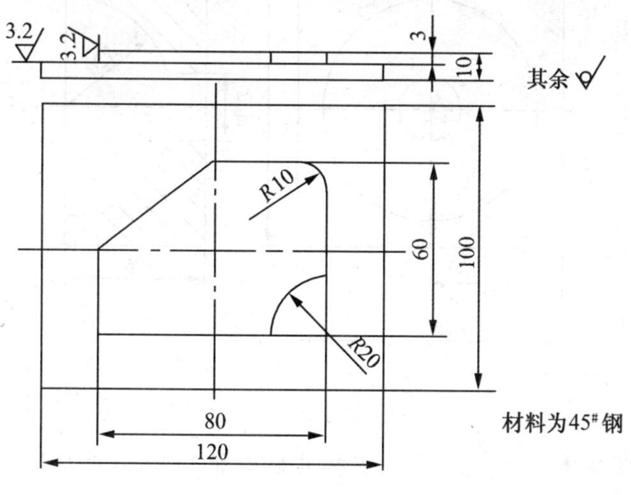


第 3 题图

4. 利用数控加工仿真软件，完成题图所示零件上定位销孔、螺栓孔的加工，并完成工序卡片的填写。零件上下表面，Ø100，Ø60 外轮廓已在前面工序（步）完成，零件材料为 45# 钢。

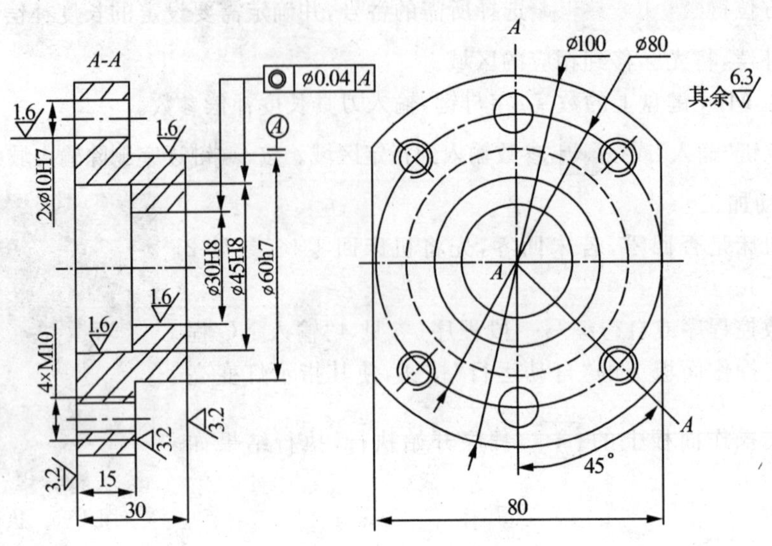


第 4 题图

5. 利用数控加工仿真软件，完成题图所示零件上圆锥体的加工（材料为 45# 钢）。

对零件进行工艺分析，并填写工序卡、刀具卡和程序单。（毛坯：50mm×50mm×26mm）

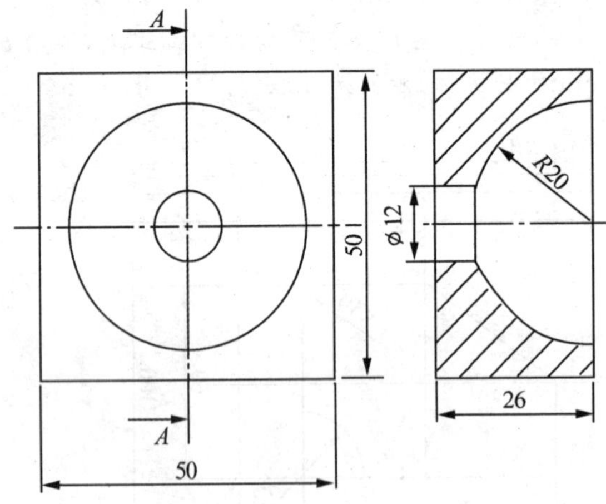


第 5 题图

6. 加工题图所示零件，按单件生产安排其数控加工工艺，编写出加工程序。毛坯为 160mm×120mm×35mm 的长方体，材料为 45# 钢。

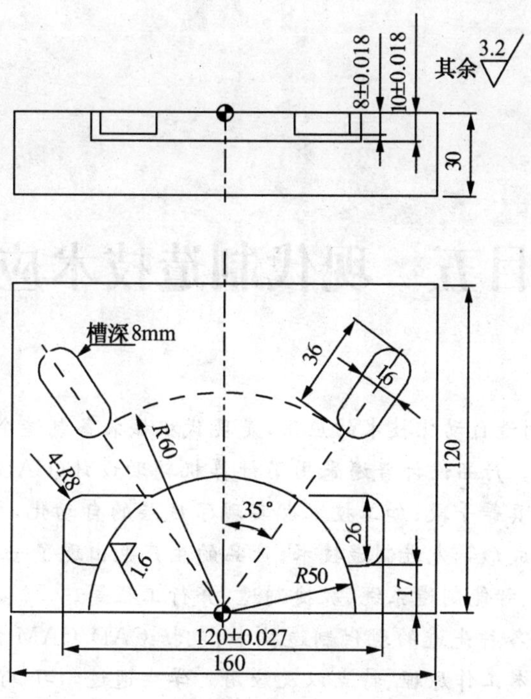


8±0.018
10±0.018
其余 3.2
30
槽深8mm
36
16
R60
4-R8
35°
26
1.6
R50
17
120
120±0.027
160

第 6 题图

# 项目五　现代制造技术应用

**项目导读**:机械制造自动化技术的应用,是现代机械装备制造企业提高生产率和赢得市场竞争的主要手段。产品设计普遍采用了计算机辅助设计(CAD)、计算机辅助工程分析(CAE)和计算机仿真等手段;加工技术也实现了底层的自动化,广泛地采用数控技术、特种加工技术和快速成形等先进制造技术;产品的生产也出现了一系列新的制造系统,如计算机集成制造系统、智能制造系统、敏捷制造、并行工程等。

本项目主要介绍各种先进的现代制造技术,包括CAD/CAM技术、电火花加工技术和快速成形技术的基本工作原理、特点以及应用。学生通过学习,了解各种现代制造技术的基本工作原理,掌握各种现代制造技术的特点,了解各种现代制造技术的应用场合。

**教学目标**:通过教学,使学生了解各种现代制造技术的内涵,包括CAD/CAM技术、电火花加工技术和快速成形技术的基本工作原理、工作特点、工作过程以及各种现代制造技术在制造领域中的应用。

## 任务一　CAD/CAM技术及应用

### 一、CAD/CAM技术基本概念

CAD/CAM是计算机辅助设计与计算机辅助制造(Computer Aided Design and Computer Aided Manufacturing)的英文缩写。所谓计算机辅助设计与计算机辅助制造就是借助于计算机的硬件系统和软件系统来完成产品的设计与制造。

CAD/CAM技术是随着计算机技术的发展,产生于20世纪50年代末、60年代初的一项先进工程技术。CAD/CAM技术将计算机技术与工程领域的专业技术以及人的智慧和经验以现代科学方法为指导结合起来,辅助(并非代替)工程技术人员完成产品设计与制造的整个过程。CAD/CAM技术不仅促使了生产模式的转变,同时也促进了市场的发展。

(一)CAD技术

CAD(Computer Aided Design),即计算机辅助设计,是指产品设计人员利用所掌握的专业知识,以计算机软、硬件为工具,对产品进行设计、绘图和分析等工作的过程。也就是说,CAD是“在计算机环境下完成产品的创造、分析和修改,以达到预期设计目标”的过程,是将产品的物理模型转化为产品的数据模型的过程。

从功能角度来看,CAD的功能可归纳为:几何建模、工程分析、模拟仿真、自动绘图四大类。

(二)CAM技术

CAM(Computer Aided Manufacturing),即计算机辅助制造。关于计算机辅助制造的定义,有广义和狭义之分。

所谓广义CAM,是指借助于计算机的辅助来完成从毛坯到产品的各种活动,包括工艺准备、生产作业计划、物流控制、生产控制、质量控制等各方面。其中工艺准备包括计算机辅助工艺设计、计算机辅助工装设计与制造、数控编程、计算机辅助工时定额和材料定额的编制等内容。

狭义CAM则是指产品制造过程中某个环节上应用计算机,一般是指在数控编程环节上应用计算机,即借助于计算机的辅助完成数控程序的编制,包括刀具路线的规划、刀位文件的生成、刀具轨迹仿真以及后置处理和NC代码生成等。

(三)CAD/CAM集成技术

自20世纪60年代以来,CAD技术和CAM技术独立产生和发展,在国内外研究开发了一批性能优良的相互独立的商品化的CAD/CAM系统。但是,这些各自独立发展的系统之间不能实现信息的自动传递和交换,需要设计者进行人工转换,大大影响了生产效率。

CAD/CAM集成技术产生于20世纪80年代初。CAD/CAM集成的概念正是基于对上述信息自动传递和交换问题的解决而提出的。所谓CAD/CAM集成是指在CAD,CAPP,CAM各模块之间的信息自动传递和转换。集成化的CAD/CAM系统借助于公共的工程数据库、网络通信技术以及标准格式的中性文件接口,实现系统内的信息共享。

CAD/CAM技术经过几十年的发展,先后走过大型机、小型机、工作站、微机时代,每个时代都有当时流行的CAD/CAM软件。现在,工作站和微机平台CAD/CAM软件已经占据主导地位,并且出现了一批比较优秀、比较流行的商品化软件。

1. 高档CAD/CAM软件

高档CAD/CAM软件的代表有Unigraphics,I-DEAS,Pro/Engineer,CATIA等。这类软件的特点是将优越的参数化设计、变量化设计及特征造型技术与传统的实体和曲面造型功能结合在一起,加工方式完备,计算准确,实用性强,可以从简单的2轴加工到以5轴联动方式来加工极为复杂的工件表面,并可以对数控加工过程进行自动控制和优化,是航空、汽车、造船行业的首选CAD/CAM软件。

2. 中档CAD/CAM软件

Cimatron是中档CAD/CAM软件的代表。这类软件实用性强,提供了比较灵活的用户界面,优良的三维造型、工程绘图,全面的数控加工,各种通用、专用数据接口以及集成化的产品数据管理。

3. 相对独立的CAM软件

相对独立的CAM系统有Mastercam、Surfcam等。这类软件主要通过中性文件从其他 CAD 系统获取产品几何模型。系统主要有交互工艺参数输入模块、刀具轨迹生成模块、刀具轨迹编辑模块、三维加工动态仿真模块和后置处理模块。此类软件主要应用在中小企业的模具行业。

4. 国内 CAD/CAM 软件

国内 CAD/CAM 软件的代表有 CAXA 制造工程师、金银花系统等。这类软件是面向机械制造业自主开发的中文界面、三维复杂型面 CAD/CAM 软件，具备机械产品设计、工艺规划设计和数控加工程序自动生成等功能。这些软件价格便宜，主要面向中小企业，符合我国国情和标准，所以受到了广泛的欢迎，赢得了越来越大的市场份额。

## 二、CAD/CAM 集成系统的功能

集成的 CAD/CAM 系统功能比较完备，能够综合提供产品造型、工程分析、数控编程等多种功能。一个完全集成的 CAD/CAM 软件，能辅助工程师完成从概念设计到功能分析直至制造的整个产品开发过程，工作流程如图 5-1 所示。

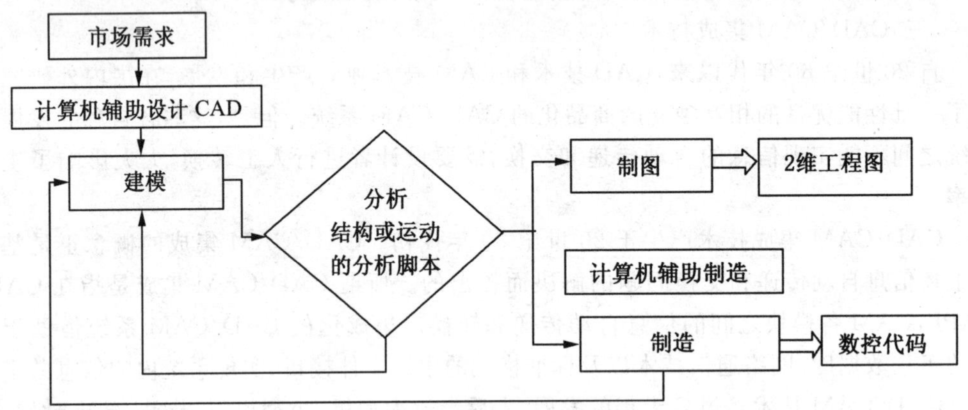


图 5-1　CAD/CAM 工作流程

这类软件一般由下列功能模块组成。

1. CAD 模块

(1)产品造型功能　可以通过线框造型、曲面造型和实体造型等基本三维几何建模技术，以及参数化造型、特征造型等先进建模技术，实现产品数字模型的创建。

(2)工程图绘制功能　可以根据如前所述创建的产品的三维模型，自动生成产品的二维工程图。

(3)装配功能　可以实现从零件到部件以至产品总装的三维装配过程。也可以根据产品的结构，规划产品总装、部件和零件的设计。前者称为自下而上的装配设计，后者称为自上而下的装配设计。

2. CAE 模块

(1)有限元分析功能　包括有限元的前置处理、有限元分析的各种解算器以及分析结果的后置处理。所谓前置处理，就是根据产品的几何模型自动剖分有限元网格，根据工况

设置约束和载荷；所谓解算器，就是一种求解工具，通过它可以实现结构件的力学和动力学分析、流体的流动性分析以及电磁场的分析等；所谓后置处理，就是对求解的结果进行显示、观察等，如用等值线图、色谱图、应变图等方法描述分析结果。

(2)机构运动仿真分析功能　根据机构的装配结构，求出机构各构件的质量、重心、惯性矩等物理属性，设定各构件的运动规律和参数，进行机构运动的仿真计算和运动干涉检查，并用三维真实感图形显示计算结果。

(3)优化设计功能　可以通过改变技术要求或输入确定的规则，通过多次设计迭代得到最佳设计结果，从而进行优化设计。

3. CAM 模块

(1)数控加工编程功能　通常包括车削、2～5 轴的铣削、电火花线切割加工等方法的数控编程。可以实现加工方法的选择、刀具以及工艺参数的设定、刀位文件的生成、刀路轨迹的仿真以及切削时间的计算等。

(2)数控加工后置处理功能　根据刀位文件以及数控机床机型和所采用的数控系统生成适用于所指定机床的数控程序。

(3)切削加工检验功能　利用仿真技术测试数控刀具轨迹，进行欠切现象、过切现象以及刀具与工件表面干涉现象的检查等。

4. 用户开发工具

为用户提供可对软件系统进行二次开发的用户编程语言或与高级语言的开发接口。用户可利用这些开发工具，提高 CAD/CAM 软件系统的用户化程度，充分发挥 CAD/CAM 系统的性能，提高软件的使用效率。

## 三、CAD/CAM 工作过程

日前，国内外流行的 CAD/CAM 系统种类很多。比如德国西门子公司的 UG NX 软件、美国 PTC 公司的 Pro/engineer 野火版软件以及以色列 Cimatron 公司的 Cimatron E 软件等。不同系统的具体编程过程和所使用的具体命令也不尽相同。但是，从总体来讲其大致步骤是一致的。具体可分为以下几个步骤：

(一)根据零件图纸进行加工工艺分析

零件加工工艺分析的内容包括分析零件的加工部位，进而确定工件的装夹位置、工件坐标系、刀具选择、加工路线及加工工艺参数等。零件加工工艺分析是接下来自动编程的基础。

1. 确定工件装夹方式

在数控机床上进行零件加工，由于工序集中，往往在一次装夹中就能完成全部工序。因此，工件装夹应注意：装夹部位不要妨碍各部位的加工以及重要部位的测量；避免刀具与工件、刀具与夹具相撞的现象；工件夹紧力应力求靠近主要支承点或在支承点所组成的三角形内；要考虑重复安装的一致性，以减少对刀时间，提高同一批零件加工的一致性。

2. 刀具选择

数控加工中，由于粗精加工的目的不同，因此也就有不同的加工特点，在刀具的选择上要有不同的考虑。

粗加工的作用是快速去除工件毛坯上的多余材料。因此，粗加工的加工量较大，要求有较高的加工效率，所选择的切削用量也就较大，要求刀具要有较好的强度和刚度。所以说，在粗加工中一般选用平底铣刀或者环形铣刀(R 刀)，不适宜选用球头铣刀。所选刀具的直径也应尽可能大一些，以选用较大的切削用量，提高粗加工的效率。

精加工的作用是形成所要求的零件表面，并达到所要求的加工精度。因此，精加工的切削用量较小，刀具类型可根据被加工表面的形状进行不同的选择，可以选择平底铣刀、环形铣刀或者球头铣刀。平面的加工，可选择平底铣刀或者环形铣刀，不应选择球头铣刀。在曲面加工中，若曲面属于直纹曲面或凸形曲面，应尽量选择环形铣刀，少用球头铣刀；若曲面是凹形曲面，为避免加工过程中的干涉，应选择球头铣刀进行加工。

3. 加工路线确定

加工路线是数控加工过程中刀具相对于被加工工件的运动轨迹，它与零件的加工精度和表面质量密切相关。

确定走刀路线的一般原则是：保证零件的加工精度和表面粗糙度；缩短走刀路线，减少进退刀时间和其他辅助时间。

(1)外圆与内圆铣削　铣削外圆时要安排刀具从切向进入圆周铣削加工，退刀时不要从切点处直接退刀，要安排一段沿切线方向继续运动的距离，以减少接刀痕。同样，铣削内圆时也应从切向切入，最好安排从圆弧过渡到圆弧的加工路线，切出时也应多安排一段过渡圆弧。

(2)铣削轮廓　零件轮廓铣削时，要尽量采用顺铣的加工方式，这样可以提高零件表面粗糙度和加工精度。选择合理的进、退刀位置，尽量避免沿零件轮廓法向切入。进、退刀位置应选在不太重要的位置。当工件为开放边界时，应从工件的边界外进刀和退刀。

4. 确定切削用量

数控加工切削用量的确定，包括主轴转速、进给速度、切削深度和切削宽度等。在确定切削用量时要结合机床说明书的规定和要求，根据刀具的耐用度去选择和计算，也可以结合实践经验，采用类比法确定。

主轴转速 $n$ 要根据刀具允许的切削速度 $v$ 来选择：

$$n=\frac{1000v_c}{\pi D}$$

式中：$n$——主轴转速(r/min)；

$D$——刀具直径(mm)；

$v_c$——切削速度，受刀具耐用度限制(m/min)。

进给速度是切削用量的主要参数，要根据零件加工精度和表面粗糙度的要求，以及刀具和工件材料进行选择。

(二)零件几何造型

利用 CAD/CAM 软件中 CAD 模块的曲线、曲面指令，以及实体创建和编辑修改的有关指令，进行零件数字模型的创建，形成如图 5-2 所示的三维数字模型。所创建的零件几何信息供后续的 CAM 模块进行数控编程时读取。

图 5-2　零件三维模型

(三)刀路轨迹计算及生成

利用 CAD/CAM 软件的 CAM 模块,输入加工工艺参数,如图 5-3 所示。首先根据工件被加工部位的特点和加工要求,选择合适的加工方法(如:体积铣、曲面铣等),然后根据软件的提示,输入自动编程所需要的各种参数,包括刀具类型及尺寸、进退刀点及进退刀方式、加工余量、切削深度、侧向步距以及主轴转速和进给速度等。最后,软件将自动读取零件的几何信息,根据输入的工艺信息,进行分析判断,计算节点数据,并转化为刀具位置数据,生成刀具位置文件(刀位文件),同时在屏幕上模拟显示刀路轨迹。

| 参数 | 值 |
|---|---|
| ⊞ 精度和曲面偏移 | 基本参数 |
| ⊟ 刀路轨迹 | |
| Z值最大值 | 0.0000 |
| Z值最小值 | -20.0000 |
| 切削深度 | 1.0000 |
| 精铣侧向间距 | ☐ |
| 侧向步长 | 1.8000 |

| 参数 | 值 |
|---|---|
| Vc(米/分钟) | 18.8496 |
| 主轴转速 | 2000 |
| 进给(毫米/分钟) | 800.0000 |
| 空切 | 快速 |
| 切入进给速率(%) | 30 |
| 侧向进给速率(%) | 100 |
| 允许刀具补偿 | ☐ |

图 5-3　Cimatron E 软件工艺参数输入界面

(四)后置处理

后置处理的目的是将刀位文件转换成可以直接控制数控机床运动的数控加工程序。由于机床类型和所使用的数控系统不同,所用数控加工程序的指令代码及格式也有所不同。CAD/CAM 软件的后置处理模块就是为了解决这个问题的。它通过通用的或者专用的后置处理程序将刀位文件转换成数控加工程序。如图 5-4 所示为 Cimatron E 后置处理设置界面,生成的程序代码如图 5-5 所示。

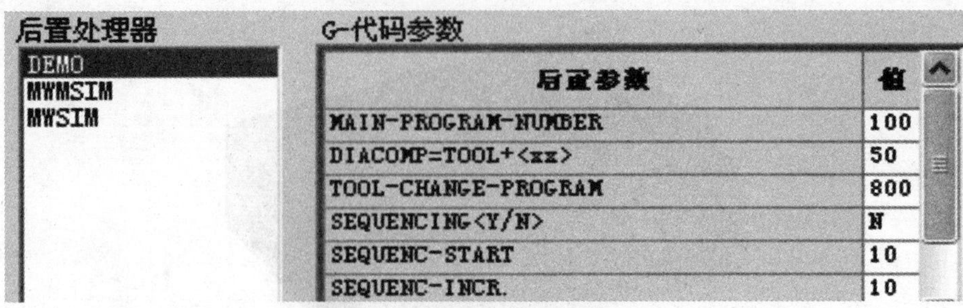


图 5-4　Cimatron E 后置处理设置界面

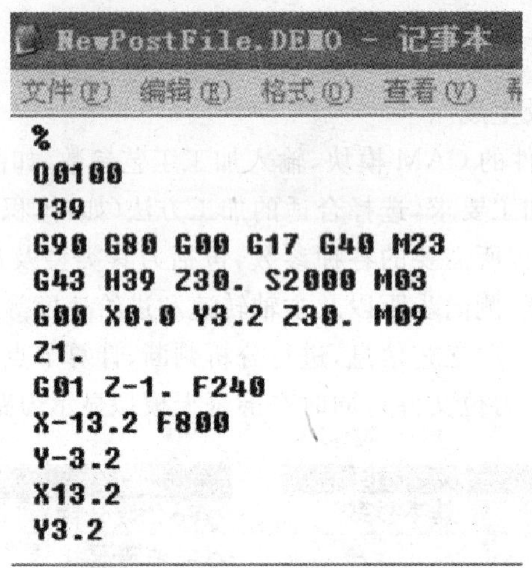


图 5-5　Cimatron E 后置处理后生成的程序代码

CAD/CAM 软件经后置处理后自动产生的数控加工程序，可通过读写卡或者网络传输输送到数控机床，就可以控制数控机床进行零件加工了。

利用 CAD/CAM 软件进行自动编程，用户不需要编写和调试源程序。刀具轨迹的即时显示，直观、形象地模拟了刀具轨迹与被加工零件之间的关系，易于发现错误并改正，因而可靠性大为提高，试切次数减少，生产效率高。因此，CAD/CAM 技术在现代制造业，特别是模具行业中得到了越来越广泛的应用。

## 四、Cimatron E8.5 软件简介

以 Cimatron E8.5 软件为例，简单讲述 CAD/CAM 软件的功能以及指令的操作方法。Cimatron E8.5 软件作为集成的 CAD/CAM 系统，包含的功能模块有零件设计、装配设计、工程图、数控加工编程、数控加工仿真、模具设计、电极设计等模块。由于篇幅所限，在此只简单讲述软件的基本造型指令和基本加工编程策略。

### (一)基本造型指令

Cimatron E 软件是基于特征造型的方法进行零件模型的创建的。其特征类型有两种：草绘特征和点放特征。所谓草绘特征是指该特征的创建是以一平面草绘为截面，通过

将该截面沿着一定的方向拉伸，或者绕某一轴旋转，或者沿着一定的轨迹导动等产生所需要的特征，如拉伸特征、旋转特征、导动特征等就是草绘特征；所谓点放特征是指该特征不需要截面草绘，而只需要指定它的放置位置和相关参数即可，如圆角特征、斜角特征等就是点放特征。

1. 实体造型指令

(1)新建(或增加)拉伸　以 2D 封闭截面沿着设定的方向进行拉伸，新建一特征或在原有特征的基础上增加一特征。一般第一个实体特征采用新建命令来创建，而后来增加的特征采用增加命令。若后面的特征也采用新建命令的话，与前面创建的特征将不会是同一实体。在特征树的特征标示上，两者的区别是新建特征的标示的右上角有一星号，如图 5-6 所示。拉伸特征条件见表 5-1。

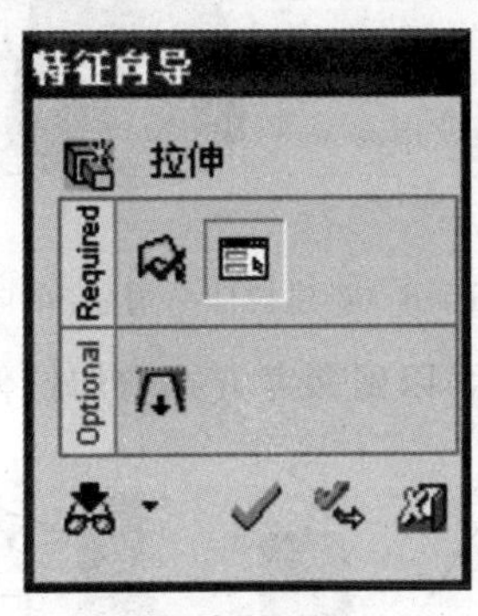

新建/拉伸

增加/拉伸

图 5-6　拉伸特征向导

**表 5-1**　　**拉伸特征条件**

| 条　件 | 图　标 | 说　　明 |
|---|---|---|
| 必要条件 |  | 选取轮廓或草图 |
|  |  | 选取选项并设定参数 |
| 可选条件 |  | 输入拔模角度 |
|  |  | 选择参考对象 |

举例：

新建拉伸：如图 5-7 所示，以增量/单向的方式新建拉伸，拉伸深度为 50mm。

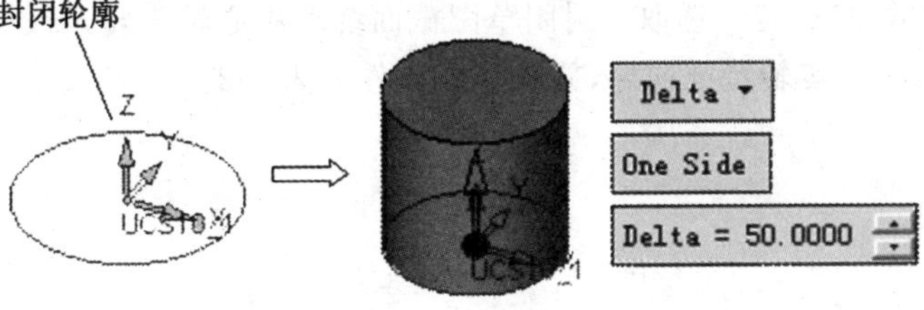


图 5-7　新建拉伸—增量/单向

新建拉伸：如图 5-8 所示，以增量/单向/添加拔模角度的方式新建拉伸，拔模角度为 10°。

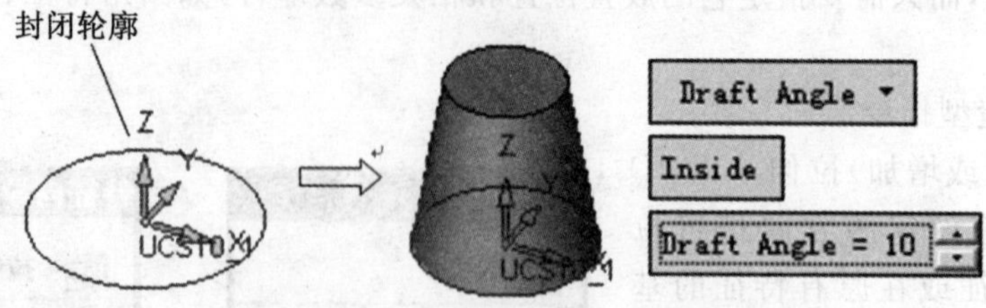


图 5-8　新建拉伸—增量/单向/拔模角度

增加拉伸：如图 5-9 所示，以到参考方式增加拉伸。

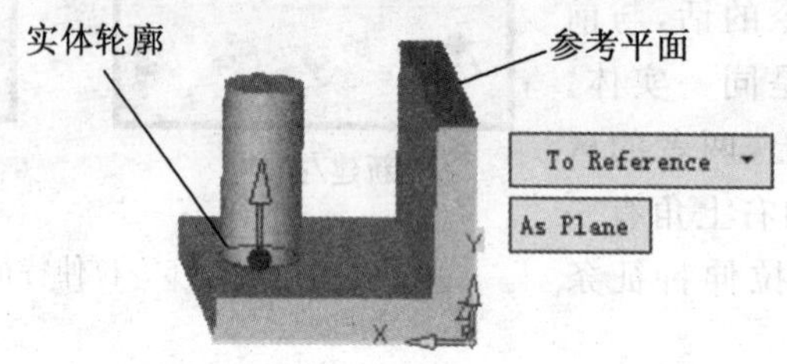


图 5-9　增加拉伸—到参考

(2)删除拉伸　删除拉伸与增加拉伸的操作基本相同，只不过删除拉伸产生的是去除材料的结果。

举例：

删除拉伸：如图 5-10 所示，以到参考的方式删除拉伸。

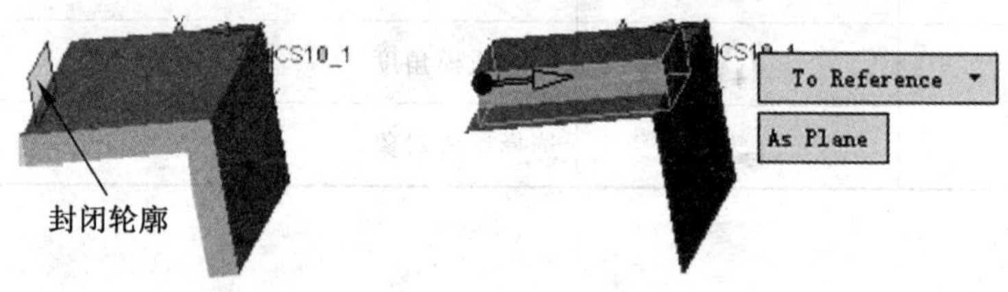


图 5-10　删除拉伸—到参考

(3)新建(或增加)旋转　选取一封闭草图截面绕着中心轴旋转，新建或增加一实体对象。如图 5-11 所示为旋转特征向导，旋转特征条件见表 5-2。

新建/旋转

增加/旋转

图 5-11 旋转特征向导

表 5-2 旋转特征条件

| 条 件 | 图 标 | 说 明 |
|---|---|---|
| 必要条件 | | 选取轮廓或是草图 |
| | | 选取轴 |
| | | 选取选项并设定参数 |
| 选用条件 | | 选择参考对象 |

举例：

新建旋转：如图 5-12 所示，选取封闭草图或封闭轮廓，点取一条旋转轴或参考线，输入旋转角度，以单边或双边方式产生实体。

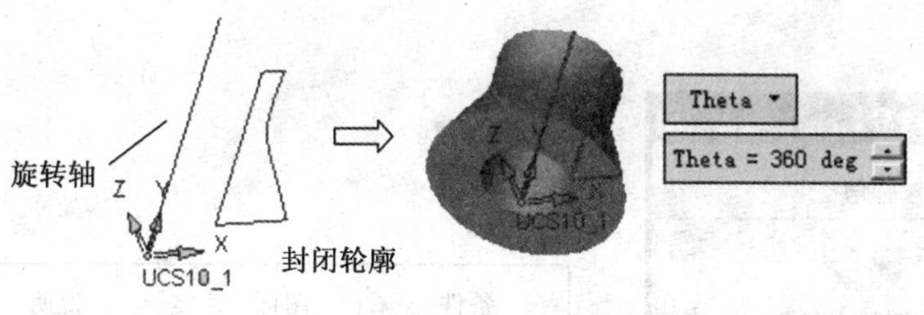


图 5-12 新建旋转—增量

增加旋转：如图 5-13 所示，选取封闭草图或封闭轮廓，点取一条旋转轴或参考线，选取终止参考面。

(4)删除旋转 删除旋转与增加旋转的操作基本相同，只不过删除旋转产生的是去除材料的结果。

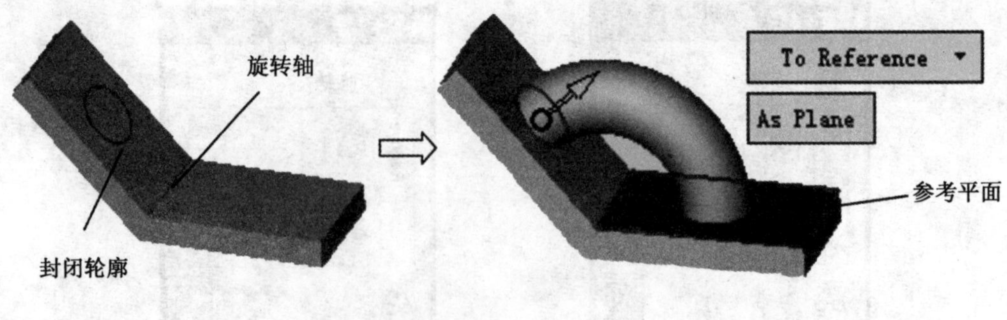


图 5-13　增加旋转—到参考面

举例：

删除旋转：如图 5-14 所示，以中间平面增量的形式删除旋转，旋转角度为 90°。

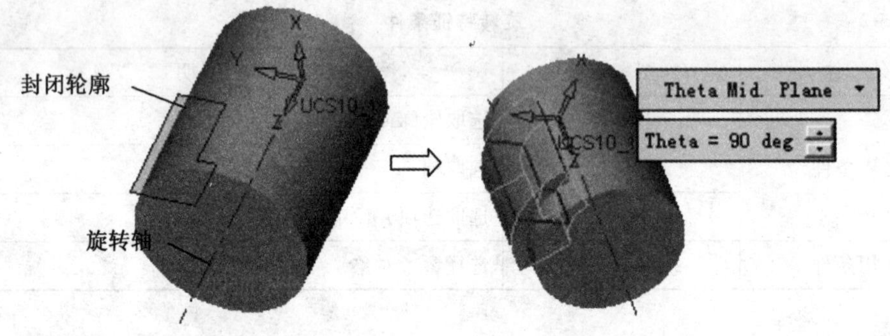


图 5-14　删除旋转—中间平面增量

(5)圆角　选取实体边界，倒常量或者变量圆角。图 5-15 所示为圆角特征向导及条件。

| 条件 | 图标 | 说明 |
|---|---|---|
| 必要条件 | | 点选边界 |
| | | 输入参数 |

图 5-15　圆角特征向导及条件

举例：

圆角：以倒边界的方式圆角。如图 5-16 所示，按光滑串打开方式选取边界，然后选取倒圆角的半径设定方式为常量时，输入全局值(半径值)。光滑串打开方式，系统自动链接相切边界;光滑串关闭方式,每次只能选到一个边界。

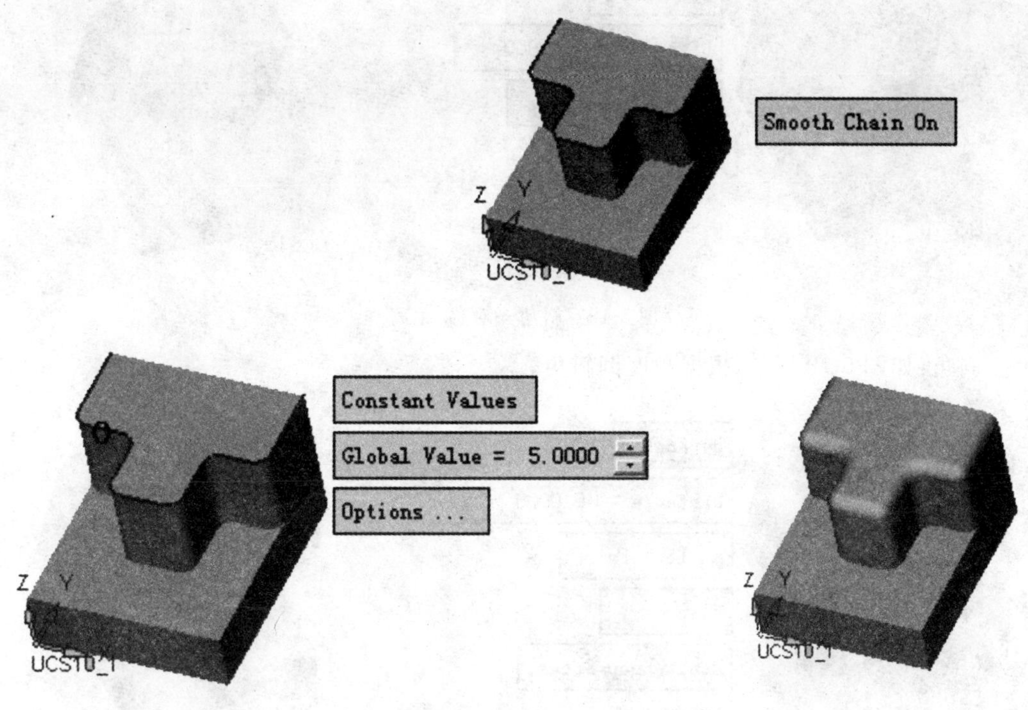


图 5-16　圆角—倒边界

(6)斜角　沿着边界建立斜角。图 5-17 所示为斜角特征向导及条件。

| 条件 | 图标 | 说明 |
| --- | --- | --- |
| 必要条件 | | 点取边界 |
| | | 设定参数 |

图 5-17　斜角特征向导及条件

举例:

斜角:如图 5-18 所示,在光滑串打开方式下选取要倒斜角的边界,然后以对称、距离方式,沿着边界建立斜角。如果边界为直角,斜角将沿着所选的边界倒 45°角。

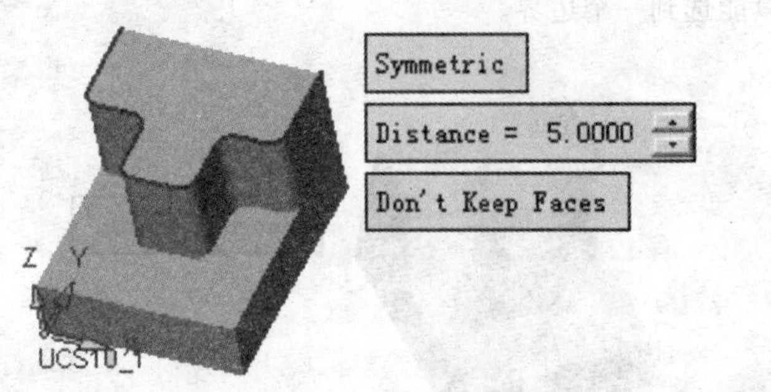


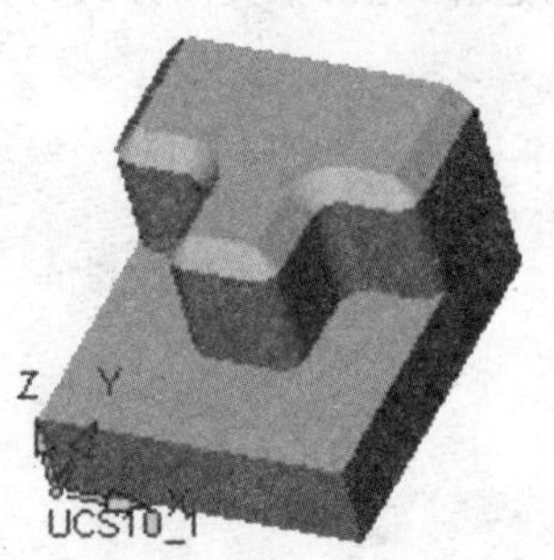


图 5-18　斜角—对称/距离

斜角：如图 5-19 所示，根据角度倒斜角。

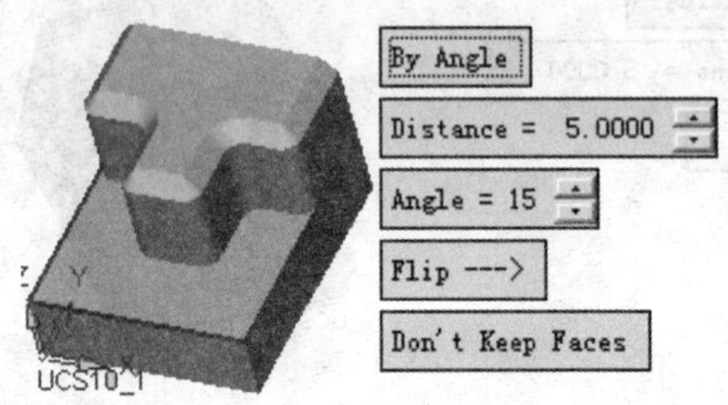


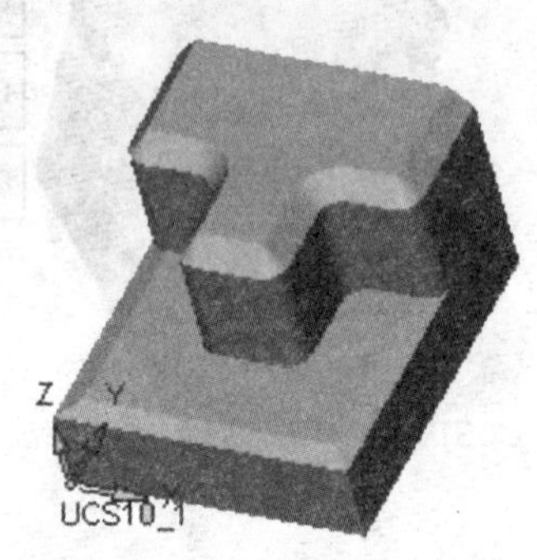


图 5-19　倒斜角—根据角度

2. 曲面造型指令

(1)扫掠　选取一截面轮廓或草图，沿着指定方向扫掠，形成曲面。图 5-20 所示为扫掠特征向导及条件。

| 条件 | 图标 | 说明 |
| --- | --- | --- |
| 必要条件 |  | 选取轮廓或草图 |
|  |  | 选取选项并设定参数 |
| 选用条件 |  | 设定拔模角度 |

图 5-20　扫掠特征向导及条件

举例：

曲面扫掠：如图 5-21 所示，以增量/单边方式创建扫掠面。

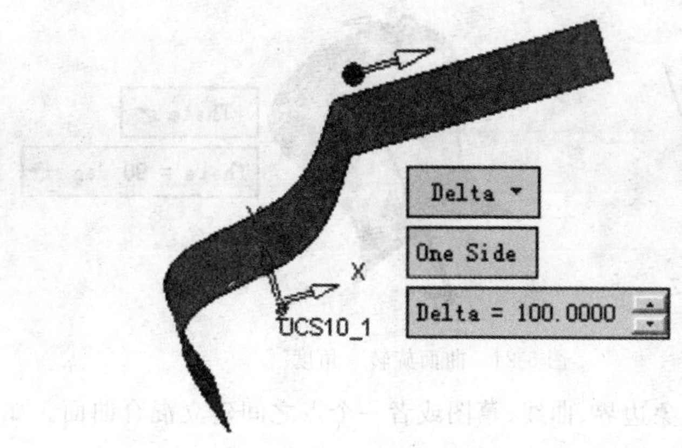


图 5-21　曲面扫掠—增量/单边

曲面扫掠:如图 5-22 所示,以中间平面增量方式创建扫掠面。

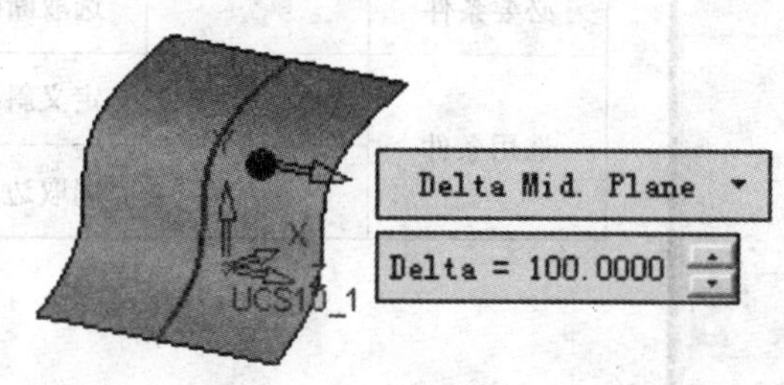


图 5-22　曲面扫掠—中间平面增量

(2)旋转　截面轮廓或草图,沿着指定轴旋转,创建旋转曲面。图 5-23 所示为旋转特征向导及条件。

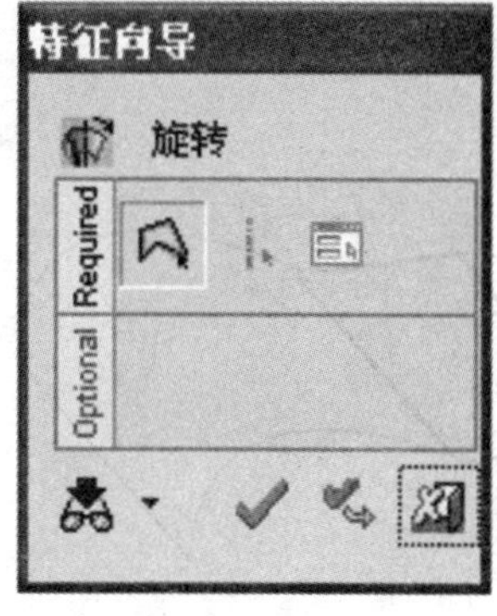


| 条件 | 图标 | 说明 |
| --- | --- | --- |
| 必要条件 | | 选取轮廓或草图 |
| | | 选取轴 |
| | | 选取选项并设定参数 |

图 5-23　旋转特征向导及条件

举例:

曲面旋转:如图 5-24 所示,根据角度创建旋转曲面。

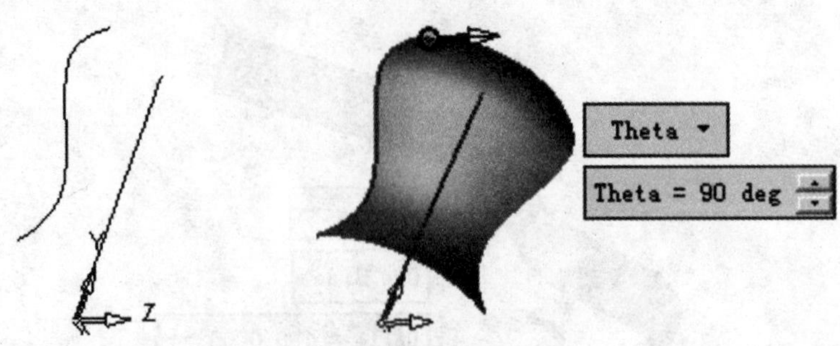


图 5-24　曲面旋转一角度

(3)混合曲面　在对象边界、曲线、草图或者一个点之间建立混合曲面。如图 5-25 所示为混合曲面特征向导及条件。

| 条件 | 图标 | 说明 |
|---|---|---|
| 必要条件 | | 选取断面 |
| 选用条件 | | 定义斜率与权重 |
| | | 选取边界 |

图 5-25　混合曲面特征向导及条件

举例：

混合曲面：如图 5-26 所示，只选取两断面时，形成的曲面是两断面对拉产生的规则曲面。

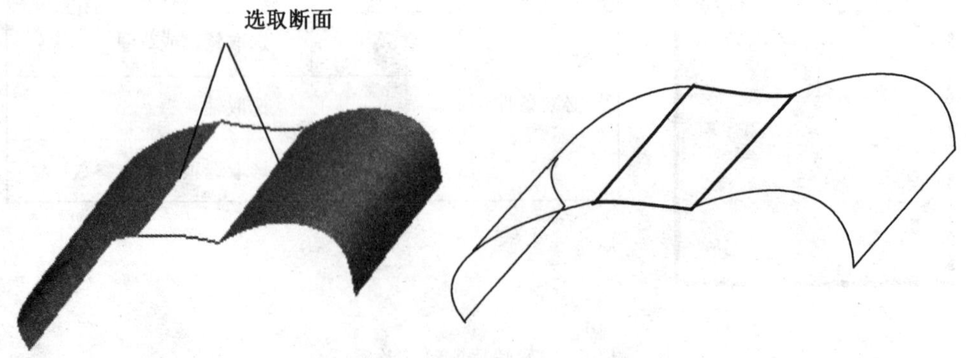


图 5-26　混合曲面—只选取断面

混合曲面：如图 5-27 所示，可通过选用条件进一步增加曲面边界，从而使曲面通过指定的边界。

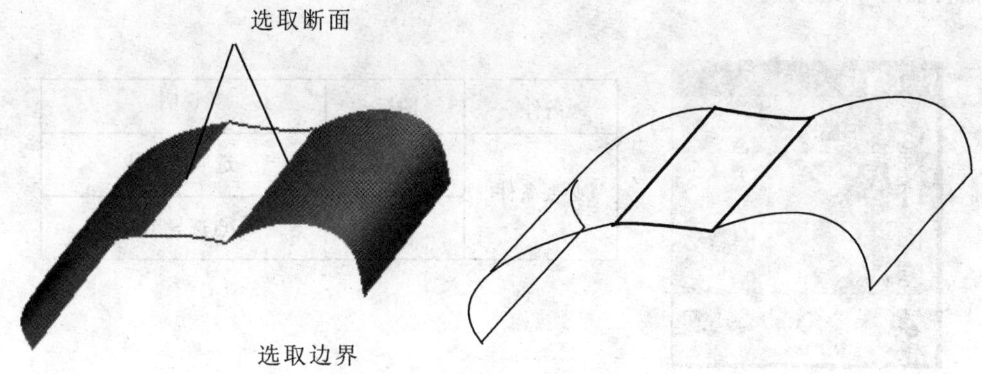


图 5-27　混合曲面—增加边界

(4)网格曲面　选取横断面和纵断面建立网格曲面。图 5-28 所示为网络曲面特征向导及条件。

| 条件 | 图标 | 说明 |
|---|---|---|
| 必要条件 | | 选取断面 |
| | | 毯子横断面 |

图 5-28　网格曲面特征向导及条件

举例:

网格曲面:如图 5-29 所示,选取横断面和纵断面建立网格曲面。

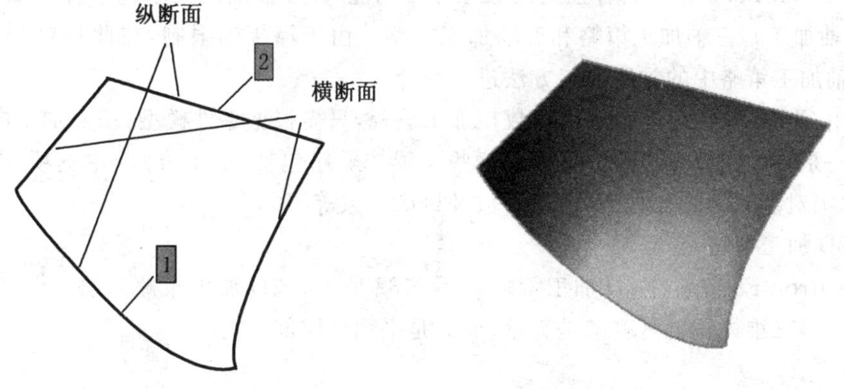


图 5-29　网格曲面

(5)扫描曲面　通过多个断面线与过断面线的导引线建立扫描曲面。图 5-30 所示为扫描特征向导及条件。

| 条件 | 图标 | 说明 |
| --- | --- | --- |
| 必要条件 | | 选取断面线 |
| | | 点选导引线 |

图 5-30　扫描曲面向导及条件

举例：

扫描曲面：如图 5-31 所示，通过断面线 1,2,3 与过断面线的导引线建立扫描曲面。

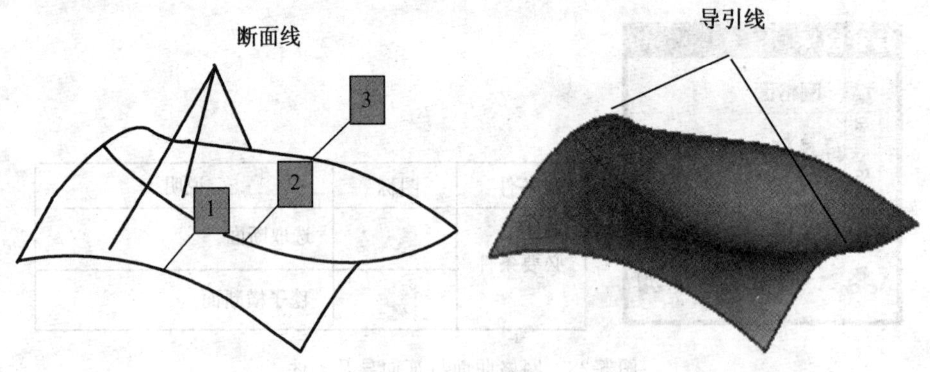


图 5-31　扫描曲面

(二)基本加工策略

Cimatron E8.5 软件具有强大的数控加工功能，其数控加工策略包括各种 2D 加工策略(2.5 轴加工)、三轴加工策略和五轴加工策略。由于篇幅的限制，在此只对 2D 加工策略和三轴加工策略中的常用加工方法进行简介。

利用 Cimatron E8.5 软件进行数控加工编程，只需根据零件模型，按照加工向导的顺序进行一系列的参数设置即可完成。这些设置按顺序包括：加工方法(主选项/次选项)、几何(加工对象)、刀具及夹头、运动参数及机床参数等。

1. 2D 加工策略

Cimatron E8.5 软件 2D 加工策略如图 5-32 所示。2D 加工策略适合于二维体积的加工。所谓二维体积就是侧壁是直壁、底面是平面的空间。

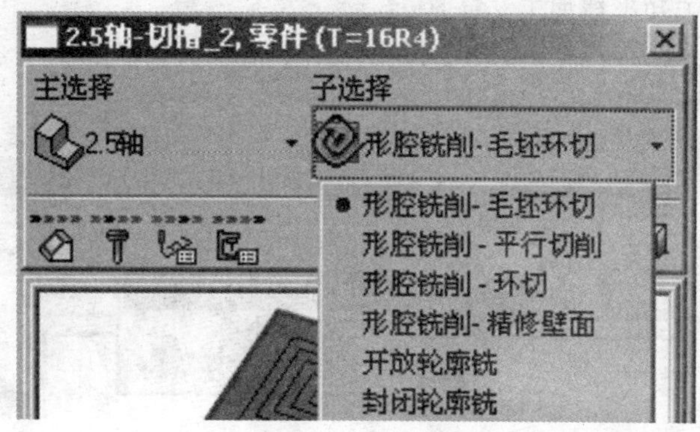


图 5-32　2D 加工策略

(1)2.5 轴型腔铣削　以封闭轮廓移除区域内的材料，区域定义由外轮廓与岛屿组成。常见的 2.5 轴型腔铣削加工方法有平行切削和环切两种，如图 5-33 所示。环切是指在 2D 加工范围内以环绕方式进行铣削；平行切削是指设定角度以平行方式进行铣削。

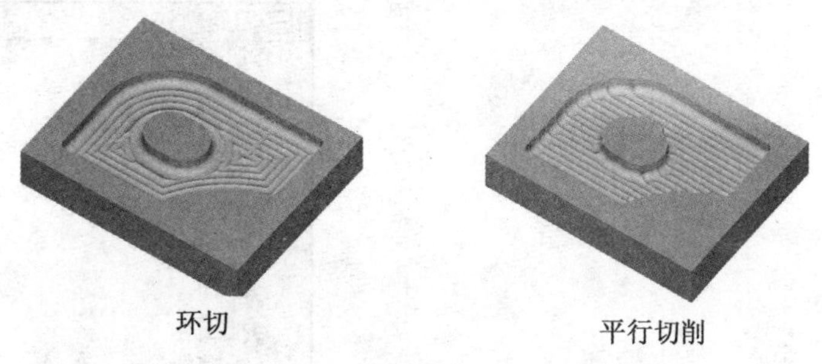


图 5-33　环切和平行切削示意图

(2)开放轮廓铣/封闭轮廓铣　如图 5-34 所示为沿着开放或封闭轮廓边界进行切削示意图。

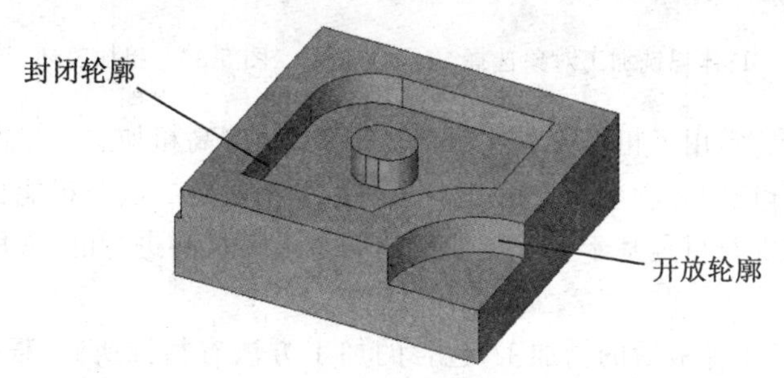


图 5-34　开放轮廓/封闭轮廓示意图

2. 3D 体积铣

3D 体积铣包含三项新功能(粗加工平行铣、粗加工环行铣和二次开粗)和传统加工程序，如图 5-35 所示。在此只对粗加工环行铣和二次开粗作简单说明。3D 体积铣主要用于三维体积的粗加工和半精加工。

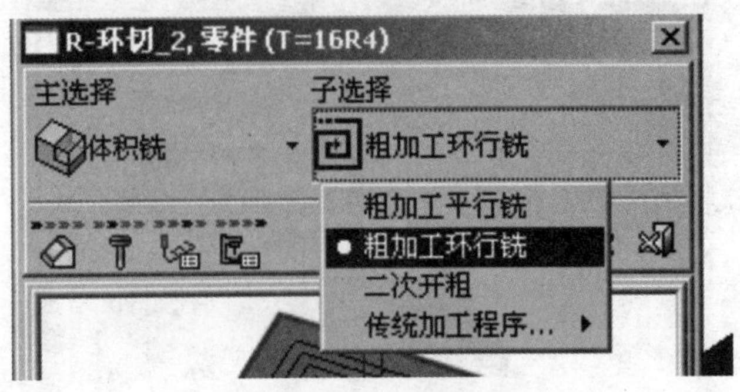


图 5-35 3D 体积铣

(1)粗加工环行铣 如图 5-36 所示，粗加工环行铣通过边界和零件曲面(被加工表面)界定了一个三维的加工空间。根据所选定的空间以及所给定的刀具参数、刀具垂直步进值和侧向步长值(见图 5-37)，进行数控加工刀位计算，生成刀路轨迹。

| 参数 | 值 |
| --- | --- |
| 边界（可选） | 1 |
| 零件曲面 | 32 |

图 5-36 3D 体积铣加工对象选择

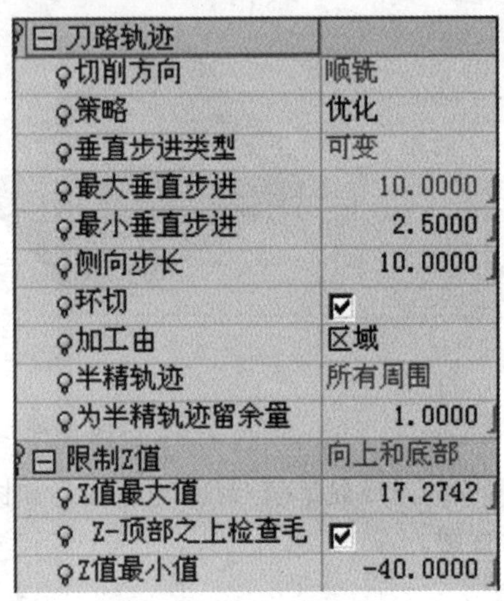

| 刀路轨迹 | |
| --- | --- |
| 切削方向 | 顺铣 |
| 策略 | 优化 |
| 垂直步进类型 | 可变 |
| 最大垂直步进 | 10.0000 |
| 最小垂直步进 | 2.5000 |
| 侧向步长 | 10.0000 |
| 环切 | ☑ |
| 加工由 | 区域 |
| 半精轨迹 | 所有周围 |
| 为半精轨迹留余量 | 1.0000 |
| 限制Z值 | 向上和底部 |
| Z值最大值 | 17.2742 |
| Z-顶部之上检查毛 | ☑ |
| Z值最小值 | -40.0000 |

图 5-37 粗加工环行铣运动参数界面

(2)二次开粗 常用于粗加工程序后面，进行二次等高粗加工。二次开粗的运动参数界面与粗加工环行铣的运动参数界面基本相同。只不过是二次开粗能自动识别当前毛坯残料，也就是说二次开粗是基于上一次加工的剩余毛坯材料进行的，常用于半精加工。

3. 曲面铣

曲面铣常用于工件最后的精加工，包含的加工方法有精铣所有、根据角度精铣、精铣水平区域等，如图 5-38 所示。在此，对常用的根据角度精铣作简单说明。

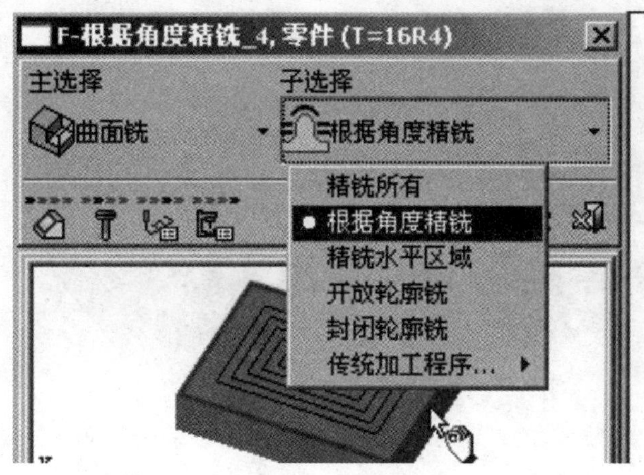


图 5-38　曲面铣

如图 5-39 所示，曲面铣/根据角度精铣会根据曲面法向与垂线的夹角将曲面分为垂直区域和水平区域。夹角小于限制角度的区域为水平区域，夹角大于限制角度的区域为垂直区域。水平区域和垂直区域可采用不同的加工策略进行加工。水平区域一般采用环切，垂直区域一般采用层切。

| 刀路轨迹 | |
|---|---|
| 水平区域 | ☑ |
| 水平加工方 | 环切 |
| 水平区域切 | 顺铣 |
| 水平区域刀 | 由外向内 |
| 水平步距 | 1.2500 |
| 环切 | ☑ |
| 垂直区域 | ☑ |
| 垂直加工策 | 层切 |
| 垂直区域切 | 顺铣 |
| 垂直步进 | 1.2500 |
| 加工顺序 | 垂直优先 |
| 加工由 | 区域 |
| 限制角度 | 33.0000 |

图 5-39　根据角度精铣运动参数界面

（三）加工实例

下面以图 5-40 所示的熨斗母模加工为例，对 Cimatron E8.5 软件的加工编程过程作简单介绍。

图 5-40　熨斗母模

1. 准备工作

(1)启动软件,新建一个编程文档,进入 Cimatron E8.5 软件的 NC 环境,如图 5-41 所示。

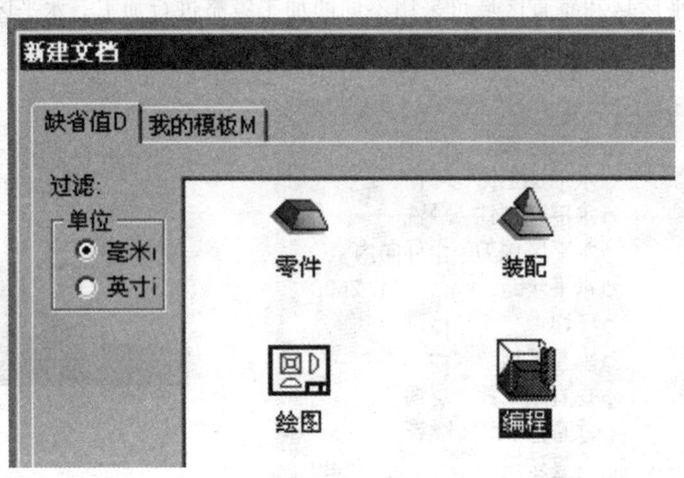


图 5-41　新建编程文档

(2)点击加工向导的模型导入图标 Load Model,导入熨斗母模模型,如图 5-42 所示。

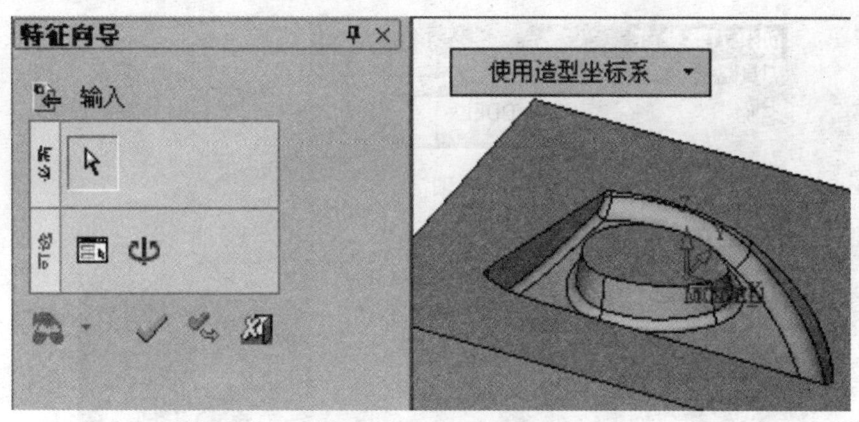


图 5-42　模型导入

(3)点击刀具图标 Cutters ,进入刀具和卡头界面,点击新建刀具图标,新建两把刀具:16R4 的环刀(刀具直径 16,刀尖半径 R4),直径为 8 的球刀(名称 BALL8)。两把刀设置好后如图 5-43 所示。

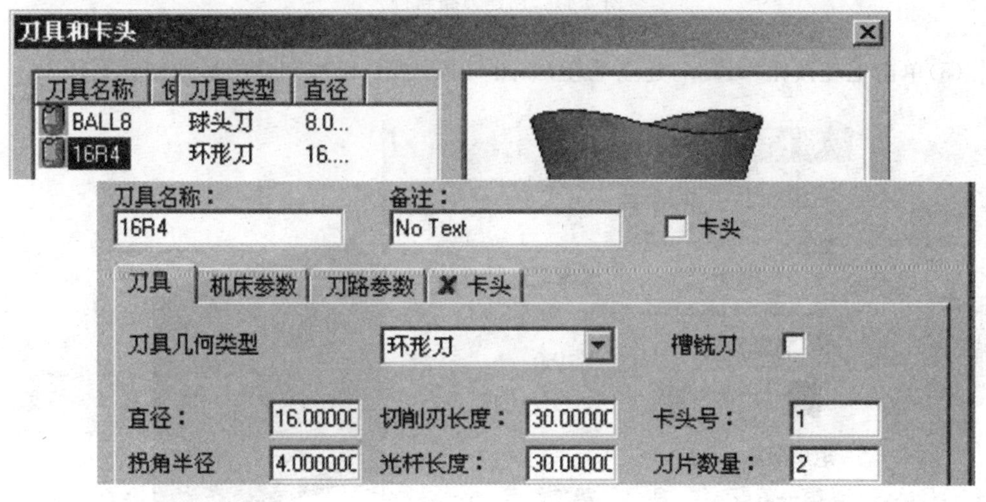


图 5-43　刀具创建

(4)单击创建刀路轨迹按钮 Toolpath ,出现如图 5-44 所示对话框,建立新的刀路轨迹,设定参数如下:

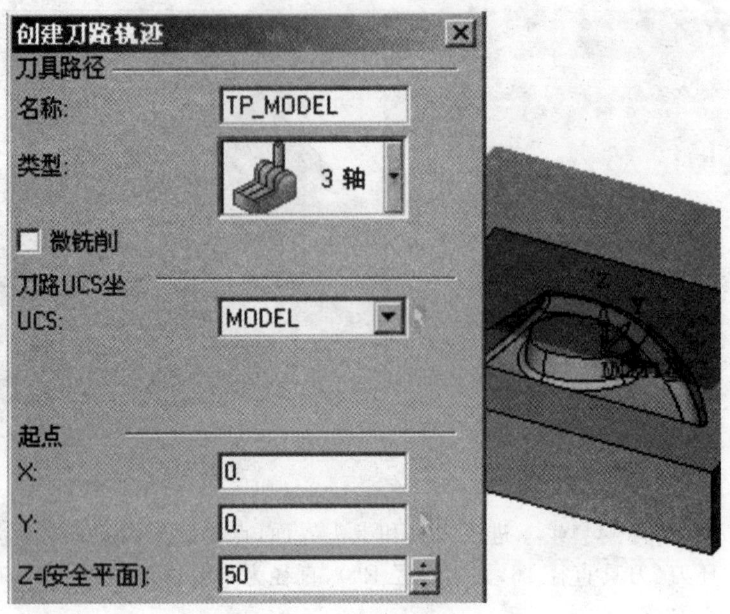


图 5-44 创建刀路轨迹

(5)单击毛坯按钮 Stock ,建立毛坯,如图 5-45 所示,以限制盒的形式创建毛坯。

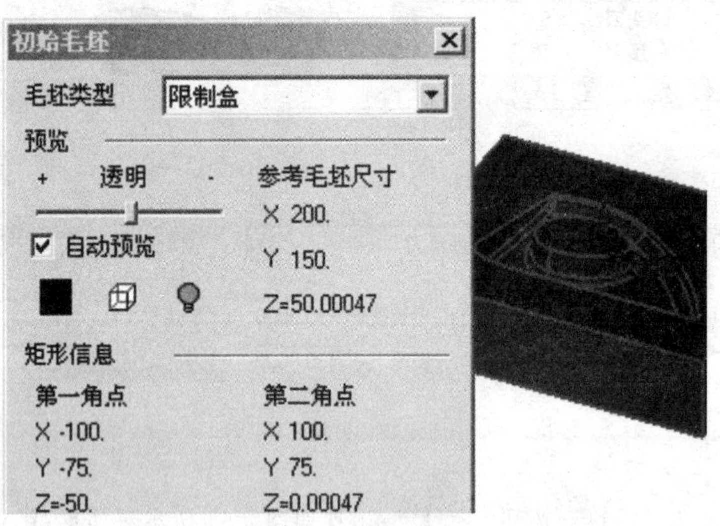


图 5-45 创建毛坯

2. 粗加工

粗加工的作用是快速去除工件表面的毛坯材料。

(1)单击创建程序按钮 Procedure ,创建粗加工程序,选择体积铣/粗加工环行铣加工方法,如图 5-46 所示。

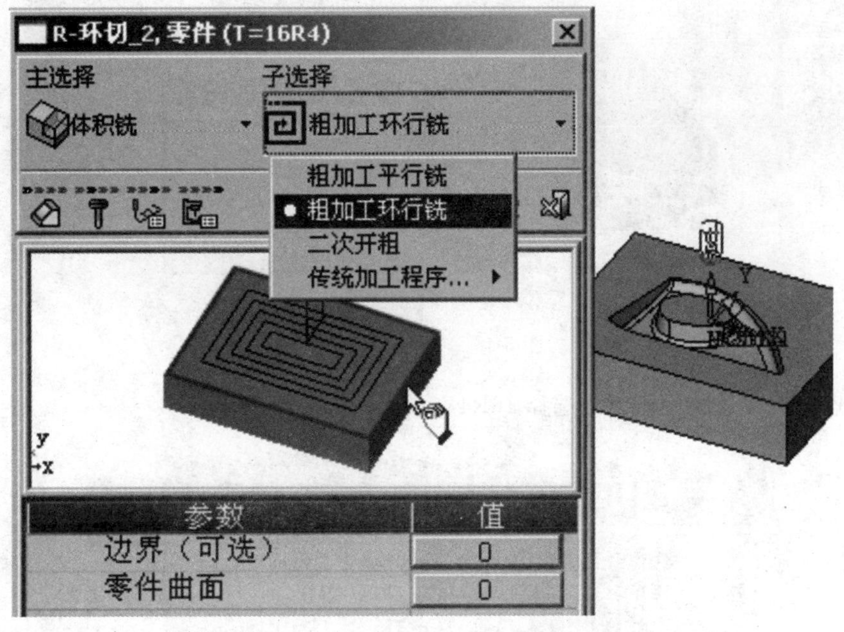


图 5-46　粗加工环行铣选择

(2)点击边界(可选)右侧的按钮(当前值为零),进入边界选择界面。首先设置刀具位置为在轮廓内部,然后选择如图 5-47 所示的边界(左键点选,中键确认)。

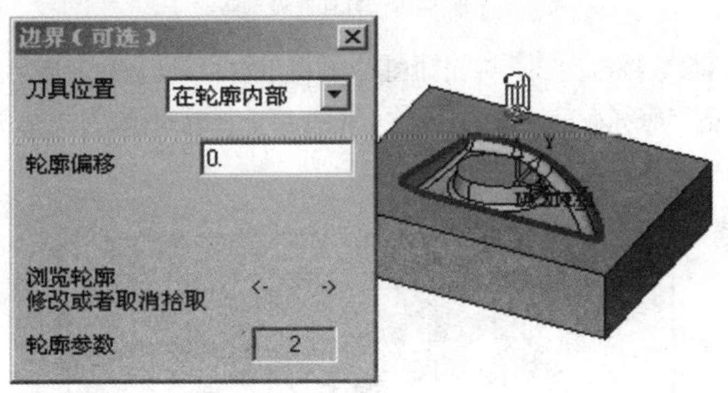


图 5-47　边界选择及刀具位置确定

(3)点击零件曲面右侧的按钮(当前值为零),进入零件曲面选择界面,按鼠标右键,弹出如图 5-48 所示快捷菜单,点选选择所有显示对象选项,选中零件所有表面(此时,不必准确选择被加工的表面,因为上一步选择的边界已经对零件表面作了界定,只是在边界内的表面才会被加工),然后中键确认,退出当前环境。

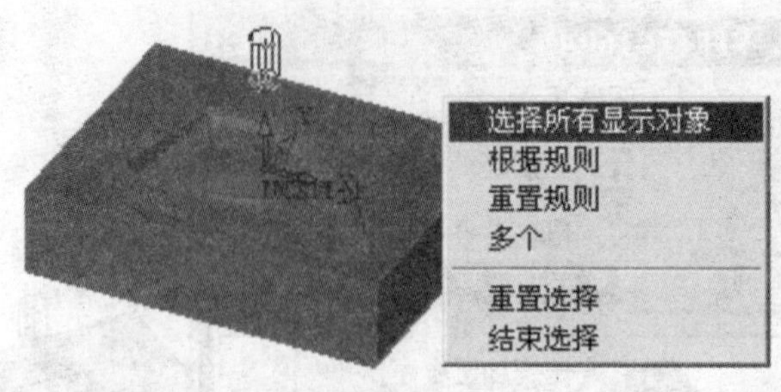


图 5-48 零件曲面选择

(4)点击刀具选择图标，选择 16R4 刀具，如图 5-49 所示。

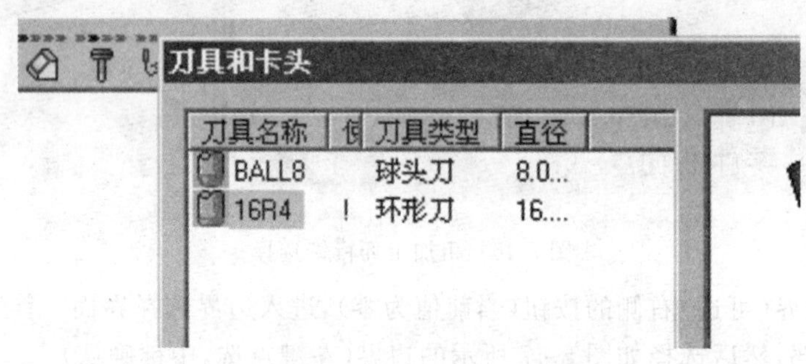


图 5-49 刀具选择

(5)点击刀路参数按钮，弹出如图 5-50 所示窗口，设置如下运动参数：零件加工余量为 0.2mm；由于零件侧壁陡缓不一致，故垂直步进选择可变，最大值为 0.6mm，最小值为 0.2mm，以保证走刀均匀。

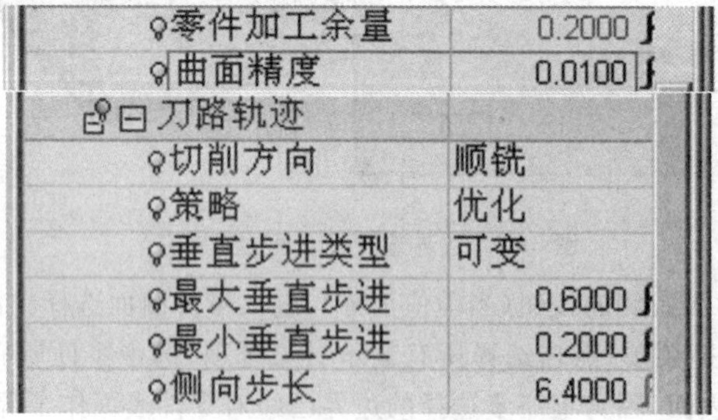

| 参数 | 值 |
|---|---|
| 零件加工余量 | 0.2000 |
| 曲面精度 | 0.0100 |
| 刀路轨迹 | |
| 切削方向 | 顺铣 |
| 策略 | 优化 |
| 垂直步进类型 | 可变 |
| 最大垂直步进 | 0.6000 |
| 最小垂直步进 | 0.2000 |
| 侧向步长 | 6.4000 |

图 5-50 粗加工运动参数设置

(6)点击机床参数按钮，弹出如图 5-51 所示窗口，设定机械参数：工件材料为 45 钢，刀具为合金刀具，刀具允许的切线速度为 100m/min，进给速度为 600mm/min，系统会根据刀具直径自动计算主轴转速。

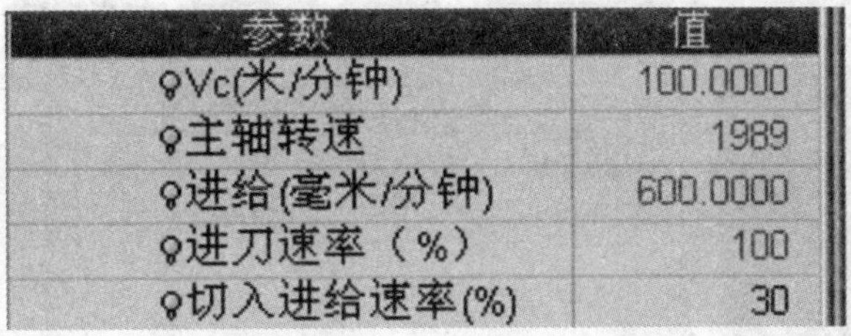

| 参数 | 值 |
|---|---|
| Vc(米/分钟) | 100.0000 |
| 主轴转速 | 1989 |
| 进给(毫米/分钟) | 600.0000 |
| 进刀速率（%） | 100 |
| 切入进给速率(%) | 30 |

图 5-51　粗加工机床参数设置

(7)单击保存并计算按钮，进行结果计算，显示如图 5-52 所示刀路轨迹。由于刀具半径较大，有些空间没有加工到，工件剩余毛坯不均匀。因此，在精加工之前需要进行半精加工。

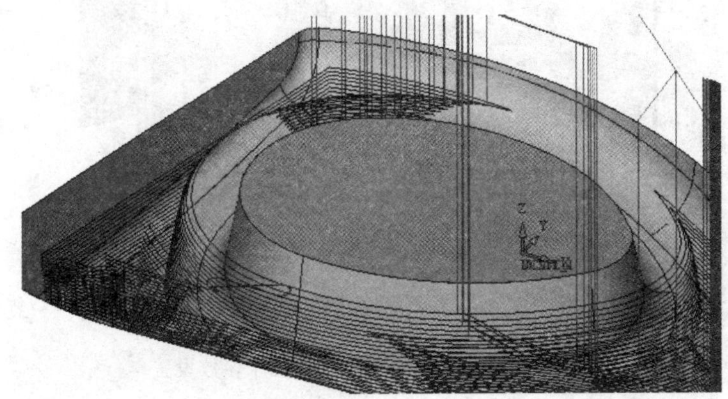

图 5-52　粗加工结果

3. 半精加工

半精加工的作用是使工件表面的剩余材料均匀，以保证精加工的质量。

(1)创建半精加工程序，选择二次开粗，如图 5-53 所示。

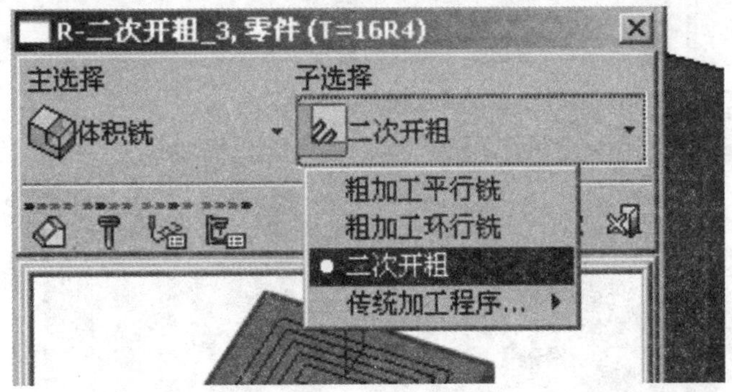


图 5-53　二次开粗选择

(2)加工对象不需做改变，系统会记忆上一步加工所选的边界与曲面。

(3)选择刀具 BALL8，如图 5-54 所示。

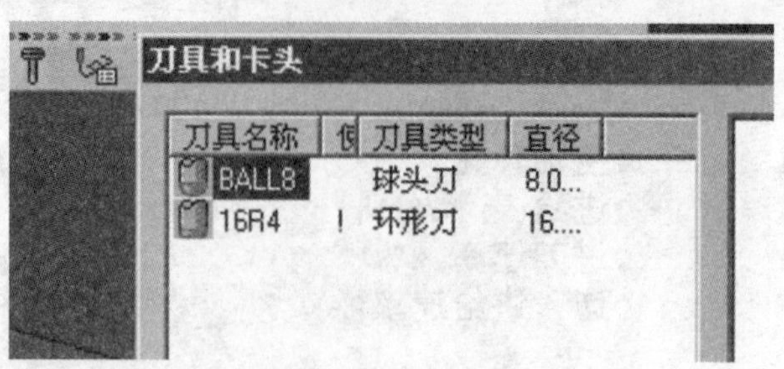


图 5-54　半精加工刀具选择

(4)设定刀路参数和机床参数,如图 5-55 所示。

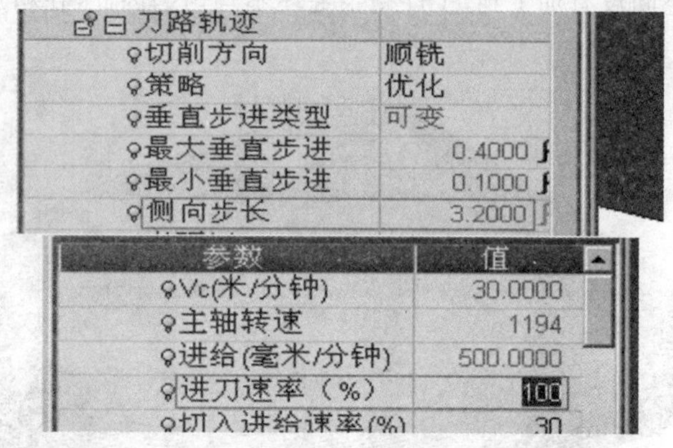


图 5-55　半精加工运动参数和机床参数设置

(5)单击保存并计算按钮,此时刀路轨迹文件里有两个刀路:粗加工和半精加工。

(6)点击粗加工刀路右侧的按钮,使其灰色显示,从而隐藏掉粗加工的刀路。我们会发现,半精加工的二次开粗刀路是基于上一次的残留毛坯而生成的,如图 5-56 所示。

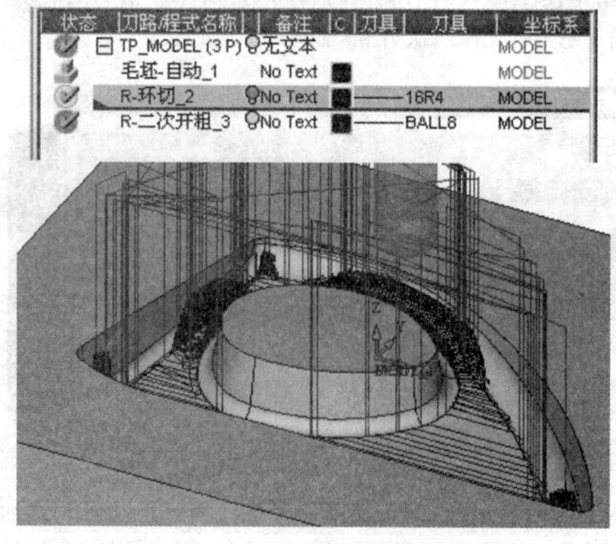


图 5-56　半精加工刀路轨迹

4. 精加工

精加工的作用是形成所要求的工件表面，并达到精度要求。

(1)创建精加工程序，选择曲面铣/根据角度精铣，如图 5-57 所示。

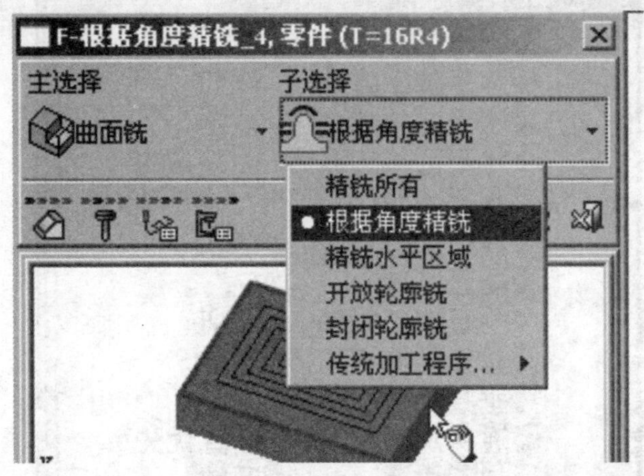


图 5-57　曲面铣/根据角度精铣选择

(2)单击边界(可选)右侧的按钮(当前值为 1)，进入边界设置界面，刀具位置保持为在轮廓内部，增加选择如图 5-58 所示的内部边界，将被加工区域界定在内外轮廓的环形区域内。

图 5-58　精加工边界选择

(3)设定运动参数：如图 5-59 所示，设置零件加工余量为 0，以 45°为限制角度，水平区域为环切，水平步距 0.4mm；垂直区域为层切，垂直步进 0.4mm。

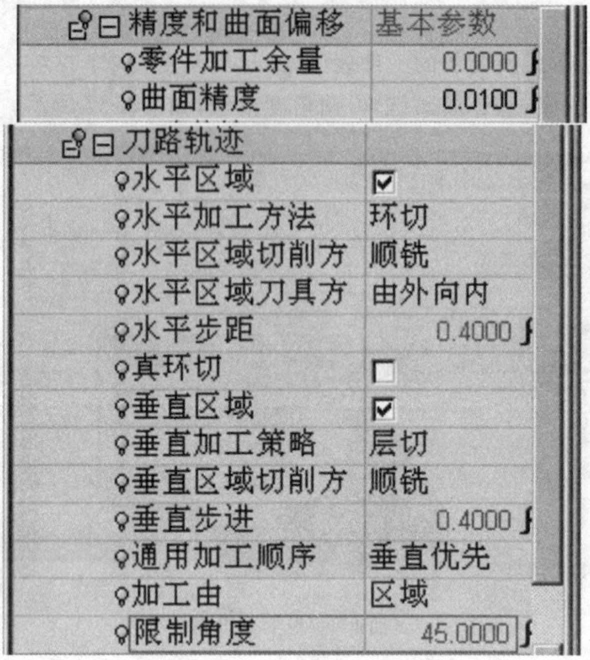

| 精度和曲面偏移 | 基本参数 |
| --- | --- |
| 零件加工余量 | 0.0000 |
| 曲面精度 | 0.0100 |

| 刀路轨迹 | |
| --- | --- |
| 水平区域 | ☑ |
| 水平加工方法 | 环切 |
| 水平区域切削方 | 顺铣 |
| 水平区域刀具方 | 由外向内 |
| 水平步距 | 0.4000 |
| 真环切 | ☐ |
| 垂直区域 | ☑ |
| 垂直加工策略 | 层切 |
| 垂直区域切削方 | 顺铣 |
| 垂直步进 | 0.4000 |
| 通用加工顺序 | 垂直优先 |
| 加工由 | 区域 |
| 限制角度 | 45.0000 |

图 5-59 精加工运动参数设置

(4)设定机床参数,如图 5-60 所示。

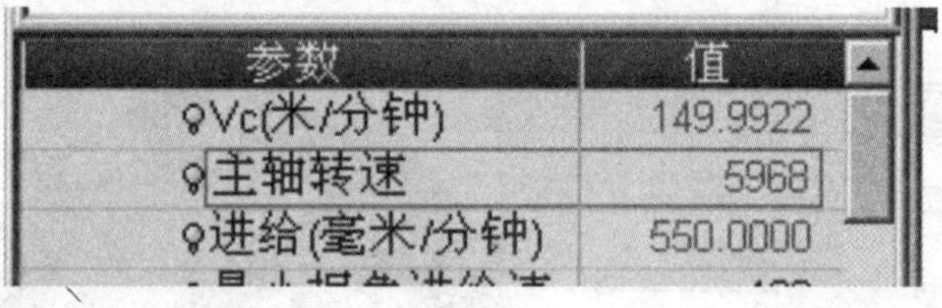

| 参数 | 值 |
| --- | --- |
| Vc(米/分钟) | 149.9922 |
| 主轴转速 | 5968 |
| 进给(毫米/分钟) | 550.0000 |

图 5-60 精加工机床参数设置

(5)确定后单击保存并计算按钮,结果如图 5-61 所示,水平区域环绕走刀,垂直区域按层走刀。

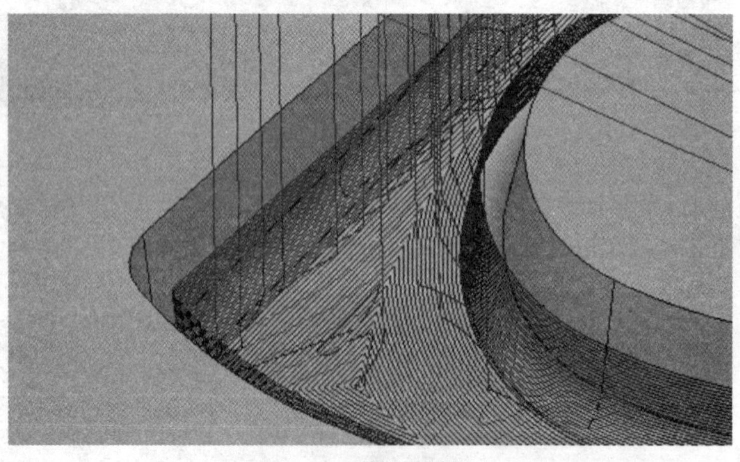

图 5-61 精加工结果

5. 后置处理

后置处理的目的是产生特定机床所需要的数控加工程序代码。

点击后置处理图标 Post Process ，进入后置处理界面。如图 5-62 所示，点击绿色双箭头将所有加工程序添加到右侧，然后选择 demo 处理器，并进行如下设置：SUBROUTINES(Y/N)设置为 N，即程序中不带子程序，目标文件夹和文件名根据需要设置，重命名文件类型可设置为只产生 G 代码文件。确认后将产生数控机床所需的程序代码，如图 5-63 所示。

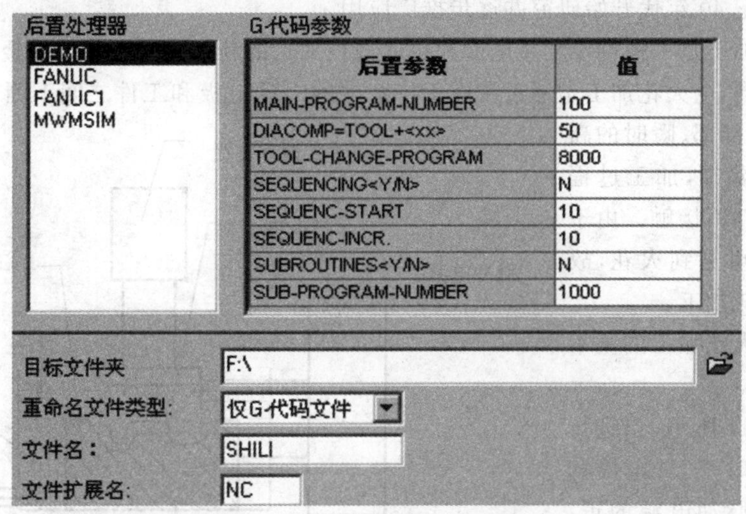


图 5-62　后置处理设置

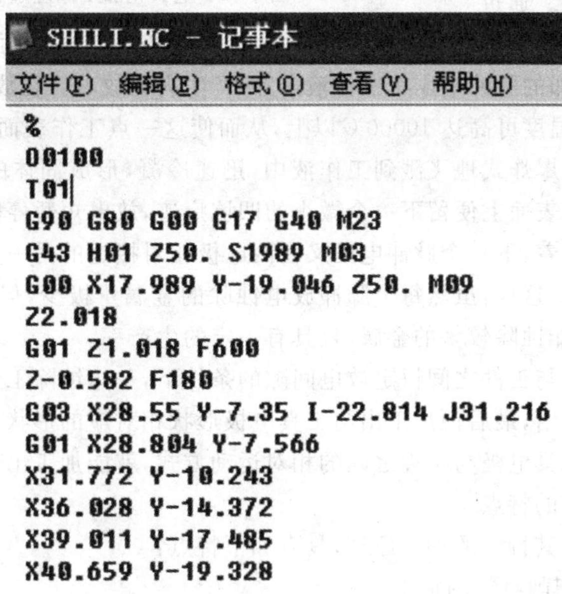


图 5-63　数控加工程序

# 任务二 电火花成形加工技术及应用

## 一、电火花加工的基本原理及分类

电火花加工又称为放电加工(Electrical Discharge Machining ,简称 EDM)或电蚀加工,在 20 世纪 40 年代开始研究并逐步推广应用。

电火花加工是一种直接利用电能和热能进行加工的新工艺。与传统的金属切削加工原理完全不同,电火花加工是通过浸在工作液中的工具电极和工件之间不断的脉冲性火花放电,产生局部、瞬时的高温把金属蚀除掉,加工过程中工具与工件不接触。由于放电过程中可见到火花,故称之为电火花加工。

(一)电火花加工的基本原理

如图 5-64 所示,当进行电火花加工时,工具电极和工件分别接脉冲电源的正、负两极,并浸入工作液中,将工作液充入放电间隙。通过自动进给调节装置控制工具电极向工件进给,当工具电极和工件这两极之间达到一定的间隙值时,两极上施加的脉冲电压将工作液击穿,产生火花放电。在放电的微细通道中瞬时集中大量的热能,温度可高达 10000℃以上,从而使这一点工作表面局部微量的金属材料立刻熔化、汽化,并爆炸式地飞溅到工作液中,迅速冷凝,形成固体的金属微粒,被工作液带走。这时在工件表面上便留下一个微小的凹坑痕迹,放电短暂停歇,两电极间工作液恢复绝缘状态。紧接着,下一个脉冲电压又在两电极相对接近的另一点处击穿,产生火花放电,重复上述过程。这样,虽然每个脉冲放电蚀除的金属量极少,但因每秒有成千上万次脉冲放电作用,就能蚀除较多的金属,且具有一定的生产率。

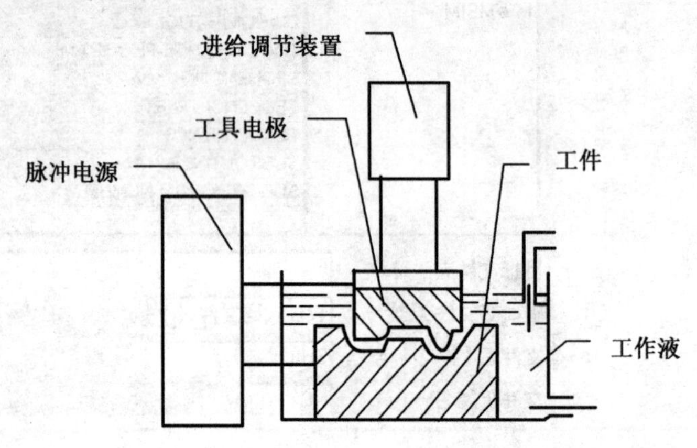


图 5-64 电火花加工原理示意图

在保持工具电极与工件之间恒定放电间隙的条件下,一边蚀除工件金属,一边使工具电极不断地向工件进给,最后便加工出与工具电极形状相对应的形状来。因此,只要改变工具电极的形状和工具电极与工件之间的相对运动方式,就能加工出各种复杂的型面。

(二)电火花加工的特点

电火花加工由于其特殊的加工原理,具有如下特点:

1. 适合于难以切削材料的加工

电火花加工通过脉冲放电的高密度能量来进行,材料的可加工性取决于材料的导电性和热学特性,与其强度、硬度等力学性能无关。因此,可以用软的工具加工硬的材料,这一点是传统切削加工无法实现的。

2. 可以加工特殊及复杂形状的表面和零件

电火花加工时，工具电极与工件材料不接触，两者之间宏观作用力极小，因此适合于加工低刚度工件和进行微细加工。由于工具电极制造容易，并且工具电极的形状决定了被加工工件表面的形状，因此适合于加工复杂表面形状的工件。

(三)电火花加工的分类

按照工具电极的形式及其与工件相对运动的特征，可将电火花加工分为五类：

1. 利用成形工具电极相对于工件做简单进给运动的电火花成形加工。

2. 利用轴向移动的金属丝作工具电极，工件按所需形状和尺寸做轨迹运动，从而进行工件切割的电火花线切割加工。

3. 利用金属丝或成形导电磨轮作工具电极，进行小孔磨削或成形磨削的电火花磨削。

4. 电火花共轭回转加工，用于加工螺纹环规、螺纹塞规、齿轮等。

5. 小孔加工、刻印、表面合金化、表面强化等其他种类的加工。

以上所述电火花加工方法以电火花成形加工和电火花线切割加工最为广泛。下面先就电火花成形加工的应用进行介绍，对于电火花线切割加工的应用将在下一任务中进行。

## 二、电火花成形加工机床

电火花成形加工机床主要由机械部分、脉冲电源、自动进给调节系统、工作液净化与循环系统几部分组成，如图 5-65 所示。

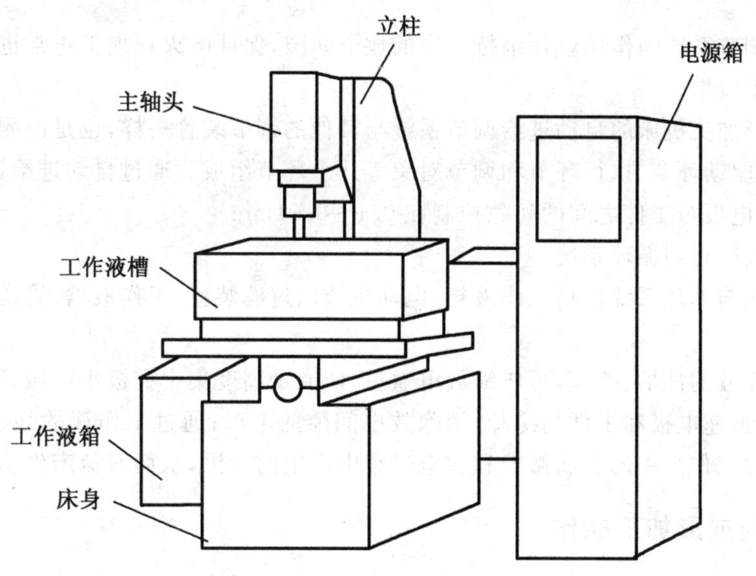


图 5-65　数控电火花成形机床的组成

（一）机械部分

机械部分主要包括床身、立柱、主轴头、工作台及工作液槽等几部分，是工件和工具电极的安装与运动基础。

床身和立柱是机床的主要结构件，应有足够的刚度。工作台可做纵横向运动，一般带有坐标装置，常用的是用刻度手轮进行位置调整。主轴头是电火花成形加工机床的最关键部件，是自动进给调节系统的执行部件。主轴头主要由进给系统、上下移动导向、水平面内防扭机构、电极装夹及其调节环节组成。

（二）脉冲电源

电火花成形加工过程中，加在放电间隙上的电压必须是脉冲的，否则，放电将成为连续的电弧。

脉冲电源是电火花成形机床的重要部分之一，其作用是为放电加工过程提供能量，一般由微处理器和外围接口、脉冲形成和功率放大部分、加工状态检测和自适应控制装置以及自诊断和保护电路等组成。

脉冲电源对电火花加工的生产率、表面质量、加工精度、加工过程的稳定性和工具电极损耗等技术经济指标有很大的影响。脉冲电源应具备高效低损耗、大面积小粗糙度表面稳定加工的能力。

（三）自动进给调节系统

电火花成形加工过程中，工具电极与工件之间没有直接接触。要进行正常的放电加工，工具电极和工件之间必须保持一定的放电间隙。间隙过大，脉冲电压击不穿间隙间的绝缘工作液，不会产生火花放电。间隙过小，必须及时减小进给速度，避免出现短路的情况。

自动进给调节系统的作用就是维持一定的放电间隙，保证电火花加工正常进行，从而获得较好的加工效果。

电火花成形加工机床的自动进给调节系统与其他的调节装置一样，也是由测量环节、比较环节、放大驱动环节、执行环节和调节对象等几个环节组成。通过自动进给调节系统的作用，将工具电极与工件之间的间隙控制在 0.1～0.01mm。

（四）工作液净化与循环系统

工作液净化与循环系统包括工作液箱、电动机、泵、过滤装置、工作液槽、管道、阀门和测量仪表等。

通过对工作液的冲抽、喷液，可压缩放电通道，使能量高度集中在极小区域，以加强电蚀能力，同时可加速电极和工件的冷却，消除放电间隙的电离；通过工作液的强迫循环和过滤可及时排除工作液中的金属微粒和放电过程中产生的炭黑，从而避免产生积炭现象。

## 三、电火花成形加工操作

电火花成形加工的操作主要包括如下几个步骤：

（一）工具电极的确定

电火花成形加工中首先要按照工件的材料、形状及加工要求选择合适的电极材料、确定合理的电极几何形状，同时要考虑电极的加工工艺性。

1. 电极材料的选择

电极材料应具有导电性能良好、损耗小、加工过程稳定、加工效率高等特点。常用电极材料见表 5-3。

表 5-3　常用电极材料及性能

| 电极材料 | 加工稳定性 | 电极损耗 | 机加工性能 | 适用范围 |
|---|---|---|---|---|
| 钢 | 较差 | 一般 | 好 | 常用于冲模凹模加工,工具电极为凸模 |
| 铸铁 | 一般 | 一般 | 好 | 常用于加工冷冲模的电极 |
| 石墨 | 较好 | 较小 | 较好 | 常用于加工大型模具的电极 |
| 紫铜 | 好 | 一般 | 较差 | 不宜用作细微加工用电极 |
| 黄铜 | 好 | 较大 | 好 | 用于加工时可进行补偿的加工场合 |
| 铜钨合金 | 好 | 小 | 一般 | 价格贵,用于深孔、硬质合金穿孔等 |
| 银钨合金 | 好 | 小 | 一般 | 价格昂贵,多用于精密加工 |

2. 电极结构形式的确定

电极的结构形式应根据被加工型腔的大小与复杂程度、电极的加工工艺性等因素来确定。常用的电极结构形式有整体式电极、镶拼式电极等。

3. 电极极性的选择

电火花成形加工过程中,由于正、负极性不同而彼此电蚀量不一样的现象称为极性效应。在加工过程中应充分利用极性效应,合理选择加工极性,以提高加工效率,减少电极的损耗。

工具电极极性选择的一般原则如下:

铜打钢,电极选正极性;铜打铜,电极选负极性;铜打硬质合金,电极选正、负极性均可;石墨打铜,电极选负极性;石墨打硬质合金,电极选负极性;石墨打钢,当加工表面粗糙度在 15$\mu$m 以下时,电极选负极性,加工表面粗糙度在 15$\mu$m 以上时,电极选正极性;钢打钢,电极选正极性。

(二)电极装夹定位

1. 电极装夹

电极装夹大多采用通用夹具直接将电极装夹在机床主轴下端。常用的电极夹具有标准套筒、钻夹头、标准螺纹夹具等。

2. 电极校正

电极装夹后必须进行垂直度校正,校正工具常用精密角度尺和百分表两种。

3. 电极定位

在进行放电加工之前要对电极进行定位,也就是要确定电极与工件之间的相互位置,以确保加工精度。

(三)工件装夹

通常是将工件安装在工作台上,与电极互相定位后用压板和螺钉压紧即可,也可用磁力吸盘进行固定。工件安装时要注意保持与电极的相互位置。

(四)电规准的选择

所谓电规准就是在电火花加工中所选用的一组电脉冲参数(脉宽、脉间、峰值电流等)。电规准应根据工件的加工要求、电极和工件材料等因素来选择。

粗加工时,要求加工效率高,电极损耗小,所以粗规准一般选择较大的峰值电流,较长的脉冲宽度(20～60μs)。精加工要保证工件加工精度和工件表面粗糙度,故精规准多采用小的峰值电流及窄的脉冲宽度(2～6μs)。

# 任务三　电火花线切割加工技术及应用

## 一、电火花线切割加工的原理及应用范围

### (一)电火花线切割加工的原理

电火花线切割加工(Wire Cut EDM ,简称 WEDM)与电火花成形加工一样,也是依靠电火花放电作用来实现的。与电火花成形加工不同的是,电火花线切割加工是利用金属导线(铜丝或钼丝)作为工具电极的,如图 5-66 所示。在加工过程中,一方面线状工具电极相对于工件不断地做单向移动或往返移动(慢速走丝是单向移动,快速走丝是往返移动);另一方面,安装工件的十字工作台,由数控伺服电动机驱动,在 $X$,$Y$ 轴方向实现切割进给,使线状电极沿加工图形的轨迹对工件进行切割加工。只要有效地控制好工件的运动轨迹和速度,就能切割出符合技术要求的工件。

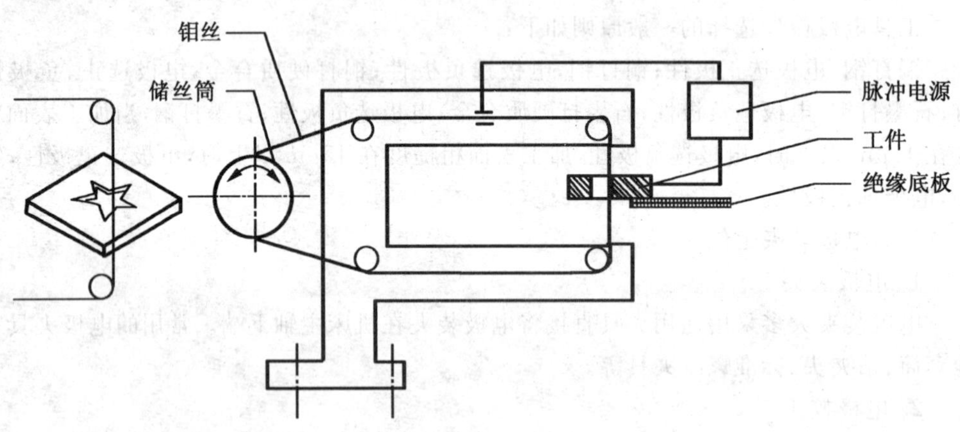


图 5-66　电火花线切割原理图

数控电火花线切割加工机床,根据电极丝运动的方式可以分成快速走丝数控电火花线切割机和慢速走丝数控电火花线切割机两大类别。

快速走丝数控电火花线切割机床的线电极做高速的往复运动,一般走丝速度为 8～10m/s。快速走丝数控电火花线切割机床的线电极主要是钼丝(0.1～0.2mm),工作液通

常采用乳化液,也可采用去离子水等。

慢速走丝数控电火花线切割加工机床,走丝速度一般为 3m/min 左右,最高为 15m/min,并且是单向运动。可使用纯铜、黄铜、钨、钼和各种合金以及金属涂层线作为线电极,其直径为 0.03～0.35mm。这种机床的线电极只是单向通过加工间隙,不重复使用,可避免线电极损耗影响加工精度。慢速走丝数控电火花线切割加工机床的工作液主要采用去离子水和煤油。

(二)电火花线切割加工的应用范围

1. 模具加工

可用于切割冷冲模的凸模、凸模固定板、凹模等。模具配合间隙和加工精度通常都能达到 0.01～0.02mm(快速走丝)或 0.002～0.005mm(慢速走丝)。

2. 成形电极的加工

一般穿孔用的电极或者带锥度型腔加工用的电极,特别适合于线切割加工,经济性较高。

3. 零件加工

新产品试制时,可直接利用线切割割出零件,从而缩短周期、降低成本,例如,电机硅钢片定、转子铁芯。可以加工特殊难加工材料的零件,各种型孔、型面、特殊齿轮、凸轮、样板等。

4. 贵重金属和极薄工件的加工

由于金属丝直径小,因而加工时省料,特别适宜于切割贵重金属材料;由于几乎无切削力,故可切割极薄工件。

## 二、电火花线切割机床

电火花线切割机床由机械装置、脉冲电源、控制系统、工作液循环系统等组成。

(一)机械装置

机械装置由床身,$X$,$Y$ 向移动工作台,走丝机构,丝架,工作液箱,附件和夹具等组成。

1. 床身

床身是箱形铸铁件,是 $X$,$Y$ 向移动工作台,走丝系统,丝架等部件的安装基础,应有足够的强度和刚度。床身内部安置电源和工作液箱。

2. $X$,$Y$ 向移动工作台

$X$,$Y$ 向移动工作台是用于安装工件,并相对线电极移动。它是由工作台驱动电机、测速反馈系统、进给丝杠(一般使用滚珠丝杠)、$X$ 向拖板、$Y$ 向拖板、安装工件的工作台以及工作液盛盘等组成。工作台驱动系统与其他数控机床一样,有开环、半闭环和闭环方式。

3. 走丝系统

走丝系统也叫线电极驱动装置,由储丝筒、丝架、导轮、驱动电动机等组成。走丝系统使电极丝以一定的速度运动并保持一定的张力。

4. 锥度切割装置

为了切割有锥度(斜度)的内外表面,有些线切割机床具有锥度切割功能。

快走丝线切割机床一般通过偏移式丝架实现锥度切割，此法加工锥度不宜过大，否则容易断丝，一般最大锥度可达 5°。

慢走丝线切割机床依靠其导向器的 $U,V$ 轴(平行于 $X,Y$ 轴)驱动功能，与工作台的 $X,Y$ 轴形成四轴同时控制。这种方式的数控系统需要强有力的软件支持，可实现上下异形的加工，最大倾斜角一般为 5°，有的甚至达 30°。

(二)脉冲电源装置

电火花线切割机床的脉冲电源在工作原理上与电火花成形机床的脉冲电源是相同的。但是，由于受电极丝允许承载电流的限制，线切割加工脉冲电源的脉宽较窄，单个脉冲能量、平均电流一般较小，所以线切割加工总是采用正极性加工。

电火花线切割机床的脉冲电源有晶体管矩形波脉冲电源、高频分组脉冲电源、并联电容型脉冲电源和低损耗脉冲电源等多种形式。

(三)线切割控制系统

电火花线切割加工机床的控制系统，主要指切割轨迹控制、进给控制、走丝机构控制、操作控制和其他辅助控制等，它是进行稳定切割加工的重要组成部分。控制系统的可靠性、稳定性、控制精度、动态特性和自动化程度都会直接影响着加工的工艺指标和工人的劳动强度。

切割轨迹控制系统的作用是按照加工要求，自动控制电极丝相对工件的运动轨迹，以便对材料进行形状与尺寸的加工；进给控制系统的作用是在电极丝相对工件按一定的方向运动时，根据放电间隙的大小与状态自动控制进给速度，使进给速度与工件蚀除的线速度平衡，维持稳定的加工；走丝机构控制电路是控制电极丝自身的运动，它有利于介质带入放电间隙和电蚀物的排除；操作控制电路的作用是对机床的开通、断开及手动进行控制；辅助控制电路的作用是为了加工顺利进行，增加控制功能，提高自动化程度。

(四)工作液循环系统

在数控电火花线切割工艺中，工作液能够恢复极间的绝缘、产生放电的爆炸压力、冷却线电极和工件、排除电蚀产物。线切割加工中，线电极在通过大脉冲电流的作用下，会产生热，如果不及时冷却，就容易发生断丝现象。因此，在放电加工时，必须使工作液充分地将线电极包围起来。

工作液循环装置一般由工作液泵、工作液箱、过滤器、管道和流量控制阀组成。快速走丝机床一般采用浇注式供液方式，工作液是专用乳化液。慢走丝机床可采用浸泡式供液方式，工作液一般采用去离子水。

## 三、电火花线切割数控编程

数控线切割编程是根据要切割零件的图形，编写出线切割机床能够接受的程序清单。数控线切割编程可分为手工编程和计算机自动编程。

(一)手工编程

对于线切割程序，国内一般采用 3B(或 4B)代码格式，国际上通常采用 ISO 代码格式。目前，国产线切割控制系统也逐步采用 ISO 代码格式。因此，下面仅以 ISO 代码格式为例进行手工编程的介绍。

1. 国际通用 ISO 代码格式

| | |
|---|---|
| G92 X _ Y _； | 以相对坐标方式设定加工坐标起点 |
| G27； | 设定 *XY*/*UV* 平面联动方式 |
| G01 X _ Y _(U _ V _)； | 直线插补指令，其中：X，Y 表示在 *XY* 平面中以直线起点为坐标原点的终点坐标；U，V 表示在 *UV* 平面中以直线起点为坐标原点的终点坐标 |
| G02 X _ Y _ I _ J _； | 顺圆插补指令 |
| G02 U _ V _ I _ J _； | 以圆弧起点为坐标原点，X，Y(U，V)表示终点坐标，I，J 表示圆心坐标 |
| G03 X _ Y _ I _ J _； | 逆圆插补指令 |
| M00； | 暂停指令 |
| M02； | 加工结束指令 |

2. 编程举例

如图 5-67 所示，零件加工起点为(0，30)，顺时针方向切割。其编程如下：

```
G92 X0 Y30000；
G01 X0 Y10000；
G02 X10000 Y－10000 I0 J－10000；
G01 X0 Y－20000；
G01 X20000 Y0；
G02 X0 Y－20000 I0 J－10000；
G01 X－40000 Y0；
G01 X0 Y40000；
G02 X10000 Y10000 I10000 J0；
G01 X0 Y－10000；
M00；
M02；
```

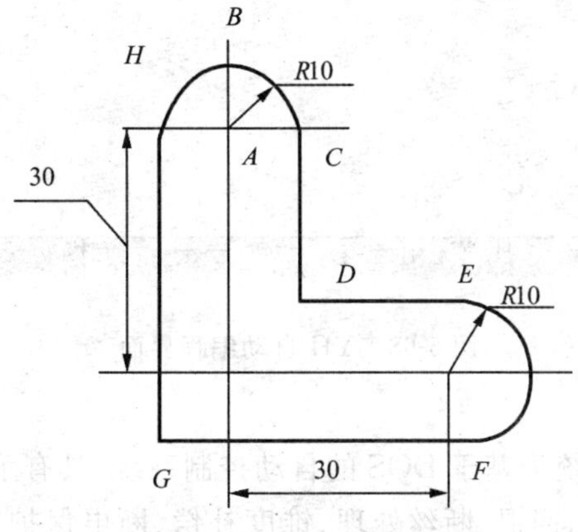


图 5-67　线切割零件图

(二)计算机自动编程

随着计算机技术的发展,线切割编程技术也由手工编程向计算机自动编程发展。计算机自动编程系统是CAD/CAM一体化程序软件,可实现从绘图到自动生成加工代码直至传送到机床进行加工的全过程。目前,有编控一体的线切割自动控制及编程系统,如,YH线切割自动控制及编程系统;也有独立的线切割自动编程软件,如,CAXA线切割、Cimatron E软件的线切割编程插件等。

下面以YH线切割自动控制及编程系统为例对计算机自动编程进行简单介绍。

YH线切割自动控制及编程系统是采用先进的计算机图形和数控技术,集控制、编程为一体的快走丝线切割高级编程控制系统,具有自动编程功能和自动控制功能。

1. 自动编程功能

如图5-68所示,YH线切割自动控制及编程系统采用全绘图式编程,只要按图纸标注尺寸输入,即可自动编程。系统的全部绘图和一部分最常用的编辑功能,用20个图标表示,其中,有16个绘图控制图标:点、线、圆、切圆(线)、椭圆、抛物线、双曲线、渐开线、摆线、螺线、列表曲线、函数方程、齿轮、过渡圆、辅助圆、辅助线;4个编辑控制图标:剪除、询问、清理、重画。4个菜单按钮分别为文件、编辑、编程和杂项。在每个按钮下,均可弹出一个子功能菜单。

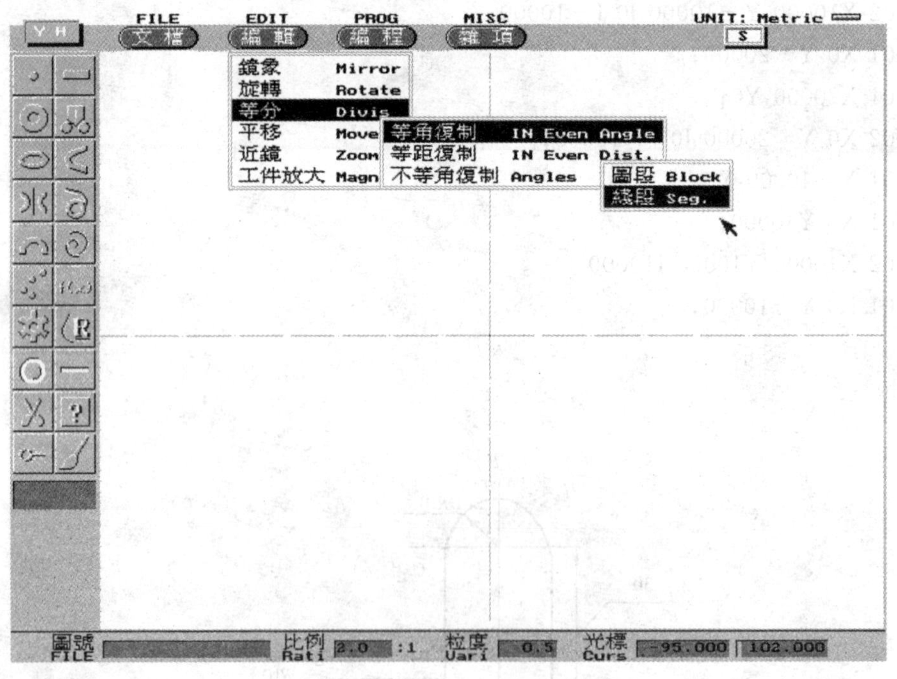


图5-68　YH自动编程界面

2. 自动控制功能

如图5-69所示,该系统为基于DOS的自动控制系统,具有手动控制、自动定位、模拟仿真、单段加工、反向切割、回退、断丝处理、锥度补偿、断电保护等功能。进入系统后,本系统所有的操作按钮、状态、图形显示全部在屏幕上实现。各种操作命令均可用鼠标或相应的按键完成。

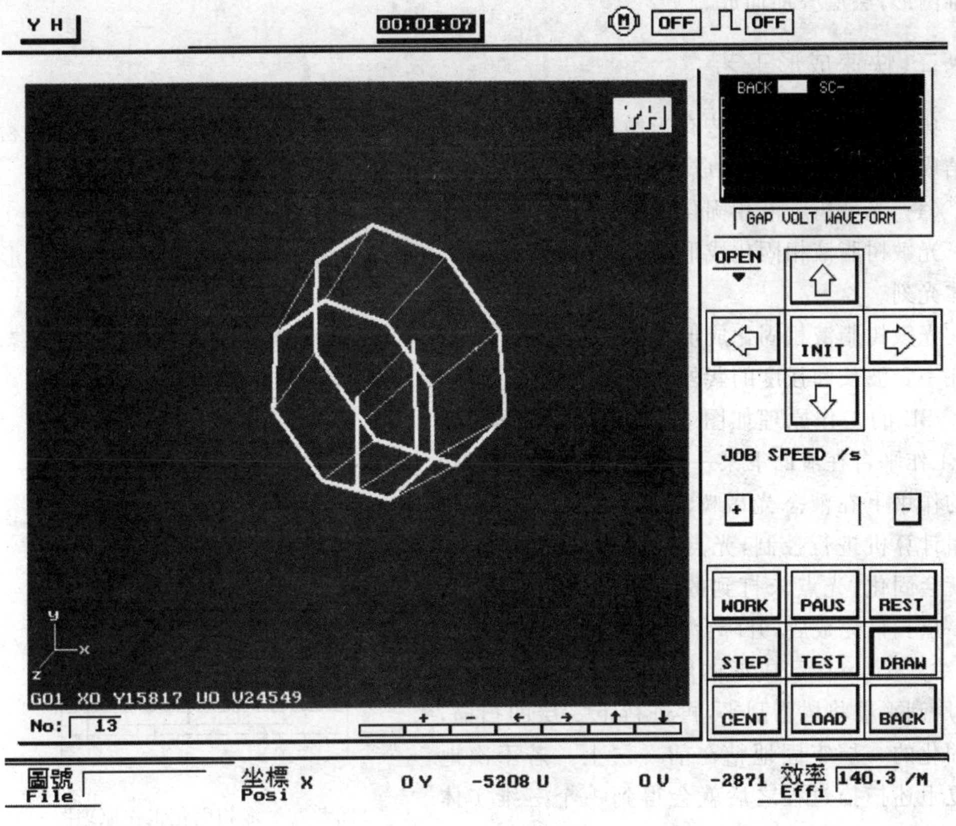


图 5-69　YH 控制屏幕

# 任务四　快速成形技术及应用

## 一、快速成形技术的基本原理

快速成形技术(Rapid Prototyping Technology ,简称 RP 技术),是 20 世纪 80 年代后期发展起来的一项综合技术,它综合了机械工程、CAD、数控技术、激光技术及材料科学技术。

快速成形技术借助于计算机辅助设计或由实体逆向方法取得原型或零件几何形状,进而以此建立数字化模型,再利用计算机控制的机电集成制造系统,逐点、逐面地进行材料"三维堆积"成形,然后经过必要的后处理,使其在外观、强度和性能等方面达到设计要求,从而直接、快速、精确地将设计者的设计思想转变为具有一定功能的原型或直接零件制造。

快速成形基于一种全新的制造概念——材料增加法,其本质是用材料堆积原理制造三维实体零件，将复杂的三维实体模型“切”成设定厚度的一系列片层，从而变为简单的二维图形，层层叠加而成。

## 二、快速成形工艺

典型的快速成形工艺有光敏树脂液相固化成形工艺、分层实体制造工艺、选择性粉末烧结成形工艺、熔丝堆积成形工艺。

(一)光敏树脂液相固化成形

光敏树脂液相固化成形(SL—Stereolithography Apparatus)又称光固化立体成形或立体光刻。

光敏树脂液相固化成形技术是基于液态光敏树脂的光聚合原理工作的。这种液态材料在一定波长和强度的紫外光照射下迅速发生光聚合反应变成固态。

SL 的工作原理如图 5-70 所示。成形开始时，工作平台在液面下某一深度。激光束在偏转镜的作用下在液态光敏树脂表面扫描。扫描轨迹由计算机进行控制，光点打到的地方，液态树脂就会固化，光点未打到的地方仍是液态树脂。当一层扫描完成后，升降台带动平台下降一层高度(约 0.1mm)，已成形的层面上又布满一层树脂，用刮平器将树脂刮平，再进行下一层的扫描，新固化的一层牢固地粘在前一层上。若干次地重复上述扫描过程之后就会得到一个三维实体模型。

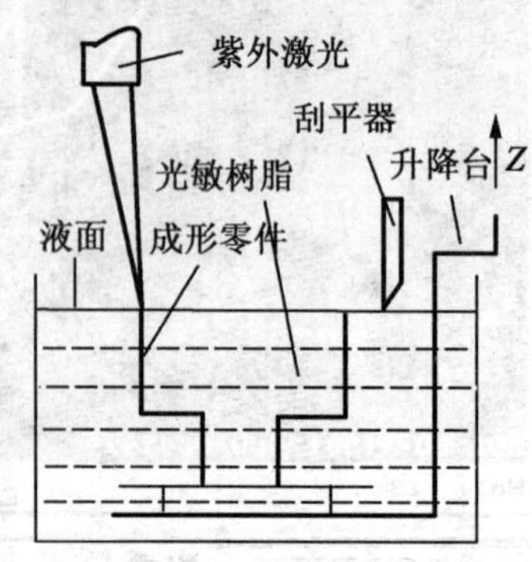

图 5-70　液相固化工作原理图

(二)分层实体制造

分层实体制造工艺(LOM—Laminated Object Manufacturing)采用薄片材料，如纸、塑料薄膜等作为成形材料。

如图 5-71 所示，片材表面事先涂覆上一层热熔胶。加工时，热压辊热压片材，导致其与下面已成形的工件层粘接。然后用激光器在计算机的控制下按照零件 CAD 分层模型轨迹在刚粘接的新层上切割出零件片层。如此反复，一层一层地粘接叠加，直至零件的所有截面切割、粘接完毕，最后堆积得到三维的实体零件。

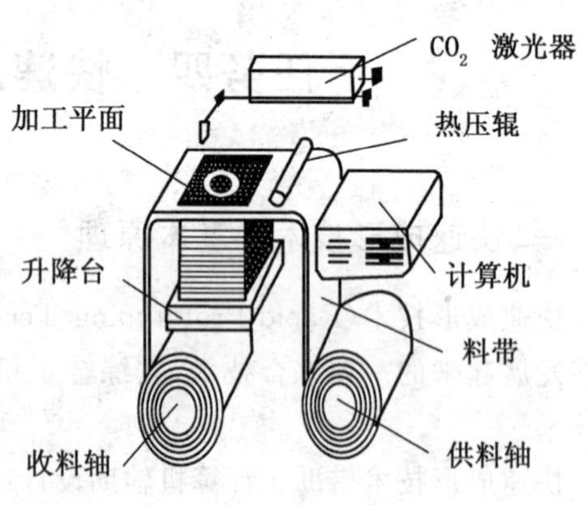

图 5-71　分层实体制造工作原理图

(三)选择性烧结成形

选择性烧结成形工艺(SLS—Selective Laser Sintering)又称选区激光烧结，是利用金属或者非金属粉末状材料成形的。成形零件时先将材料粉末铺洒在已成形零件的上表面，用铺粉滚筒刮平，然后用高强度的 $CO_2$ 激光器在计算机的控制下按照零件分层轮廓有选择性地进行烧结，从而在刚铺的新层上烧结出零件截面，并与下面已成形的部分连接。当一层截面烧结完成后，铺上新的一层材料粉末（0.1～0.2mm），再选择地烧结下层截面，如此反复，全部烧结完成后去掉多余粉末，进行打磨、烘干等后处理，得到三维实体零件。其工作原理如图 5-72 所示。

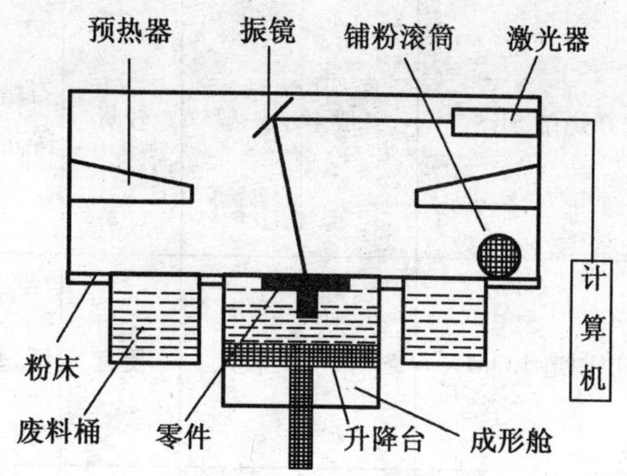

图 5-72　选择性烧结工作原理图

（四）熔丝堆积成形

熔丝堆积成形（FDM—Fused Depostion Modeling）的材料一般是热塑性材料，如蜡、ABS、尼龙等。成形零件时，热塑性材料以丝状供料，通过送丝机构送进喷头加热熔化。喷头在计算机的控制下按照零件截面轮廓和填充轨迹运动，同时挤出熔融材料，层层凝固成形，得到零件实体。其工作原理如图 5-73 所示。

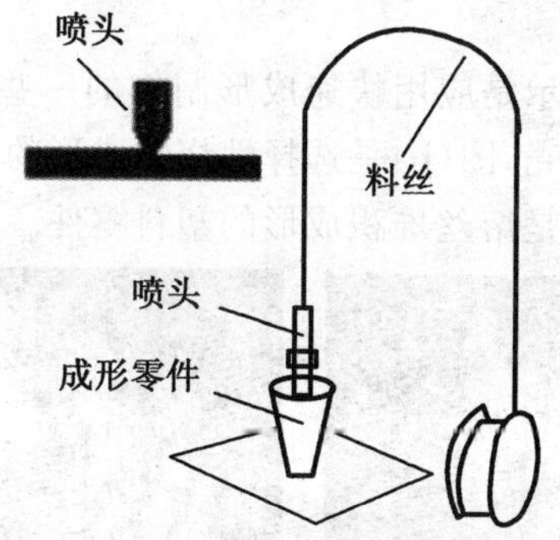

图 5-73　熔丝堆积成形工作原理图

## 三、快速成形工艺特点及应用

（一）快速成形工艺特点

各种快速成形工艺，由于其工作原理的不同，在原材料、成形速度、成形精度、应用场合等各方面各有特点，见表 5-4。

表 5-4　　各种快速成形工艺的特点及应用场合

| 项目<br>成形工艺 | 成形精度 | 表面质量 | 材料价格 | 使用材料 | 应用场合 |
|---|---|---|---|---|---|
| 液相固化 SL | 好 | 好 | 较贵 | 热固性光敏树脂 | 制作用于结构验证的树脂件；精细复杂的零件；透明制件；制作的原型可用于模具翻制 |

**续表**

| | | | | | |
|---|---|---|---|---|---|
| 选择烧结 SLS | 一般 | 一般 | 较贵 | 石蜡、塑料、金属、陶瓷等粉末 | 制作用于结构验证的功能件；制作的原型可用于模具翻制；石蜡原型可用于失蜡铸造；无须支撑，可制造空心或多层镂空的复杂零件 |
| 分层制造 LOM | 一般 | 较差 | 便宜 | 纸、塑料薄膜 | 片层切割，无须截面扫描，可制作大型实体零件；可制作汽车发动机曲轴、连杆、箱体、盖板的原型 |
| 熔丝堆积 FDM | 较差 | 较差 | 较贵 | 成形材料：石蜡、ABS；支撑材料不能与成形材料有太好的亲和性 | 石蜡原型可用于失蜡铸造；制作用于结构验证的功能件；具有复杂内腔和孔的零件 |

（二）快速成形产品举例

如图 5-74(a)(b)(c)(d)所示是应用快速成形制作的一些实物。其中图(a)是光敏树脂液相固化成形的电子产品外壳，图(b)是选择性烧结成形的导弹导向部件，图(c)是分层实体制造的壳体类零件，图(d)是熔丝堆积成形的塑料零件。

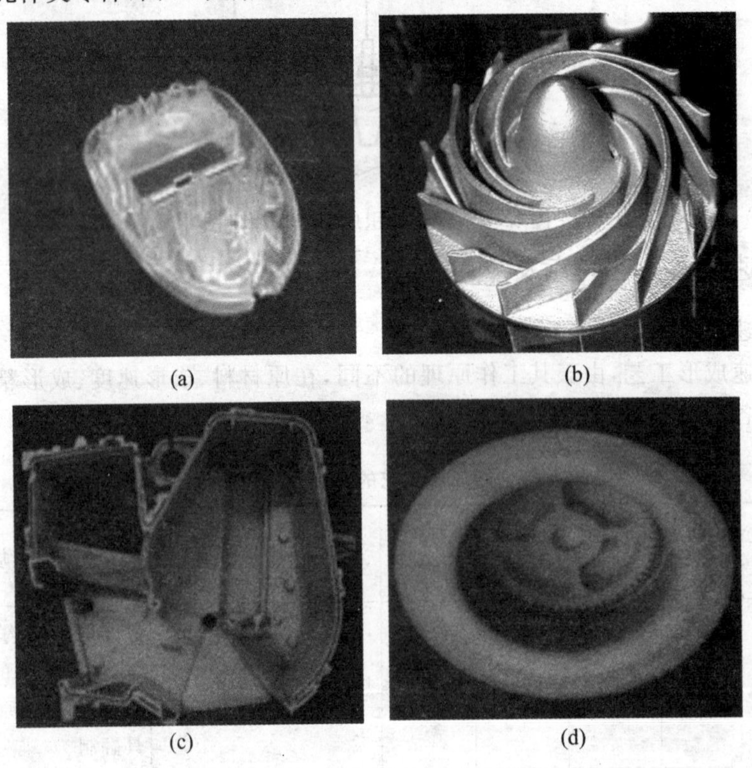

(a)　(b)　(c)　(d)

图 5-74　快速成形产品举例

# 知识点自检

## 一、判断题

1. 脉冲宽度及脉冲能量越大，则放电间隙越小。（　　）

2. 目前，线切割加工时应用较普遍的工作液是煤油。（　　）

## 二、填空题

1. 线切割加工中常用的电极丝有（　　）、（　　）和（　　）。其中（　　）和（　　）应用快速走丝线切割，而（　　）应用慢速走丝线切割。

2. 线切割加工时，工件的装夹方式有（　　）装夹、（　　）装夹、（　　）装夹和（　　）装夹。

## 三、选择题

1. 属于相对独立的 CAM 软件的是（　　）。

A. UG　　B. CIMATRON　　C. MASTERCAM　　D. CAXA

2. UG 的建模方法采用（　　）。

A. 参数化建模　　B. 复合建模

C. 变量化建模　　D. 实体建模

3. 电火花线切割加工的特点有（　　）。

A. 不必考虑电极损耗　　B. 不能加工精密细小，形状复杂的工件

C. 不需要制造电极　　D. 不能加工盲孔类和阶梯型面类工件

4. 电火花线切割加工的对象有（　　）。

A. 任何硬度，高熔点包括经热处理的钢和合金

B. 成形刀，样板

C. 阶梯孔，阶梯轴

D. 塑料模中的型腔

## 四、简答题

1. 简述 CAD，CAM，CAD/CAM 集成的含义。

2. CAD/CAM 集成系统一般包含哪些基本功能？

3. 简述电火花加工的基本原理。

4. 电火花加工有什么特点？

5. 常用快速成形工艺有哪些？各有什么特点？

## 五、综合应用题

1. 用 ISO 代码格式编写图示零件轮廓的线切割程序。

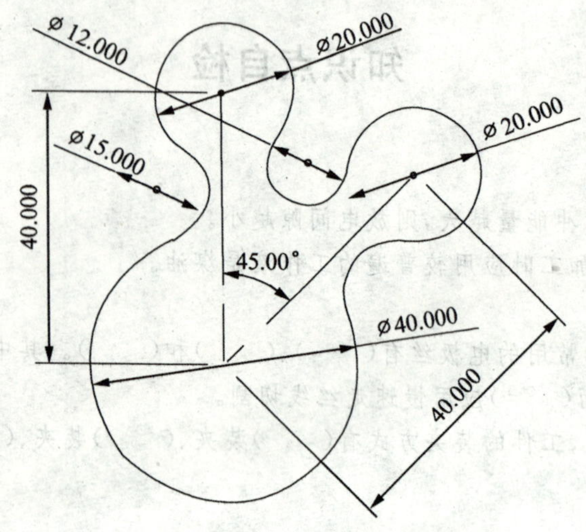


第 1 题图

2. 使用一种你所熟悉的 CAD/CAM 软件，对下列图示零件进行造型及数控编程。

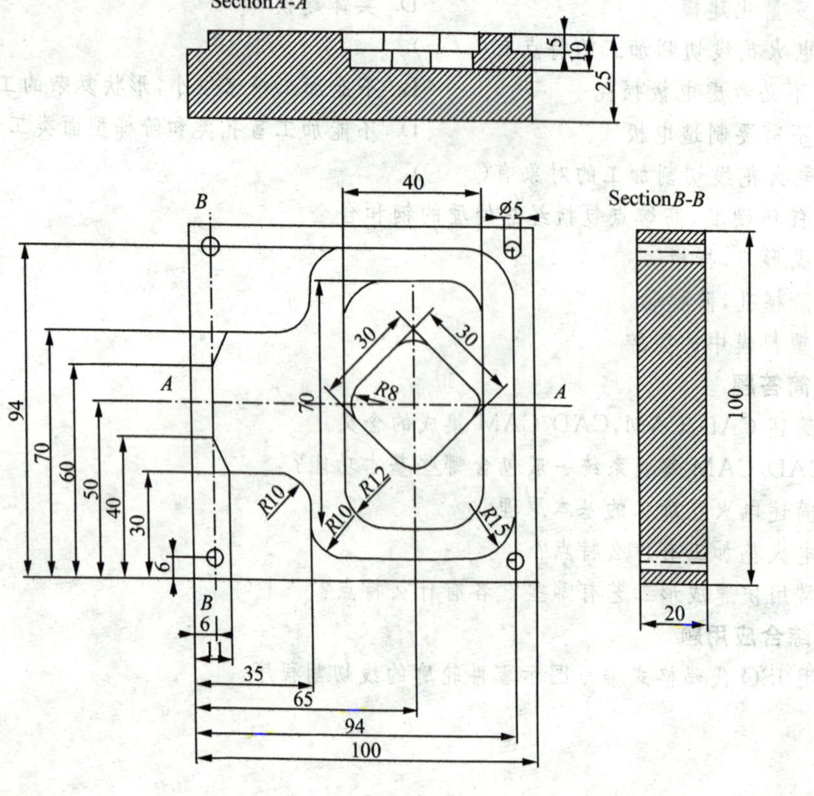


第 2 题图(1)

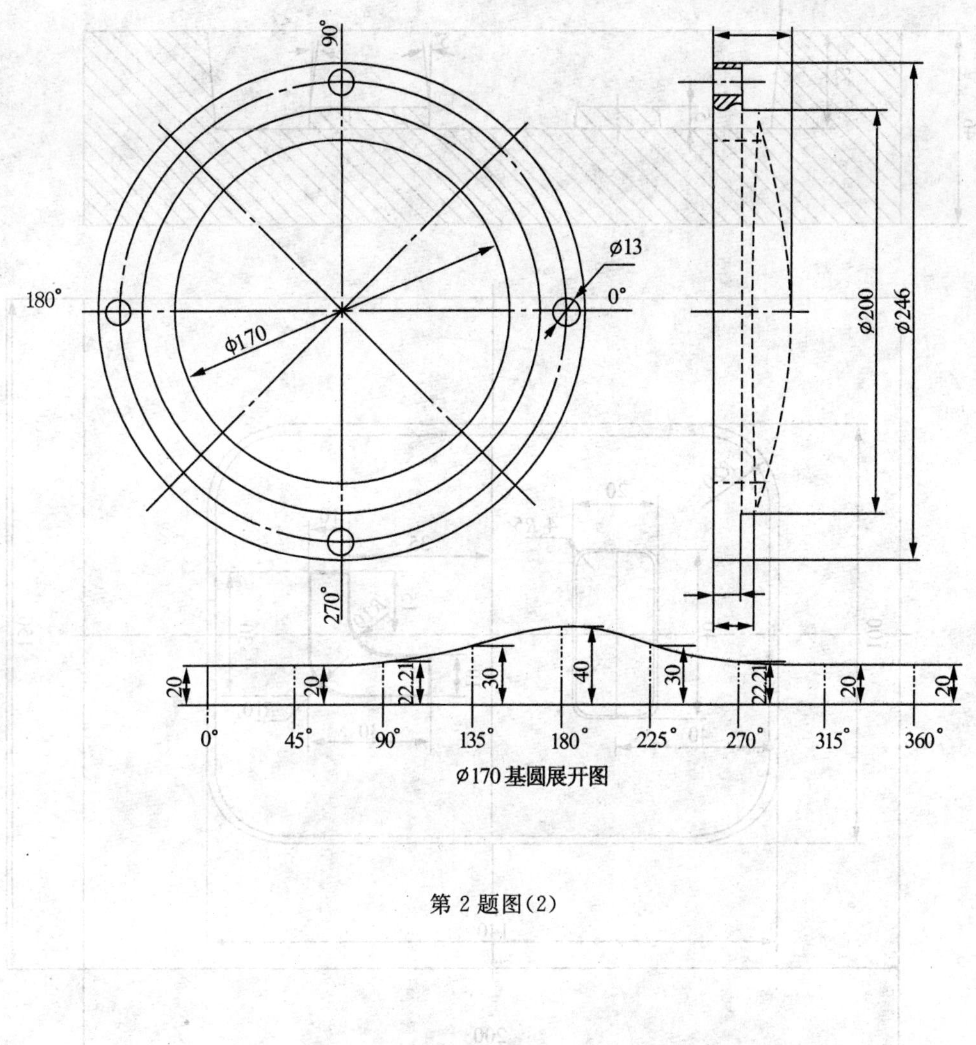


90°
180°
0°
270°
φ13
φ170
φ200
φ246
20
22.21
30
40
0°
45°
90°
135°
180°
225°
270°
315°
360°
ø170 基圆展开图

第 2 题图(2)

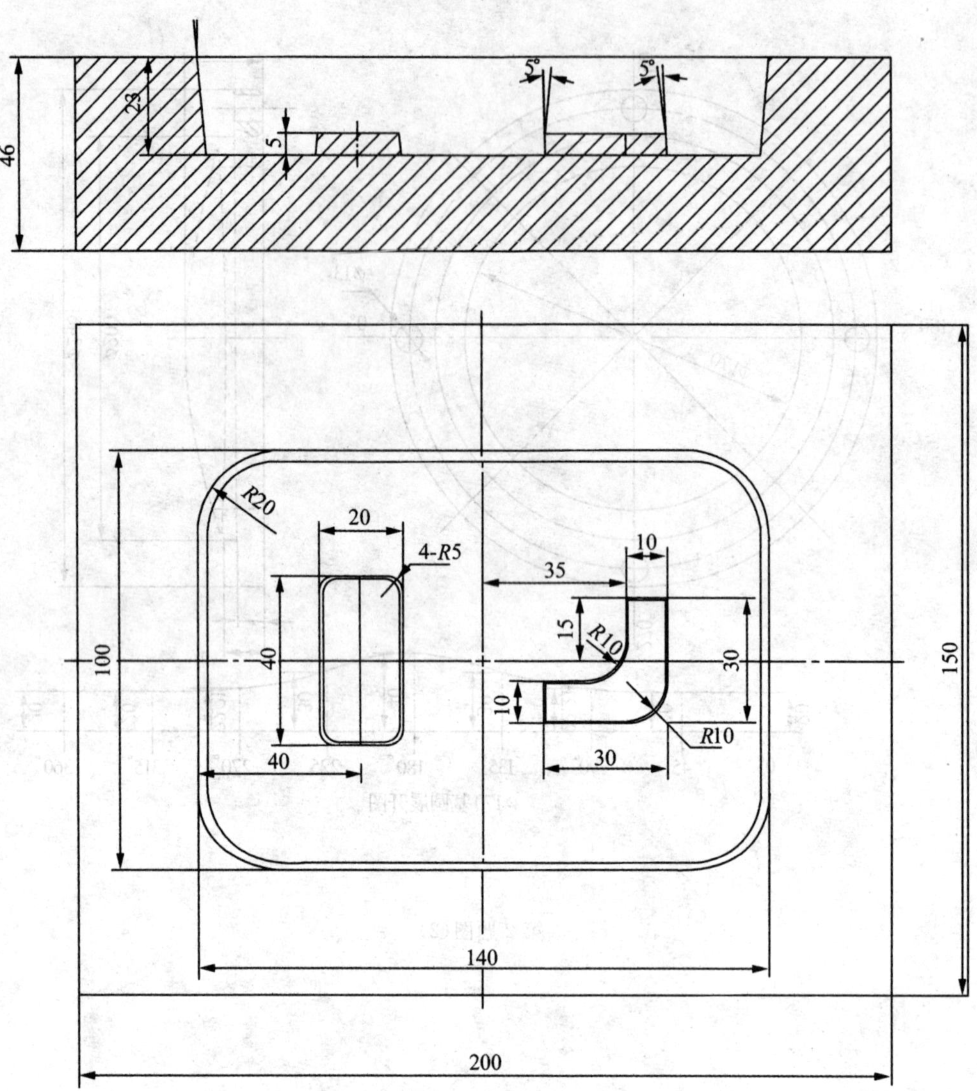


第 2 题图(3)

# 参考文献

1. 华茂发．数控机床加工工艺．北京:高等教育出版社,2003
2. 张超英．数控机床加工工艺、编程及操作实训．北京:高等教育出版社,2003
3. 张超英,罗学科．数控加工技术综合实训．北京:高等教育出版社,2003
4. 宋放之,张超英．数控工艺培训教程．北京:清华大学出版社,2003
5. 王爱玲．现代数控编程技术及应用．北京:国防工业出版社,2002
6. 杨伟群．数控工艺培训教程．北京:清华大学出版社,2002
7. 延波．加工中心的数控编程与操作技术．北京:机械工业出版社,2001
8. 王宝成．现代数控机床实用教程．天津:天津科学技术出版社,2000
9. 顾京．数控机床加工程序编制．北京:机械工业出版社,1999
10. 方新．机械 CAD/CAM. 北京:高等教育出版社,2003
11. 王隆太．机械 CAD/CAM 技术．北京:机械工业出版社,2004
12. 刘晋春,赵家齐,赵万生．特种加工．北京:机械工业出版社,2004

**图书在版编目(CIP)数据**

数控编程与加工/陈红康,杜洪香主编 .—2 版 .—济南:山东大学出版社,2009.8(2017.1 重印)
ISBN 978-7-5607-2854-4

Ⅰ.数…
Ⅱ.①陈…②杜…
Ⅲ.①数控机床—程序设计—高等学校:技术学校—教材
②数控机床—加工—高等学校:技术学校—教材
Ⅳ.TG659

中国版本图书馆 CIP 数据核字(2004)第 086373 号

山东大学出版社出版发行
(山东省济南市山大南路 20 号 邮政编码:250100)
山 东 省 新 华 书 店 经 销
山 东 和 平 商 务 有 限 公 司
787×1092 毫米 1/16 17.5 印张 400 千字
2009 年 8 月第 2 版 2017 年 1 月第 6 次印刷
定价:29.00 元